VOYAGE

DE HUMBOLDT ET BONPLAND.

DEUXIÈME PARTIE.

OBSERVATIONS DE ZOOLOGIE

ET D'ANATOMIE COMPARÉE.

DE L'IMPRIMERIE DE J. H. STÔNE.

VOYAGE

DE HUMBOLDT ET BONPLAND.

DEUXIÈME PARTIE.

OBSERVATIONS DE ZOOLOGIE

ET D'ANATOMIE COMPARÉE.

PREMIER VOLUME.

A PARIS,

Chez F. SCHŒLL, libraire, rue des fossés-Montmartre, N.° 14.
Et chez G.^{el} DUFOUR et Comp.^{ie}, rue des Mathurins-Saint-Jacques, N.° 7.

1811.

RECUEIL

D'OBSERVATIONS DE ZOOLOGIE

ET D'ANATOMIE COMPARÉE.

DE L'IMPRIMERIE DE J. H. STONE.

RECUEIL

D'OBSERVATIONS DE ZOOLOGIE

ET D'ANATOMIE COMPARÉE,

FAITES

DANS L'OCÉAN ATLANTIQUE, DANS L'INTÉRIEUR DU NOUVEAU CONTINENT ET DANS LA MER
DU SUD PENDANT LES ANNÉES 1799, 1800, 1801, 1802 et 1803 ;

PAR AL. DE HUMBOLDT ET A. BONPLAND.

PREMIER VOLUME.

A PARIS,

Chez F. SCHOELL, libraire, rue des fossés-montmartre, n.° 14.
Et chez G.^{el} DUFOUR et Comp.^{ie}, rue des mathurins-saint-jacques, n.° 7.

1811.

A

Mr George Cuvier,

Secrétaire perpétuel de la première Classe de l'Institut de France, Professeur au Collège de France et au Muséum d'Histoire naturelle, etc.

A. DE HUMBOLDT.   AIMÉ BONPLAND.

PRÉFACE.

L'intérieur de l'Amérique méridionale et le royaume de la Nouvelle-Espagne, peu visités jusqu'à ce jour par des voyageurs instruits, nous ont fourni, à M. Bonpland et à moi, des observations de zoologie et d'anatomie comparée que nous ne croyons pas tout-à-fait indignes de fixer l'attention des naturalistes. Au lieu de les disperser dans la relation de notre voyage aux tropiques, nous avons pensé qu'il seroit plus utile pour l'étude de l'histoire naturelle descriptive de les réunir dans un ouvrage particulier.

Des voyages exécutés aux frais d'un simple particulier n'offrent pas les mêmes facilités que ceux pour lesquels s'intéressent des gouvernemens : il ne sera par conséquent pas possible de donner des dessins de toutes les nouvelles espèces que j'annonce. Parmi les gravures qui ornent cet ouvrage, les naturalistes distingueront facilement celles qui ont été exécutées sur des croquis que j'ai faits moi-même, d'avec celles que l'on a pu achever d'après les objets qu'elles représentent. Souvent j'ai tâché de remplacer les gravures par des descriptions exactes, et en indiquant scrupuleusement les différences spécifiques qui existent entre l'animal nouveau et les espèces voisines.

Paris, au mois de février 1805.

ALEXANDRE DE HUMBOLDT.

MÉMOIRE

SUR L'OS HYOÏDE ET LE LARYNX

DES OISEAUX,

DES SINGES ET DU CROCODILE[1].

M. Cuvier a publié, il y a dix ans, dans le Magasin encyclopédique, un Mémoire sur le larynx des oiseaux. Il y a prouvé que, dans cette classe d'animaux, les premiers anneaux des bronches ont une configuration très-particulière, et que cet appareil, qui forme le *larynx inférieur*, contribue plus aux modifications de la voix que l'extrémité de la trachée-artère, ou le larynx supérieur, qui est muni d'une glotte osseuse et très-peu faite pour moduler les sons. Ce travail important m'avoit singulièrement intéressé dans le temps que je rédigeois mon ouvrage sur l'irritabilité de la fibre musculaire et nerveuse, et que je me livrois avec assiduité à l'étude de l'anatomie comparée. Si les oiseaux qui nous entourent de si près, offrent à la sagacité du naturaliste une organisation si extraordinaire et si peu connue, que d'observations intéressantes, me disois-je à moi-même, ne doit pas présenter le larynx de tant d'animaux exotiques dont la voix est modifiée de la manière la plus variée? C'est cette considération qui m'a conduit aux observations que j'ai réunies dans ce Mémoire.

Occupé de recherches très-hétérogènes, j'ai cherché, dans mon expédition à l'équateur, à ne pas négliger entièrement celles qui tendent aux progrès de la zootomie. Nous avons disséqué, M. Bonpland et moi, le crocodile de la rivière de la Madeleine, le bradypus tridactylus, le fourmillier, et d'autres animaux de l'Amérique méridionale. Ayant, dans un voyage de terre, beaucoup de difficulté pour transporter des objets conservés dans l'esprit-de-vin, j'ai dessiné

[1] Ce Mémoire a été lu à la première classe de l'Institut national, le 26 février an 13, par M. de Humboldt.

Zoologie, Vol. I.   1

sur les lieux ce que mon ami avoit préparé. M. Bonpland, beaucoup plus versé que moi dans ce genre de travail, a fait lui seul l'anatomie du lama du Pérou, du lamantin de l'Orénoque, du petit crocodile de l'île de Cuba, et de plusieurs autres animaux, sur lesquels il publiera des Mémoires particuliers. Moi, de mon côté, je me suis occupé du cerveau et de la vessie natatoire des poissons, de la conformation de l'os hyoïde, et surtout du larynx des oiseaux, des amphibies et des singes, dont les différentes familles offrent les contrastes les plus remarquables. L'analogie que j'ai observée entre le larynx inférieur des oiseaux et le supérieur des petits sapajous, qui imitent le chant des premiers, est un phénomène d'autant plus frappant, que la nature a séparé ces deux classes d'animaux sous tous les autres rapports. Les quinze dessins qui sont joints à ce Mémoire représentent l'os hyoïde, le larynx et les anneaux de la trachée-artère et des bronches. Ils sont tels que je les ai faits sur les lieux mêmes, dessinant à l'air libre, souvent dans un canot, ou au milieu des bois. Livré dans ce moment à d'autres travaux qui occupent tous mes loisirs, je regrette de n'avoir pas eu le temps de perfectionner mes premières esquisses, pour les présenter sous des formes plus agréables.

Je traiterai dans ce Mémoire, d'abord du larynx et de la trachée-artère de quelques oiseaux des tropiques, puis de la voix des singes; surtout du larynx du *simia seniculus*, et d'un sapajou qui paroît une variété du *simia œdipus* de Linné. Je finirai par ajouter quelques considérations sur l'os hyoïde des crocodiles et sur le mouvement partiel de leur langue. J'hésiterois sans doute de présenter ces observations au public, si M. Cuvier, qui a bien voulu examiner mes dessins anatomiques, n'avoit pas jugé qu'elles contenoient plusieurs objets qui n'ont pas été connus auparavant. J'éviterai les détails minutieux et peu propres à un Mémoire ; car la simple inspection des figures présentera d'un coup d'œil aux yeux du naturaliste ce qui seroit long et fastidieux à décrire.

Le larynx des animaux qui n'ont pas d'épiglotte est très-différemment conformé : on n'y reconnoît rien que l'on puisse comparer au cartilage cricoïdé ou thyroïde des mammifères. Dans les amphibies, la glotte est située dans un bourrelet rond, charnu, tissu de fibres presque circulaires : dans les oiseaux elle est cartilagineuse, presque osseuse, et assez uniforme quant à sa conformation extérieure. Dans les genres *Pelecanus*, *Phasianus*, *Ardea* et *Phœnicopterus*, le larynx a une figure triangulaire, la pointe du triangle étant dirigée par devant, et sa base ou partie postérieure étant hérissée de petites dents aiguës, cartilagineuses et blanches. Ces tubercules, qui bordent la glotte, sont très-larges et très-courts dans le *phasianus parraka* de l'Orénoque ; ils forment une bande blanche dans l'*ardea cocoes ;* ils couvrent presque entièrement la glotte de la *palamedea bispinosa,* et celle de la famille des perroquets que l'on désigne sous le nom d'aras : mais ils manquent entièrement dans quelques oiseaux aquatiques, tels que les alkatras de la mer du Sud. Les six dessins sur lesquels j'ai représenté le larynx des oiseaux, offrent toutes ces variétés de conformation. La glotte est soutenue à sa base par un cartilage osseux, large, aplati, et quelquefois échancré dans sa partie antérieure, comme dans les faisans de la Guiane ; mais pointu et allongé dans les pélicans et les *phœnicopterus.*

Ce cartilage, que je désignerai sous le nom de *socle* (Pl. ii, n.º 5, fig. 3 ; Pl. i, n.º i, fig. 2, et n.º 3, fig. 2), et qui n'a pas encore été bien décrit, a la particularité d'avoir à sa face supérieure un appendice membraneux qui le divise en deux parties, et qui lui est implanté à angle droit. Cet appendice est triangulaire, et ressemble au style d'un cadran solaire. Dans l'animal vivant, il est généralement visible au centre de l'ouverture de la glotte : il y forme une cloison dont la présence contribue sans doute beaucoup à modifier les sons et à les rendre plus aigus : il divise pour ainsi dire en deux courans l'air que le mouvement du larynx inférieur a poussé vers la glotte. J'ai été étonné de voir qu'il manque dans la glotte de la *palamedea bispinosa.* Ce cartilage, plat et muni d'un appendice triangulaire, tient immédiatement aux anneaux de la trachée-artère, et on pourroit le regarder comme un demi-anneau singulièrement conformé.

En outre de ce socle, la glotte des oiseaux est soutenue par quatre petits os, qui sont réunis deux à deux en forme de compas (Pl. i, n.º 2, fig. 2 et 3), et dont les deux antérieurs sont embrassés par ceux de derrière. Je n'hésite pas de les nommer des osselets ; car, dans les oiseaux des tropiques, leur substance est trop dense pour les placer parmi les cartilages. Ils sont triangulaires, diminuent par les extrémités, et se joignent deux à deux par des condyles échancrés. Je les ai dessinés avec soin dans le grand héron de la rivière de la Madeleine, à col noir et à crête blanche flottante, qui constitue une espèce intermédiaire entre l'*ardea cocoes* et l'*ardea Johannæ.* Ce bel oiseau a quatre pieds quatre pouces de haut, lorsqu'il allonge le cou et élève son bec verdâtre. Les deux osselets antérieurs, ou les branches du compas antérieur (si j'ose me permettre cette expression), sont immobiles, tandis que le compas postérieur, qui est placé au-dessus et embrasse l'autre, écarte ses branches par le moyen de deux muscles charnus qui tapissent la glotte osseuse par dehors. On pourroit comparer les osselets postérieurs aux cartilages aryténoïdes, tandis que les antérieurs répondent par leur position au cartilage thyroïde des mammifères : mais dans des classes d'animaux dont toute l'organisation est si différente, ces comparaisons ne servent le plus souvent qu'à conduire à des idées peu exactes.

Il suit de cette conformation du larynx supérieur, que la fente ou ouverture de la glotte, bordée par les osselets antérieurs, ne s'élargit ou ne se rétrécit presque jamais; mais que c'est par le mouvement des branches postérieures, qui se trouvent placées au bord extérieur de la glotte, que se change la capacité intérieure de cet organe. La voix est toujours chassée par la même ouverture; mais la célérité avec laquelle elle sort, dépend de l'impulsion qu'elle a reçue, tant dans le larynx inférieur que par le rapprochement des osselets de la glotte.

Mais la modification des sons ne dépend pas uniquement des extrémités de la trachée-artère ou de la figure des deux larynx. Il y a quelques oiseaux des tropiques dans lesquels toute la trachée présente des phénomènes très-extraordinaires. Dans la même espèce le mâle a quelquefois la trachée-artère plus que du double plus longue que la femelle; Linné l'a déjà annoncé dans la description du *phasianus parraka*. On trouve aussi cette différence chez plusieurs oiseaux nageurs et de rivage d'Europe, dans les grues, les cigognes et les hérons, et M. Daubenton l'a observée dans le beau genre Crax, le hocco des tropiques, qui nous a souvent servi de nourriture dans les bois. J'ai eu occasion d'observer un allongement et une sinuosité extraordinaires de la trachée-artère dans une nouvelle espèce de faisan, que je décrirai sous le nom de *phasianus garrulus*[1]. Ce faisan, qu'il ne faut pas confondre avec le *phasianus motmot*, est très-commun au nord de l'équateur, dans la rivière de la Madeleine, dans la province de Caracas et dans la Nouvelle-Andalousie. Des bandes de soixante à quatre-vingts sont perchées sur les branches mortes des arbres, rapprochés les uns des autres, et remplissant les airs de leurs cris perçans, *catacras ! catacras !*

---

[1] *Phasianus garrulus, ex viridi fuscescens ; abdomine, cruribus et crisso niveis ; remigibus rufis, rectricibus ex olivaceo nigris, apice albis. Rostrum ex cinereo cœrulescens, apice albidiori. Genæ cute nuda, lævigata, cinereo-brunescenti, tectæ. Oculi rubro-fusci. Pedes et ungues plumbei, haud calcarati. Remiges 24, quarum primordiales 12, rectrices 12. Longitudo totius avis, a vertice ad apicem caudæ, 0,513 met. (19 pollic.) ; cauda sola 0,216 met. (8 pollic.). Differt a phasiano motmot et phasiano parraka abdomine niveo.*

J'ai trouvé que la trachée-artère du mâle de ce faisan avoit, depuis le larynx supérieur jusqu'aux bronches, quinze pouces sept lignes, tandis que celle de la femelle n'a que cinq pouces quatre lignes de long. Celle du premier descend d'abord entre les tégumens au delà du sternum jusqu'aux jambes, puis elle se replie (à peu près comme M. Bonpland l'a trouvée dans les bronches du crocodile), fait une grande sinuosité en remontant, et entre dans les poumons. La trachée-artère de la femelle, qui est plus courte dans la raison de cinq à deux, ne fait pas cette sinuosité, mais entre sans se replier directement dès les bronches. Voilà donc un oiseau dans lequel l'air qui forme sa voix passe entre les jambes avant que de venir à la glotte. Aussi tous les Indiens savent que la femelle de ce faisan a le cri moins perçant que le mâle, dont la trachée-artère a une conformation si singulière. M. Cuvier m'a communiqué l'observation importante que, dans le faisan ordinaire (*phasianus colchicus*), la trachée n'a cette sinuosité dans aucun des deux sexes, et que, dans le *cycnus canorus*, la femelle présente aussi l'allongement de cet organe. Quelle différence frappante parmi des espèces voisines !

En passant de Santa-Fe de Bogota à Quito, dans le temps des pluies, en 1801, nous trouvâmes les bords de la rivière de Cauca couverts de la belle *palamedea bispinosa* [1], qui se rapproche, par sa grandeur, du condor des Andes, et que les habitans désignent pour cela par le nom d'*uitre de Sienega*. Elle se promène gravement dans les endroits marécageux, répétant sans cesse un cri uniforme qui a quelque analogie avec le son que donnent les soufflets qui servent de jouet aux enfans. M'arrêtant quelques jours à Buga, j'eus le loisir de faire tuer une *palamedea* et d'examiner le larynx de cet oiseau. Je vis avec étonnement que c'est plutôt sa trachée-artère que son larynx inférieur qui lui fait produire des sons si extraordinaires. Cette trachée (Pl. II, n.º 4, fig 4) va en diminuant de diamètre depuis la glotte osseuse jusqu'au larynx inférieur : elle se rétrécit dans la raison de deux à trois; mais avant que de parvenir au larynx inférieur elle s'élargit tout d'un coup extraordinairement; elle devient de cinq sixièmes plus grosse que près de là glotte même, et ce renflement a à peu près quatorze lignes de long. Plus bas la trachée-artère se rétrécit de nouveau et plus qu'auparavant; car, en entrant dans le larynx inférieur, elle n'a pas le quart de son diamètre primitif. J'ai dessiné sur les lieux cette conformation particulière de la *palamedea bispinosa*, dont je n'ai

---

[1] Le kamichi de Buffon.

trouvé presque aucune analogie dans d'autres oiseaux que j'ai disséqués. Cependant M. Cuvier a vu deux autres exemples de ces renflemens subits dans le garrot (*anas clangula*), et dans l'*anas fusca*, ou la double macreuse : mais ces renflemens ont la forme sphérique, presque de disque circulaire, et diffèrent par là de l'organisation du *palamedea bispinosa*. Dans celui-ci deux faisceaux de muscles grêles et très-longs sont attachés à la partie élargie de la trachée-artère : ils la tirent par en bas, de sorte que les anneaux plus larges compriment ceux de la partie rétrécie ; mécanisme analogue à celui de quelques instrumens de musique, et qui contribue sans doute aux cris monotones et cadencés de ce bel oiseau des tropiques.

Je m'arrête moins à la structure du larynx inférieur des oiseaux. Il seroit difficile d'ajouter à un objet d'anatomie comparée que M. Cuvier a traité dans un mémoire particulier. J'ai dessiné dans le plus grand détail les larynx inférieurs du *psittacus ararauna* et d'une nouvelle espèce de pélican du royaume de la Nouvelle-Grenade, que je décrirai sous le nom de *pelecanus olivaceus* [1]. Il a le port d'un *plotus ;* mais son bec et son doigt intermédiaire serrulé indiquent assez qu'il appartient au genre *Pelecanus*. Dans une coupe, on distingue les divers muscles par lesquels la nature fait jouer ce larynx inférieur, qui est un vrai instrument de musique. L'autre coupe présente les sacs ou valves de cet oiseau, qui les a d'une grandeur extraordinaire : elles y ont plus de trois lignes de hauteur sur deux de large ; mais dans quelques animaux des tropiques qui ont une voix très-forte, elle paroît plutôt dépendre du larynx supérieur que de l'inférieur. C'est le cas du *phasianus garrulus* (n.º 3, fig. 3), dans lequel j'ai représenté les osselets et les cartilages aryténoïdes repliés en arrière, pour découvrir la structure interne de la glotte. Je n'ai pas trouvé de sacs dans le larynx inférieur de cet oiseau ; il y a simplement un renflement des derniers anneaux, qui sont plus larges. La base de son larynx inférieur est soutenue par un cartilage que je n'ai trouvé dans aucun autre animal de cette classe : c'est une plaque ronde, membraneuse, crénelée, sur laquelle s'élève un petit

---

[1] *Viride-nitens , rostro ex viridi cinerascente , rictu luteo , rectricibus novem , pedibus atris. Rostrum rectum ; mandibula superiori obscuriori , apice adunca , unguiculata ; inferiori truncata. Rima nasalis obliterata , vix conspicua. Pedes tetradactyli , digitis omnibus membrana laxa coalitis. Digitus intermedius interne serrulato-pectinatus. Oculi fusci. Lingua minima , ovata , integerrima. Tectricum pennæ nigro-marginatæ. Remiges 24. Facies subnuda , orbitis viridibus , rictu et gula nudis , luteis. Abdomen cinerascens. Dorsum , uropygium , remiges et rectrices , nigro-virides , nitore sericeo splendentes. Habitat prope Banco ad Magdalenæ fluminis ripas , lat. 8° 55'.*

os comprimé. Le manque de sacs dans le bout inférieur du larynx est remplacé, dans le *phasianus garrulus*, par le mécanisme du larynx supérieur. Au-dessus de l'ouverture de la trachée-artère s'élève une fente qui mène à deux poches membraneuses. En soufflant par les bronches dans la trachée-artère, les poches s'enflent visiblement. Le *pelecanus fuscus* manque aussi de valves dans le larynx inférieur, mais il a de vrais sacs dans le larynx supérieur. Dans la *palamedea bispinosa*, dont la trachée-artère offre le renflement si extraordinaire que je viens de décrire, la glotte présente des replis qui ont quelque analogie avec les sacs qui dans l'homme forment des ligamens qui vont des cartilages aryténoïdes au cartilage thyroïde. Ces replis paroissent modifier la voix de cet oiseau; car dans le larynx inférieur, que j'ai ouvert et dessiné avec soin, il ne se trouve rien d'analogue aux valves, ou rien qui en pourroit faire les fonctions. Dans la même classe d'animaux, c'est tantôt la glotte, tantôt la forme de la trachée-artère, tantôt le larynx inférieur, qui contribuent à caractériser les sons.

Je ne puis quitter le larynx des oiseaux sans ajouter quelques mots sur la conformation de l'os hyoïde des perroquets et des pélicans, munis d'un sac immense sous la gorge. L'os hyoïde du *pelecanus alcatras* n'a pas de petites cornes, mais une structure très-compliquée de la partie antérieure. Cette partie est triangulaire, renflée vers les bords, s'élevant en forme d'éperon (Pl. ii, n.º 5, fig. 2), et terminée par un bouton osseux très-gros. Vers la base du triangle, entre les deux grandes cornes, se trouve un appendice osseux, ou une branche, que je n'ai vu dans aucun autre animal, et qui ressemble à un rudiment d'une corne intermédiaire. J'ai examiné soigneusement la langue des perroquets, pour découvrir pourquoi quelques tribus, par exemple les aras, n'apprennent jamais à imiter la voix de l'homme, tandis que d'autres, les amazones par exemple (qui ont du rouge au fouet des ailes), jasent si bien. J'ai cru entrevoir la solution de ce problème important dans la conformation de l'os hyoïde des *psittacus*. Dans les perroquets qui parlent, cet os est mince et allongé à la pointe; dans les aras, au contraire, qui sont les plus lourds, mais ornés des plus belles couleurs, l'os hyoïde a une masse extraordinaire. L'intervalle entre les deux cornes est rempli en partie d'une membrane osseuse, qui se rétrécit vers la pointe et est soudée à un os carré (Pl. iii, n.º 6, fig. 5) qui a plus d'un quart de pouce de large. C'est cet appendice extraordinaire, ou cet os en forme de spatule, qui entre dans la pointe de la langue, et qui la rend si inflexible dans le *psittacus ararauna* et le macao.

Ayant vécu pendant plusieurs années presque constamment à l'air libre, et entouré d'animaux exotiques, j'ai été étonné de la perfection avec laquelle quelques mammifères imitent la voix des oiseaux : c'est le cas de quelques écureuils et des petits singes sapajous. En ouvrant le larynx de ces animaux, j'ai été frappé de l'analogie qu'ils présentent avec ce que M. Cuvier a découvert dans le larynx inférieur des oiseaux. Que l'on compare dans mes dessins l'organe de la voix du *pelecanus olivaceus* avec celui du petit titi du Darien (*simia œdipus* de Brisson) et avec celui de l'écureuil de Carthagène, qui est très-différent du *sciurus flavus*, et qui approche assez du *sciurus erythræus* de Pallas : on pourroit confondre le larynx du petit singe siffleur avec celui de l'écureuil orangé, et les mêmes poches (Pl. III, n.ºs 7, 8) que l'oiseau cache dans son larynx inférieur, se retrouvent dans le larynx supérieur de ces mammifères. Quand les petits sapajous ferment l'épiglotte et chassent en même temps l'air dans la trachée-artère, le courant d'air est réfléchi par en bas, et entre sans doute dans les valves ou poches dont les vibrations modulent la voix. Le *simia œdipus*, le *simia iacchus* de l'Orénoque, le *simia leonina* et plusieurs nouvelles espèces de petits singes que nous allons décrire dans la suite, imitent la voix des gallinacés. Leur os hyoïde est mince, à cornes très-allongées, ressemblant à celui de l'homme : d'autres singes, au contraire, surtout ceux qui ont la voix d'un volume énorme, et qu'on désigne sous le nom de *singes hurleurs* ou d'*alouates*, ont le larynx d'une conformation très-compliquée. Je crois même qu'il n'existe pas un seul genre d'animaux présentant des contrastes aussi extraordinaires dans l'organe de la voix, que les singes.

Les petits sapajous d'Amérique ont l'os hyoïde mince et simple; les grands, comme le *simia paniscus*, et une espèce inconnue jusqu'ici et que nous avons trouvée sur les bords de la rivière des Amazones (le *chuva* de Bracamorros), ont un tambour osseux. Ce même tambour se trouve aussi dans les alouates : il paroît manquer aux singes de l'ancien monde, dont quelques-uns, au contraire, comme les papions et l'orang-outang décrit par Camper, ont un sac membraneux dans lequel se perd la voix. Le larynx le plus compliqué qu'offre cette famille, est celui du vrai *simia seniculus* de Jacquin, qui vit en grandes bandes sur l'*anacardium caracolis*, les *ochroma* et les *myrodia* des rives de la Madeleine. Les auteurs confondent souvent le *simia seniculus*, le *capucina*, le beelzebub et l'araguato de l'Orénoque. Ce dernier constitue une espèce différente et nouvelle, ayant l'abdomen couvert de poils : je la désignerai sous le nom de *simia ursina, barbata, rufa, undique pilis longis tecta*. J'ai représenté dans trois coupes le larynx du *simia seniculus* (Pl. iv, n.º ix), ouvert et fermé, pour montrer comment le larynx repose sur le tambour osseux de l'os hyoïde, et comment l'air chassé des poumons entre dans les six poches que j'ai trouvées dans cet animal. La boîte osseuse de l'os hyoïde, mesurée par le moyen de l'eau, s'est trouvée avoir une capacité de plus de quatre pouces cubes. Le larynx y tient légèrement par quelques fibres musculaires, et il communique avec lui par un large canal membraneux. L'intérieur de ce larynx consiste en six poches, dont deux sont en forme de nids de pigeons, ayant des valves minces et dix lignes de long sur trois ou cinq de profondeur. Ces poches ressemblent à celles des petits singes siffleurs, à celles de l'écureuil et de quelques oiseaux : elles ont l'ouverture par en haut, du même côté que celle de la glotte, de sorte que l'air n'y peut entrer qu'en fermant l'épiglotte ; elles présentent des fibres musculaires transversales, très-rouges et très-denses. Au-dessus de ces poches, il y en a deux autres, dont les lèvres ou rebords sont jaunâtres et graisseux : ce sont des sacs pyramidaux qui entrent presque à deux tiers dans la boîte osseuse, et sont formés par des cloisons membraneuses. L'air, chassé dans ces sacs, qui ont trois à quatre pouces de long, et qui se terminent en pointe, n'entre nulle part en contact avec l'os même du tambour : leur ouverture est par en bas. La cinquième poche se trouve dans la fente que forment les deux bourrelets du cartilage arythénoïde : elle est située entre les deux sacs pyramidaux ; elle a la même forme, mais elle est d'un tiers plus courte. La sixième, enfin, est formée par le tambour osseux même, dans lequel la voix acquiert sans doute ce caractère lugubre et plaintif qui distingue ces animaux : ce larynx du *simia seniculus* est beaucoup plus compliqué que celui de l'orang-outang que Camper a décrit, et qui a tant fixé l'attention des anatomistes.

Je termine ce mémoire par quelques considérations sur la langue et le larynx des crocodiles : je parle de ceux des grandes rivières du nouveau continent, qui diffèrent de ceux du Nil et de l'Alligator, quoiqu'ils soient beaucoup plus cruels et généralement plus grands. Depuis le temps le plus reculé, on a disputé sur la langue de ces amphibies : quelques naturalistes prétendoient qu'elle leur manquoit entièrement ; d'autres annonçoient qu'elle étoit très-courte et placée à l'entrée de l'œsophage. Les sculpteurs et antiquaires à Rome se sont amusés à restaurer les langues de crocodiles, ou à les leur arracher, selon que l'une ou l'autre de ces opinions prévaloit. En examinant attentivement l'os hyoïde de cet animal, on voit que c'est sa petitesse et sa forme qui ont fait confondre une partie ou plutôt un repli de la langue avec la langue entière. J'ai représenté sur une planche cet os hyoïde, et le mécanisme par lequel se forme cette valve qui, dans le crocodile, interrompt la communication de la bouche avec le gosier. Quand l'animal est immobile sur le rivage, la gueule ouverte sous un angle de 95°, toute la bouche paroît jaune : la valve est élevée ; on ne voit pas l'ouverture du gosier. Éveille-t-on le crocodile ? alors la valve s'abaisse généralement, et si l'on hasarde de s'approcher suffisamment, l'on voit paroître un corps rond d'un beau rouge, qui est l'ouverture de la glotte. Cette valve (Pl. IV, n.° x) donne au crocodile la faculté de prendre sa proie sous l'eau, sans risquer d'être noyé par la grande masse qui entreroit dans son œsophage. Pour pouvoir dévorer, il faut que la valve s'abaisse, et que l'animal soit au sec, surtout au bord de la rivière : spectacle affreux de voir un homme pris par un de ces monstres ! ce qui arrive assez souvent dans l'Amérique méridionale. L'os hyoïde du crocodile est une spatule membraneuse, très-large, concave, et terminée par deux cornes très-courtes. M. Duvernoy, dont on connoît la grande sagacité en matière d'anatomie comparée, a dessiné l'os hyoïde du crocodile d'Égypte : cet os a une forme tout-à-fait différente de celle que j'ai trouvée à l'os hyoïde du crocodile de la Madeleine ; et cette différence ajoute aux autres que M. Geoffroy a déjà énoncées entre les crocodiles de l'ancien et ceux du nouveau continent. La langue d'un crocodile de dix-huit pieds de long a une longueur de vingt-cinq pouces : elle est jaune, charnue, et tapisse toute la mâchoire inférieure ; mais elle est attachée de tout côté, de sorte que l'os hyoïde ne peut pas l'élever jusqu'au bout. La partie antérieure ou spatuliforme de cet os entre dans la substance membraneuse de la langue, et a la propriété de pouvoir s'élever à angle droit : or, la langue n'étant pas libre aux côtés ni à son extrémité, cette direction de l'os ne peut entraîner avec lui qu'une partie membraneuse de la langue, et c'est cette partie qui forme le repli qui se présente comme une valvule élevée : l'os hyoïde s'abaisse, et aussitôt cette valve disparoît ; il faut par conséquent que trois conditions soient remplies pour que ce mécanisme s'exécute : il faut qu'un animal ait une langue attachée à la mâchoire inférieure ; qu'une membrane ductile et flexible enduise cette langue, et que l'os hyoïde soit très-large et spatuliforme à sa partie antérieure : du reste, la substance jaune qui se trouve dans l'avant-bouche du crocodile, appartient tout aussi bien à la langue que la valve qui couvre l'entrée de l'œsophage. L'animal a cette partie très-irritable : en y appliquant du zinc et de l'argent, j'ai vu, dans de jeunes crocodiles, se gonfler, au moyen de l'électricité galvanique, toute la substance jaune ; et cette même langue, à peine visible auparavant, prend, en la stimulant, la forme d'un gros coussin.

La glotte du crocodile de l'Orénoque est environnée d'un bourrelet rond, charnu, muni de fibres circulaires. Ayant à Mompox plus de trente jeunes crocodiles dans notre maison, nous avons vu l'animal resserrer tellement les fibres de la glotte à son gré, que la fente ou l'ouverture de la trachée-artère devint invisible. Cette glotte repose sur un cartilage rond et plat, que j'ai dessiné avec la trachée-artère, et qui a de l'analogie avec le cartilage thyroïde des mammifères : il fait les fonctions du socle des oiseaux ; car je préfère de comparer entre eux des larynx qui sont dépourvus d'épiglotte. La partie supérieure de la trachée-artère du crocodile présente aussi un phénomène très-curieux : les premiers neuf anneaux ne sont pas entiers ; ils sont joints par-dessus, au moyen d'une membrane transparente et très-fine, qui est censée découpée. Dans mes desseins, tous ces anneaux augmentent sensiblement en largeur, à mesure qu'ils s'éloignent de la glotte, et ce n'est que le dixième qui est un anneau entier. Nous venons de vérifier cette observation de nouveau à la Havane, où nous avons fait venir du sud de l'île, des crocodiles vivans de quatre pieds de long, et liés sur des mulets. Cette membrane, tendue sur l'ouverture des demi-anneaux du larynx, doit singulièrement modifier la voix des crocodiles. Les petits crient comme un chat. Au sortir de l'œuf, ils jettent déjà des cris perçans lorsqu'on les attaque avec un chien, contre lequel ils se défendent assez bien le dixième jour. Je n'ai jamais aperçu dans les grands crocodiles aucun signe de voix, quoique j'aie vécu parmi eux pendant cinq ans, et que le feu les attirât de nuit auprès de nos hamacs, souvent jusqu'à trois ou quatre pas de distance. Les Indiens m'ont assuré cependant que le grand crocodile mugit comme un bœuf ; que sa voix est très-effrayante, mais qu'on ne l'entend que rarement, quelquefois au commencement d'un tremblement de terre : ils prétendent que le crocodile pressent les tremblemens de terre par de petites oscillations qui échappent à la sagacité de l'homme, et qu'alors il sort de l'eau en mugissant, et gagne le rivage.

Voilà les observations principales que j'ai faites sur la conformation particulière du larynx de plusieurs oiseaux des tropiques, sur celui des singes qui imitent la voix des oiseaux, et sur celui du crocodile. Me préparant à une expédition dans la partie la plus boréale de notre globe, je ne manquerai pas de m'y occuper de ces mêmes recherches, si j'ose me flatter que celles que j'ai présentées aujourd'hui aient fixé l'attention des naturalistes.

EXPLICATION DES FIGURES.

PLANCHE I.

N.º I. Larynx supérieur et inférieur du *pelecanus olivaceus*.
  Fig. 1. Larynx supérieur; la partie visible du socle *n*.
  2. Le socle en entier.
  3. Larynx inférieur; la boîte membraneuse, vue par devant.
  4. La même, vue par derrière; les bronches *r s*. En *p* et *q* on distingue deux muscles attachés aux anneaux de la trachée, et par lesquels l'oiseau paroit hausser son larynx inférieur.
  5. L'intérieur du larynx inférieur avec les sacs *T T*.

N.º II. Larynx supérieur de l'*ardea cocoes*.
  Fig. 1. Larynx supérieur fermé.
  2. *Idem*, ouvert.
  3. Les osselets ou le compas mobile *a c* et *b c*. Le larynx supérieur a trois paires de muscles : une paire très-petite *k*, attachée aux condyles des osselets mobiles *a b* et *a c*; une seconde paire *l m*, très-grande, très-longue, qui sert à étendre le compas; et une troisième paire, membraneuse et mince, qui attache les deux compas, qui réunit *a* et *b* à *d*.

N.º III. Larynx supérieur et inférieur du *phasianus garrulus*.
  Fig. 1. La langue *a b c*; l'os hyoïde *b d*, *c e*; et la dentelure du larynx *f g*, dans l'ouverture duquel on aperçoit le socle.
  2. Le socle.
  3. Larynx supérieur ouvert; les deux branches *o* et *p* du compas mobile sont repliées en arrière : *k l* est l'ouverture de la trachée-artère. L'ouverture *m* mène à deux poches membraneuses *n n*, qui se gonflent lorsqu'on souffle dans les bronches. Dans la position naturelle, *o* et *p* sont réunis, et reposent sur le socle échancré en *h*. Le cartilage *x* couvre l'ouverture *m*, en formant une voûte sans empêcher l'air d'y entrer pour parvenir aux poches *n n*.
  4. Os qui soutient la base du larynx inférieur. L'extrémité *s* se trouve dans la partie antérieure du larynx.
  5. Larynx inférieur, vu par derrière, fermé.
  6. *Idem*, ouvert.

PLANCHE II.

N.º IV. Larynx supérieur et inférieur de la *palamedea bispinosa*.
  Fig. 1. La langue et la glotte.
  2. Le larynx supérieur ouvert; *a*, pli qui sert de valve.
  3. Larynx inférieur ouvert, sans poches.
  4. Renflement de la trachée-artère, avec l'attache de deux muscles *a b*.

N.º V. Larynx supérieur et inférieur du *pelecanus alcatras*.
  Fig. 1 et 1 *bis*. Le sac membraneux, la trachée-artère et le larynx inférieur.
  2. L'os hyoïde.
  3. Le socle.
  4. Le larynx inférieur, ouvert.

Planche III.

N.º VI. Larynx et os hyoïde du *psittacus ararauna.*
Fig. 1 et 1 *bis.* Larynx, glotte, trachée-artère et larynx inférieur.
  2. Larynx inférieur grossi, vu de côté.
  3. Larynx inférieur, ouvert.
  4. Muscles du larynx inférieur.
  5. Os hyoïde *c d e.* En *a b* on découvre le larynx supérieur et partie de la trachée-artère.
  6. Les derniers anneaux *pp* du larynx inférieur.

N.º VII. Larynx et os hyoïde du *sciurus granatensis.*
Fig. 1. Langue et larynx ouvert.
  2. Os hyoïde.

N.º VIII. Larynx du *simia œdipus.*
Fig. 1. Langue et larynx fermé.
  2. Larynx ouvert.

Planche IV.

N.º IX. Larynx et os hyoïde du *simia seniculus.*
Fig. 1. Le larynx, la langue et l'os hyoïde, dans leur position naturelle.
  2. *Idem,* mais en découpant la langue.
  3. Larynx ouvert : *a,* ouverture de la boîte osseuse ; *f,* valves inférieures ; *e,* entrée des sacs pyramidaux ; *b,* entrée de la poche intermédiaire ; *g,* boîte osseuse.

N.º X. Crocodile de l'Orénoque.
Fig. 1. Langue et glotte.
  2. Os hyoïde, vu par dessus, *a ;* vu par dessous, *b.*
  3. Os hyoïde baissé.
  4. Os hyoïde élevé, formant la valve qui ferme l'ouverture de l'œsophage.
  5. Valve presque fermée.
  6. Valve derrière laquelle paroît l'ouverture de la glotte.
  7. Glotte et demi-anneaux de la trachée-artère.
  8. Cartilage à la base de la glotte.

MÉMOIRE

SUR UNE NOUVELLE ESPÈCE DE SINGE,

TROUVÉE

SUR LA PENTE ORIENTALE DES ANDES [1].

Dans les vastes plaines qui s'étendent depuis la pente orientale des Andes, vers les côtes du Brésil, dans les forêts épaisses de l'Amazone, du Rio Negro et de l'Orénoque, le *cavia capybara*, le pecari (*sus tajassu*) et les singes, sont les mammifères les plus répandus. Les sapajous et les alouates l'emportent sur tous les autres, soit par la variété des espèces, soit par le nombre des individus. Quelques-uns de ces singes, par exemple le capucin de l'Orénoque, très-différent du *simia capucina* de Linné, le singe tigre ou le cusicusi, et la veuve (trois nouvelles espèces que je décrirai dans la suite), vivent deux à deux, mélancoliques, méfians, fuyant, comme l'homme sauvage, leur propre espèce. D'autres, surtout les sagouins et les singes hurleurs, se voient par bandes de quatre-vingts à cent, s'élançant de branche en branche pour y chercher leur nourriture. Les saïmiris de Buffon, qui sont les titis d'Aturès (*simia sciurea*), si recherchés à cause de leur gaîté, de leur douceur et de leur extrême petitesse, se rapprochent les uns des autres quand il commence à pleuvoir. Un abaissement de température de 3° ou 4° du thermomètre centigrade les incommode si fort qu'ils s'embrassent mutuellement et forment des pelotes, dont chaque individu cherche à occuper le centre pour y trouver de l'abri. Les chasseurs indiens, avertis par le cri des titis, dirigent leurs flèches vers ces pelotes.

Malgré le grand nombre de singes que les naturalistes ont décrits, il est probable que l'on ne connoît pas encore la dixième partie de ceux qui existent. En Afrique, et même dans l'Amérique méridionale, de vastes plaines, de quatre-

---

[1] Ce Mémoire a été lu à la première classe de l'Institut national, le 6 ventôse an 13, par M. de Humboldt.

vingt mille lieues carrées, n'ont encore été visitées par aucun Européen. D'un autre côté, les singes les plus connus sont encore si imparfaitement représentés dans les ouvrages les plus récens et exécutés avec le plus grand luxe, que ceux qui ont vu les individus vivans auroient de la peine à les reconnoître dans les dessins publiés. Je pourrois citer comme exemples le *simia sciurea*, les variétés du *simia capucina*, et même le *simia paniscus*, qui est le gibier que l'on mange communément au haut Orénoque.

Parmi le grand nombre de sapajous nouveaux que j'ai eu occasion de décrire dans mon voyage aux tropiques, je choisis un singe des plaines de Mocoa, remarquable par sa ressemblance avec le lion d'Afrique, et que j'ai dessiné pendant mon séjour à Popayan. Mon dessin a été copié et perfectionné par M. Turpin, et c'est cette copie qui a été gravée pour cet ouvrage.

Le léoncito est très-rare, même dans son pays natal. Il habite les plaines qui bordent la pente orientale des Cordillères, les rives fertiles du Putumayo et du Caqueta : il ne monte jamais jusqu'aux régions tempérées, tandis que des bandes vagabondes du *simia beelzebul* poussent quelquefois leurs excursions jusqu'à des hauteurs égales à celles du Canigou et même du Mont-Perdu. Le léoncito de Mocoa, à qui je donne le nom de *simia leonina*, diffère essentiellement de toutes les espèces connues : il n'a pas la tête blanche du *simia leucocephala*, figuré dans le bel ouvrage d'Audebert ; il diffère du *simia rosalia* et du sakî ou singe à queue de renard (*simia pithecia*), par une tache blanche qui couvre le bout du nez, la bouche et le menton ; il diffère du *simia iacchus* du Brésil, par la queue sans anneaux blancs, par son visage noir, et par la disparité de conformation qui existe entre les ongles des mains antérieures et des postérieures, les premières ressemblant presque à celles des chats, et les dernières ayant les doigts anthropomorphes. Le léoncito n'a que sept à huit pouces de long, sans compter la queue, qui est de la longueur du corps ; c'est un des singes les plus petits et les plus élégans que nous ayons vus : il est gai, joueur, mais, comme la plupart des petits animaux, très-irascible. Lorsqu'il se fâche, il hérisse le poil de la gorge, ce qui augmente sa ressemblance avec le lion d'Afrique. Je n'ai pu voir que deux individus de ce singe très-rare ; c'étoient les premiers qu'on eût portés vivans à l'ouest de la Cordillère : on les tenoit dans une cage, et leurs mouvemens étoient si rapides et si continuels que j'eus beaucoup de peine à les dessiner. Leur sifflement imitoit le chant des petits oiseaux, et je suppose que la conformation de leur larynx est analogue à celle que j'ai décrite du *simia œdipus*. On m'a assuré que, dans les cabanes des Indiens de

Mocoa, le léoncito se multiplie dans l'état de domesticité. Ce ne seroit que par la voie du Grand-Para et de la rivière des Amazones qu'on pourroit se le procurer en Europe. Si un gouvernement intéressé aux progrès de l'histoire naturelle descriptive faisoit faire une expédition dans laquelle cet intérêt ne seroit pas subordonné à celui des découvertes géographiques; si ce gouvernement envoyoit des canots pour remonter l'Orénoque et pour pénétrer, par le Cassiquiaré et le Rio Negro, jusqu'à la rivière des Amazones; enfin si, après avoir exploré les bouches du Caqueta et du Putumayo, il faisoit descendre ces mêmes canots jusqu'au Grand-Para, il réuniroit en peu de temps les collections les plus précieuses pour la zoologie et la botanique. Une expédition de cette nature seroit peu coûteuse et d'un succès certain.

SIMIA LEONINA.

Ex olivaceo fuscescens, facie atra, ore albo, dorso striis albo-flavescentibus notato.

Caput parvum, depressum, nigrescens. Facies anthropomorpha atra; macula albo-cœrulescens circa os et nares. Auriculæ subtriangulares distantes, margine superiori deflexo, magnæ, aterrimæ, pilosæ. Corpus ex badio olivaceum, pilis nigro-annulatis, in collo longioribus. Dorsum maculis et striis albo-flavescentibus variegatum. Cauda non prehensilis, longitudine corporis, superne atra, inferne badia, apice incurva et incrassata. Manus et pedes aterrimi, inferne nudi, pollice in manibus anterioribus et posterioribus distante. Ungues acuti, incurvi, atri; pollicis ungue in manibus anterioribus oblongo, acuto, in manibus posterioribus (pedibus) obtuso, anthropomorpho.

MÉMOIRE

SUR

L'EREMOPHILUS ET L'ASTROBLEPUS,

DEUX NOUVEAUX GENRES

DE L'ORDRE DES APODES [1].

Lorsqu'on s'élève de la Cordillère des Andes à des hauteurs de deux mille six cents toises et au-dessus, l'on trouve de grands plateaux et des lacs d'une étendue considérable. Il est frappant de voir que, tandis que le sol y est encore couvert d'une belle végétation; tandis que les bois sont remplis de mammifères, et l'air d'une grande variété d'oiseaux, l'eau seule, les lacs et les rivières, soient si peu habités : la cause de ce phénomène tient sans doute à des faits géologiques; il tient au grand mystère de l'origine et de la migration des espèces.

Les lacs considérables qui entourent la ville de Mexico, à onze cent soixante toises de hauteur, ne nourrissent que deux espèces de poissons, dont l'une, l'axalotl, appartient plutôt au genre des sirènes et des protées. M. Cuvier, à qui nous avons apporté cet animal si extraordinairement organisé et inconnu en Europe, s'est occupé de son anatomie, qu'il va publier sous peu. Dans le royaume de la Nouvelle-Grenade, dans la belle vallée de Bogota, à treize cent quarante-sept toises de hauteur, il n'existe également que deux espèces, que les habitans de ce pays nomment le *capitaine* et la *guapucha*. L'une est une athérine, et l'autre un nouveau genre d'apode, que je vais décrire en ce mémoire. La forme de sa queue et sa nageoire anale le distinguent assez du genre *Trichiurus*, qui se trouve aussi d'ailleurs dans les eaux douces de l'Amérique

---

[1] Ce Mémoire a été lu à la première classe de l'Institut national, le 22 pluviôse an 13, par M. de Humboldt.

Zoologie. 3

méridionale. J'ai dessiné sur les lieux ce poisson inconnu, et MM. de Lacépède et Cuvier, qui ont bien voulu examiner mes descriptions, y ont reconnu, comme moi, un nouveau genre bien caractérisé. Je l'ai nommé *érémophile*, à cause de la solitude dans laquelle il vit à de si grandes hauteurs, et dans des eaux qui ne sont presque habitées par aucun autre être vivant. Les naturalistes qui craignent que de nouvelles espèces de ce même genre ne viennent à être découvertes dans des situations très-différentes, pourroient changer le nom d'*érémophile* en celui de *thrichomycterus*, tiré des barbillons attachés au nez de ce poisson.

EREMOPHILUS.

APOD. CHAR. GENERICUS ESSENTIALIS.

Corpus elongatum. Cirri maxillares 4, nasales semitubulosi 2. Pinna dorsalis et analis. Membrana branchiostega radiis 1-2.

EREMOPHILUS Mutisii.

Corpore elongato, plumbeo, cærulescenti, maculis dædaleis olivaceis variegato ; operculi branchiostegi ; duplicatura spinuloso-serrata.

Le corps du Capitaine de Bogota est allongé et a quelque analogie avec celui de l'anguille. Il est comprimé, et d'une couleur gris-bleuâtre, tachetée en vert d'olive. Ces taches, dont les contours forment des sinuosités très-frappantes, prennent, dans quelques individus, une teinte jaunâtre ; la tête est petite et aplatie ; la bouche, située à l'extrémité du museau, est étroite ; la mâchoire supérieure dépasse l'inférieure : la première, très-allongée et double, est garnie de six barbillons charnus, dont les deux extérieurs sont les plus longs. Deux autres barbillons, plus courts et demi-tubuleux, sont placés sur les narines. Le Capitaine a les yeux très-petits et voilés par une membrane demi-transparente, comme les gymnotes et les murènes ; l'extrémité de ses lèvres est garnie de petites dents en forme de poils ; la langue est très-charnue, mais courte ; l'opercule forme une ouverture branchiale très-étroite ; il est très-difficile de distinguer ses lames. Dans la plupart des individus que j'ai examinés, il m'a paru que le Capitaine, analogiquement avec le *cyclopterus dentex* et peu d'autres poissons, n'a que deux rayons, qui sont comme soudés l'un

sur l'autre ; le bord de l'opercule est dentelé. La nageoire dorsale a huit rayons,
la pectorale six, celle de l'anus six, et celle de la queue, qui est arrondie,
douze rayons. Pas de vessie natatoire. La longueur de ce poisson est de dix à
onze pouces. Son corps est enduit de mucosité, comme dans la plupart des
apodes. Il habite la petite rivière de Bogota, qui forme la fameuse cataracte
de Tequendama. Le Capitaine est un aliment très-agréable, et d'autant plus pré-
cieux, que sans lui, dans le temps du carême, les habitans de la capitale de
Santa-Fe seroient réduits au poisson salé de mer, qui leur vient de très-loin.
J'ai donné à cette espèce le nom trivial *Mutisii*, en l'honneur du célèbre
naturaliste dont les riches collections se conservent dans la grande vallée de
Bogota.

La petite rivière de Palacé, près de Popayan, nourrit un autre poisson qui,
par sa mucosité et la disposition de ses nageoires, a quelques rapports avec
l'érémophile, mais qui doit constituer encore un nouveau genre d'apode. La
largeur de sa tête, plus grosse que le corps; ses yeux placés sur la partie supérieure de la tête, et tournés de manière que ses prunelles sont dirigées, comme
dans l'*uranoscopus mus*, vers la surface des eaux; la dentelure des premiers
rayons des nageoires; la membrane branchiale à quatre rayons ; la langue, le
manque de barbillons aux narines, et la pinne dorsale, plus rapprochée de la
tête que de la queue, distinguent assez le *pescado negro* de Popayan du *capitan*
de Santa-Fe. J'ai donné à ce genre le nom d'*astroblepus*, faisant allusion à la
situation extraordinaire de ses yeux.

ASTROBLEPUS.

APOD. CHAR. GENERICUS ESSENTIALIS.

Corpus plagioplateum. Membrana branchiostega radiis 4. Oculi verticales. Cirri 2
maxillares, nasales nulli.

ASTROBLEPUS GRIXALVII.

Corpore ex olivaceo-nigrescenti, capite subtruncato, radiis pinnarum exterioribus serratis.

*Corpus plagioplateum, oblongum, nudum, olivaceo-nigrescens, caudam
versus angustatum, subcompressum. Caput obtusum, magnum, subtrun-
catum. Cirri 2, apice recurvi et subulati, ricto in labio superiori adnati.*

Maxilla labiata, labio superiori majori plicatili. Lingua nulla. Nares 2 magnæ, margine membranaceo. Oculi verticales, minuti. Operculum simplex, convexum, nudum. Membrana branchiostega radiis 4, ossiculo anteriori subserrato. Pinna pectoralis radiis 10. Pinna analis radiis 7. Pinna caudalis integra radiis 12 ; radiis duobus exterioribus (ut omnium pinnarum) extrorsum serratis. Longitudo 14 - pollicaris.

J'AI donné à ce poisson le nom spécifique *Grixalvii*, pour perpétuer la mémoire d'un savant respectable, Don Mariano Grixalva, qui a répandu à Popayan le goût des sciences physiques, qu'il cultive lui-même avec succès.

Le *pescado negro*, que l'on mange beaucoup à Popayan, ne se trouve pas dans cette partie de la rivière de Cauca qui est la plus voisine de la ville. La cause physique de ce phénomène est assez frappante. Du volcan de Puracé descend un ruisseau imprégné d'acide sulfurique, et auquel les habitans donnent le nom de rivière du Vinaigre (*Rio Vinagre*) : il est connu par la belle cascade qu'il forme au pied du volcan. Depuis le point où les eaux de la rivière du Vinaigre se mêlent à celles du Rio Cauca, jusqu'à quatre lieues plus bas, ce dernier est sans poisson, quoique, dans sa partie supérieure, la pêche soit assez abondante. De petites quantités d'acide, qui échapperoient à nos analyses chimiques, sont souvent assez considérables pour nuire à l'organisation des poissons.

MÉMOIRE

SUR UNE NOUVELLE ESPÈCE

DE PIMELODE,

JETÉE PAR LES VOLCANS DU ROYAUME DE QUITO [1].

L*A* Cordillère des Andes, depuis le détroit de Magellan jusqu'aux côtes boréales et limîtrophes de l'Asie, sur une étendue de plus de deux mille lieues, présente au delà de cinquante volcans encore actifs, et dont les phénomènes sont aussi variés que la hauteur et la situation locale. Un très-petit nombre de ces volcans, et les moins élevés, jettent des laves coulantes : j'en ai vu, au volcan de Jorullo, au Mexique, un cône basaltique, sorti de terre le 15 septembre 1759, et s'élevant aujourd'hui de deux cent quarante-neuf toises au-dessus de la plaine environnante. Les cimes volcaniques de Guatimala lancent une quantité prodigieuse d'ammoniaque : celles de Popayan et du haut plateau de Pasto présentent, ou des solfatares qui exhalent de l'acide sulfureux, ou de petits cratères remplis d'eau bouillante, et dégageant de l'hydrogène sulfuré, qui se décompose par le contact avec l'oxigène atmosphérique. Les volcans du royaume de Quito jettent de la pierre ponce, des basaltes et des porphyres scorifiés ; ils vomissent des quantités énormes d'eau et d'argile carburée, des matières boueuses, qui répandent la fertilité à huit et dix lieues à la ronde ; mais depuis l'époque à laquelle remontent les traditions des indigènes, ils n'ont jamais produit de grandes masses de laves coulantes et fondues. Les hauteurs de ces montagnes colossales, qui surpassent cinq fois celle du Vésuve, et leur situation peu isolée, sont sans doute les causes principales de ces anomalies. Le bruit souterrain du Cotopaxi, lors de ses grandes explosions, s'entend à des distances égales à celle du Vésuve à Dijon : mais malgré cette intensité de force, on

---

[1] Ce Mémoire a été lu à la première classe de l'Institut national, le 22 pluviôse an 13, par M. de Humboldt.

conçoit que si le feu volcanique se trouve à de grandes profondeurs, la lave fondue ne peut ni s'élever jusqu'au bord du cratère, ni percer le flanc de ces montagnes, qui, jusqu'à quatorze cents toises de hauteur, se trouvent renforcées par de hauts plateaux environnans. Il paroît donc naturel que des volcans aussi élevés ne vomissent par leur bouche que des pierres isolées, des cendres volcaniques, des flammes, de l'eau bouillante, et surtout ces argiles carburées et imprégnées de soufre, que l'on nomme *moya*, dans la langue du pays.

Mais les volcans du royaume de Quito offrent de temps en temps un autre spectacle moins alarmant, mais non moins curieux pour le naturaliste. Les grandes explosions sont périodiques et assez rares : le Cotopaxi, le Tungurahua et le Sangay, n'en offrent quelquefois pas en vingt ou trente ans ; mais dans ces intervalles, ces mêmes volcans vomissent des quantités énormes de boues argileuses, et, ce qui frappe le plus l'imagination, une innombrable quantité de poissons. Le hasard a voulu que ces inondations volcaniques n'eussent pas lieu l'année que j'ai passée dans les Andes de Quito : mais les poissons vomis par les volcans sont un phénomène si commun et si généralement connu de tous les habitans de ce pays, qu'il ne peut pas rester le moindre doute sur son authenticité. Comme il y a, dans ces régions, plusieurs personnes très-instruites, et qui s'occupent même avec succès des sciences physiques, j'ai eu occasion de me procurer des renseignemens exacts sur ces poissons. M. de Larrea, à Quito, versé dans l'étude de la chimie, et qui s'est formé un cabinet des minéraux de sa patrie, m'a surtout été très-utile dans ces recherches. En fouillant dans les archives de plusieurs petites villes voisines du Cotopaxi, pour en extraire les époques des grands tremblemens de terre, dont heureusement on a conservé les dates avec soin, j'y ai trouvé quelquefois des notes sur les poissons lancés par les volcans. Sur les terres du marquis de Selvalègre, le Cotopaxi en jeta une si grande quantité, que leur putréfaction répandit une odeur fétide alentour. Le volcan presque éteint d'Imbaburu en vomit, en 1691, des milliers sur les champs qui entourent la ville d'Ibarra. Les fièvres putrides qui commencèrent à cette époque, furent attribuées aux miasmes qu'exhaloient ces poissons, amoncelés sur la surface de la terre, et exposés à l'action du soleil. Dans les temps les plus récens, l'Imbaburu a continué de jeter des poissons ; et lorsqu'en 1698, le 19 juin, le volcan de Cargueirazo s'affaissa, des milliers de ces animaux, enveloppés dans des boues argileuses, furent vomis par la cime qui s'écroula.

Le Cotopaxi et le Tungaragua lancent les poissons, quelquefois par le cratère qui est à la cime de ces montagnes, quelquefois par des fentes latérales, mais constamment à deux mille cinq cents ou deux mille six cents toises d'élévation au-dessus de la surface de la mer : or, les plaines d'alentour ayant près de treize cents toises de hauteur, on peut en conclure que ces animaux sortent d'un point qui est de treize cents toises plus élevé que les plaines sur lesquelles ils son jetés. Quelques Indiens m'ont assuré que le poisson vomi par les volcans étoit quelquefois encore vivant en descendant le long du flanc de la montagne; mais ce fait ne me paroît pas assez avéré : ce qui est certain, c'est que, parmi les milliers de poissons morts, que dans peu d'heures on voit descendre du Cotopaxi avec de grandes masses d'eau froide et douce, il y en a très-peu qui soient assez défigurés pour que l'on puisse croire qu'ils ont été exposés à l'action d'une forte chaleur. Ce fait devient encore plus frappant, lorsqu'on considère la chair molle de ces animaux, et la fumée épaisse que le volcan exhale en même temps. Il m'a paru d'un très-grand intérêt pour l'histoire naturelle descriptive, de bien vérifier la nature de ces animaux. Tous les habitans conviennent qu'ils sont identiques avec ceux que l'on trouve dans les ruisseaux au pied de ces volcans, et que l'on nomme *preñadillas* : c'est même la seule espèce de poisson qu'on découvre au-dessus de quatorze cents toises, dans les eaux du royaume de Quito. Je l'ai dessiné avec soin sur les lieux; mon dessin a été colorié par M. Turpin. J'ai reconnu que la *preñadilla* est une nouvelle espèce du genre *Silurus*. M. de Lacépède, qui a bien voulu l'examiner, m'a conseillé de la réduire à cette division des *silurus*, que, dans le cinquième tome de son Histoire naturelle des poissons, il a désignée sous le nom de *pimelodes*.

Cette nouvelle espèce de pimelode a le corps déprimé, de couleur olivâtre, mêlée de petites taches noires : la bouche, qui est à l'extrémité du museau, est très-grande, garnie de deux barbillons attachés aux mâchoires; les narines sont tubuleuses; les yeux, très-petits, sont placés vers le milieu de la tête : la peau du corps et de la queue est enduite d'une mucosité abondante : la bouche est garnie de dents très-petites : la membrane branchiale a quatre rayons, comme le *pimelodus chilensis ;* la pinne pectorale en a neuf, la ventrale cinq, la première dorsale six, la nageoire de l'anus sept; celle de la queue, qui est bifide, a douze rayons. Le premier rayon de toutes ses nageoires est dentelé par dehors : la seconde pinne dorsale est adipeuse et placée près de la queue. Ce petit *pimelodus,* que l'on trouve dans les lacs, jusqu'à dix-sept cents toises de hauteur, est sans doute le poisson qui vit dans les régions les plus élevées de notre globe. Sa longueur ordinaire est à peine de dix centimètres (4 pouces); mais il y a des variétés qui ne paroissent pas atteindre cinq centimètres (2 pouces) de long.

Dans le système ichtyologique, il faudra ranger cette nouvelle espèce de *pimelodus* dans le premier sous-genre établi par M. de Lacépède, parmi les pimelodes à queue fourchue : elle en sera la première espèce, avant le pimelode bagre, car elle est la seule de cette division qui n'ait que deux barbillons. Je lui donne le nom de

PIMELODUS Cyclopum.

Cirris duobus, corpore olivaceo-nigro punctato.

Ce petit poisson vit dans les ruisseaux qui ont une température de 10° du thermomètre centigrade, tandis que d'autres espèces du même genre existent dans les rivières des plaines, dont l'eau est à 27°. Le *pimelodus* n'est mangé que rarement, et seulement par la race la plus indigente des Indiens : son aspect et la mucosité de sa peau le rendent très-dégoûtant.

D'après l'énorme quantité de pimelodes que vomissent de temps en temps les volcans du royaume de Quito, on n'ose pas douter que ce pays ne contienne de grands lacs souterrains qui cachent ces poissons, car les individus qui existent dans les petites rivières d'alentour sont très-peu nombreux. Une partie de ces rivières peut communiquer avec ces creux souterrains ; et il est assez probable que les premiers pimelodes qui ont peuplé ces creux, y ont remonté contre le courant. J'ai vu pêcher en Angleterre, dans les cavernes du Derbyshire, et près de Gailenreuth, en Allemagne, où se trouvent les têtes d'ours et de lions fossiles, des truites vivant dans des grottes qui aujourd'hui sont bien éloignées de tout ruisseau, et très-élevées au-dessus du niveau des eaux voisines. Dans la province de Quito, le mugissement souterrain qui accompagne le tremblement de terre, les masses de rochers que l'on croit entendre s'écrouler au-dessous de la voûte sur laquelle on marche, l'immense quantité d'eau qui sort de terre dans les endroits les plus secs, lors des explosions volcaniques, et nombre d'autres phénomènes, annoncent que tout le sol de ce plateau est miné. Mais s'il est facile de concevoir que de vastes bassins souterrains soient remplis d'eau et qu'ils nourrissent des poissons, il est moins facile d'expliquer comment ces animaux sont aspirés par les volcans, élevés à treize cents toises de hauteur, et vomis, soit par les cratères, soit par des fentes latérales. Voudroit-on supposer que les pimelodes existent dans les bassins souterrains, à la même hauteur à laquelle on les voit sortir ? Comment concevoir leur origine dans une position si extraordinaire, dans le flanc d'un cône si souvent chauffé, et peut-être en partie produit par le feu volcanique? Quel que soit le mode par lequel ils sortent, l'état non défiguré dans lequel on les rencontre fait croire que ces volcans, les plus élevés et les plus actifs du monde, éprouvent de temps en temps des mouvemens convulsifs, pendant lesquels le dégagement du calorique paroît moins considérable que l'on ne devroit le supposer. Des tremblemens de terre n'accompagnent pas toujours ces phénomènes. Peut-être que, dans les différentes concamérations que l'on peut admettre dans l'intérieur d'un volcan, l'air se trouve de temps en temps condensé, et que c'est cet air condensé qui contribue à élever l'eau et les poissons; peut-être sortent-ils d'une concavité éloignée de celles qui vomissent le feu volcanique; peut-être, enfin, les boues argileuses, dans lesquelles ces animaux sont enveloppés, les défendent-elles de l'action d'une forte chaleur. Malgré toutes les recherches que, dans la dernière époque, on a faites sur les volcans, il n'y a que l'étude des produits volcaniques qui ait fait quelques progrès. Quant à la nature du combustible qui nourrit ces feux souterrains, quant au mode d'action de ces feux mêmes, je crois que toutes les personnes qui ont visité les bords des cratères, et qui ont vécu long-temps dans le voisinage des volcans, avoueront sincèrement avec moi que nous sommes bien éloignés encore d'en pouvoir donner une explication qui, sans être contraire aux principes de la chimie et de la physique, puisse suffire aux grands phénomènes que présentent les explosions volcaniques.

ESSAI

SUR L'HISTOIRE NATURELLE

DU CONDOR,

OU

DU *VULTUR GRYPHUS* DE LINNÉ [1].

IL est étonnant, sans doute, qu'un des plus grands oiseaux de la terre, qu'un animal qui habite des régions visitées depuis trois siècles par les Européens, soit encore si imparfaitement connu. Cependant, les descriptions que l'on en trouve dans les relations des voyageurs et dans les ouvrages des naturalistes les plus modernes, sont remplies de contradictions et de mensonges. Les uns exagèrent la grandeur et la férocité du Condor; d'autres le confondent avec des espèces voisines, ou prennent les différences que présente l'oiseau, dans les diverses époques de sa vie, pour des différences diagnostiques des deux sexes. En parlant de la forme du Condor, après avoir comparé soigneusement tout ce qui a été écrit sur cet objet, un des plus grands naturalistes du siècle, M. Cuvier, s'énonce ainsi : « Quelques auteurs lui attribuent un « plumage brun, et une tête revêtue d'un duvet; d'autres, une crête charnue « sur le front, et un plumage noir et blanc. Il n'a point encore été décrit « avec exactitude. » Le docteur Shaw assure que le Muséum Leverianum, à Londres, est le seul cabinet de l'Europe, dans lequel il se trouve un Condor. Mais des deux dessins que ce savant estimable en a donnés [2], le second seul rappelle un peu le grand Vautour des Andes. La tête cependant y est sans caractère; elle ressemble plutôt à celle d'un coq qu'à la tête du Condor

---

[1] Ce Mémoire, rédigé par M. de Humboldt, a été lu à la première classe de l'Institut de France, le 13 octobre 1806.

[2] *Musei Leveriani explicatio*, 1796, Vol. I, p. 4, et Vol. II, p. 5. Le Condor n'existeroit-il pas dans le beau cabinet d'histoire naturelle de Madrid, que les voyages de MM. Ruiz et Pavon ont enrichi? Je ne me souviens pas exactement si je l'y ai vu en 1798, pendant mon séjour en Espagne.

péruvien. Buffon n'a pas du tout hasardé d'en donner une gravure ; celle que l'on a ajoutée à l'édition de ses ouvrages, faite à Deux-Ponts, est au-dessous de toute critique.

Ayant séjourné, pendant dix-sept mois, dans les montagnes où l'on trouve ce bel oiseau ; ayant eu occasion d'en voir habituellement dans les différentes excursions que nous avons faites, M. Bonpland et moi, au-delà des limites des neiges perpétuelles, je crois rendre un service à la science, en publiant et la description détaillée du Condor, et les dessins que j'en ai ébauchés sur les lieux. Je m'empresse d'autant plus de le faire, que, depuis mon retour en Europe, un grand nombre de naturalistes m'ont adressé des questions sur un objet dont je puis me flatter de pouvoir parler avec quelque certitude.

Le nom de Condor est tiré de la langue Qquichua, qui étoit la langue générale des Incas. On devroit écrire *Cuntur,* comme d'autres naturalistes l'ont déjà observé avant moi ; car les Européens, par corruption de prononciation, changent les *u* et les *t* péruviens en *o* et en *d,* comme les *hua* en *gua.* On dit souvent le volcan de Tonguragua, au lieu de *Tungurahua ;* on dit la Cordillère des Andes, au lieu de celle des *Anti.* Je soupçonne même que Cuntur tire son origine de *Cuntuni,* verbe qui, dans la langue Qquichua, signifie *sentir bon,* répandre une odeur de fruit, de viande ou d'autres alimens. Cette langue est assez riche pour avoir trois verbes neutres, *mucani, cuntuni* et *aznani,* qui expriment : sentir en général sans déterminer la qualité de l'odeur ; sentir bon, et sentir mauvais [1]. Or, rien n'étant plus frappant dans le Condor que l'inconcevable sagacité avec laquelle il distingue de loin toute odeur de viande, l'étymologiste peut bien se permettre de croire que *cuntur* et *cuntuni* dérivent d'une même racine inconnue. Je continue cependant à me servir du nom de Condor, pour ne pas faire naître de nouveaux doutes sur l'identité de l'oiseau que je décris, avec celui sur lequel on a énoncé tant de choses fabuleuses.

Le Condor appartient à cette famille des *Rapaces* (Accipitres) qui n'ont que le bas du cou garni de plumes tressées en manière de palatine, famille que M. Duméril, dans son excellent tableau de zoologie analytique [2], désigne sous le nom de *Ptilodères* ou de *Nudicolles.* Le même savant sépare le Condor du genre *Vultur,* et le réunit avec le Papa et l'Oricou dans un nouveau

---

[1] *Vocabulario del Padre Diego Gonzales Holguin* (*Lima* 1608), p. 33.
[2] *Duméril, Zool. anal.,* p. 32.

genre, auquel il donne le nom de *Sarcoramphus*. Cette séparation me paroît très-sage. Les crêtes ou caroncules charnues qui couronnent le bec, offrent sans doute un caractère très-distinctif. Parmi les Passereaux et les Grimpeurs, bien des genres de Linné reposent sur des caractères moins essentiels : aussi l'on verra, par la description qui suit, que le Condor n'est ni un Griffon ou *Gypœtos* de Storr, ni un Faucon, comme quelques savans modernes l'ont avancé.

Le jeune Condor n'a pas de plumes. Son corps, pendant plusieurs mois, n'est couvert que d'un duvet très-fin ou d'un poil blanchâtre frisé, qui ressemble à celui des jeunes chouettes. Ce duvet défigure tellement ce jeune oiseau que, dans cet état, il paroît presque plus grand que dans l'âge adulte. Les Condors, à l'âge de deux ans, n'ont pas le plumage noir, mais d'un brun fauve. La femelle, jusqu'à cette époque, n'a pas ce collier blanc, formé au bas du cou par des plumes plus longues que les autres; collier ou capuchon que les Espagnols nomment *golilla*. C'est pour ne pas avoir fait attention à ces changemens que l'âge amène, que beaucoup de naturalistes et même des habitans du Pérou, peu intéressés à étudier les caractères des oiseaux, annoncent qu'il y a deux espèces de Condors, des noirs et des bruns (*Condor negro y Condor pardo*). Nous avons trouvé des personnes dans la ville de Quito même qui nous assuroient, comme le font Gmelin [1] et l'abbé Molina [2], que la femelle du Condor se distingue du mâle, non seulement par l'absence de la crête nasale, mais aussi par le défaut de collier. Il est certain cependant que la nature dément cette assertion. A Riobamba, aux environs du Chimborazo et de l'Antisana, les chasseurs connoissent à fond les influences de l'âge sur la forme et la couleur du Condor : c'est à ces chasseurs que nous devons les notions les plus exactes sur ces variétés.

Le Vautour des Andes est bien plus étonnant par son audace, par l'énorme force de son bec, de ses ailes et de ses serres, que par la grandeur de son envergure. Peu d'années avant de parcourir la chaîne des Andes, j'ai habité le pays de Salzbourg; j'ai vu, à Berchtesgaden, des Lœmmer-geyer (*Vultur barbatus Linn.*) qui étoient d'une taille tout aussi grande que le Condor.

Ce dernier a le bec droit, mais extrêmement crochu à l'extrémité. La mâchoire inférieure est de beaucoup plus courte que la mâchoire supérieure.

[1] *Linn., Syst. nat.*, 1788, Vol. 1, p. 245.
[2] *Hist. nat. du Chili*, L. IV, n. 19.

Le devant de ce bec énorme est blanc, le reste d'un brun grisâtre, et non noir, comme le prétend Linné. La tête et le cou sont nus, et couverts d'une peau dure, sèche et ridée; cette peau même est rougeâtre, mais par-ci par-là garnie de poils bruns ou noirâtres, courts et très-roides. Le crâne est singulièrement aplati à la sommité, comme dans tous les animaux très-féroces. D'après M. Gall, ce seroit l'organe de la bonté qui manque entièrement. Ignorant au Pérou le système hardi, mais ingénieux de ce savant, et ayant perdu, avec d'autres objets, le crâne du Condor, je ne puis dire si cet oiseau qui plane à la hauteur du Chimborazo, c'est-à-dire à une élévation presque six fois plus grande que celle à laquelle se soutiennent les nuages au-dessus de nos plaines, possède la protubérance longitudinale qui se trouve au milieu de la suture sagittale des aigles et des chamois, et qui, selon le système cranologique, est *l'organe de la hauteur*. Il suffit d'avoir rendu d'autres voyageurs attentifs à ce problème intéressant.

La crête charnue ou plutôt cartilagineuse du Condor occupe la sommité de sa tête et un quart de la longueur du bec. Cette crête manque entièrement à la femelle, et c'est à tort qu'un naturaliste moderne, M. Daudin [1], la lui attribue. Elle est de figure oblongue, ridée et très-mince. Elle repose sur le front et sur la partie postérieure du bec; mais, à la base de celui-ci, elle est libre et presque échancrée. C'est dans ce vide que sont placées les narines; car, sans cette échancrure de la crête, l'odorat de l'animal seroit très-foible. La peau de la tête du mâle forme, derrière l'œil, des plis ou rugosités en barbillons qui descendent vers le cou, et se réunissent dans une membrane lâche que l'animal peut rendre plus ou moins visible en la gonflant à son gré, à peu près comme font tous les dindons de nos basse-cours. Il est utile d'observer cependant que la crête du Condor ne ressemble aucunement à celle du coq, ni au cône flasque du dindon; elle est très-dure, coriace, munie de très-peu de vaisseaux, et ne sauroit se gonfler : elle n'a, sous le rapport anatomique, aucune analogie avec la grosse caroncule du *Vultur papa*. L'oreille du Condor présente une ouverture très-considérable, mais elle est cachée sous les plis de la membrane temporale. L'œil est singulièrement allongé, plus éloigné du bec qu'il ne l'est dans les aigles, très-vif et de couleur pourprée. Tout le cou est garni de rides parallèles, mais la peau y est moins lâche que celle qui couvre la gorge : ces rides sont placées longitudinalement,

---

[1] *Daudin, Ornithologie*, T. II , p. 9.

et naissent de l'habitude du Vautour, de raccourcir son cou et de le cacher dans le collier qui lui sert de capuchon.

Ce collier, qui n'est ni moins large ni moins blanc dans la femelle adulte que dans le mâle [1], est formé d'un beau duvet soyeux. C'est une bande blanche qui sépare, de la partie nue du cou, le corps de l'oiseau garni de véritables plumes. Linné, et, d'après lui, M. Daudin, assurent, mais sans fondement, que ce collier manque à la femelle. Dans les deux sexes, le capuchon n'est pas entier; il ne ferme pas exactement par-devant, et le cou y est nu jusqu'à l'endroit où commencent des plumes noires. Il faut cependant y regarder de bien près pour s'apercevoir que le duvet du collier est interrompu vers la poitrine, car la bande nue est très-mince. Molina assure que la femelle du Condor a une petite touffe de plumes blanches à la nuque; mais je ne l'ai point observée parmi les individus nombreux que j'ai vus dans les Andes.

Le reste de l'oiseau, le dos, les ailes et la queue, sont d'un noir un peu grisâtre. Il est faux que le dos du mâle soit blanc, comme le prétendent plusieurs naturalistes, et même l'abbé Molina. Il le paroît, lorsqu'on voit planer l'oiseau au-dessous de soi; mais alors on confond le reflet que jettent les pennes tectrices qui forment une tache blanche, comme nous le verrons bientôt. Les plumes du Condor sont quelquefois d'un noir brillant; le plus souvent cependant ce noir tire sur le gris. Elles ont une figure triangulaire, et se couvrent mutuellement comme des tuiles. Les pennes primaires des ailes (*remiges*) sont noires; les pennes secondaires ont, dans le mâle et dans la femelle, le bord extérieur blanc : la différence du sexe est d'autant plus visible dans les *tectrices*. Dans la femelle, ces pennes, qui recouvrent les *remiges,* sont d'un noir-grisâtre; mais, dans le Condor mâle (et ce caractère est très-marqué), les pointes et même la moitié des pennes sont blanches, de sorte que l'aile du mâle paroît ornée d'une grande tache d'un beau blanc. La queue est cunéiforme, assez courte, et noirâtre dans les deux sexes.

Les pieds sont très-robustes et d'un bleu-cendré, ornés de rides blanches. Les ongles ont une couleur noirâtre; ils sont peu crochus, mais extrêmement longs. Les quatre doigts du pied sont réunis par une membrane très-lâche, mais très-prononcée. Le quatrième doigt est très-petit, et son ongle est plus recourbé.

---

[1] Les naturalistes européens auroient déjà pu apprendre de l'ancien voyage de l'abbé *Courte de la Blanchardière* (1751 , p. 101), que les Condors sans crête, qui sont les femelles, ont un capuchon ou un anneau blanc autour du cou.

VULTUR GRYPHUS. Lin.

SARCORAMPHUS CUNTUR. Duméril.

V. caruncula verticali, oblonga, integra; gula nuda, torque albo, reliquo corpore ex atro cinerascente.

Rostrum aduncum, ex cinereo fuscescens, usque ad mediam partem anteriorem album, mandibula superiori inferiorem superante. Nares ovato-lineares, nullis pilis circumdatæ, cœlum respicientes, sub caruncula verticali, ubi hæc rostro non adhæret, latentes. Lingua integra, cartilaginea, membranacea, ovato-cuneata, subtus concava, margine spinuloso-serrata. Aures magnæ, subrotundæ, sub membranæ temporalis rugis latentes. Irides purpureæ. Caput et colli pars nuda, præsertim gula ex cinereo rubescens, rugosa, pilis nigro-fuscis, rigidiusculis, brevibus passim obsita. In mare cutis, quæ caput et colli partem tegit superiorem, rugosior, in carunculam gularem dilatata, plicis in gula transversaliter, in collo longitudinaliter parallelis. Mari quoque soli caruncula verticalis, longitudine capitis oblonga, sinuata, integerrima, erecta, cartilaginosa, subcarnosa, cinerea, subrugosa, vertici, fronti et parti rostri posteriori arcte adhærens, ita tamen ut aeri ad nares liberum relinquat aditum. Feminæ caruncula verticalis nulla, et facies minus rugosa. Torques alba colli partem pennis vestitam a parte nuda dividit, plumisque mollibus brevibusque dense tegitur. Sub jugulo tamen stria impennis longitudinaliter per torquem, a gula ad pectus usque descendit. Avis reliqua, truncus et artus, ex atro cinerascentes, pennisque triangularibus, supra convexis, subtus concavis, imbricatim obtecti. Remiges in utroque sexu primores 7 atri, 27 latere exteriori albo-marginati. In remigibus primoribus, penna tertia reliquis omnibus longior. Tectrices in femina cinerascentes, in mare parte media et apice albæ, ut speculum niveum in ala maris formetur. Cauda cuneata, brevis, ex atro cinerascens, rectricibus decem subæqualibus. Pedes cinerei, subcœrulescentes, squamis atris tecti, venisque albescentibus dædaleis picti. Digiti quatuor, quorum unus brevissimus. Ungues atro-cinerei rectiusculi. Digiti, ad basin, membrana laxe intertexta instructi. Differt mas a femina, 1.º caruncula verticali; 2.º capite et gula rugis atque sulcis magis excavata ; 3.º pennis alarum tectricibus, medio et apice albis, nec cinerascentibus.

Les dimensions que j'ai prises sur un Condor femelle, tué au volcan de Pichincha, étoient les suivantes :

Longueur de la femelle, depuis la pointe du bec au bout de la queue, 1,028 mètres, ou 3 pieds 2 pouces.

Longueur du bec, 0,049 mètres, ou 1 pouce 10 lignes.

Diamètre de l'œil, 1,013 mètres, ou 6 lignes.

Épaisseur de la tête, 0,083 mètres, ou 3 pouces 1 ligne.

Largeur du capuchon ou collier blanc, 0,056 mètres, ou 2 pouces 1 ligne.

Envergure des ailes étendues, 2,625 mètres, ou 8 pieds 1 pouce; car chaque aile avoit 3 pieds 8 pouces, et le diamètre du corps de l'oiseau étoit de 9 pouces.

La plus longue plume des ailes avoit 0,703 mètres, ou 2 pieds 2 pouces de long; les *pennæ secundariæ*, 0,378 mètres, ou 14 pouces.

Longueur de la queue, 0,351 mètres, ou 1 pied 1 pouce.

Partie nue des pieds, 0,270 mètres, ou 10 pouces.

Diamètre du tibia, 0,018 mètres, ou 8 lignes.

Longueur du doigt de pied intermédiaire, 0,139 mètres, ou 5 pouces 2 lignes.

Les deux doigts latéraux, 0,067 mètres, ou 2 pouces 6 lignes.

Le quatrième doigt, le plus petit, 0,040 mètres, ou 1 pouce 6 lignes.

Longueur des ongles des trois grands doigts, 0,027 mètres, ou 11 à 12 lignes.

A la nouvelle ville de Riobamba, construite dans la grande vallée de Tapia, nous avons eu la facilité de mesurer un Condor mâle, pris sur la pente orientale du Chimborazo. Il étoit un peu plus grand et peut-être plus âgé que la femelle du volcan de Pichincha. Voici les dimensions que j'en ai prises avec soin au mois de juin 1802 :

Longueur de la tête, depuis l'occiput à la pointe du bec, 0,184 mètres, ou 6 pouces 11 lig.

Longueur du bec, 0,074 mètres, ou 2 pouces 9 lignes.

Largeur du bec fermé, 0,031 mètres, ou 1 pouce 2 lignes.

Longueur de la crête, 0,128 mètres, ou 4 pouces 9 lignes. Largeur, 0,038 mètres, ou 1 pouce 5 lignes. Son épaisseur, 0,001 mètres, ou ½ ligne.

Longueur de l'oiseau, de la pointe du bec à la queue, 1,059 mètres, ou 3 pieds 3 pouces 2 lignes.

Hauteur de l'animal perché, n'ayant le cou que médiocrement allongé, 0,865 mètres, ou 2 pieds 8 pouces.

Largeur du collier ou capuchon blanc, 0,058 mètres, ou 2 pouces 2 lignes.

Envergure des ailes, 2.841 mètres, ou 8 pieds 9 pouces.

Griffes : largeur du tibia, 0,024 mètres, ou 11 lignes. Longueur du doigt intermédiaire, sans compter l'ongle, 0,105 mètres, ou 3 pouces 11 lignes. Longueur de l'ongle de la même serre, 0,054 mètres, ou 2 pouces. Longueur des deux doigts latéraux, avec l'ongle, 0,096 mètres, ou 3 pouces 7 lignes; sans ongle, 0,060 mètres, ou 2 pouces 3 lignes. Longueur du doigt le plus petit, avec l'ongle, 0,045 mètres, ou 1 pouce 8 lignes.

Les naturalistes qui observeront avec attention les dimensions que j'ai données du Condor, seront étonnés, sans doute, de n'y reconnoître qu'un oiseau d'une taille européenne. Je n'ai vu aucun Condor dont l'envergure dépassât 30 décimètres ou 9 pieds. Beaucoup de personnes dignes de foi qui habitent les Andes du royaume de Quito, m'ont assuré n'en avoir pas tué dont la longueur des ailes étendues excédât 3,5 mètres ou 11 pieds de France. Si l'on examine soigneusement les rapports des voyageurs qui ont décrit ces contrées avant moi, on verra que, parmi les naturalistes qui disent avoir mesuré eux-mêmes le Vautour des Cordillères, il y en a peu qui lui assignent une taille très-extraordinaire. Le père Feuillée[1], dont je ne puis trop vanter la grande exactitude dans toutes les matières d'histoire naturelle descriptive, tua au Pérou, dans la vallée d'Ylo, au sud d'Arequipa, un Condor dont l'envergure n'étoit que de 3,6 mètres ou de 11 pieds 4 pouces. En comparant la mesure qu'il donne des différentes parties de l'oiseau avec celle que j'ai trouvée moi-même, je vois qu'à la longueur du bec près, nous nous accordons parfaitement. Le Condor de Feuillée paroît avoir été une femelle, car ce voyageur ne parle pas de la crête. Le Condor mâle que Frésier[2] mesura n'avoit que 2,9 mètres ou 9 pieds d'envergure. D'après ce que j'ai observé moi-même au Pérou et à Quito, je ne puis croire, avec Buffon, que les oiseaux décrits par Feuillée et Frésier ne fussent que de très-petits et de très-jeunes Condors. Je doute même très-fort qu'il en existe dont l'envergure dépasse 4,5 mètres ou 14 pieds françois. Le docteur Strong, cité dans le *Synopsis* de Ray, en tua au Chili, près de l'île de Mocha, dont les ailes étendues mesurèrent 3,8 mètres ou 12 pieds 2 pouces. L'individu décrit par le docteur Shaw, et conservé dans le Muséum Leverianum à Londres, a une envergure de 14 pieds anglois, qui égalent 4,1 mètres ou 13 pieds 1 pouce françois. L'abbé Molina paroît même regarder ce nombre comme le *maximum* de la grandeur du Condor. D'un autre côté, d'anciens voyageurs moins exacts, moins intéressés aux progrès de l'histoire naturelle,

---

[1] *Journal de Feuillée*, p. 640.
[2] *Voyage de Frésier*, p. 111.

Zoologie. 5

donnent des mesures bien plus exagérées. Le père Abbeville, par exemple, nous assure que le Condor est deux fois plus grand que l'aigle le plus colossal. Desmarchais assure que le Condor a 5,8 mètres ou 18 pieds d'envergure; que l'énorme grandeur de ses ailes empêche l'oiseau d'entrer dans les forêts; qu'il attaque un homme et enlève un cerf. Ces exagérations ne doivent pas étonner dans des naturalistes qui, sans observer par eux-mêmes, comme le père Feuillée, ne font que réunir et copier les traditions du peuple. Marco-Polo nous raconte que l'oiseau Roc de Madagascar [1] enlevoit des éléphans en l'air. Hérodote connoît des fourmis qui sont plus petites que des chiens, mais plus grandes que des renards. Même de nos jours, on ne peut assez se garantir contre les exagérations de forme et de grandeur. Si l'on se fioit aux assertions hasardées des indigènes, on croiroit aisément qu'en Égypte et dans l'Amérique méridionale il existe des crocodiles de 30 à 40 pieds de long; cependant ceux qui les ont mesurés eux-mêmes, n'en ont pas trouvé qui en eussent plus de 22 à 28.

Il résulte de tout ce qui a été rapporté sur les dimensions du Condor, que cet oiseau n'est pas plus grand que le *Vultur barbatus* ou le Læmmer-geyer qui habite la chaîne centrale des montagnes de l'Europe, et avec lequel Buffon et Molina l'ont confondu. Il en est du Condor comme des Patagons et de tant d'autres objets d'histoire naturelle descriptive : plus on les a examinés, et plus ils se sont rapetissés. La longueur moyenne des Condors, depuis la pointe au bout de la queue, n'est que de 1,05 mètres ou de 3 pieds 3 pouces. Leur envergure commune est de $2\frac{1}{2}$ à 3 mètres ou de 8 à 9 pieds. Quelques individus, favorisés par l'abondance de la nourriture ou par d'autres circonstances, acquièrent jusqu'à 4,5 mètres ou 14 pieds d'envergure. Le Læmmer-geyer des Alpes de la Suisse et du Tyrol a communément, depuis le bec à la queue, une longueur de 1,2 mètres ou de 4 pieds : son envergure commune

[1] Cet aigle Roc, dont parle Marco-Polo, existe, selon lui, dans des îles au sud de Madagascar. Un domestique du cham Cublai, fait prisonnier par les habitans de ces îles, raconta que le Roc avoit des plumes de douze pas de long. « *Avis vero ipsa tantæ fortitudinis, ut sola, sine aliquo adminiculo,* « *elephantem capiat et in sublime sustollat, atque rursus ad terram cadere sinat, quo carnibus ejus* « *vesci possit.* » Marco-Polo ajoute « qu'il avoit cru, pendant long-temps, que le Roc étoit un griffon « qui, comme tout le monde sait, est une sorte de lion emplumé, avec une tête d'aigle! » *Pauli Veneti de reg. or.*, *Lib. III*, c. 40 (*Grynæi Nov. Orb.*, 1532, p. 411). Le mot de Roc, sous lequel les anciens naturalistes ont réuni tous les grands Vautours, vient du persan *Rhoc*, et signifie héros. L'idée de ces oiseaux tient d'ailleurs à des fictions mythologiques.

est, d'après M. Bechstein [1], de 7 à 8 pieds; d'après Gmelin, de 9 à 10 pieds.
On a vu des individus qui avoient, d'une extrémité de l'aile à l'autre,
4,53 mètres ou 14 pieds. M. Salerne rapporte même qu'en France, au château
de Mylourdin, on tua un Vautour (*Vultur barbatus*) de 5,8 mètres ou de
18 pieds d'envergure. Si ce dernier fait est exact, notre Vautour européen
présente des exemples de grandeur colossale qui égalent tout ce que les
voyageurs les plus crédules ont avancé sur la taille des Condors.

La nature des lieux qu'habitent ces derniers, n'a sans doute pas peu contribué aux idées exagérées qu'on a conçues de la conformation de leur corps.
Ces animaux surpassent de beaucoup la grandeur du *Vultur aura,* celle du
Vultur papa et des autres oiseaux rapaces qu'offre la chaîne des Andes. On
les voit nichés dans les endroits les plus solitaires, souvent sur la crête des
rochers nus qui avoisinent la limite inférieure de la neige perpétuelle. Isolé,
éloigné de tout être vivant auquel on puisse le comparer, le Condor se
présente alors projeté contre le fond azuré du ciel. Cette situation extraordinaire et la grande crête du mâle font paroître l'oiseau beaucoup plus grand
qu'il ne l'est effectivement. En visitant les sommets déserts de ces volcans,
j'ai été trompé pendant long-temps par la réunion de ces mêmes causes. J'ai
cru les Condors d'une taille très-gigantesque, et ce n'est qu'une mesure directe,
faite sur l'oiseau mort, qui a pu me convaincre de l'effet de cette illusion
optique.

Si le Læmmer-geyer de la Suisse et le Condor des Andes sont les animaux
les plus grands que la nature ait doués de la faculté de s'élever dans les airs;
si ces deux espèces ont des rapports très-frappans dans leurs mœurs, leur
audace et leurs forces, ils sont bien éloignés les uns des autres par leurs
caractères physionomiques. Le *Vultur barbatus* n'a ni la tête nue, ni la crête
nasale, ni le collier orné d'un duvet blanc. Ce n'est que pour avoir douté de
l'existence de cette crête extraordinaire, que l'immortel Buffon a réuni le
Condor au Læmmer-geyer de l'Europe. Aussi la gravure qu'on a donnée du
premier dans la petite édition de Buffon, faite à Deux-Ponts, ressemble
plutôt à tout autre Vautour de l'ancien continent, qu'à l'objet qu'elle doit
représenter. Il est bien plus extraordinaire encore que l'abbé Molina, natif du
royaume de Chili, connoisse si peu le Condor. Après avoir indiqué de faux
caractères pour distinguer les deux sexes, il finit par assurer le lecteur que le

[1] *Ornithologie allemande,* Vol. II, p. 200.

Condor ne diffère du *Vultur barbatus* que par la couleur. Ce naturaliste, d'ailleurs si respectable, ne parle pas même de la crête du mâle.

Le Condor, comme le lama, la vigogne, l'alpaca, et plusieurs plantes alpines, est particulier à la grande chaîne des Andes. La région du globe qu'il paroît préférer à toute autre, est celle qui s'élève de 3100 à 4900 mètres ou de 1600 à 2500 toises de hauteur. Chaque fois que nos herborisations nous ont menés jusqu'aux neiges perpétuelles, nous avons été entourés de Condors; c'est là qu'on les trouve souvent réunis au nombre de trois à quatre sur les pointes des rochers. Sans se méfier des hommes, ils nous ont laissé approcher jusqu'à deux toises de distance. Ils n'ont pas fait mine de vouloir nous attaquer. Malgré toutes mes recherches, je n'ai jamais entendu citer l'exemple d'un Condor qui ait enlevé un enfant. Je n'ignore pas que beaucoup de naturalistes parlent de Condors qui tuent des jeunes gens de dix à douze ans. Ces assertions sont aussi fabuleuses que celle du bruit que le Vautour des Andes doit faire en volant, et dont Linné dit : « *Attonitos et surdos fere reddit homines.* » Je ne doute pas que deux Condors ne fussent en état d'ôter la vie à des enfans de dix ans, et même à l'homme adulte : il est très-commun de les voir venir à bout d'un jeune taureau, auquel ils arrachent les yeux et la langue. Le bec et les serres du Condor sont d'une force énorme. Cependant tous les Indiens qui habitent les Andes de Quito, assurent unanimement que cet oiseau n'est pas dangereux pour les hommes. J'oserois même mettre en question si, dans les Alpes de la Suisse, on a jamais eu un exemple bien certain d'un enfant attaqué ou enlevé par le Læmmer-geyer. Le peuple craint souvent des malheurs, seulement parce qu'il les croit possibles; de simples probabilités prennent à ses yeux le caractère de faits historiques. M. de la Condamine [1], le voyageur le plus véridique que je connoisse, raconte que les Indiens présentent pour appât au Condor « une figure d'enfant, d'une argile très-visqueuse, sur laquelle « il fond d'un vol rapide, et qu'il y engage ses serres, de manière qu'il ne lui « est plus possible de s'en dépêtrer. » Mais M. de la Condamine ajoute prudemment : « on prétend. » Je croirois que la figure d'un petit quadrupède quelconque attireroit plutôt la présence de ce grand Vautour. Combien de fois ne voit-on pas de petits enfans indiens dormir en plein air, tandis que les pères sont occupés à ramasser de la neige pour la vendre dans les villes? A-t-on jamais entendu que ces enfans, entourés de Condors, aient été attaqués ou tués?

[1] *Relation abrégée du Voyage à l'Amazone*, p. 171.

Si le Condor appartient exclusivement à la chaîne des Andes; s'il préfère les endroits plus élevés que la cime du Pic de Ténériffe, ou que celle du Mont-Blanc; si, en général, c'est l'animal qui s'éloigne le plus de la surface de notre planète, il n'en est pas moins vrai que la faim le fait descendre quelquefois dans les plaines, surtout lorsque celles-ci sont très-rapprochées de la Cordillère. On voit des Condors jusqu'aux bords de la mer du Sud, surtout dans les zones tempérées et froides du Chili, où la chaîne des Andes borde, pour ainsi dire, le rivage de l'Océan. Cependant on observe qu'il ne séjourne que peu d'heures dans ces basses régions; il préfère la solitude des montagnes et un air raréfié dans lequel le baromètre ne se soutient qu'à 0,44 mètres (16 pouces). C'est pour cela que, dans la chaîne des Andes, du Pérou et de Quito, tant de petits groupes de rochers, tant de plateaux élevés de 4774 mètres (2450 toises) au-dessus du niveau de la mer, portent le nom de *Cuntur-Kahua, Cuntur-Palti, Cuntur-Huachana;* noms qui, dans la langue de l'Inca, signifient *vedette, juchoir* ou *ponte des Condors.*

Dans mes voyages en Amérique, je n'ai vu le Condor que dans le royaume de la Nouvelle-Grenade, dans la province de Quito et au Pérou. J'ai appris qu'il suit la chaîne des Andes depuis l'équateur jusque dans la province d'Antioquia, ou jusqu'au septième degré de latitude boréale. La Cordillère occidentale, ou la branche des Andes qui, par le Choco, s'étend vers l'isthme de Panama, est, sans doute, trop peu élevée pour que le Condor puisse l'habiter. Pour lier, sous un même point de vue, la géographie des plantes à celle des animaux, je dirois que le Condor ne va pas plus loin vers l'isthme que le quinquina, le *befaria*, l'*escallonia* et d'autres plantes alpines des hautes Andes. J'ignore absolument si ce grand oiseau se trouve au nord de Panama. M. Sonnini, dans un article inséré dans le nouveau dictionnaire d'histoire naturelle [1], assure que le Condor a été vu au Mexique. J'oserois presque en douter; car le grand *Cozcaquauhtli*, ce Vautour qui joue un rôle si marquant dans la mythologie des Aztèques, est le *Vultur papa*, et habite, de préférence, les régions chaudes, ou du moins celles qui sont très-tempérées. Les voyageurs, pendant long-temps, ont nommé Condor tout oiseau de proie d'une grandeur extraordinaire. Aussi a-t-on imprimé jadis que des Condors ont été tués en Afrique, en Asie, et même au sein de la France [2], à Châteauneuf sur Loire.

[1] T. VI, p. 130.
[2] *Ornith. de Salerne,* p. 10.

Comme la branche orientale des Andes s'étend, par les montagnes de Pampelone, à celles de Mérida, qui sont couvertes de neiges perpétuelles, il seroit intéressant de savoir si le Condor a poussé ses migrations jusque dans ces régions voisines de la mer des Antilles. Je sais, par M. Mutis, qu'il existe sur la pente orientale de la chaîne centrale ou Cordillère de Quindiu, dans les environs d'Ibagué; mais j'ignore si cet oiseau se trouve dans la chaîne de la Summa-Paz et de Chingasa, à l'est de Santa-Fe de Bogota. J'ignore également si on l'a jamais rencontré dans le groupe colossal des montagnes de Santa-Marta. Il seroit très-possible qu'il y fût tout-à-fait étranger; car les oiseaux sont souvent, comme les plantes, circonscrits dans de certaines limites, au-delà desquelles on ne les trouve pas, quoique la nature du pays et du climat soit la même. Le Condor et les guanacos s'accompagnent mutuellement, par toute la chaîne des Andes, depuis le détroit de Magellan jusqu'aux frontières boréales du Pérou, sur une étendue de plus de 900 lieues marines; mais les guanacos et la vigogne, qui habitent exclusivement l'hémisphère austral, cessent au nord des 9° de latitude, tandis que le Condor suit la Cordillère au-delà de l'équateur au moins de 300 lieues plus loin que la vigogne.

Les plantes alpines offrent l'exemple curieux d'une identité d'espèce, malgré le grand éloignement qui sépare les montagnes. J'ai observé ailleurs qu'à la Silla de Caraccas, nous avons découvert le même *befaria* dont les fleurs pourprées ornent le flanc des montagnes dans le royaume de la Nouvelle-Grenade. Je ne demanderai pas comment la graine de cette belle plante est venue sur cette cime élancée, la seule de toute la chaîne de la côte qui, par son élévation, jouit d'un climat assez froid pour nourrir le *befaria;* je ne le demanderai pas, parce qu'en bonne philosophie, la première origine des choses ne peut être ni un problème d'histoire, ni un objet de recherche pour un naturaliste. J'ose remarquer cependant que les animaux suivent, bien moins que les plantes, cette identité de formes dans des sites qui sont éloignés les uns des autres, mais qui jouissent d'un climat analogue. Si, au milieu des immenses plaines de la vallée de l'Amazone, une montagne isolée s'élevoit jusqu'aux régions glacées, cette montagne seroit-elle habitée par des Condors, des guanacos ou des vigognes?

Pendant ma navigation sur l'Orénoque, les Indiens ont souvent parlé de grands oiseaux de proie que je n'ai malheureusement pas eu occasion d'observer. Ce sont, peut-être, les deux grands aigles que M. Sonnini a découverts dans l'intérieur de la Guyane françoise. Cet excellent naturaliste [1] avoue lui-même qu'en les voyant pour la première fois, il les prit d'abord pour des Condors, et qu'il ne rectifia son erreur que dans la suite. Nous ne connoissons, par conséquent, le Condor ni dans les montagnes élevées de la côte de Venezuela, ni dans la chaîne que j'ai nommée celle des cataractes ou du Dorado, ni même au Brésil ; car l'Ouira-Ouassou des Brésiliens, que Buffon a cru synonyme du Condor, en est très-différent [2], quoiqu'il soit assez grand pour manger des singes et (*si fabula vera*)! pour attaquer même des hommes.

On pourroit presque douter que le Condor s'étendît sur toute la chaîne des Andes jusqu'à l'extrémité la plus australe du nouveau continent. Dans la relation du voyage de l'amiral Cordoba [3], seul voyage dans lequel des hommes instruits aient fait un long séjour dans le détroit, on cite parmi les animaux qu'on a vus, tant sur la Terre de Feu que sur les côtes du cap Victoria, des colibris, des autruches d'Amérique (*struthio touyouyou*), des guanacos et des chiens sauvages. On n'y fait aucune mention du Condor. Il paroît cependant assez certain qu'il y existe ; car le Condor qu'a décrit le docteur Shaw, a été tué au détroit de Magellan. Il a été porté en Europe par le capitaine Middleton, après son retour de la mer du Sud. Quoique le dessin qui s'en trouve dans le Muséum Leverianum [4], comme je l'ai déjà annoncé au commencement de ce mémoire, ressemble très-peu au nôtre, il me paroît cependant assez probable que cet oiseau du Magellan est le mâle du véritable Condor, et non une variété ou une espèce différente. Le docteur Shaw, dont l'ouvrage porte l'empreinte de la plus grande exactitude, lui donne les caractères suivans : « *Saccum in* « *gula, seu pellis quædam dilatata a basi mandibulæ inferioris longe per* « *collum ducta. Prodeunt etiam a latere colli appendiculæ septem quasi* « *carneæ seu carunculæ semi-circulares et cærulescentes. Collum et pectus* « *nuda et rubentia, pilis raris nigricantibus aspersa. Crista capitis sinuata,* « *ALTERA AD NUCHAM, AMBÆ NIGRICANTES CÆRULEÆ et nonnullis* « *in locis rubentes. A collo inferno dependet tuberculum pyriforme. Dorsum* « *atrum, remiges albæ secundariæ, cauda atra, pedes albi.* » Les deux crêtes, la-blancheur des pieds, les *remiges albæ secundariæ*, pourroient faire

---

[1] *Buffon, par Sonnini*, T. XXXVIII, p. 33.

[2] *Buffon, par Sonnini*, T. XXXVIII, p. 47, Pl. VII.

[3] *Relacion del Viage al Estrecho de Magellanes de la Fregata de S. M. Santa Maria de la Cabeza en 1785 y 1786 (Madrid 1787)*, p. 316.

[4] Vol. II (*Lond.* 1796), p. 5.

croire, sans doute, que l'oiseau du docteur Shaw diffère du vrai Condor. Mais ces différences ne proviennent-elles pas plutôt de ce que l'animal n'a pu être décrit ni vivant ni bien conservé? C'est au naturaliste anglois à prononcer là-dessus. Le Muséum Leverianum contient un autre Vautour du détroit de Magellan, que l'on suppose être un jeune Condor femelle. J'avoue cependant que la figure qu'on en a publiée [1] ne m'auroit pas rappelé le Condor des Andes. Ces deux oiseaux, décrits par le docteur Shaw, ont, l'un 10, l'autre 14 pieds d'envergure. Il est frappant d'observer que tous les autres exemples que l'on cite de Condors extrêmement grands, sont du Chili ou de la partie la plus australe du Pérou. Existe-t-il une race de Condors plus grande dans les climats froids ou tempérés, que dans la zone torride? La température des basses régions de l'air doit d'ailleurs être assez indifférente pour un oiseau qui, se nichant à son gré plus ou moins haut sur la pente des Cordillères, choisit le climat qui lui convient; mais peut-être que la nourriture plus ou moins abondante, et d'autres circonstances locales, contribuent au développement de l'organisation. Qui oseroit indiquer avec assurance les causes qui déterminent ce que nous désignons par le nom vague de la distribution des *races?*

Le Condor s'avance vers l'est, dans les montagnes de Santa-Cruz, de la Sierra et de Cochabamba. Comme ces mêmes cimes paroissent se réunir à celles de Mattogrosso, il seroit possible que l'oiseau existât au Brésil. Je doute cependant que le groupe de montagnes appelé *Cerro do Frio* et *Cerro das Emeraldas*, soit assez élevé, et, par conséquent, assez froid pour le séjour du Condor : c'est à l'infatigable Don Félix d'Azara, qui vit dans des contrées voisines de ce monde inconnu, à lever ces doutes.

S'il n'existe qu'un seul cabinet qui prétende posséder le Condor, s'il n'a pas encore été bien figuré, on n'ose presque pas agiter la question, si jamais cet oiseau a été porté vivant en Europe. Le projet de l'y conduire ne s'exécuteroit pas très-facilement. Il pourroit cependant nous venir par quatre voies différentes, c'est-à-dire, ou par le cap Horn, ou par l'isthme de Panama, ou en descendant les rivières de l'Amazone ou de la Madeleine. Je préférerois le premier moyen. L'animal souffre très-bien la captivité; mais il est probable que le séjour dans des pays très-chauds, et sous une pression barométrique très-grande, nuiroit à sa santé. Le Condor préfère une température de deux ou trois degrés au-dessus de la congélation. Il demeure, sans doute, souvent

[1] *Mus. Leverian. explicatio*, 1792, Vol. I, p. 4, Tab. I.

pendant plusieurs heures dans des vallées où le thermomètre centigrade monte à trente degrés. Cependant on devroit craindre que la chaleur qu'il éprouveroit constamment dans l'isthme de Panama, dans la province de Jaen de Bracamorros, ou dans la rivière de la Madeleine, depuis Honda à Carthagène des Indes, ne le fît périr.

Dans les oiseaux de proie, comme parmi les insectes, la femelle est généralement plus grande que le mâle. Dans le Condor, cependant, cette différence n'est pas très-sensible, quoique sa taille varie assez dans les individus des deux sexes. Habitant des lieux solitaires, n'ayant d'autre ennemi que l'homme, qui s'occupe bien peu de sa destruction, il est probable qu'il atteint un âge très-avancé. Cependant il ne paroît pas se multiplier beaucoup; je n'ai toujours vu que cinq ou six Condors à la fois, et non des bandes de 40 à 50, comme on en voit du *Vultur aura*. Cependant le roi des Vautours (*Vultur papa*) me paroît l'espèce la moins nombreuse de tous les oiseaux rapaces de l'Amérique.

On m'a assuré que le Condor ne fait pas de nid. Il dépose ses œufs sur le rocher nu, sans les entourer de paille ou des feuilles velués de l'*espeletia frailexon*, qui est la seule plante qui se rapproche des neiges perpétuelles, et qui a le port de notre *verbascum thapsus*. On m'a assuré que les œufs sont tout blancs, et ont trois à quatre pouces de longueur. On prétend aussi que la femelle reste avec les petits pendant l'espace de toute une année. Lorsque le Condor descend dans les plaines, il préfère de se poser à terre. Il ne se niche pas sur les branches d'arbres, comme fait le Zamuro ou Gallinazo (*Vultur aura*). Aussi le Condor a-t-il les ongles très-droits. Je fais cette observation, à cause d'un passage d'Aristote, dans lequel ce naturaliste profond assure déjà que les oiseaux de proie qui ont les griffes très-crochues, n'aiment pas à se placer sur des pierres [1].

Les mœurs du Condor sont les mêmes que celles du Læmmer-geyer des Alpes. S'il ne surpasse pas le dernier en grandeur, il paroît du moins lui être supérieur en force et en audace. Deux Condors se jettent, non seulement sur le cerf des Andes, sur le petit lion *puma* ou sur la vigogne et le guanaco, mais même sur une génisse; ils la poursuivent si long-temps, la blessant de leurs griffes ou de leur bec, que la génisse, essoufflée et accablée de fatigue, étend sa langue en mugissant : alors le Condor saisit la langue, dont il est

___

[1] *Aristotelis Historia animalium*, L. IX, c. 32 (p. *Casaub.*, 575, E.).

Zoologie. 6

très-friand; il arrache les yeux à sa proie, qui, étendue par terre, expire lentement. Dans la province de Quito, le mal que les Condors font au bétail, surtout aux troupeaux de brebis et de vaches, est très-considérable. On m'a raconté qu'aux savanes d'Antisana, élevées de 4093 mètres (2101 toises) au-dessus du niveau de la mer, on trouve souvent des taureaux blessés au dos par des Condors qui n'ont pas pu s'en emparer. Cela me rappelle les missions du Haut-Orénoque, où les grandes chauve-souris causent tant de plaies aux vaches, que c'est une des causes principales qui s'opposent dans ce pays à l'établissement des métairies.

Le Condor, rassasié, reste phlegmatiquement perché sur la cime des rochers. Je lui ai trouvé, dans cette situation, un air de gravité sombre et sinistre. Comme le *Vultur aura*, on le chasse devant soi, sans qu'il veuille se donner la peine de s'envoler. Tourmenté par la faim, au contraire, le Condor s'élève à une hauteur prodigieuse; il plane dans les airs pour embrasser d'un coup d'œil le vaste pays qui doit lui fournir sa proie. C'est dans les jours surtout où l'air est très-serein, que j'ai observé le Condor et même le Gallinazo (*Vultur aura*) à des élévations extraordinaires. On diroit que la grande transparence des couches d'air les invite à passer en revue un grand espace de terrain, que, dans un temps plus couvert, la vue perçante de ces chasseurs aériens ne pourroit saisir.

Au Pérou, à Quito et dans la province de Popayan, on est accoutumé à prendre le Condor vivant au lacs. D'autres voyageurs, je crois, ont déjà décrit cette chasse extraordinaire, que l'on donne surtout pour amuser les étrangers européens. On tue une vache ou un cheval; en peu de temps, l'odeur de l'animal mort attire les Condors, dont l'odorat est d'une finesse extrême. On en voit paroître un grand nombre dans des endroits où l'on croyoit à peine qu'il en existât quelques-uns. L'oiseau mange avec une voracité inconcevable. Il commence toujours par les yeux et par la langue, qui sont ses morceaux favoris; puis l'anatomie du cadavre se fait par l'anus, pour parvenir facilement aux intestins. Lorsque les Condors se sont bien rempli le ventre, ils sont trop lourds pour s'envoler; les Indiens alors les poursuivent avec des lacs, et les prennent facilement. On assure que l'oiseau fait des efforts extraordinaires pour s'élever dans l'air : il y réussit, lorsque, fatigué par la poursuite, il parvient à vomir abondamment. C'est, sans doute, dans ces efforts que le Condor allonge et rétrécit son cou, et approche la serre de son bec. Cette manœuvre, certainement accidentelle, fait dire aux gens du pays que le Condor, pour se sauver et pour provoquer le vomissement, met le doigt du pied dans la gueule. Je doute que l'ongle de la serre du Condor puisse chatouiller bien doucement les parties qu'il touche. Les Espagnols nomment cette chasse *correr buitres*, et, après la fête des taureaux, c'est un des plus grands amusemens des campagnards. On peut s'imaginer à quelle cruauté sont livrés les malheureux Condors pris vivans par les Indiens : un insecte ne souffriroit pas davantage entre les mains d'un savant entomologiste!

On m'a assuré, à Riobamba, que, pour faciliter la chasse des Condors, on met quelquefois des herbes vénéneuses dans le ventre de l'animal qui doit servir d'appât. Les Condors paroissent alors comme enivrés. C'est une imitation de la pêche avec le *jacquinia armillaris*, ou le *piscidia*, pêche que les Espagnols nomment *embarbascar*.

Le Condor, pris vivant, est triste et timide la première heure; bientôt après il devient très-méchant. J'ai eu, à Quito, pendant huit jours, une femelle vivante, dans la cour de ma maison; il étoit dangereux de s'en approcher : la peur l'avoit rendue très-sauvage.

La vie du Condor est plus dure que celle d'aucun autre oiseau de proie. A Riobamba, nous trouvant dans la maison de notre ami, Don Xavier Montufar, corrégidor de la province, nous assistâmes aux expériences que les Indiens firent sur un Condor pour le tuer. On commença par l'étrangler avec un lacs; on le pendit à un arbre; on le tira avec force par les pieds pendant plusieurs minutes : à peine le lacs fut-il ôté, que le Condor se promenoit comme si on ne lui eût fait aucun mal. On lui tira, avec le pistolet, trois balles à moins de quatre pas de distance; toutes lui entrèrent dans le corps. Il étoit blessé au cou, dans la poitrine, au ventre; il resta toujours sur pied. Une cinquième balle frappa contre le fémur, et retomba par terre. Le corrégidor, Don Juan Bernardo Léon, aux bontés duquel je dois beaucoup de renseignemens intéressans sur les animaux du royaume de Quito, étoit présent à ce fait curieux.

Le Condor ne mourut qu'une demi-heure après, des blessures nombreuses qu'il avoit reçues. M. Bonpland a conservé long-temps cette balle renvoyée par le choc contre le fémur. Cette observation, quelque extraordinaire qu'elle paroisse, a cependant déjà été faite avant nous. L'astronome Ulloa [1] rapporte

---

[1] *La pluma del Condor forma un entretexido tan bien preparado, que no lo penetra la bala del fusil; ni el animal se inmuta al recebir el golpe. En la parte alta del Peru hasuccedido tirarle 8 à 10 tisos seguidos, ogendo dar las balas sobre el y caer estas al suelo de rechazo sin haberle hecho daño alguno.* Ulloa Noticias Americanas, p. 158, §. 18.

que, dans la région froide du Pérou, le Condor a souvent la peau si étroitement garnie de plumes, que l'on entend frapper huit à dix balles contre le
corps de l'oiseau sans qu'aucune puisse le percer. Le Condor que nous
examinâmes étoit rempli d'une immensité de poux (*pediculus*) bruns, que
j'ai eu la maladresse de ne pas décrire; c'est une autre espèce que le
pediculus vulturis que Fabricius [1] a décrit, et qui cependant aussi doit
vivre sur les Vautours des Indes.

Il est intéressant d'observer que le Condor préfère les cadavres aux animaux
vivans. Il se nourrit cependant des uns et des autres; il paroît même qu'il
poursuit moins les petits oiseaux que les quadrupèdes. J'offre aux naturalistes
trois dessins que j'ai faits sur les lieux, et dont l'un (celui en couleurs)
a été retouché sous mes yeux. Je me flatte que le caractère et la physionomie
du Condor y sont bien exprimés. En les comparant à ceux qui en ont été
donnés jusqu'ici, on verra que cet oiseau curieux a été, pour m'exprimer le
plus modestement, très-imparfaitement connu jusqu'à ce jour. Le dessin
colorié représente un mâle pris au Chimborazo, et qui avoit près de neuf pieds
d'envergure. L'oiseau a été dessiné dans deux états différens, d'action et de
repos, le bec ouvert et fermé. Les barbillons du cou varient de forme,
selon la volonté du Condor : il peut les étendre ou raccourcir à son gré. La
serre est sans doute moins forte qu'on ne la supposeroit dans un animal aussi
grand. Pour faciliter, par un moyen comparatif, le jugement de la grandeur
de l'oiseau, j'y ai fait ajouter le dessin d'un crâne de brebis : c'est la variété
que l'on appelle *inga* [2] au Pérou, l'*ovis polycerata* de Linné. J'aurois préféré
la tête d'une vigogne pour remplacer l'animal introduit depuis la conquête,
par un animal indigène; mais un objet moins connu n'auroit pas pu servir
d'échelle aux savans Européens. La tête et la serre, que j'ai esquissées au
simple trait, présentent la grandeur naturelle de ces parties du Condor.
J'invite les naturalistes qui peuvent se procurer le Læmmer-geyer (*Vultur
barbatus*) vivant, de nous donner un dessin semblable de sa tête et de sa
serre : il seroit sans doute intéressant de pouvoir comparer immédiatement

---

[1] *Fabricius, Mantissa Insectorum*, T. II, p. 369, n.° 12.

[2] Les Indiens donnent à cette variété le nom de leurs anciens souverains, pour énoncer que ces
animaux sont les *Rois des brebis*, comme on appelle *Roi des Vautours* le *Vultur papa*. Il est
curieux que l'*ovis polycerata* se trouve en Islande et dans la région froide des Cordillères situées
sous l'équateur. Les brebis transplantées d'Espagne au Pérou n'avoient sans doute pas plusieurs
cornes dans les premières générations.

les armes de ces deux êtres audacieux et puissans, qui, sur les deux continens, exercent un pouvoir absolu dans le vaste domaine des airs.

EXPLICATION DES FIGURES.

Planche VIII.

Le Condor mâle (*Vultur gryphus*, Lin.). La tête de l'*ovis polycerata* sert d'échelle.

Planche IX.

La tête et la serre du Condor, de grandeur naturelle.

MÉMOIRE

SUR

UNE NOUVELLE ESPÈCE

DE GYMNOTE

DE LA RIVIÈRE DE LA MADELEINE [1].

Parmi le grand nombre de poissons qui nous ont servi d'aliment pendant quarante jours de navigation sur la grande rivière de la Madeleine, il y en eut un que les habitans du royaume de la Nouvelle-Grenade appellent le Rat, *el Raton*, à cause de la conformation extraordinaire de sa queue. Le manque de la nageoire dorsale, celle de l'anus prolongée en carène, la ressemblance avec le *Carapo* du Brésil, dont Linné dit : « *Caudæ apex in filum terminatus,* » toutes ces circonstances me firent bientôt reconnoître que le *Raton* appartient au genre des Gymnotes. C'est une nouvelle espèce que j'ai dessinée sur les lieux, et que j'ai nommée *Gymnotus œquilabiatus,* parce qu'il n'a pas cette inégalité des mâchoires qui caractérise le *Carape* et le *Putaol* (*G. fasciatus,* Lin.). Dans le système de M. de Lacépède, notre poisson pourroit former, après le Gymnote long-museau (*G. rostratus,* Lin.), la première espèce d'un troisième sous-genre.

Le *Raton* a la forme allongée de l'anguille électrique. Il se distingue par des couleurs extrêmement belles, son dos étant d'un vert d'olive, et son ventre, ou plutôt toute la partie inférieure, d'un blanc argenté tacheté de petits points rougeâtres. La ligne latérale divise exactement ces deux nuances du blanc et du vert. Notre *Gymnotus œquilabiatus* a 0,75 mètres (28 pouces) de long. Il offre une nourriture assez recherchée de ceux qui remontent la rivière pour se rendre de Carthagène des Andes à la capitale de Santa-Fe de

---

[1] Ce mémoire, rédigé par M. de Humboldt, a été lu à la première classe de l'Institut de France, dans la séance du 27 octobre.

Bogota. Il diffère, en outre de la forme de ces mâchoires et du nombre de rayons dans la nageoire anale, aussi par ses couleurs du *Gymnotus albifrons* de Pallas et du *Gymnotus albus* de Linné. Le dernier est tout blanc; et le premier est orné d'une bande blanche qui s'étend depuis la lèvre inférieure jusqu'à la moitié antérieure du dos.

GYMNOTUS ÆQUILABIATUS.

G. viridis, abdomine ex argenteo albo, punctis minutissimis violaceis variegato, labiis obtusis æqualibus.

Corpus elongatum, anguillæforme, cultratum, nudum, muco obductum. Dorsum apterygium ex olivaceo virescens, abdomen et tota corporis pars infra lineam lateralem sita argenteo-alba, punctis minutissimis violaceis obsita. Caudæ virescentis apex absque pinna in filum terminatus. Dentes multi acerosi. Maxillæ longitudine æquales. Oculi parvi fuscescentes. Pinna pectoralis obtusa, obovata, radiis 14 apice ramosis. Pinna analis totum abdomen occupans, in caudæ apicem non excurrens, sed ante caudam desinens, radiis 5. Membrana branchiostega radiis 5. (Pinna dors. o. Pinna ventr. o. Pinna caud. o.) Caro sapida.

Differt G. æquilabiatus, 1.° a G. carapo et G. fasciato, abdomine albo et maxillis longitudine æqualibus; 2.° a G. albo, dorso olivaceo; 3.° a G. albifronte, radiis pinnæ analis 185 (nec 147).

Le Raton habite des eaux dont la température constante est de 26,2 degrés (21° R.). Il paroît avoir les mœurs du Gymnote électrique, sans jouir de la propriété de lancer des coups galvaniques. Aussi son anatomie ne présente-t-elle rien d'analogue aux organes décrits par Hunter. On est frappé de voir que deux espèces de Gymnotes, dont le port est le même, puissent différer si singulièrement dans leur structure interne. Dans le Raton, la vessie natatoire est placée dans la partie antérieure du corps. Elle n'a que 4 centimètres (1 pouce 7 lignes) de long, ce qui est à peine la moitié de la longueur de la tête du Raton. Elle est ovale par derrière, et échancrée par devant; un canal étroit, muni d'un sphincter, mène à l'estomac. Cette vessie (Pl. X, N.° II, Fig. 2) ne présente pas à sa surface cette multitude de vaisseaux sanguins que l'on observe dans les autres vessies natatoires, et qui paroissent former un système particulier. Dans le Gymnote électrique, la vessie a plus de huit fois la longueur de celle du Raton, en comptant les deux poissons de la même grandeur. La même planche présente cette différence marquante, les dessins des deux vessies, de celle du *G. electricus*, et de celle du *G. œquilabiatus* (Pl. X, N.º II, Fig. 2 et 3), ayant été assujétis à la même échelle.

OBSERVATIONS

SUR L'ANGUILLE ÉLECTRIQUE

(*GYMNOTUS ELECTRICUS*, LIN.)

DU NOUVEAU CONTINENT[1].

Quoique, depuis la fin du dix-huitième siècle, le nombre des physiciens qui interrogent la nature par la voie des expériences, ait augmenté considérablement, nous observons cependant que du vaste champ qui est ouvert aux recherches de l'homme, on ne défriche jamais à la fois qu'une petite partie. Les travaux des naturalistes, loin de pouvoir embrasser l'ensemble des phénomènes, se bornent aux objets sur lesquels un intérêt particulier, et trop souvent passager, a fixé leur attention. Les expériences faites sur l'électricité galvanique nous offrent un exemple frappant de cette marche progressive de l'esprit humain. Aussi long-temps que l'on se crut en droit d'admettre un agent particulier comme cause première de l'action des métaux sur la fibre irritable; aussi long-temps que l'on considéra les phénomènes galvaniques comme appartenant exclusivement aux organes doués du principe vital, toutes les recherches des physiciens se portèrent sur l'*excitabilité* de ces mêmes organes, et sur les modifications qu'ils éprouvent par l'influence des agens extérieurs. Si la physique, ou du moins la théorie de l'électricité, n'a point gagné par ces recherches, elles ont contribué cependant à éclaircir plusieurs points importans de la physiologie, et même de l'anatomie comparée. Quand Volta, par la force de son génie et une sagacité sans exemple, eut dévoilé le mystère dans lequel les phénomènes galvaniques restèrent enveloppés pendant une longue suite d'années, des animaux cruellement galvanisés et tourmentés, l'attention des physiciens se dirigea vers les corps qui ne sont point animés par le principe de la vie. Depuis cette époque, une des plus brillantes dont jamais les sciences ont pu se vanter, la pile de Volta a occupé tous les

[1] Ce mémoire, rédigé par M. de Humboldt, a été lu à la première classe de l'Institut de France, dans la séance du 20 octobre 1806.

Zoologie. 7

esprits. Les phénomènes qu'elle offre à l'examen des chimistes, la décomposition de l'eau, la formation des acides et des alcalis, sous des conditions trop peu déterminées jusqu'ici, sont devenus autant de motifs pour faire perdre de vue l'influence de l'électricité galvanique sur les êtres organisés. L'auteur de ces grandes et sublimes découvertes, Volta lui-même, n'approuve point cette marche. En proposant une hypothèse ingénieuse sur les organes de la Torpille [1], il a invité les physiciens à examiner plus attentivement les effets extraordinaires des poissons électriques. Si le galvanisme, par la nature du fluide qui en est l'agent principal, n'appartient point exclusivement au domaine de la physiologie, il n'en est pas moins certain que cette science n'a point encore profité de tous les avantages que les expériences galvaniques lui promettent. Plus on examinera la structure de la matière animée, et le contact varié des parties albumineuses et aponévrotiques, ou celui de la substance médullaire et des muscles, plus on avancera dans la connoissance de la propriété électro-motrice des conducteurs de la seconde classe, et plus aussi la physiologie expérimentale répandra de lumière sur la nature du mouvement musculaire, et sur cet ensemble de phénomènes mystérieux que l'on a osé nommer l'action chimique de la vitalité.

Le but de ce mémoire est de rappeler l'attention des physiciens vers l'électricité galvanique, produite par la simple action des organes sensibles et irritables. J'y rapporterai des expériences faites *il y a six ans*, par conséquent à une époque où la pile de Volta et la belle théorie de la tension électrique, considérée comme effet du simple contact des substances hétérogènes, m'étoient également inconnues. Cette observation est d'autant plus importante, qu'elle explique pourquoi j'ai dû omettre plusieurs expériences que, d'après l'état actuel de nos connoissances, il seroit indispensable de tenter. Bancroft en 1766, le docteur Schilling en 1770, et Bajon en 1777, ont fait, avant moi, un grand nombre de recherches sur le *Gymnotus electricus* [2] observé dans

---

[1] *Philosophical Transactions*, 1800, P. II, p. 403. *Annales de Chimie*, T. XL, p. 255.

[2] Le *Gymnotus electricus*, que Muschenbrock et Priestley confondent avec la Torpille (*Raja torpedo* des mers d'Europe), paroît avoir été observé le premier par l'astronome Richer, dans les environs de Cayenne, en 1671. Van Berckel, qui, depuis 1680 jusqu'en 1689, demeura à Berbice, en décrit aussi les effets. *Rozier, Journal de Physique*, 1775, p. 444. *Haarlemer Verhandl.* II, p. 372, Gronov. in *Act. Helv.*, 1760, p. 26. *Philosoph. Transact.*, T. LXV, P. I, p. 94 et 102; P. II, p. 395. *Mém. de Berlin*, 1790, p. 68. *Bancroft's Essay on Guiana*, 1769, p. 191. Bajon, *Mém. pour servir à l'histoire de Cayenne*, 1777, T. II, p. 288 (*Philosoph. Transact.*, 1773, p. 481). Fahlberg in *Vetensk. Acad. ny Haandlingar* 1801, p. 122-156. Bloch, *Hist. natur. des poissons exotiques*, publ.

son lieu natal. Ce poisson extraordinaire a été transporté deux fois vivant
en Europe. Walsh en a eu un individu à Londres en 1778, et un autre a
existé quatre mois dans la maison de M. Tahlberg à Stockholm, au commencement de l'année 1797. Mais toutes ces recherches, à l'exception des dernières
dont je n'ai eu connoissance que depuis peu, ont été faites long-temps avant
la grande découverte du physicien de Bologne. J'ai donc, sans doute, été le
premier qui, après cette époque mémorable, aie été assez favorisé par les
circonstances pour observer les Gymnotes dans leur site natal, et pour les
soumettre à des expériences dans un état dans lequel ils étoient encore doués
de toute l'énergie de leur force électrique. Quoique j'aie quitté la Guiane
espagnole depuis l'année 1800, je n'ai point appris que, depuis mon voyage,
d'autres physiciens aient publié des observations analogues aux miennes. J'ose,
par conséquent, me flatter que ce mémoire, dont la partie principale a été
rédigée à la vue des objets dont il traite, ne manquera pas entièrement d'intérêt.
Quelques faits principaux ont déjà été annoncés dans la relation abrégée de
mon voyage à l'Orénoque, au Cassiquiare et au Rio-Negro, lue à la première
classe de l'Institut, dans sa séance du 9 brumaire an 13. Comme, depuis ce
temps, j'ai fait à Naples, conjointement avec M. *Gay-Lussac*, un travail
plus étendu sur les effets de la Torpille (*Raja torpedo*), travail qui a été
publié par notre ami commun, M. Berthollet [1], j'ai eu l'avantage de pouvoir
comparer par moi-même les propriétés des poissons électriques de l'ancien et
du nouveau continent. Ces comparaisons ont fait naître plusieurs doutes sur
lesquels j'ai pu consulter M. Volta, pendant le séjour que j'ai fait auprès de
lui à Côme. Ce grand physicien qui, depuis douze ans, m'honore d'une
bienveillance particulière, se plaît à communiquer ses lumières à quiconque
est sérieusement occupé de la recherche de la vérité. En parlant de l'électricité,
qu'assez improprement on appelle galvanique, il est naturel de se rappeler
avec reconnoissance celui dont le génie a préparé peut-être autant de découvertes
qu'il en a faites par lui-même.

Depuis mon arrivée dans l'Amérique méridionale, en 1799, mon attention
étoit fixée sur les Gymnotes. J'avois annoncé, dans le premier volume de

en allemand, Vol. I, p. 225. (On y trouve cités plusieurs autres ouvrages qui traitent des Gymnotes
électriques, et que nous omettons ici). Aldini, *sur le Galvanisme*, II, p. 77. *Transactions of the
American Society*, Vol. II, n. 13. Libes, *Diction. de Physique*, Vol. I, p. 387. Nicholson, dans son
Journal, Vol. I, p. 357 (Gilbert, *Annalen*, T. XXIII, p. 276). Lacépède, *Hist. natur. des poissons*,
genre 24, espèce 1.

[1] Mémoire sur la Torpille, par MM. Gay-Lussac et Humboldt, *Annales de Chimie*, T. LXV, p. 15.

mon ouvrage sur les nerfs [1], que les phénomènes des poissons électriques me paroissoient très-différens des effets d'une bouteille de Leyde. Préoccupé alors, comme tant d'autres physiciens, de la fausse idée d'un fluide galvanique spécifiquement différent de l'électricité, je brûlai du désir de rectifier mes idées par la voie de l'expérience. A Marseille, sur le point de rejoindre l'expédition d'Égypte, je me réjouissois d'avance de visiter la patrie du *Silurus electricus* décrit par MM. Broussonnet et Geoffroy. A la Corogne, m'embarquant pour l'Amérique méridionale, je me flattois de l'idée de travailler sur les Gymnotes, dont l'énergie galvanique est de beaucoup plus forte que celle des espèces électriques de *Trichurus*, de *Raja*, de *Silurus* et de *Tetrodon*, que l'on a découvertes dans les différentes régions du globe.

Arrivés à Cumana, nous ne manquâmes pas, M. Bonpland et moi, de demander aux Indiens *Guaikeris*, qui sont les pêcheurs les plus habiles de ces côtes, s'ils connoissoient un poisson qui engourdit les mains de celui qui le touche; ils nous assurèrent que ce poisson, qu'ils nommoient *Temblador*, existoit dans la petite rivière de Manzanario, aux bords de laquelle la ville de Cumana est bâtie. Nous crûmes bonnement que, dès le second jour de notre arrivée dans l'Amérique méridionale, nous pourrions nous procurer un Gymnote vivant. Cette idée contribua même beaucoup à nous arrêter à Cumana, et à nous engager à ne pas continuer le voyage sur la frégate sur laquelle nous étions embarqués. Quelle fut notre surprise, quand, après avoir vainement attendu plus d'un mois, les Indiens nous portèrent le Temblador, pris à la mer près de la bouche du Manzanario! C'étoit une Raie qui me parut entièrement identique avec celles que nous avons vues sur les côtes de l'Europe australe. Je crois que la Torpille de Cumana ne diffère pas spécifiquement [2] de la *Raja torpedo*. MM. de Lacépède et Cuvier observent, avec raison, que la Torpille électrique se trouve à peu près dans toutes les mers. Bloch l'indique déjà comme habitant les côtes de l'Afrique australe et de la Perse, aussi bien que celles de l'Italie. Le Temblador de Cumana ne nous communiqua que des commotions électriques infiniment foibles, quoiqu'il parût extrêmement vif. La queue resta roide et courbée après la mort du poisson;

---

[1] *Expériences sur l'irritation de la fibre musculaire et nerveuse, accompagnées d'un essai sur le procédé chimique de la vitalité, en deux volumes*, 1797.

[2] Les taches latérales étoient peu visibles, comme dans la variété européenne qu'Aldrovandus nomme *Raja non maculosa* (*de piscibus*, p. 418). Rondelet, cependant, regarde quatre variétés de la Torpille électrique comme autant d'espèces. *Hist. des Poissons*, P. I, p. 285.

le cœur palpita encore pendant une heure et demie, quoique séparé du corps. L'irritation galvanique, appliquée aux nageoires, ne produisit aucun effet, quoique l'expérience ne se fît que peu de minutes après la mort naturelle de l'animal. Le cœur, laissé dans son site naturel, fut galvanisé avec succès, en le touchant immédiatement avec du zinc et de l'argent. La célérité des pulsations [1] augmenta, et cette augmentation ne pouvoit pas être considérée comme l'effet d'une irritation mécanique; car en mettant le cœur en contact avec deux métaux homogènes, les pulsations ne furent point altérées. Il en fut de même lorsque, sans toucher immédiatement au cœur, on galvanisa l'intérieur de la bouche ou la moelle épinière. J'ai dessiné très-soigneusement le cerveau de la Torpille de Cumana, cerveau dont le volume ne remplit pas la troisième partie de la cavité du crâne [2], et dans lequel il y a (ce qui est sans doute bien extraordinaire dans la substance médullaire du cerveau) deux tubercules (*corpora clavata*) d'un beau *jaune de citron*.

Quoiqu'il n'y ait que des Raies électriques à l'embouchure de la petite rivière de Manzanario, il n'y a pas de doute cependant que l'intérieur de la province de la Nouvelle-Andalousie ne contienne ces Gymnotes, que faussement on appelle des anguilles de Cayenne ou de Surinam, quoiqu'elles se trouvent pour le moins dans toute la région chaude de l'Amérique méridionale située au nord de l'équateur. Pendant le voyage que nous fîmes (en automne 1 799) dans la partie orientale de la Nouvelle-Andalousie, nous passâmes le Rio-Colorado et le Guarapiche, deux rivières dans lesquelles les Gymnotes doivent se trouver abondamment, comme dans le Canno-Areo et d'autres ruisseaux qui traversent les missions des Indiens *Chaymas;* mais les habitans de ces pays déserts ont une crainte si prononcée des commotions électriques de ces poissons, que, malgré toutes les promesses de récompenses que nous leur fîmes, nous retournâmes à Cumana sans avoir vu les Gymnotes.

[1] Ces expériences servent d'appui à celles consignées dans mon ouvrage sur la fibre irritable et sensible (T. I, p. 340-349 de l'édition allemande). Les doutes que le célèbre Bichat a élevés, à cet égard, dans ses *Recherches physiologiques sur la vie et la mort*, p. 393, ont déjà été levés par les travaux postérieurs de MM. Burdin et Dupuytren. Aldini, *sur le Galvanisme*, T. I, p. 234.

[2] C'est un caractère distinctif de tous les poissons, que d'avoir un crâne dont la cavité intérieure n'est pas remplie entièrement par le cerveau. Dans la Torpille, le vide est singulièrement grand. D'ailleurs, M. Blumenbach observe déjà, et j'ai eu lieu de m'en convaincre moi-même en disséquant des poissons, que la structure de leur cerveau ne varie pas seulement dans des espèces qui appartiennent au même genre, mais aussi quelquefois dans des individus de la même espèce. Blumenbach, *Handbuch der vergl. Anatomie*, p. 309.

Ces poissons électriques sont le plus fréquens dans les petits ruisseaux et les mares que l'on trouve çà et là dans les plaines immenses et généralement arides qui séparent la rive septentrionale de l'Orénoque, de la Cordillère de la côte de Vénézuela. Moins ces mares sont profondes, plus il est facile d'y prendre les Gymnotes; car dans les grands fleuves de l'Amérique, dans le Meta, l'Apure et l'Orénoque même, la force du courant, l'abondance et la profondeur des eaux empêchent les Indiens de les prendre. Les habitans de la Guiane nous ont prouvé qu'ils connoissoient parfaitement le danger auquel on s'expose en nageant dans des parages où les Gymnotes sont fréquens; mais ils les voient moins souvent qu'ils n'en éprouvent les effets pernicieux.

En traversant les plaines immenses (*Llanos*) de la province de Caraccas pour nous embarquer à San Fernando de Apure, et pour commencer notre voyage sur l'Orénoque, nous nous arrêtâmes pendant cinq jours à Calabozo, petite ville située, selon mes observations, sous les 8° 56′ 56″ de latitude boréale. Le but de ce séjour fut de nous occuper des Gymnotes, dont une innombrable quantité se trouve dans les environs; par exemple, dans le Rio-Guarico, dans les Caños del Rastro, du Berito, de la Paloma, et dans une cinquantaine de petites mares éparsés entre la ville de Calabozo, les deux missions appelées *de Ariba* et *de Aboxo,* et les métairies du Morichal et du Caiman. On m'a assuré que, près d'Uritucu, une route, jadis très-fréquentée, a été abandonnée à cause des poissons électriques. Il falloit passer à gué un ruisseau dans lequel annuellement beaucoup de mulets se noyoient, étourdis par les commotions que les Gymnotes leur faisoient éprouver.

Pour faire nos expériences avec plus de précision, nous désirions avoir les anguilles électriques dans la maison que nous habitions à Calabozo. Notre hôte se donna toutes les peines possibles pour satisfaire à nos désirs. On envoya des Indiens à cheval pour pêcher dans les mares. Il auroit été facile de se procurer beaucoup de Gymnotes morts; mais une peur presque puérile empêcha les indigènes de les apporter tout vivans. Nous nous sommes, à la vérité, convaincus dans la suite qu'il est bien difficile de manier ce poisson lorsqu'il jouit encore de toute sa force; mais la crainte du bas peuple est d'autant plus extraordinaire dans ces contrées, qu'il prétend que l'on touche le Gymnote impunément lorsqu'on a du tabac dans la bouche. Si l'Indien avoit une pleine confiance en ce préservatif, qui d'ailleurs est faux, pourquoi ne s'en seroit-il pas servi pour gagner les dix francs que nous avions promis pour chaque anguille électrique vivante que l'on nous procureroit? L'amour du merveilleux est si grand parmi les indigènes, que souvent ils soutiennent et répandent des faits auxquels eux-mêmes sont bien éloignés de prêter foi. C'est ainsi que l'homme croit devoir ajouter aux merveilles de la nature, comme si la nature, par elle-même, n'étoit pas assez mystérieuse, assez grande et assez imposante.

Après trois jours de vaines attentes dans la ville de Calabozo; après avoir reçu une seule anguille vivante, et même assez foible, nous résolûmes de nous transporter nous-mêmes sur les lieux, et de faire les expériences, en plein air, aux bords de ces mares dans lesquelles les Gymnotes abondent. Nous nous rendîmes d'abord au petit village appelé *Rastro de Abaxo*. De là les Indiens nous conduisirent au Caño de Bera, bassin d'eau bourbeuse et morte, mais entouré d'une belle végétation de la *clusia rosea*, de l'*hymenea courbaril*, des grands figuiers des Indes et de quelques mimoses à fleurs odoriférantes. Nous fûmes bien surpris lorsqu'on nous dit qu'on iroit prendre une trentaine de chevaux à demi sauvages dans les savanes voisines, pour s'en servir à la pêche des anguilles électriques. L'idée de cette pêche, que l'on appelle *embarbascar con caballos* (enivrer par le moyen des chevaux), est en effet bien bizarre. Le mot de *barbasco* désigne les racines du *jacquinia*, du *piscidia* et de toute autre plante vénéneuse, par le contact desquelles une grande masse d'eau reçoit dans un instant la propriété de tuer, ou du moins d'enivrer et d'engourdir les poissons. Ces derniers viennent à la surface de l'eau quand ils ont été empoisonnés (*embarbascado*) par ce moyen. Comme les chevaux chassés çà et là dans une mare, causent le même effet sur les poissons alarmés, on embrasse, en confondant la cause et l'effet, les deux sortes de pêche sous la même dénomination.

Pendant que notre hôte nous expliquoit cette manière étrange de prendre le poisson dans ce pays, la troupe de chevaux et de mulets arriva. Les Indiens en avoient fait une sorte de battue; et, en les serrant de tous les côtés, on les força d'entrer dans la mare. Je ne peindrai qu'imparfaitement le spectacle intéressant que nous offrit la lutte des anguilles contre les chevaux. Les Indiens, munis de joncs très-longs et de harpons, se placent autour du bassin; quelques-uns d'entre eux montent sur les arbres, dont les branches s'élancent au-dessus de la surface de l'eau : tous empêchent, par leurs cris et la longueur de leurs joncs, que les chevaux n'atteignent le rivage: Les anguilles, étourdies du bruit des chevaux, se défendent par la décharge réitérée de leurs batteries électriques. Pendant long-temps, elles ont l'air de remporter la victoire sur les chevaux et les mulets; partout on en vit de ces derniers qui, étourdis par la fréquence et la force des coups électriques, disparurent sous l'eau. Quelques chevaux se relevèrent, et, malgré la vigilance active des Indiens, gagnèrent le rivage; excédés de fatigue, et les membres engourdis par la force des commotions électriques, ils s'y étendirent par terre tout de leur long.

J'aurois désiré qu'un peintre habile eût pu saisir le moment où la scène étoit le plus animée. Ces groupes d'Indiens entourant le bassin; ces chevaux qui, la crinière hérissée, l'effroi et la douleur dans l'œil, veulent fuir l'orage qui les surprend; ces anguilles jaunâtres et livides, qui, semblables à de grands serpens aquatiques, nagent à la surface de l'eau, et poursuivent leur ennemi: tous ces objets offroient, sans doute, l'ensemble le plus pittoresque. Je me rappelai le superbe tableau qui représente un cheval entrant dans une caverne, et effrayé à la vue du lion! L'expression de la terreur n'y est pas plus forte que celle que nous vîmes dans cette lutte inégale.

En moins de cinq minutes, deux chevaux étoient déjà noyés. L'anguille, ayant plus de cinq pieds de long, se glisse sous le ventre du cheval ou du mulet : elle fait dès-lors une décharge dans toute l'étendue de son organe électrique; elle attaque à la fois le cœur, les viscères, et surtout le *plexus* des nerfs gastriques. Il ne faut donc pas s'étonner que l'effet que le poisson produit sur un grand quadrupède, surpasse celui qu'il produit sur l'homme, qu'il ne touche que par une des extrémités. Je doute cependant que le Gymnote tue immédiatement les chevaux; je crois plutôt que ceux-ci, étourdis par les commotions électriques qu'ils reçoivent coup sur coup, tombent dans une léthargie profonde. Privés de toute sensibilité, ils disparoissent sous l'eau; les autres chevaux et les mulets leur passent sur le corps, et peu de minutes suffisent pour les faire périr. Après ce début, je craignois que cette chasse ne finît bien tragiquement. Je ne doutois pas de voir noyés peu à peu la plus grande partie des mulets. On n'en paie un qu'à raison de huit francs, si le maître en est connu. Mais les Indiens nous assurèrent que la pêche seroit bientôt terminée, et que ce n'est que le premier assaut des Gymnotes qu'il faut redouter. En effet, soit que l'électricité galvanique s'accumule par le repos, soit que l'organe électrique cesse de faire ses fonctions lorsqu'il est fatigué par un trop long usage, les anguilles, après un certain temps, ressemblent à des batteries déchargées. Leur mouvement musculaire est encore également vif; mais elles n'ont plus la force de lancer des coups bien énergiques. Quand le combat eut duré un quart d'heure, les mulets et les chevaux parurent moins effrayés; ils ne hérissoient plus la crinière : leur œil exprimoit moins la douleur et l'épouvante. On n'en vit plus tomber à la renverse; aussi les anguilles, nageant à mi-corps hors de l'eau, et fuyant les chevaux au lieu de les attaquer, s'approchèrent elles-mêmes du rivage. Les Indiens nous assuroient qu'en mettant les chevaux, deux jours de suite, dans une mare remplie de Gymnotes, aucun cheval n'est tué le second jour. Il faut à ces poissons électriques du repos et une nourriture abondante, pour produire ou pour accumuler une grande quantité d'électricité galvanique. Nous savons, par les expériences qu'on a faites avec des Torpilles d'Italie, qu'en coupant ou liant les nerfs qui vont aux organes électriques, les fonctions de ceux-ci cessent, comme le mouvement d'un muscle est suspendu, aussi long-temps que dure la ligature de l'artère ou du nerf principal. Les organes de la Torpille ou du Gymnote dépendent du système nerveux et de ses fonctions vitales; ce ne sont pas des appareils électro-moteurs qui attirent des couches d'eau voisines l'électricité qu'ils ont perdue. Il ne faut donc pas s'étonner que la force des commotions électriques des Gymnotes dépende de l'état de leur santé, et, par conséquent, du repos, de la nourriture, de l'âge, et peut-être d'un grand concours de conditions physiques et morales.

Les anguilles, fuyant vers le rivage, sont prises avec une grande facilité. On leur jeta de petits harpons attachés à des cordes; le harpon en accrochoit quelquefois deux à la fois. Par ce moyen, on les tira hors de l'eau sans que la corde, très-sèche et assez longue, communiquât le choc à celui qui la tenoit. En peu de minutes, cinq grandes anguilles étoient sur le sec. On auroit pu en attraper une vingtaine, si nous en avions eu besoin pour nos expériences. Plusieurs n'étoient que légèrement blessées à la queue; d'autres l'étoient grièvement à la tête. Nous pûmes observer l'électricité naturelle de ces poissons, modifiée par les différens degrés de force vitale dont ils jouissoient. J'exposerai dans ce mémoire, non-seulement les expériences que nous avons faites, M. Bonpland et moi, sur les Gymnotes pris en notre présence, mais encore celles que nous avons eu occasion de faire sur une anguille d'une grandeur énorme que nous trouvâmes dans notre maison, en revenant du Rastro à Calabozo. Cette dernière avoit été pêchée dans un filet; elle n'avoit reçu aucune blessure. Sortie de la mare, on l'avoit mise à l'instant dans le même baquet dans lequel on la porta à Calabozo. Restant, par ce moyen, constamment dans la même eau à laquelle elle étoit accoutumée, son électricité galvanique n'avoit point été altérée. Nous verrons cependant, par la suite de ce mémoire, que les Gymnotes blessés, c'est-à-dire ceux d'une moindre force, sont bien plus instructifs, pour la recherche des phénomènes galvaniques, que les Gymnotes très-actifs; car beaucoup de nuances échappent aux yeux de l'observateur, lorsque le torrent électrique se fraie aussi impétueusement un chemin à travers les bons conducteurs, qu'à travers ceux qui sont plus imparfaits.

Quand on a vu que les anguilles renversent un cheval et le privent de toute sensibilité, on doit craindre, sans doute, de les toucher au premier moment qu'on les a sorties de l'eau. Cette crainte est effectivement si forte chez les gens du pays, qu'aucun d'eux ne voulut se résoudre à dégager les Gymnotes des cordes du harpon, ou à les transporter aux petits trous remplis d'eau fraîche que nous avions creusés sur le rivage du Caño de Bera. Il fallut bien nous résoudre à recevoir nous-mêmes les premières commotions, qui certainement n'étoient pas très-douces. Les plus énergiques surpassoient en force les coups électriques les plus douloureux que je me souvienne jamais d'avoir reçus fortuitement d'une grande bouteille de Leyde complétement chargée. Nous conçûmes dès-lors que, sans doute, il n'y a pas d'exagération dans le récit des Indiens, lorsqu'ils assurent que des personnes qui nagent, se noient quand une de ces anguilles les attaque par la jambe ou par le bras. Une décharge aussi violente est bien capable de priver l'homme, pour plusieurs minutes, de tout l'usage de ses membres. Si le Gymnote se glissoit le long du ventre et de la poitrine, la mort pourroit même suivre instantanément la commotion électrique; car, comme nous l'avons déjà observé plus haut, les parties les plus nobles, le cœur, le système gastrique, le *plexus cœliacus* et tous les nerfs qui en dépendent, seroient à la fois privés de leur irritabilité. Une foible électricité augmente les forces vitales; une forte les anéantit entièrement.

Il existe peu de poissons d'eau douce qui soient aussi nombreux que les Gymnotes électriques. Dans les plaines immenses ou savanes que l'on désigne du nom des *Llanos de Caraccas* ou des *Llanos de Apure*, chaque lieue carrée contient au moins deux ou trois étangs, des réservoirs naturels dans lesquels les Gymnotes électriques se trouvent dans la plus grande abondance; ils appartiennent surtout à cette partie de l'Amérique méridionale que l'on embrasse sous les noms très-vagues de la Guiane espagnole, hollandoise, françoise et portugaise, depuis l'équateur jusqu'aux 9° de latitude boréale. Je n'ai pas ouï dire qu'on les connoisse dans le vaste royaume de la Nouvelle-Espagne, dans la rivière de la Madeleine qui traverse les régions chaudes de

la Nouvelle-Grenade, et dans les pays très-humides situés à l'ouest de la
Cordillère des Andes, ou au nord de la Cordillère de la côte de Caraccas.
L'anguille électrique se trouve cependant aussi dans l'hémisphère austral, par
exemple, dans la rivière des Amazones. La Condamine [1] la désigne par le
nom de *Lamproie du Para*, et les Indiens de la province de Jaen de
Bracamoros m'ont assuré qu'elle existe au-dessous du fameux détroit (*Pongo*)
de Manscriche. Quoiqu'il y ait des espèces du genre Gymnote dans l'ancien
continent, à Amboine, et même dans la Méditerranée, je doute assez que
le *Gymnotus electricus* ait été observé hors de l'Amérique. M. Bloch cite,
d'après Adanson, le Sénégal comme abondant en anguilles électriques; mais il
paroît confondre le *Silurus electricus* avec les Gymnotes; car l'Ouanicar du
Sénégal a des barbillons à la bouche, comme M. Adanson le dit expressément.
Ce même savant respectable a d'ailleurs aussi le mérite d'avoir reconnu le
premier, en 1751, l'analogie des effets de ces poissons électriques avec ceux
d'une bouteille de Leyde, mérite que l'on a faussement attribué à s'Gravesande
et à Walsh.

La température des eaux dans lesquelles nous avons trouvé les anguilles
est de 26° du thermomètre centigrade, et je ne doute pas que l'eau plus
froide dans laquelle on a conservé les individus transportés vivans en Europe,
ne soit une des causes principales de leur état de foiblesse, comme de la
courte durée de leur vie. M. Lichtenberg a déjà observé qu'il est bien
extraordinaire que les animaux doués d'organes électro-moteurs se trouvent
tous dans un fluide conducteur de l'électricité, et non dans l'air. Il n'est pas
moins frappant aussi que les cinq poissons électriques que nous connoissons
jusqu'à ce jour, le *Trichiurus indicus*, le *Tetrodon electricus*, le *Raja
torpedo*, le *Silurus electricus* et le *Gymnotus electricus*, habitent tous [2],
à l'exception du *Raja*, les régions chaudes ou fort tempérées.

Le Gymnote surpasse tous les autres poissons électriques en grandeur et
en force. Bancroft [3] n'en a vu, dans la rivière d'Esséquébo, que d'un mètre
de long. J'ai observé, au Caño de Bera, des Gymnotes de 1,70 mètres
(5 pieds 3 pouces). Les Indiens nous ont assuré qu'il y en a qui atteignent
la longueur de 1,90 mètres ou de 6 pieds, ce qui prouve que la description

[1] *Voyage à l'Amazone*, p. 154.

[2] Parmi les poissons électriques, dont il n'y en a pas même deux qui appartiennent au même
genre, le Gymnote et le *Silurus* sont les seuls poissons d'eau douce.

[3] *Bancroft*, p. 191. *Bajon*, p. 317.

que Bajon donne des anguilles de Cayenne est très-exacte. Cependant M. Garden [1] va trop loin, lorsqu'il assure que le Gymnote de la Guiane atteint jusqu'à 6,4 mètres (20 pieds) de longueur. Voici la proportion des parties que j'ai notées, en mesurant, avec beaucoup de soin, un Gymnote électrique qui pesoit 5,3 kilogrammes, ou 12 livres de Castille, et qui, depuis la mâchoire inférieure jusqu'à la queue, avoit 1,257 mètres (3 pieds 10 pouces 4 lignes) de long :

Diamètre transversal du corps, sans compter la nageoire anale qui forme une sorte de carène, 0,094 mètres (3 pouces 5 lignes).

Largeur de la nageoire anale, 0,014 mètres (7 lignes).

Largeur de la tête, mesurée sur le crâne même, 0,110 mètres (4 pouces 1 ligne).

Distance des yeux, 0,056 mètres (2 pouces 1 ligne).

Diamètre de l'œil, 0,001 mètres (8 lignes).

Largeur de la *cauda truncata* 0,069 mètres (2 pouces 7 lignes).

Il paroît que l'anguille électrique varie de couleur selon l'âge, la nourriture, et selon la nature de l'eau bourbeuse dans laquelle elle vit. Bajon lui assigne un noir d'ardoise. Bloch [2] assure qu'il y a des Gymnotes rougeâtres, qui sont les plus propres à communiquer de fortes commotions électriques. Tous ceux que j'ai observés étoient d'un beau vert d'olive un peu foncé. Les Indiens assurent que, dans les savanes (*Llanos*) de l'Apure, il existe une petite espèce d'anguille électrique qui n'acquiert jamais plus de six décimètres de longueur; elle a la peau noirâtre, et ses coups sont plus forts encore que ceux de la grande anguille verte. Il faudroit observer ces animaux pendant toute l'époque de leur accroissement, pour décider si les Indiens ne prennent pas de jeunes individus ou une simple variété pour une espèce. Combien le *Raja torpedo*, que j'ai vu à Gênes, à Civita-Vecchia, à Naples et à Cumana, ne varie-t-il pas en forme et en couleur! Aussi M. Duméril [3] forme-t-il un genre séparé des Torpilles électriques.

Le dessous de la tête du Gymnote est d'un beau jaune mêlé de rouge. De cette même teinte jaunâtre sont aussi les deux taches rondes qui, placées symétriquement en deux rangées, vont depuis la tête jusqu'au bout de la queue. Ces taches, examinées soigneusement, sont autant d'ouvertures excrétoires,

[1] *Philosophical Transactions*, Vol. LXV, P. I, p. 110.
[2] *Naturgeschichte der auslœndischen Fische*, T. 1, p. 226.
[3] *Zoologie analytique*, p. 102.

qui paroissent plus profondes sur la tête que vers la queue. M. Geoffroy [1]
a judicieusement observé que les Raies non électriques diffèrent de la Torpille
par des ouvertures qui, dans les premières, communiquent aux tubes aponévrotiques rangés autour des branchies, et que, dans la dernière, ces mêmes
ouvertures ne percent pas la peau. Il m'a paru que les pores du Gymnote n'ont
aucun rapport avec ses organes électriques; ils sont placés sur les muscles du
dos, ne percent que très-peu profondément dans la peau, et me paroissent,
ou des ouvertures qui appartiennent à la respiration cutanée du poisson, ou
des glandes excrétoires qui transsudent une matière muqueuse. Cette matière
contribue-t-elle à rendre la peau du poisson plus propre à propager l'influence
des organes électriques? Car tous les fluides formés dans les corps organisés
conduisent, comme l'a déjà prouvé Volta [2], vingt à trente fois mieux que
l'eau pure. Aussi est il bien frappant d'observer qu'aucun des poissons
électriques découverts jusqu'ici dans les différentes parties du monde, n'est
couvert d'écailles.

La peau du Gymnote a assez de transparence pour que, dans l'animal
vivant, l'on puisse distinguer les lames ou feuillets aponévrotiques qui forment
l'organe électrique. La bouche est large comme celle des grenouilles; tout
l'intérieur, jusqu'au gosier, est garni de petites dents, disposées en plusieurs
rangées, et très-rapprochées les unes des autres. La langue est charnue; on
y reconnoît des papilles rameuses d'un jaune orangé, et ces mêmes papilles
se trouvent aussi entre les rangées des dents inférieures. Plusieurs physiciens
lui attribuent à tort des poumons. Nous avons observé que le Gymnote fait
échapper beaucoup d'air par les ouïes, et j'aurois bien désiré que ma situation
m'eût permis de recueillir cet air et de l'analyser. M. Fahlberg observe que
le Gymnote transporté vivant à Stockholm, aux frais du conseiller Norderling,
aimoit à rester à la surface de l'eau « pour pouvoir plus aisément élever sa
tête pour respirer. » Cette assertion est très-frappante, et la respiration des
Gymnotes mériteroit bien d'être examinée plus soigneusement. Bajon assure
même que le Gymnote périroit, s'il ne venoit pas à la surface de l'eau
respirer l'air. Sans doute, ce poisson, comme nos anguilles ordinaires
(*Muræna anguilla*), ouvre souvent la bouche au-dessus de l'eau. Cependant
nous l'avons aussi vu demeurer assez long-temps au fond d'un vase. Un
Gymnote très-grand et très-vif, que nous eûmes dans notre maison à Calabozo,

[1] *Annales du Muséum national d'histoire naturelle*, T. I, p. 392.
[2] *Letter to Sir Joseph Banks. Philosophical Transactions*, 1800, p. 429.

mourut à sec, s'étant élancé la nuit hors du baquet. Bloch [1] remarque que plus le vase dans lequel on garde des poissons vivans est petit, et plus souvent ceux-ci élèvent la tête au-dessus de la surface de l'eau. Cette observation est aussi curieuse qu'elle est vraie. Si les poissons, comme j'incline à le croire, au lieu de décomposer l'eau dans les ouïes, y séparent seulement l'air dissous dans l'eau, la petite quantité de cette dernière, contenue dans un baquet étroit, doit bientôt être dépourvue de son air, ou du moins de l'oxygène [2] dissous. Or, cet oxygène ne se renouvelle-t-il pas plus souvent dans la couche d'eau qui est constamment en contact avec l'air atmosphérique? Cette question, et tant d'autres qui ont du rapport avec la respiration des poissons, ne peuvent être résolues que par la voie de l'expérience. Elles appartiennent jusqu'ici aux objets les moins connus de la physique animale. Il est même difficile de concevoir comment nos anguilles communes peuvent se promener des nuits entières au sec, et comment ces mêmes feuillets de leurs branchies peuvent être propres à une double fonction, à celle de s'approprier l'air dissous dans l'eau, et à celle de décomposer l'air atmosphérique.

L'ouverture de l'anus se trouvant, dans le *Gymnotus electricus,* tout près de la tête, quatre cinquièmes de la longueur du corps sont destinés aux organes électriques. L'estomac, aussi calleux que celui du dindon, le cœur et tous les viscères, sont contenus dans le premier cinquième : le reste n'est que vessie natatoire, queue et feuillets aponévrotiques, destinés aux moyens de défense. Il seroit difficile d'ajouter à la description que M. de Lacépède a donnée du Gymnote dans son ouvrage classique sur les poissons, comme au travail anatomique que le célèbre Hunter a publié dans les Transactions philosophiques. Je ne m'arrêterai, par conséquent, qu'à la *vessie natatoire* dont ce célèbre anatomiste ne parle presque qu'en passant, et dont Bloch a même osé nier l'existence [3]. Cette vessie, comme M. Fischer l'a si bien prouvé dans

[1] *Naturgeschichte der auslændischen Fische,* T. I, p. 243.

[2] L'eau des rivières, par exemple l'eau de la Seine, contient, d'après les recherches que j'ai faites avec M. Gay-Lussac, de 0,283 à 0,319 d'oxygène dissous. Tout le volume d'air que l'on en retire par distillation est, à peu près, $\frac{1}{15}$ du volume de l'eau. *Journal de Physique,* T. LX, p. 145. On avoit annoncé récemment en Italie que les eaux de Nocera, dans les états du Pape, étoient des eaux éminemment oxygénées, et que l'air qu'elles tiennent en dissolution contient $\frac{60}{100}$ d'oxygène. Nous avons fait, M. Gay-Lussac et moi, un voyage tout exprès pour examiner un fait aussi curieux en apparence; mais nous n'avons trouvé, dans les eaux de Nocera, qu'un air qui contient 0,301 d'oxygène et 0,699 d'azote. Existe-t-il vraiment des eaux très-riches en oxygène?

[3] T. I, p. 242.

une dissertation particulière, n'est dans aucun rapport avec la propriété des poissons de nager. Dans le Gymnote, elle a une longueur extraordinaire; je lui trouvai 0,77 mètres (2 pieds 5 pouces 2 lignes) de long, et par-devant 0,02 mètres (1 pouce 2 lignes) de large, dans un poisson de 1,24 mètres (3 pieds 10 pouces 4 lignes). Elle se rétrécit près de la queue; son diamètre n'y est plus que de 6 millimètres ou de 3 lignes. La coupe verticale, que j'ai dessinée sur les lieux, présente la position et le rapport de cette grande vessie avec les organes électriques. Les *muscles* dorsaux (Pl. X, N.º I, *a*), d'un rouge très-vif, et n'occupant à peine que la troisième partie de la coupe verticale, forment huit paquets dans lesquels les fibres sont distribuées en couches concentriques. Une masse de *graisse* (ibid. *b*) les sépare de la peau extérieure, tandis que les organes électriques touchent immédiatement à celle-ci. J'ose me flatter qu'en examinant mon dessin à côté de celui de l'illustre Hunter (*Phil. Trans.*, T. LXV, Tab. 4, Fig. 5), on trouvera que le mien offre, dans un plus grand détail, la structure des muscles et la manière dont la peau enveloppe et ceux-ci et les organes électriques. En *c* paroît l'épine dorsale, qui ne contient que très-peu de substance médullaire. Au-dessous de l'épine se trouve la soi-disant *vessie natatoire* (ibid. *d*); elle repose sur les organes électriques. Ces mêmes vaisseaux qui s'insinuent entre les lames ou feuillets de l'organe électrique, et qui les couvrent de sang en les découpant, donnent aussi des rameaux à la surface extérieure de la vessie. Cette dernière communique par un canal très-étroit à l'œsophage; mais ce canal est muni d'un *sphincter* qui retient l'air dans la vessie.

J'ai soigneusement examiné cet air dans un poisson disséqué à la petite ville de Calabozo. Une vessie de 0,80 mètres ($2\frac{1}{2}$ pieds) de long me donna 278 centimètres cubes (14,24 pouces cubes) d'air. J'étois bien impatient de l'analyser, d'autant plus qu'on avoit annoncé, depuis quelque temps, que les vessies de poissons, bien loin de contenir toujours de l'azote pur, comme l'a découvert M. Fourcroy, contenoient dans quelques espèces du gaz hydrogène, et même une grande abondance d'oxygène [1]. L'air, retiré de la vessie du Gymnote électrique, n'éprouva aucune diminution sensible au contact avec

[1] M. Volta m'a appris, pendant mon dernier séjour en Italie, que son élève, le professeur Configliati, a découvert jusqu'à $\frac{40}{100}$ d'oxygène dans la vessie natatoire de plusieurs poissons de mer pris dans le golfe de la Spezia. Les expériences ont été faites par le moyen du phosphore, avec lequel on ne peut se tromper que d'un ou de deux centièmes d'oxygène. Cette découverte est très-digne de fixer l'attention des physiciens.

l'eau de chaux. Il ne contenoit pas d'acide carbonique. Loin de s'enflammer, soit pur, soit mêlé avec de l'air atmosphérique, une bougie s'y éteignit sur-le-champ. En mêlant 100 parties de l'air de la vessie à 100 parties de gaz nitreux très-pur, il y eut, en trois expériences, des absorptions de

$$\left.\begin{array}{c} 14,0 \\ 14,3 \\ 14,7 \end{array}\right\} \text{ parties.}$$

Cette absorption me paroissoit indiquer 0,04 d'oxygène et 0,96 d'azote. D'après l'état actuel de nos connoissances, il seroit à souhaiter, sans doute, que j'eusse pu constater la quantité d'oxygène découvert dans l'air de la vessie du Gymnote, par le moyen du gaz hydrogène ou par le phosphore. Je trouvai à Calabozo même, au milieu du désert des *Llanos*, un particulier qui possédoit une belle machine électrique construite par lui-même; mais ni lui ni moi n'avions un eudiomètre de Volta. Quant au phosphore, je le regarde, même aujourd'hui, lorsqu'il s'agit d'évaluer une très-petite quantité d'oxygène, comme un moyen eudiométrique peu certain, tant à cause de son action sur l'azote, qu'à cause de l'eau qui, restant long-temps en contact avec l'air contenu dans le tube, abandonne l'oxygène pour dissoudre de l'azote.

Mais, quelque imparfait que soit l'eudiomètre de Fontana, en le comparant à celui de Volta, je me flatte que mes expériences faites à Calabozo, au mois de mars 1800, prouvent toutefois l'existence d'un peu d'oxygène dans la vessie du Gymnote. L'air avoit été recueilli avec tout le soin possible. Je travaillois sur de l'eau de puits. Pour essayer si la diminution du volume étoit due à l'absorption du gaz nitreux par cette eau, je secouai cent parties du gaz avec de l'eau seule : au lieu de quatorze, il n'y eut que trois ou quatre parties d'absorbées. Je suis cependant bien éloigné de prétendre que l'air de la vessie du Gymnote contienne exactement quatre centièmes d'oxygène; il se pourroit même que l'azote de toutes les vessies natatoires des poissons ne fût pas de l'azote pur; car cet azote n'a point encore été examiné assez soigneusement, et de très-petites quantités d'hydrogène, comme l'a prouvé, le premier, M. Gay-Lussac, ne peuvent être découvertes que par le seul moyen de l'eudiomètre de Volta [1]. J'ai cru devoir entrer dans ces détails, parce qu'ils

---

[1] Nous avons reconnu, par cet excellent moyen, $\frac{5}{1000}$ d'hydrogène dans un mélange de gaz azote et de gaz hydrogène.

peuvent être utiles à ceux qui veulent recommencer un travail aussi important pour la physiologie chimique des poissons.

Lorsque l'on considère la petitesse de la vessie natatoire de la plupart des poissons d'eau douce, 278 centimètres cubes ou 14 pouces cubes de gaz azote, contenus dans la vessie du Gymnote électrique, ont sans doute de quoi surprendre. Le fait paroît surtout singulier, lorsqu'on se rappelle que, dans une autre espèce de Gymnote, très-commune dans la rivière de la Madeleine, sous le nom de *Raton*, ce même organe est d'un volume si peu considérable, qu'il forme à peine $\frac{6}{100}$ de la longueur du poisson, tandis que dans l'anguille électrique il en occupe $\frac{63}{100}$. J'ai indiqué, dans un mémoire particulier, les différences frappantes qu'offre l'anatomie comparée de deux poissons dont la forme extérieure est identique, et qui appartiennent au même genre. Il seroit intéressant de savoir si le *Gymnotus Carapo*, le *Gymnotus fasciatus* et d'autres espèces analogues, ont la vessie natatoire aussi petite que le *Gymnotus æquilabiatus* dont j'ai donné le dessin. Si, de tous les Gymnotes, l'anguille électrique étoit la seule espèce dont la vessie, semblable aux poumons des serpens, se prolonge depuis la tête jusqu'à la queue, il faudroit en conclure que cet organe est en rapport direct avec les fonctions des organes électriques. Un grand nombre de questions se présenteroient alors aux recherches des physiologistes. L'azote contenu dans une vessie de huit décimètres de long, est-il simplement l'effet d'une excrétion gazeuse? Est-il le résidu de l'air atmosphérique dissous dans l'eau de rivière et décomposé dans les branchies du Gymnote électrique? Les organes galvaniques de ce poisson, à mesure qu'ils reçoivent l'oxygène par les vaisseaux artériels, dégagent-ils du gaz azote? et cette action chimique particulière, ce changement continuel d'élémens qui s'assimilent et se séparent, met-il ces organes dans un état de suroxygénation qui paroît se manifester, et par l'extrême blancheur des feuillets, et par leur parfaite insipidité? Enfin, est-ce pour concourir à cette action vitale, que la vessie se prolonge à travers les organes galvaniques de l'anguille? Nous manquons absolument d'expériences et de faits connus pour pouvoir prononcer sur des objets aussi délicats de la physique animale; mais je crois devoir observer que si, d'un côté, la substance médullaire du cerveau n'offre qu'une foible analogie avec la matière albumineuse et gélatineuse des organes électriques, de l'autre ces deux substances ont de commun la grande quantité de sang artériel qu'elles reçoivent et qui s'y désoxyde. Il seroit, sans doute, aussi impropre de dire que l'oxygène entre dans la composition du fluide électrique (si toutefois l'on croit à l'existence matérielle de ce fluide), qu'il seroit peu philosophique d'avancer l'absorption de l'oxygène par la pensée. Nous savons cependant qu'une grande activité dans les fonctions du cerveau fait refluer plus abondamment le sang vers la tête, comme l'exaltation du mouvement musculaire accélère la désoxydation du sang artériel. La multitude et la grandeur des vaisseaux sanguins du Gymnote électrique contrastent avec le petit volume qu'occupe son système musculaire; elles rappellent à l'observateur que trois fonctions de la vie animale, d'ailleurs assez hétérogènes, les fonctions du cerveau; celles de l'organe électrique et celles des muscles, requièrent toutes l'affluence et le concours du sang oxygéné ou artériel.

Après avoir exposé ces idées sur le rapport des organes du Gymnote électrique avec sa vessie remplie de gaz, je m'empresse de décrire les *expériences* que nous avons faites sur les commotions galvaniques que ce poisson a la propriété de communiquer. J'en ferai l'énumération, en ne les traitant d'abord que comme des faits isolés, sans les comparer aux différentes théories par lesquelles on a cherché à les expliquer. Cette marche, que j'ai aussi suivie dans mon mémoire sur la Torpille de Naples, et dans d'autres travaux physiologiques publiés antérieurement, a un double avantage; elle facilite, par sa simplicité, l'aperçu de ces phénomènes compliqués; elle sépare prudemment ce qui est vrai et certain de ce qui est purement hypothétique. Ce n'est qu'après avoir énoncé les faits, après avoir examiné sérieusement les conditions sous lesquelles le choc galvanique a lieu, que l'on peut se permettre de rapprocher ces phénomènes de la vitalité de ceux qu'offre la nature inanimée. Je finirai ce mémoire par des vues générales sur la *cause des commotions galvaniques* du Gymnote et de la Torpille. C'est en traitant ainsi les objets les plus délicats de la physique animale, que l'on peut espérer de présenter des travaux propres à inspirer de l'intérêt, même à une époque où les sciences naturelles auront entièrement changé de face.

L'électricité galvanique du Gymnote produit un sentiment que l'on oseroit presque nommer spécifiquement différent de celui que cause le conducteur d'une machine électrique, la bouteille de Leyde, et même la pile de Volta. La même observation a déjà été faite sur la *Raja torpedo*. Dans les Gymnotes, cette différence est d'autant plus frappante, que les commotions sont moins fortes. Des hommes ne s'exposent pas témérairement aux premières explosions d'un Gymnote très-grand et fortement irrité. Si, par hasard, on reçoit un coup avant que le poisson soit blessé ou fatigué par la poursuite, ce coup est si douloureux, qu'il est impossible de prononcer sur la nature du sentiment même. Je ne me souviens pas d'avoir jamais éprouvé, par la décharge d'une grande bouteille de Leyde, une commotion plus effrayante que celle que je reçus en plaçant les deux pieds sur un Gymnote que l'on venoit de sortir de l'eau. Je sentis le reste du jour une vive douleur dans les genoux et presque dans toutes les jointures du corps. Un coup appliqué sur l'estomac, une pierre tombée sur le crâne, une forte explosion électrique, produisent instantanément le même effet. On ne distingue rien lorsque tout le système nerveux est affecté à la fois. Pour éprouver la différence que nous croyons exister dans les sensations produites par la pile et les poissons électriques, il faut toucher ces derniers lorsqu'ils sont dans un état de foiblesse extrême. Alors on observe que les Gymnotes et les Torpilles causent un tressaillement (*subsultus tendinum*) qui se propage depuis la partie qui est appuyée sur les organes électriques jusqu'au coude. Ce tressaillement, qui n'est pas visible, ressemble peu aux commotions les plus légères produites par nos appareils électriques. M. Bajon a déjà été frappé de cette différence; et le bas peuple, pour caractériser la nature de ce sentiment extraordinaire, confond encore, pour ainsi dire, la cause et l'effet, et nomme le Gymnote *Temblador* dans les colonies espagnoles, et *Anguille tremblante* dans la Guiane françoise. En effet, en touchant ces poissons électriques, on croit sentir à chaque coup une vibration, un tremblement interne qui dure deux à trois secondes, et qui est suivi d'un engourdissement douloureux.

Si la sensation que l'on éprouve au contact de l'anguille électrique diffère de celle que produit la pile de Volta ou la bouteille de Leyde, elle est d'autant plus analogue à la douleur que causent le zinc et l'argent appliqués sur des plaies du dos et de la main. Ces plaies [1] que je m'étois faites, l'une par le moyen des cantharides, l'autre par une légère incision, ont fourni des preuves bien convaincantes sur les rapports qui existent entre l'effet des poissons électriques et celui du courant galvanique établi par l'application de deux métaux hétérogènes sur les organes humains.

Après avoir manié des Gymnotes pendant quatre heures consécutives, nous

---

[1] *Versuche über die gereizte Muskelfaser*, Vol. I, p. 323-329. M. Müller, à Breslau, qui a répété mes expériences sur lui-même, constate aussi la différence de sensation que produit l'électricité la plus foible et l'irritation galvanique; il fit galvaniser ses plaies pendant deux heures et demie, et éprouva de même la grande influence des solutions alcalines sur la contraction musculaire. *Gilbert, Ann. der Physik*, Vol. XIII, p. 482.

éprouvâmes, jusqu'au lendemain, une douleur dans les jointures des extrémités, une débilité dans les muscles et un malaise général, qui étoit sans doute l'effet de la longue et forte irritation de notre système nerveux. M. Van der Lott, chirurgien à Esséquébo, a publié en Hollande un mémoire sur les propriétés médicales des Gymnotes électriques. M. Bancroft [1] assure qu'à Démérary on les emploie pour guérir les paralytiques. On ne connoît pas ce moyen dans les colonies espagnoles. Mais les anciens se servoient déjà de l'électricité galvanique des Torpilles, selon Scribonius Largus [2], contre les maux de tête, la migraine et la goutte, et même, selon Dioscoride, contre le *prolapsus recti*. Voilà des cures électriques parmi les Grecs et parmi les sauvages de l'Amérique.

Des personnes, très-accoutumées aux commotions électriques, ne supportent qu'avec répugnance les coups que donne une Torpille de quatre décimètres de longueur. La force du Gymnote est dix fois plus grande, comme nous l'avons vu par son effet sur les chevaux. Il arrive souvent qu'en prenant de jeunes crocodiles de 6 à 9 décimètres (2 à 3 pieds) de long, de petits poissons et des Gymnotes dans le même filet, les petits poissons sont tous morts et le crocodile en agonie. Les Indiens racontent qu'alors le jeune crocodile n'a pas le temps de déchirer le filet, parce que les Gymnotes les mettent tout de suite hors de combat et dans un état paralytique. Ceux-ci, d'ailleurs, quoique carnivores et d'un aspect hideux de serpent, sont assez dociles et naturellement tranquilles. Beaucoup moins vifs que nos anguilles, ils s'accoutument facilement à leur nouvelle prison; ils mangent tout ce qu'on leur offre, et sans annoncer une grande voracité : ils ne lancent des coups énergiques qu'après avoir été irrités, surtout chatouillés sous le ventre, à la partie transparente des organes électriques, à la nageoire pectorale, aux lèvres, aux yeux, et surtout à la peau voisine de l'opercule des branchies. Toutes ces parties paroissent les plus sensibles : aussi les tégumens y sont-ils plus minces et moins garnis de graisse.

---

[1] *Bancroft*, p. 200.

[2] Ce passage de Scribonius Largus, cap. 1, est très-curieux : « *Capitis dolorem, quamvis veterem* « *et intolerabilem, protinus tollit, et in perpetuum remediat torpedo viva nigra, imposita eo loco* « *qui in dolore est, donec desinat dolor et obstupescat ea pars, quod quum primum senserit, removeatur* « *remedium, ne sensus auferatur ejus partis. Plures autem præparandæ sunt ejusdem generis torpedines,* « *quia nonnunquam vix ad duas tresve respondet curatio, id est, torpor, quod est signum remedia-* « *tionis.* » Galien (*de simplicibus*, c. 4), Dioscoride (*de simpl.*, Lib. II; c. 5), parlent aussi de ces cures galvaniques, ou plutôt électriques.

Plusieurs Indiens croient que la femelle du Gymnote ne peut pas communiquer de commotions électriques, et que l'on touche le mâle impunément lorsqu'on fume du tabac. Ces deux assertions, dont j'ai déjà fait mention plus haut, sont également démenties par l'expérience. Dans la Guiane hollandoise et françoise, on prétend avoir vu plusieurs individus qui étoient entièrement insensibles aux coups que lançoient les Gymnotes. M. Flagg en cite un exemple frappant dans les Transactions de l'Académie de Philadelphie [1]. Il seroit curieux de savoir si cette dame hollandoise qui manioit les Gymnotes à sa volonté, étoit également insensible à l'électricité produite par nos appareils ordinaires. J'ai observé ailleurs que, dans les expériences galvaniques faites sur des grenouilles, l'action électrique, dans son passage par plusieurs personnes qui se donnent les mains, est quelquefois interrompue par des individus attaqués d'un fort rhumatisme [2]. Il ne paroît pas extraordinaire que, selon le degré d'irritabilité plus ou moins grande, quelques personnes soient plus affectées que d'autres des coups lancés par les poissons électriques; mais une insensibilité parfaite et totale est sans doute bien extraordinaire. Cependant cette même insensibilité a été observée pour l'effet de nos appareils électriques. M. Clos [3] raconte l'histoire d'une dame de Sorèze, qui déchargeoit des bouteilles de Leyde sans ressentir aucune commotion. Isolée, mais en contact avec le conducteur d'une grande machine électrique, elle communiquoit des étincelles dont elle-même n'éprouvoit aucun effet. Les nerfs de l'homme ne sont quelquefois insensibles que pour un seul genre d'irritation. On a vu un malade qui, dans son pied paralytique, sentoit l'approche d'un corps chaud, tandis qu'il n'éprouvoit aucune sensation par les plus fortes irritations mécaniques [4]. Voilà des faits analogues qui prouvent à combien de modifications est sujette l'excitabilité de nos organes.

Les poissons et les reptiles qui n'ont jamais encore senti les commotions du Gymnote, ne paroissent avertis du danger par aucun instinct particulier. Quoique sa figure et sa grandeur soient assez imposantes, une petite tortue

[1] Vol. II, n.° 13.

[2] *Versuche über die gereizte Muskelfaser*, T. I, p. 158.

[3] *Journal de Physique*, T. LIV, p. 316. Cette dame de Sorèze contraste bien singulièrement avec une autre qui habite l'île danoise de Fohr : l'approche d'un orage, non seulement la faisoit vomir, mais elle éprouvoit de fortes convulsions à chaque éclair, même sans le voir et avant d'entendre le bruit du tonnerre. *Hafn. Bibl.*, 1802, T. VI, p. 190.

[4] Darwin, *Zoonomie*, T. II, p. 298.

que nous mîmes dans le même baquet s'en approcha avec confiance ; elle voulut se cacher sous le ventre de l'anguille ; mais à peine le toucha-t-elle de l'extrémité d'une pate, qu'elle en reçut un coup, trop foible pour la tuer, mais assez fort pour la faire fuir le plus loin que possible. Dès ce moment, la tortue ne voulut plus rester dans le voisinage du Gymnote. Aussi, dans tous les étangs ou les *criques* qu'il habite, on ne trouve que très-peu de poissons d'une autre espèce. Le Gymnote, comme nous le savons par les belles observations de M. Williamson de Philadelphie.[1], en tue souvent sans les manger. Il regarde comme son ennemi tout ce qui l'approche. Semblable à un nuage surchargé d'électricité, il se porte sur le poisson qu'il veut tuer ; il en reste à une petite distance, et, après quelques secondes de repos, nécessaires peut-être pour préparer l'orage qui doit agir de loin, il lance la foudre sur son ennemi.

Nous avons observé, M. Gay-Lussac et moi, que la Torpille ne donne des commotions que lorsqu'on touche les organes électriques, et que l'énergie de ce coup augmente si, au lieu d'appliquer un seul doigt, le contact se fait avec la main entière. Les Gymnotes, au contraire, font sentir les commotions galvaniques, dans quelque partie du corps qu'on les touche. Mais on excite plus facilement le poisson à agir lorsqu'on le chatouille sous le ventre, aux nageoires pectorales et aux parties que nous avons nommées plus haut, comme éminemment sensibles. Aussi, de tous les points de la surface de son corps, nous avons reçu des secousses également fortes. M. Bajon assure que le contact des parties internes ne fait rien éprouver, et qu'il a pu toucher l'intérieur de la bouche avec une sonde d'argent, sans ressentir aucune commotion. Je regrette d'avoir oublié de faire cette expérience, assez importante pour la théorie des phénomènes galvaniques du Gymnote. Je ne puis rien avancer sur cet objet ; mais je dois observer que M. Bajon me paroît d'ailleurs un observateur singulièrement exact. Pour ce qui est de la nature du contact, il est encore très-indifférent que l'on touche le Gymnote par un seul doigt ou avec les deux mains ; le coup n'en est pas plus fort, même en travaillant sur des individus dont la force vitale est déjà très-déprimée. Cependant, dans les expériences galvaniques faites sur des grenouilles avec deux armatures de métaux hétérogènes, on observe que l'effet augmente lorsque l'armature du muscle offre

---

[1] *Philosophical Transactions*, T. LXV, p. 95.

plus de surface au contact. Pour l'armature du nerf, il est indifférent qu'elle touche dans un seul ou dans plusieurs points à la fois.

La Torpille montre un mouvement convulsif dans les nageoires pectorales, lorsqu'elle lance son coup électrique : le Gymnote, au contraire, donne les commotions les plus effrayantes, sans que l'on observe le moindre mouvement musculaire dans les nageoires, dans la tête ou dans les organes galvaniques; son action est une action des nerfs; il lance son coup avec la même facilité avec laquelle le sentiment de l'homme passe quelquefois du calme le plus profond à la plus grande agitation morale, sans que l'extérieur ou le jeu des muscles annonce le moindre changement. Il est absolument faux que le Gymnote comprime l'œil et qu'il meuve la nageoire pectorale au moment de la secousse; M. Bonpland a reçu les commotions les plus douloureuses sans que j'aie pu remarquer le moindre mouvement dans le poisson. Les Indiens croient que le Gymnote est dangereux à toucher lorsqu'il replie son corps ou lorsqu'il remue les nageoires pectorales : cette assertion est si peu vraie, que, tenant par la queue, à Calabozo, un poisson très-grand et nullement blessé, il s'est débattu fortement contre moi en courbant son corps comme un serpent : ce mouvement ne fut, pendant long-temps, accompagné d'aucune secousse électrique.

Il est également faux que deux personnes, dont l'une tient le Gymnote par la queue et l'autre par la tête, puissent forcer le poisson de leur communiquer le choc en formant la chaîne, c'est-à-dire en se donnant mutuellement les mains. Dans le Gymnote, dans la Torpille, et vraisemblablement dans tous les poissons électriques, la commotion ne dépend uniquement que de la volonté de l'animal. Ce ne sont pas des bouteilles de Leyde ou des piles galvaniques perpétuellement chargées, et que l'on décharge en rétablissant la communication des pôles hétérogènes. Les coups lancés par le Gymnote n'étant modifiés dans leur force que par la simple volonté de l'animal et par l'état de sa santé, on se trompe facilement en le maniant. Un Gymnote, grièvement blessé et tourmenté pendant long-temps, ne donne plus que des commotions extrêmement foibles. On le croit épuisé, on le touche avec confiance, et tout-à-coup le malade nous effraie par une secousse plus forte que celle qu'on auroit éprouvée du Gymnote le plus vigoureux. Souvent je tenois le poisson par la queue, et je le pinçois sans ressentir les moindres secousses : M. Bonpland le chatouilla au ventre ou aux opercules des branchies, et dès-lors je reçus la commotion la plus forte sans que mon compagnon de voyage en éprouvât en même temps. En général, lorsque deux personnes touchent ensemble l'organe électrique du Gymnote, en y appliquant leur doigt à cinq centimètres (deux pouces) de distance l'une de l'autre, rarement toutes deux sentiront l'explosion électrique à la fois. Il dépend tellement de la volonté du poisson, soit de diriger son fluide vers tel ou tel côté, soit de ne décharger qu'une partie de ses organes, qu'en l'irritant par deux baguettes métalliques (par exemple, par deux conducteurs de l'électromètre de Volta), la commotion se propage, tantôt par l'une, tantôt par l'autre de ces baguettes, quoique leurs extrémités, appuyées sur le ventre humide du Gymnote, soient rapprochées jusqu'à dix à douze millimètres (cinq à six lignes). Ce phénomène devient très-frappant lorsque les baguettes sont tenues par deux personnes différentes qui s'avertissent chaque fois que l'une d'elles éprouve la commotion.

Le Gymnote, comme nous l'avons déjà observé plus haut, en parlant de la pêche, perd de son énergie électrique lorsqu'on le force à des explosions trop fréquentes. Il tombe alors dans une débilité nerveuse, dans un état véritablement asthénique; il paroît fatigué, épuisé, comme le seroit un homme dont l'imagination auroit été agitée trop long-temps. Les organes électriques du poisson demandent du repos, comme les fonctions du cerveau doivent être interrompues de temps en temps pour recommencer avec plus d'énergie. Une nourriture abondante, une respiration aisée et le repos, sont les conditions sous lesquelles le Gymnote remonte facilement son appareil électrique. On a observé surtout que, pour conserver les forces du poisson, il faut changer souvent la masse d'eau dans laquelle il vit; observation qui paroît conduire à l'idée énoncée au commencement de ce mémoire, que ces animaux absorbent l'oxygène dissous dans l'eau. La propriété électrique du Gymnote dépend, par conséquent, de sa respiration, de l'oxygénation de son sang, de l'assimilation de sa nourriture et du repos des muscles. Il ne peut exister sans elle. En épuisant ou en dérangeant, par des irritations trop fréquentes, son appareil électrique, le principe de vie s'éteint peu à peu en lui. Il n'en est pas du Gymnote comme de l'*Hedysarum gyrans*, dont il y a des individus qui végètent parfaitement après avoir totalement perdu la propriété de se mouvoir.

Quoique le Gymnote contienne à peine plus de vingt-cinq millimètres cubes de cerveau, et quoique sa substance médullaire soit entièrement répandue dans les organes galvaniques, l'existence de ce petit cerveau, comme celle du cœur, placé tout en avant derrière les branchies, sont des conditions indispensables pour l'action galvanique de ce poisson. Ayant découpé un Gymnote en deux, mais de manière que la partie antérieure ne contenoit que le cerveau et le cœur, la partie postérieure ne m'a plus donné aucun signe de commotion, quoique les organes électriques fussent irrités dans le moment même de l'amputation. M. Fahlberg, qui, en 1797, a nourri à Stockholm un Gymnote vivant, observe la même chose; mais son poisson étant mort naturellement, il ne faut pas s'étonner que l'organe électrique ne soit pas mort plus tard que le cerveau et le cœur [1]. Ce qui est bien frappant, sans doute, c'est que le tronc et la queue, séparés de la tête, sont restés immobiles, tandis que, dans des expériences analogues, les anguilles ordinaires et les serpens s'agitent fortement à la moindre irritation mécanique. La tête coupée du Gymnote a remué les mâchoires sans que l'on y ait touché, et même dix minutes après que le cœur avoit été arraché de son site naturel. Malgré cette apparence d'un grand reste d'irritabilité, ni la tête, ni le tronc et la queue n'ont pu être galvanisés avec succès par des armatures de zinc et d'argent. Les muscles du dos, les opercules, les nageoires, la langue, la mâchoire, tout est resté immobile en employant l'électricité galvanique. La température de l'air, il est vrai, étoit à 31° (25° R.); mais dans le climat également chaud de Cumana, j'ai galvanisé, avec le plus grand effet, des iguanes, des bandoulières (*chœtodon*), des coffres (*ostracion*) et des serpens à sonnettes (*crotalus*), seize à dix-huit minutes après leur avoir coupé la tête. Le cœur du Gymnote, arraché de sa cavité, a palpité de lui-même pendant un quart d'heure. Après vingt minutes, les pulsations recommencèrent avec force, lorsque je le mis en contact avec du zinc et de l'or. Pour éviter le soupçon d'une irritation mécanique, le contact ne se fit pas immédiatement, mais par le moyen de deux portions de chair musculaire qui touchoient au cœur. Voilà donc les mêmes phénomènes que plus haut nous avons dit avoir observés dans la Torpille électrique de Cumana. Les nageoires et les muscles du dos de ces deux poissons n'ont pas pu être galvanisés avec succès, tandis que l'organe qu'on a cru long-temps le moins irritable pour l'électricité galvanique, le cœur, en a éprouvé les effets les plus marqués. Cette observation est absolument contraire à ce que l'on éprouve dans d'autres animaux, dans lesquels le cœur est l'organe qui se soustrait le premier à l'influence galvanique, tandis que les autres muscles la ressentent encore assez long-temps [2].

[1] *Vetensk. Acad. ny Haandlingar,* 1801, T. II, p. 132.

[2] *Aldini, sur le Galvanisme,* T. I, p. 77. Voyez, dans le *Journal de Physique, frimaire an II,* p. 465, l'expérience de M. Nysten sur la durée extraordinaire de l'irritabilité du cœur dans un homme décapité.

J'ai décrit soigneusement ce que nous avons observé, M. Bonpland et moi, dans les Gymnotes qui ont été galvanisés après leur avoir coupé la tête. Les Torpilles de la Méditerranée paroissent, au premier coup d'œil, présenter des résultats assez différens, lorsqu'elles sont armées, après leur mort, avec du zinc et de l'argent. Abilgard, Mojon et Aldini en ont obtenu de fortes contractions [1]. Mais il faut remarquer que, par leur nature, ces expériences diffèrent beaucoup des miennes; car, dans aucune des premières, le cerveau n'a été extrait. La forme de la Torpille ne permet presque pas, comme celle du Gymnote, de séparer la tête entière des organes électriques. Ces faits sont infiniment importans pour constater l'influence du cerveau et du cœur sur la production du fluide électrique.

J'ai prouvé plus haut que les commotions que donnent les poissons électriques dépendent uniquement de leur volonté. Plusieurs physiciens, en adoptant la même opinion, ont supposé cependant que, malgré cette liberté de volonté, le Gymnote ne pouvoit agir que lorsque la personne qui doit recevoir la secousse, communique en deux points différens avec le corps du poisson. Une bouteille de Leyde ou une pile de Volta, chargée selon la volonté de l'animal, ne pourroit se décharger que par le contact simultanée des deux pôles électriques. C'est d'après cette analogie que l'on croit que, pour sentir l'action du Gymnote, il faut un arc conducteur, une transmission ou circulation du fluide par une *chaîne* dont les extrêmes touchent le poisson. Comme ce point est du plus grand intérêt pour l'explication des phénomènes galvaniques, nous l'examinerons avec un soin particulier.

Lorsqu'on touche le Gymnote d'un seul doigt, et que l'on reçoit une secousse très-vive, le soupçon de l'existence d'une chaîne ou d'une *communication circulaire* n'est pas entièrement éloigné. Comme le contact ne se fait pas dans un seul point géométrique, on peut supposer que le courant électrique passe à travers la pointe du doigt, pour rentrer dans le corps du poisson. En irritant le Gymnote par une tige métallique très-pointue, la commotion qui se communique à celui qui tient la tige, n'est pas moins forte; mais comme cette sensation se propage en même temps jusqu'aux genoux, on pourroit encore soupçonner que le courant électrique se fraie un passage à travers le sol. On pourroit croire qu'il se dirige depuis l'organe électrique, par la baguette de fer, vers le bras de l'homme, et qu'après avoir traversé le corps de ce dernier, il rentre par le sol dans le poisson même. On seroit en droit de citer,

---

[1] *Aldini*, T. I, p. 49.

à l'appui de cette hypothèse, un grand nombre d'expériences galvaniques dans lesquelles la grenouille communique, par un support humide, avec l'arc conducteur qui est placé à quelque distance du nerf, et qui est appuyé par une seule extrémité contre les parties musculaires. Mais d'après cette hypothèse, que j'ai adoptée moi-même pendant quelque temps, un Indien qui pêche à l'hameçon ne sentiroit de secousse, à travers la ligne humide, que sous la condition qu'il seroit assis sur un terrain également humide, ou que l'eau mouillât une de ses jambes. Il s'en faut de beaucoup, cependant, que cette condition soit toujours remplie dans les cas analogues. Le sable quarzeux sec et chauffé par le soleil des tropiques, isole parfaitement l'électricité; et, malgré cette propriété si connue de tous les physiciens, j'ai éprouvé des commotions, le poisson étant placé, comme moi, sur du sable quarzeux très-sec. Je l'irritois par un conducteur métallique, au bout duquel pendoit une ligne de fil de fer extrêmement mince, représentant, pour ainsi dire, la ligne des pêcheurs. N'ayant à ma disposition, dans ces contrées désertes, ni isoloir en forme de tabouret, ni gâteaux de poix, je m'isolai par des morceaux de bois qui, pendant long-temps, avoient été exposés à l'ardeur du soleil. Je m'assurai de la grande perfection de cet isolement, en irritant le poisson avec ce même bois très-sec et très-chaud. Aucune secousse n'eut lieu pendant le contact. Isolé du sol par le moyen de ce bois, sur lequel je plaçai les deux jambes, en pinçant le Gymnote avec une baguette métallique très - pointue à son extrémité, les secousses se firent sentir dans les bras et dans les genoux. Il est très-extraordinaire, sans doute, que les commotions les plus foibles se communiquent aux deux jambes, et sans que le passage par les cuisses soit sensible. Les deux jambes souffrirent même également, lorsqu'une d'elles resta placée sur l'isoloir de bois sec, tandis que l'autre touchoit la terre humide.

Dans ce genre d'expérience, dans lequel un homme isolé place une tige de métal sur un des organes électriques, de manière qu'il ne se forme pas de chaîne, le Gymnote diffère essentiellement de la Torpille. M. Gay-Lussac ayant observé que cette dernière ne communique pas de secousse en la touchant avec du métal, par exemple avec une clef ou une épingle, a imaginé de la placer entre deux plats de cuivre. J'ai vérifié avec lui [1] que, lorsque les bords de ces plats se touchent dans un point quelconque, on peut porter le poisson impunément, quoiqu'une troisième personne l'irrite, et que le mouvement convulsif de ses nageoires

---

[1] *Annales de Chimie*, T. LVI, p. 18. Gilbert, *Annalen der Physik*, T. XXII, p. 7.

annonce là vivacité de son action galvanique. Une Torpille qui repose sur une plaque de métal, ne fait éprouver aucune secousse à la main qui soutient cette plaque. La secousse, au contraire, a lieu lorsque la même personne place une main sur la partie supérieure de l'organe électrique de la Torpille, tandis qu'elle supporte, de l'autre, l'assiette de cuivre sur laquelle le poisson se trouve. L'effet n'est pas altéré si la Torpille est tenue entre deux assiettes de métal qui n'entrent pas en contact par leurs bords. Dans ce cas, la circulation du fluide se fait à travers les deux assiettes et les deux bras qui les soutiennent. Veut-on se garantir de l'effet de la Torpille? que l'on fasse toucher immédiatement une assiette avec l'autre : dans le moment, les mains appuyées contre ces mêmes assiettes n'éprouvent plus la moindre commotion. Voilà les conditions compliquées sous lesquelles nous avons observé, M. Gay-Lussac et moi, que la Torpille fait et ne fait pas sentir ses explosions galvaniques.

Dans le Gymnote, toutes ces conditions s'évanouissent ou se confondent peut-être, à cause de la grande énergie de ce poisson des tropiques. Une personne isolée sent de vives secousses en touchant l'animal d'une main armée d'une tige métallique : la longueur de cette tige est même indifférente, pourvu qu'elle soit un bon conducteur.

L'électricité galvanique du Gymnote suit toutes les lois que présente le fluide électrique produit par le frottement des substances vitreuses et résineuses. Nous ne reçûmes jamais de commotions en communiquant avec le poisson par des tubes de verre, par de la cire d'Espagne, par du soufre, du bois sec, de la corne, ou par des os de quadrupèdes. Ces mêmes substances isolent le fluide galvanique de la Torpille. Quoique l'électricité parcoure la surface des corps, il m'a été impossible de sentir l'effet du Gymnote à travers un bâton de cire d'Espagne trempé dans l'eau, expérience qui constate ce que MM. Cavendish et Volta ont avancé sur les difficultés qu'oppose l'eau pure au passage de l'électricité. Ce fait nous frappa d'autant plus, que M. Bonpland, en suspendant le Gymnote sur des cordes qui nous parurent très-sèches, en reçut cependant une commotion assez violente. Le poisson ne lançant pas toujours des coups d'une force égale, il est très-difficile d'évaluer au juste les propriétés des différentes substances considérées comme bons ou mauvais conducteurs de l'électricité; car une secousse plus vive se fera sentir par un conducteur très-imparfait, tandis qu'une commotion moins forte ne sera pas transmise par un bon conducteur. En général, cependant, j'ose avancer qu'en touchant le Gymnote d'une seule main, l'effet est plus marqué lorsque cette main est armée d'un métal, que lorsque le contact se fait avec le doigt même. L'effet est plus grand encore, si, en touchant le poisson des deux mains à la fois, ces mains, au lieu d'être armées d'or et d'argent, le sont d'argent et de zinc. Ces différences deviennent plus sensibles lorsque l'animal fatigué, immobile et presque épuisé, reste étendu sur le sable. Il ressemble alors au conducteur d'une petite machine électrique dont la charge reste sensiblement la même lorsqu'elle est parvenue à son maximum. Dans cet état de foiblesse, le Gymnote donne, pendant un quart d'heure, des coups foibles, mais très-égaux. En le touchant d'abord du doigt, puis avec une tige métallique peu pointue à son extrémité, puis encore du doigt, je sentis constamment que la seconde commotion étoit plus forte que la première et la troisième. Ce n'est aussi que dans cet état de foiblesse du poisson que l'on peut découvrir (et d'une manière incontestable) la différence qu'offrent les métaux dans la résistance qu'ils opposent au passage de l'électricité. Si, de deux personnes qui dans le même temps irritent le Gymnote, la première, armée de zinc, sent constamment une secousse plus violente que celle qui tient une tige de fer ; si le résultat de cette expérience reste le même lorsque les deux personnes changent de métaux, on a sans doute raison de croire à une différence qui existe dans la propriété conductrice des métaux. D'après le témoignage unanime de toutes les personnes qui ont assisté à nos expériences, le coup le plus fort se fit sentir par le zinc. Après le zinc, les métaux nous parurent devoir se ranger de la manière suivante : or, fer (aimanté ou non aimanté), argent, cuivre. Il est presque superflu d'observer qu'il ne faut pas conclure de ces expériences que le métal qui transmet la commotion la plus douloureuse soit, par cela même, le meilleur conducteur. Les belles recherches du célèbre Volta nous ont appris, au contraire, que l'électricité agit plus sensiblement lorsqu'elle se fraie un chemin à travers un demi-conducteur. En effet, Bajon [1] observa déjà (et dans un temps où aucune idée théorique ne pouvoit le séduire) que le fer rouillé lui communiqua des coups plus forts que l'acier poli. Les demi-conducteurs, cependant, en opposant trop de résistance, isolent souvent entièrement l'électricité galvanique. C'est le cas des os très-secs à travers lesquels il nous a été impossible de sentir l'effet des Gymnotes.

Lorsque celui qui touche le poisson électrique de la main gauche communique par la droite avec une autre personne isolée, le coup le plus foible passe

---

[1] *Bajon*, T. II, p. 294.

souvent par les deux personnes, tandis que l'effet d'une commotion très-forte n'est sensible qu'à celui qui est en contact immédiat avec le Gymnote. Ces anomalies sont très-frappantes. Peut-être le coup qui traverse le corps des deux personnes paroît-il plus foible à cause de la facilité qu'il trouve dans son passage. M. Bajon a fait, dans un cas analogue, une observation que je n'ai pas trouvée exacte. Il prétend que, lorsque plusieurs personnes se tiennent par la main, la commotion se ressent seulement au bras qui reçoit le fluide, et non à celui qui le transmet.

D'ailleurs, la difficulté avec laquelle un courant électrique traverse les demi-conducteurs, dépend autant de la nature de ces corps que de l'intensité de la commotion. La même substance qui paroît isolatrice pour une foible secousse, transmet parfaitement l'effet d'un coup électrique plus fort. En touchant le Gymnote avec un pot d'argile cuite, très-humecté, aucune commotion ne se fit sentir. Le même poisson, placé dans le pot d'argile rempli d'eau, communiqua les secousses les plus violentes, chaque fois que l'on soutenoit le fond du pot par les deux mains. Après avoir cassé ce vase d'argile, je trouvai qu'en galvanisant ma langue, les morceaux placés entre des armatures de zinc et d'argent interrompoient l'action électrique; isolement qui provenoit sans doute de la foiblesse de cette action. M. Bajon [1] a éprouvé des effets semblables dans les expériences qu'il a faites avec des Gymnotes placés dans des terrines de terre cuite. Il a osé en conclure que le fluide passe plus facilement par la terre cuite qu'à travers les substances métalliques; mais beaucoup d'autres considérations s'opposent à ce résultat; c'est précisément parce que le métal est meilleur conducteur, que l'effet paroît moins sensible à nos organes. Dans un demi-conducteur très-imparfait, le courant, ou ne passe pas du tout, ou, s'il a assez d'impulsion pour vaincre les obstacles qu'il trouve à son passage, perce avec une impétuosité d'autant plus grande.

Nous avons essayé en vain, M. Bonpland et moi, de sentir l'effet du Gymnote à travers l'eau, sans toucher immédiatement le poisson par le moyen d'un corps solide. Une couche d'eau d'un millimètre d'épaisseur suffisoit pour intercepter la commotion la plus vive, l'un de nous approchant le doigt des organes électriques du poisson, tandis que l'autre l'irritoit avec une pointe de fer. Cette observation est d'autant plus curieuse, que les physiciens qui ont travaillé avant moi sur les poissons électriques, ont publié des résultats

[1] T. II, p. 298.

tout-à-fait opposés. M. Bajon [1] a éprouvé, comme moi, l'apparence d'isolement que présente une couche d'eau. Il dit expressément : « L'eau ne communique « la commotion que par le moyen d'un corps intermédiaire, sans lequel on ne « ressent absolument rien. Il est faux que le Gymnote (comme M. Vander-Lot « l'affirme) transmette le coup électrique, par l'air expiré ou par l'eau, à plus « de vingt pieds de distance. » D'un autre côté, MM. Williamson [2] et Bancroft [3] assurent avoir senti l'effet du Gymnote par l'eau dans un éloignement de 13 centimètres (5 pouces), et quelquefois de 9 décimètres (3 pieds). Nous avons observé, M. Gay-Lussac et moi, que, pour recevoir une commotion, le contact immédiat étoit aussi nécessaire dans la Torpille que dans le Gymnote. Spallanzani [4], dans une lettre adressée à Bonnet, annonce le même résultat. Nous examinerons à la fin de ce Mémoire, dans la partie purement théorique, si la cause de ces phénomènes extraordinaires ne se trouve pas dans une circonstance qui n'est dans aucun rapport direct avec la propriété de l'eau, de conduire imparfaitement l'électricité galvanique.

M. Gay-Lussac a observé à Naples que des Torpilles, très-foibles aussi long-temps qu'on les irrite dans l'eau, produisent dans le moment un effet très-sensible lorsqu'on les élève au-dessus de la surface de cet élément. Dans les expériences galvaniques faites sur les nerfs des grenouilles, on remarque cette même influence d'un isolement plus parfait, soit sur du verre sec ou sur un filet de soie suspendu dans l'air. Le Gymnote le plus fatigué nous a aussi communiqué des commotions très-douloureuses, aussitôt que nous l'avons placé hors de l'eau sur du sable très-sec. Bajon [5] assure même avoir observé que les coups deviennent plus forts à mesure que la peau du poisson se sèche. En effet, deux énormes Gymnotes, suspendus par une corde à la selle d'un cheval, exposés aux rayons du soleil et traînés pendant l'espace d'une heure, donnèrent de temps en temps des secousses si violentes au cheval, que celui-ci, de terreur, prit le mors aux dents dans la savane.

Nous choisîmes trois Gymnotes d'une force très-différente. Un seul nous communiqua de fortes secousses, tandis que les autres en donnoient qui étoient à peine sensibles. Leur charge électrique parut très-égale en les touchant

[1] T. II, p. 296.
[2] Williamson's Letter to M. Walsk. *Philosophical Transactions*, T. LXV, p. 97.
[3] *Essay on Guiana*, p. 197.
[4] *Memorie della società Italiana*, T. II, p. 603.
[5] T. II, p. 301.

séparément. Nous les disposâmes de manière que le poisson le plus fort ne nous communiqua son choc qu'à travers les Gymnotes très-épuisés. Jamais nous ne pûmes observer que le fluide produisît le moindre effet sur ces derniers. Cependant l'inégalité de force vitale de ces trois poissons nous mit en état de distinguer parfaitement si la commotion que nous sentîmes provenoit du Gymnote touché immédiatement ou de celui qui étoit le plus éloigné. Nous avons répété cette expérience avec le même succès, en plaçant un poisson très-épuisé entre deux arcs conducteurs métalliques, et en irritant d'un bout de l'arc un Gymnote très-actif, tandis que nous appuyâmes la main sur l'autre bout. Le fluide électrique passa avec violence; mais le Gymnote qui servoit de conducteur resta dans un repos parfait. Le courant glisse-t-il sur la surface, du Gymnote sans irriter les parties internes? La peau de ces poissons les défend-elle contre les effets du fluide électrique? Ces animaux enfin seroient-ils incapables de tourner leurs armes électriques contre leur propre espèce? En effet, en entassant de grands et de petits Gymnotes dans un même vase, on ne voit pas que ces animaux se fuient les uns les autres, comme font les grenouilles qui s'approchent rarement d'un Gymnote sans éprouver l'effet de sa colère.

Nous n'avons pu essayer, en Amérique, au commencement de l'année 1800, ni l'effet de la pile de Volta sur les Gymnotes, ni la décomposition de l'eau produite par des fils métalliques mis en contact avec les organes électriques de ces poissons. La pile [1] et cette décomposition n'étoient alors pas même encore connues en Europe; mais nous avons été, sans doute, les premiers physiciens qui ayons galvanisé le Gymnote par de simples armatures de zinc et d'argent. En faisant une légère incision dans la nageoire pectorale, et en y plaçant une lame de zinc, tout l'animal montra un mouvement convulsif dès que nous touchâmes le bout de la nageoire avec une pièce d'argent. Ce mouvement n'eut pas lieu lorsque l'argent fut remplacé par un bâton de cire d'Espagne; la contraction musculaire devint, au contraire, plus forte lorsqu'on galvanisa la nageoire par le zinc et l'argent, mais de manière que les deux armatures métalliques se touchassent immédiatement. Le poisson se courba alors convulsivement; il leva la tête hors de l'eau, et parut effrayé par une sensation aussi nouvelle que douloureuse. On pourroit supposer que la personne

---

[1] La première lettre à M. Banks, dans laquelle Volta annonce sa pile, est datée du 20 mars 1800. *Nicholson's Journal*, Vol. IX, p. 179. *Monthly Magazin, jul.* 1800, n.° 60.

dont le bras transmet un fluide aussi actif, devroit sentir une commotion très-vive dans le moment du mouvement convulsif du Gymnote; mais non. Quoique le courant électrique passât sans doute par mon bras, il n'y eut souvent que le poisson même qui en sentit l'effet, expérience qui paroît prouver que le choc le plus foible, communiqué par les organes électriques de l'animal, est encore infiniment plus fort que le minimum d'électricité qu'il faut pour agir sur les muscles de la nageoire pectorale et sur ceux du dos.

J'ai observé, dans mon ouvrage sur les nerfs, qu'en armant de deux métaux hétérogènes les plaies du dos produites par l'irritation des cantharides, un fil de fer qui communique avec ces armatures donne un goût acide à ceux qui le prennent dans la bouche. J'ai cru devoir essayer des expériences analogues avec des Gymnotes très-foibles : je les ai touchés avec un fil de fer appuyé contre ma langue ; j'en ai senti un tremblement singulier, une certaine vibration; mais le goût acide ne s'est point manifesté. Je n'ai pas risqué d'appuyer le fil conducteur à l'œil même ou aux gencives des dents supérieures. Le poisson le plus foible lance quelquefois, sans que l'on s'y attende, des coups très-forts; et comment encourir le danger de perdre la vue par une commotion propagée par l'anastomose du *nervus palatinus anterior major*, du *fascialis inferior tertius* et du *narinus?*

Un des points les plus intéressans de nos expériences étoit d'examiner si l'action du Gymnote étoit capable d'affecter les électromètres les plus délicats; il s'agissoit de résoudre cette grande question sur des animaux qui, à peine sortis de leur élément, devoient jouir encore de toute leur énergie primitive. Je m'étois muni d'un électromètre de Cavallo et d'un autre de Bennet à feuilles d'or battu très-mobiles; ces instrumens délicats furent placés sur un gobelet de verre renversé; et les tiges métalliques étant disposées de manière que la commotion électrique, avant de parvenir à mon bras, passât par la virole de cuivre à laquelle sont suspendues les balles de moelle de sureau ou les feuilles d'or. L'électromètre ne donna point de signe d'électricité, quelque forte que fût la secousse. Je le suspendis par un fil de cuivre à un barreau de fer; en soutenant ce barreau par un bâton de cire d'Espagne, je le pressai contre les organes électriques du poisson; une autre personne irritoit le Gymnote en le piquant aux yeux, aux lèvres et au ventre : je n'aperçus aucun signe d'électricité, et cependant les coups que le Gymnote lançoit étoient très-forts, comme on put s'en convaincre en touchant immédiatement la partie supérieure de l'électromètre, c'est-à-dire la virole de laquelle pendent les feuilles d'or battu. Je plaçai une plaque de zinc sur le ventre du poisson; et, cette plaque soutenant l'électromètre, je piquai la peau du poisson dans les environs du zinc; je sentis les commotions les plus vives en appuyant le doigt contre la base de l'électromètre, mais les feuillets d'or ne s'écartèrent pas : ils s'écartèrent tout aussi peu, lorsque je pressai la tige métallique de l'électromètre contre les organes électriques du poisson, ou lorsque je le galvanisai avec du zinc et de l'argent, en plaçant l'électromètre dans la chaîne conductrice même. Cependant mes électromètres étoient si bien conservés, que, malgré l'approche du midi, celui de Cavallo, armé d'une mèche allumée à la manière de Volta, manifesta sur-le-champ l'électricité positive de l'atmosphère. A Calabozo, nous observâmes le Gymnote de nuit; mais nous ne pûmes pas découvrir un vestige de lueur électrique dans le moment des décharges les plus fortes. M. Bajon a éprouvé la même chose; et je dois observer que MM. Walsh, Ingenhouss et Fahlberg [1], qui ont vu l'étincelle électrique, l'ont obtenue en interrompant la chaîne conductrice par deux feuillets d'or collés sur du verre et éloignés d'une ligne. Personne n'a jamais dit avoir vu sortir l'étincelle du corps du poisson même.

Je n'avois pas de condensateur pour le mettre en contact avec le Gymnote. Il est probable cependant qu'il auroit tout aussi peu manifesté d'électricité sensible; car, à Naples, nous avons isolé, M. Gay-Lussac et moi, une Torpille extrêmement active; elle a été irritée fortement, tandis qu'une des surfaces de son organe électrique communiquoit au condensateur : celui-ci n'a reçu aucune charge électrique, quoique l'expérience ait été répétée souvent et avec beaucoup de soin.

Le docteur Schilling, médecin de Surinam, avoit avancé, il y a trente-six ans, que le Gymnote perdoit de ses forces en approchant du fer aimanté, qu'il se sentoit attiré malgré lui par l'aimant, et que, pour lui rendre sa première énergie, il falloit le couvrir de limaille de fer. Le célèbre Ingenhouss a déjà essayé de réfuter ces assertions extravagantes de Schilling [2], sur l'influence de l'aimant sur le poisson électrique; il avoit vu, conjointement avec le docteur Beerenbrœk, que la grande batterie magnétique de Knight n'exerçoit aucun pouvoir sur le Gymnote que Walsh avoit fait venir en 1778, à ses

---

[1] Rozier, *Journal de Physique*, T. VIII, p. 331. Bajon, T. II, p. 306. Ingenhouss *vermischte Schrifften*, T. I, p. 30. Gilbert, *Journal der Physik*, T. XIV, p. 420.

[2] *Nouveaux Mémoires de l'Académie de Berlin*, 1770, p. 68.

frais, de la Guiane en Angleterre [1]. Nous étions bien étonnés que, dans les savanes de Caraccas, dans un pays où le nom du docteur Schilling étoit aussi peu connu que les Mémoires de l'Académie de Berlin, l'idée de l'action de l'aimant sur les organes électriques du poisson fût également répandue. Un Européen très-instruit, qui habite la petite ville de Calabozo, et chez lequel nous trouvâmes un petit appareil de physique, nous assura avoir éprouvé l'attraction du fer aimanté sur le Gymnote; il prétendoit que ce poisson s'approchoit involontairement de l'aimant, et qu'il y restoit collé toute la nuit, lorsque l'aimant se trouvoit submergé dans l'eau du baquet qui renfermoit le Gymnote. Nous essayâmes, de mille manières, l'effet de cette influence du magnétisme animal; mais nous n'éprouvâmes rien qui nous annonçât que le fer aimanté agissoit sur le poisson d'une autre manière que le fer non aimanté.

Après avoir tracé le tableau des expériences que j'ai tentées sur le Gymnote électrique, je passe aux considérations générales *sur la cause de ces phénomènes* intéressans. Il y a deux questions qui se présentent d'abord à examiner : la première se rapporte à la nature du fluide qui est l'agent des commotions; la seconde concerne le mode de cette action, c'est-à-dire les conditions sous lesquelles ce fluide est mis en circulation. Dans une matière aussi délicate, et sur laquelle il reste tant de nouvelles expériences à faire, je ne m'énoncerai qu'avec la réserve que prescrit la nature de ces recherches. J'aime à me rappeler le précepte de Bacon [2] : « *Alius error est præmatura* « *atque proterva reductio doctrinarum in artes et methodos, quod cum* « *fit, plerumque scientia aut parum aut nil proficit.* »

Occupé d'expériences galvaniques depuis 1792 jusqu'en 1797, je croyois, à cette époque, avoir observé un grand nombre de phénomènes qui parois- soient contraires à l'idée que l'action galvanique dépendoit simplement d'un courant électrique produit par le contact de trois substances hétérogènes. Je distinguois alors le fluide galvanique de l'électricité commune, et je doutois fort de l'électricité de ces poissons qui n'agissoient pas sur les électromètres les plus sensibles. Plusieurs physiciens adoptent encore cette différence entre le fluide galvanique et le fluide électrique, soit qu'ils considèrent l'un comme une modification de l'autre, soit qu'ils croient que tous deux agissent simul-

---

[1] *Vermischte Schrifften*, T. I, p. 413.
[2] Baco de Verulam, *de augmentis scientiarum*, *Lib.* I.

tanément dans la pile de Volta. Moi-même, en travaillant sur les Gymnotes électriques au commencement de l'année 1800, je croyois avoir recueilli des observations qui me paroissoient confirmer l'idée d'un fluide particulier. Éloigné de l'Europe, parcourant des pays qui me mettoient hors de toute communication littéraire avec l'ancien continent, je ne pouvois profiter des lumières que Volta a répandues sur cet objet de la physique animale. Mes doutes ont diminué, et, je puis dire, se sont évanouis à mesure que j'ai étudié les travaux de ce grand physicien. Il me paroît parfaitement prouvé aujourd'hui que les commotions communiquées par les Gymnotes et les Torpilles, comme les contractions musculaires produites par le contact des métaux hétérogènes, sont l'effet d'un *courant électrique*. Ce seroit faire tort au progrès des sciences, que de ne pas vouloir abandonner des théories contraires aux observations que présente l'état actuel de nos connoissances.

Les phénomènes qui, au premier coup d'œil, peuvent faire douter de l'identité de l'électricité et de l'action galvanique du Gymnote et de la Torpille, se réduisent à trois, à la nature de la *sensation* que les commotions du Gymnote font éprouver, à celle des *substances conductrices*, et à l'*absence de tout signe électrique*, lors même qu'on emploie les électromètres les plus délicats.

La différence de *sensation* que l'on observe entre les effets de la pile ou d'une bouteille de Leyde foiblement chargée, et ceux d'un poisson électrique, n'indique aucune hétérogénéité de causes. On conçoit que cette différence peut tenir au mode d'action, à la rapidité du courant, au peu d'intensité du fluide électrique. La décharge d'une bouteille de Leyde produit sans doute un effet bien différent sur les nerfs, que le soufre électrique qui sort d'un conducteur foiblement chargé, et que l'on dirige contre les yeux ou sur la surface de la langue. Lorsque tant d'autres faits concourent à prouver l'identité, la sensation seule n'est pas suffisante sans doute pour faire admettre une différence entre les deux fluides.

L'action du Gymnote est interrompue par des *os* très-secs placés dans l'arc conducteur. La *flamme* empêche de même la communication des secousses électriques de la Torpille, comme je viens de m'en convaincre par les expériences faites à Naples conjointement avec M. Gay-Lussac; mais ni les os ni la flamme ne sont d'aussi parfaits conducteurs de l'électricité que je l'avois cru autrefois, et que d'autres physiciens [1] l'ont adopté avec moi. M. Erman [2], de l'Académie

[1] *Aldini*, T. I, p. 40; T. II, p. 91.
[2] Gilbert, *Annalen der Physik*, B. II, p. 143.

royale de Berlin, a éclairci cet objet avec cette sagacité qui caractérise toutes les recherches auxquelles se livre cet excellent physicien. La flamme et les os opposent des difficultés au passage du courant électrique, et les expériences galvaniques n'annoncent, sous ce point de vue, rien qui déroge aux lois connues de l'électricité ordinaire. La réfutation d'une erreur devient souvent la source d'une nouvelle vérité : aussi les doutes qu'on avoit jetés sur la propriété conductrice de la flamme ont mené M. Erman [1] à des découvertes très-brillantes sur les conducteurs uni- ou bi-palaires dans l'action de la pile de Volta.

Quoique, avec M. Biot, l'on puisse reconnoître dans le galvanisme l'effet d'une électricité très-foible, mais douée d'une célérité très-grande, le *manque total de signes électriques* dans l'électromètre et dans les condensateurs mis en contact avec le Gymnote et la Torpille, reste toutefois un phénomène infiniment curieux, et auquel sans doute on ne devroit pas s'attendre. M. Volta, à qui j'ai communiqué les résultats de mes expériences, en a été frappé au premier abord. La capacité d'une pile étant plus grande que celle que l'on peut soupçonner dans les poissons électriques, et cette grande capacité, jointe à une tension petite, mais très-mesurable à l'électromètre, ne produisant dans la pile que des commotions très-peu douloureuses, il paroît étonnant que le Gymnote, avec une moindre capacité et sans tension mesurable, puisse présenter des effets si puissans. Nous considérons, avec Volta, la capacité de la pile comme plus grande que celle du poisson, parce que, puisant sans cesse l'électricité du magasin immense du globe entier, son action devroit être plus forte que celle des Gymnotes ou de la Torpille, qui, submergés sous l'eau, entourés d'un fluide conducteur, interrompent à leur gré le jeu de leurs organes électriques. La difficulté que présente l'absence totale des signes électrométriques ne seroit encore pas levée, si l'on s'obstinoit à regarder ces poissons comme des bouteilles de Leyde chargées ; car la décharge de ces dernières affecte instantanément l'électromètre de Bennet. Le grand physicien de Côme m'a suggéré une idée très-ingénieuse sur ce manque de tension électrique ; il incline à croire que ce manque n'est qu'apparent ; que dans le Gymnote et la Torpille il existe une *tension* ; mais que leurs organes étant des piles de la troisième classe, qui ne se chargent pas de nouveau avec la

---

[1] *Gilbert, B. XXII*, p. 14. Une flamme d'alcohol isole tout l'effet du pôle négatif de la pile ; une flamme de phosphore isole l'effet du pôle positif : du soufre brûlant isole l'effet des deux pôles à la fois.

célérité d'une pile commune, le condensateur en contact avec l'organe perd, presque au moment de l'explosion, le peu d'électricité qu'il avoit reçu. D'après M. Volta, le condensateur, communiquant avec le poisson isolé, se charge pendant la commotion; mais l'organe restant dans l'état naturel, c'est-à-dire sans charge, un instant après, avant qu'on puisse enlever le condensateur, celui-ci a rendu à l'organe électrique ce qui lui avoit été fourni. D'après cet aperçu des phénomènes, il existe un flux et un reflux instantané, et les poissons électriques peuvent avoir une tension assez considérable sans que nos condensateurs le manifestent. J'observe cependant que cette tension momentanée devroit être bien moindre que celle des piles, qui n'agissent pas seulement sur les condensateurs, mais aussi très-fortement sur les électromètres à feuilles d'or battu. Cette dernière observation pourroit embarrasser ceux qui réfléchissent sur la violence des commotions que l'on reçoit des Gymnotes, violence qui surpasse de beaucoup l'action des piles les plus fortes. Mais n'oublions pas que la sensation plus ou moins vive ne dépend pas du degré de tension électrique, et qu'elle est le résultat d'un grand nombre de conditions compliquées [1], de la célérité avec laquelle l'électricité afflue, de la difficulté qu'elle rencontre à son passage par les demi-conducteurs, et de la lenteur avec laquelle elle passe par les organes sensibles. Toutefois cette absence de signes électrométriques dans les Gymnotes est un point assez embarrassant.

Personne n'a jamais pu voir l'étincelle électrique dans les expériences faites sur les Torpilles : je n'en ai point obtenu du Gymnote. MM. Walsh, Ingenhouss et Fahlberg ont été plus heureux que moi. Comment ne pas se rendre à l'autorité de trois observateurs aussi respectables? L'énergie de ces poissons peut être différente d'après l'âge, la nourriture, et d'après nombre d'autres conditions inconnues. Aussi ceux qui assurent avoir vu l'étincelle, l'ont-ils remarquée seulement en interrompant la chaîne conductrice métallique. Ils ont opéré d'une autre manière que moi; ils n'ont jamais pu tirer l'étincelle du corps du poisson même : or, deux résultats obtenus par des moyens différens ne sont pas en contradiction directe. L'interruption de l'arc conducteur présente au courant un grand obstacle à vaincre; l'accumulation du fluide sera de quelque durée; et si le courant passe, l'action électrique doit sans doute être plus violente à ce passage que dans tout autre point de l'arc conducteur. Que n'a-t-on placé un électromètre dans l'intervalle que laissent les deux bandes métalliques que l'on emploie dans ces expériences?

[1] *Volta dans les Annales de Chimie*, T. XL, p. 243.

Il est assez aisé de concevoir pourquoi on n'a jamais tiré d'étincelles du corps du Gymnote même, et pourquoi, ni Bajon ni moi, nous n'avons pu en obtenir une commotion sensible qu'en le touchant avec quelque corps dur ou solide. Une couche d'eau d'un millimètre d'épaisseur, placée entre l'organe électrique et la pointe du doigt, paroissoit intercepter toute commotion, tandis que celle-ci se propageoit par une goutte d'eau placée entre deux métaux homogènes. Lorsque deux personnes touchent les Torpilles de leur droite, elles sentent de fortes secousses chaque fois que de leur gauche elles communiquent ensemble, en trempant des stylets d'argent dans une goutte d'eau, sans que les stylets se touchent immédiatement. Or, comme nous l'avons prouvé plus haut, la décharge des poissons électriques et leur charge dépendent entièrement de leur volonté. L'animal change à son gré, *par l'influence du cerveau et des nerfs*, l'état d'équilibre électrique dans lequel il se trouve avec les corps ambians; il le fait chaque fois qu'il est irrité, qu'il veut attaquer son ennemi ou se défendre. Il est probable que le Gymnote peut agir par distance, c'est-à-dire que son coup électrique peut percer à travers une couche d'eau assez épaisse. M. Williamson à Philadelphie, et, récemment encore, M. Fahlberg à Stockholm, l'ont vu tuer de loin des poissons vivans qu'il vouloit dévorer. Si, M. Bajon et moi, nous n'avons pas observé l'effet de cette action à distance, c'est peut-être que les individus que nous avions étoient moins voraces que ceux que l'on a rendus plus familiers, en les tenant enfermés dans l'intérieur des maisons, et en les menant d'Amérique en Europe. Cependant, quoi qu'il en soit de ce coup qui part de loin, on conçoit qu'un doigt ou une tige pointue de métal, tenue à quelque distance de l'organe électrique, ne peut pas engager le poisson à lancer son coup de ce côté-là; il ignore absolument ce qui se passe sous son ventre, et l'exciter par un corps dur n'est autre chose que lui rappeler où il doit agir. Le Gymnote n'est pas le conducteur inanimé d'une machine électrique, conducteur que l'on décharge en approchant de lui une pointe métallique; c'est un être dont l'organe animé n'agit que parce que la crainte l'excite à l'approche inattendue de quelque substance solide. Il ne faut donc pas s'étonner de ce que l'on n'a pu tirer des étincelles du corps du Gymnote même, l'animal ne lançant le coup que lors d'un attouchement immédiat, c'est-à-dire sous une condition contraire à l'existence de l'étincelle.

Plusieurs des expériences que j'ai décrites paroissent aussi prouver qu'il dépend de la volonté du poisson de ne charger ou décharger qu'une partie de son organe à la fois. Je crois que c'est dans cette propriété que consiste tout le mystère de ces phénomènes curieux dans lesquels le Gymnote, en contact avec deux tiges métalliques très-rapprochées, paroît diriger son coup tantôt vers l'une, tantôt vers l'autre de ces tiges. Les deux conducteurs n'irriteront sans doute pas également. Le poisson décharge les feuillets de l'organe électrique dans lesquels il se sent le plus incommodé par la pression extérieure. C'est pour cela que deux personnes isolées, qui tiennent le poisson par la tête et par la queue, sentiront rarement des commotions simultanées. L'idée de l'*action partielle de l'organe électrique*, très-composé dans les Gymnotes et dans les Torpilles, explique nombre de phénomènes qui, sans cette hypothèse, paroîtroient tenir du merveilleux.

Si, d'un côté, il ne reste aucun doute sur l'existence d'un *courant électrique* dans les commotions causées par ces poissons, d'un autre côté le mode d'action, les moyens par lesquels ce courant est produit, sont enveloppés dans les ténèbres les plus profondes. Jadis on comparoit les Gymnotes et les Torpilles à *des bouteilles de Leyde*; aujourd'hui les travaux de Volta et l'étude soignée de la structure de leurs organes électriques les font envisager comme des *appareils électro-moteurs*. De ces deux hypothèses, la dernière est sans doute la plus ingénieuse; elle est, plus que toute autre, fondée sur l'analogie de phénomènes bien observés. Le contact de substances hétérogènes est peut-être une source de mouvement et de vie dans tous les êtres organisés. Dans le cerveau, la substance grise s'insinue dans la substance médullaire; ce que nous appelons des nerfs simples, sont des *plexus* ou des assemblages d'un grand nombre de nerfs qui se ramifient, et dont chaque filet nerveux, d'après la belle découverte de M. Reil, est composé du *neurilema* et de la substance médullaire. L'humidité et la circulation des fluides sont des conditions indispensables de la vie animale. Peut-être que cette même action, que l'on croit produite dans les organes électriques des poissons par le contact des lames aponévrotiques et de la matière albumineuse, existe plus ou moins dans toutes les parties de la matière organique et animée; peut-être enfin, et je suis très-porté à le croire, l'humidité ou l'eau dans les piles n'agit-elle pas seulement comme conducteur, mais par une *action chimique* [1] qui dépend du contact des corps hétérogènes, et dont l'électricité n'est qu'un effet secondaire.

Je ne hasarderai pas de donner plus d'étendue à des idées qui, dans l'état

[1] Schelling's *neue Zeitschrift der speculativen Physik*, B. II, H. 2, p. 96.

actuel de la physique animale, peuvent à peine être présentées sous la forme de pures probabilités. Je finirai ce Mémoire en examinant les phénomènes qui paroissent *en contradiction apparente* avec l'hypothèse que M. Volta a énoncée sur l'action des poissons électriques.

Le Gymnote lance des coups, sans que la personne qui les sent soit dans la direction d'un courant galvanique que l'on pourroit supposer rentrer dans le poisson. Ces expériences galvaniques, que l'on connoît sous la dénomination d'*expériences sans chaîne*, paroissent, au premier coup d'œil, contraires à l'idée d'une pile qui se décharge : aussi ne réussissent-elles avec les Torpilles qu'au contact immédiat du doigt ; car les poissons les plus forts ne communiquent aucune commotion lorsqu'on les touche d'une seule main armée d'un métal. M. Volta, que j'ai consulté sur cette anomalie apparente, m'en a donné l'explication suivante.

Ce grand physicien admet, 1.º que des deux surfaces de l'organe électrique de la Torpille, l'une est positive et l'autre négative ; 2.º que l'animal a la faculté, soit par la sécrétion instantanée d'un fluide conducteur, soit par quelqu'autre moyen inconnu, d'établir, à sa volonté, une communication entre les deux surfaces hétérogènement chargées. D'après cette supposition, les poissons électriques se déchargent par leur propre peau. Galvani [1] a observé qu'en plaçant des grenouilles préparées sur le dos d'une Torpille, elles présentent des mouvemens convulsifs chaque fois que l'on irrite le poisson. La peau de la Torpille étant un conducteur assez imparfait, le courant électrique, accumulé avant de vaincre les difficultés qui l'arrêtent, pénètre les corps environnans. C'est l'effet de cette pénétration ou de cette action latérale que nous sentons en touchant la Torpille d'une seule main à l'une des surfaces de l'organe. M. Volta cite, à l'appui de cette explication, le phénomène frappant que présente une bouteille de Leyde chargée et placée sur une serviette humectée : lorsqu'on décharge l'instrument, en appuyant l'arc conducteur contre la serviette et le bouton de la bouteille, le courant électrique ne traversera pas la serviette par un filet seul ; il ne prendra pas uniquement le chemin le plus court. Des grenouilles écorchées, et placées de côté çà et là, sentiront de fortes contractions musculaires par l'effet d'un coup latéral [2]. C'est par la même cause

---

[1] *Aldini*, T. II, p. 76.

[2] Comparez les expériences que j'ai faites à ce sujet en 1797. *Ueber die gereizte Muskelfaser,* T. I, p. 386-495.

que M. Configliati, professeur de physique à Pavie, m'a assuré avoir senti les secousses de la Torpille en la plaçant sur une toile humectée, et en touchant la partie de cette toile la plus voisine du poisson, sans cependant entrer en contact immédiat avec son corps même; observation très-curieuse que nous n'avons cependant pas eu lieu de faire ni sur la Torpille, ni sur les Gymnotes.

L'effet de ce coup latéral dépend cependant autant de l'*imperfection* plus ou moins grande du *conducteur*, que de l'*énergie de l'animal* irrité. Si le corps, par l'intermède duquel la main touche une des surfaces de l'organe électrique, est mauvais conducteur, la commotion que l'on sent est très-sensible. C'est le cas de l'expérience de M. Configliati; c'est celui dans lequel je sentis des secousses très-vives, en portant le Gymnote dans un baquet de terre cuite rempli d'eau. Au contraire, si le corps intermédiaire, celui à travers lequel la main doit recevoir la commotion, est un conducteur parfait, l'action ne peut alors être sensible que lorsque la décharge est très-forte. C'est ainsi que nous n'avons jamais senti de coup en touchant une des surfaces de l'organe électrique de la Torpille par une clef tenue d'une main; c'est ainsi qu'on porte impunément une Torpille entre deux plats de métal dont les bords se touchent. Plus l'énergie du poisson électrique est grande, plus la sphère de son activité s'étend loin, et plus les ramifications du *coup latéral* sont variées. Un Gymnote donne de fortes commotions à travers une tige de deux mètres de long, et on ne le porteroit pas impunément enfermé dans un tube métallique.

Ces considérations suffisent sans doute pour prouver que, sans dévier des lois connues de l'électricité, et surtout sans admettre un agent inconnu, on peut se former *une idée générale* de l'action des poissons électriques. Des trois hypothèses que l'on pourroit admettre, de celle d'un conducteur chargé d'une bouteille de Leyde, ou d'une pile de Volta, la dernière offre sans doute le moins de difficulté. C'est la pile qui nous enseigne comment un courant électrique, avec un minimum de tension, peut produire des secousses très-violentes. La structure des organes électriques paroît même favoriser cette analogie. Des expériences faites sur la charge du mica font croire à M. Nicholson[1] que le Gymnote peut agir comme une batterie de 1125 pieds carrés. D'un autre côté, le manque total d'action sur les électromètres les plus fins est un phénomène d'autant plus frappant, que les piles les plus foibles produisent

---

[1] *Nicholson's Journal*, Vol. I, p. 357.

des divergences sensibles dans les feuillets de l'électromètre de Bennet. Nous avons allégué plusieurs causes qui peuvent contribuer à cacher ces effets électroscopiques des · Gymnotes. J'avoue cependant que moi - même je ne les regarde pas comme tout - à - fait convaincantes. Peut - être ces poissons nous présentent - ils l'exemple *d'un mode particulier d'action électrique* , qui n'est ni celui du conducteur chargé , ni celui de la bouteille de Leyde, ni celui de la pile? Le cerveau du Gymnote fait-il partie de l'appareil électro-moteur? Quoique, dans ce poisson, les organes électriques ne reçoivent presque leurs nerfs que de la moelle allongée, la séparation du cerveau, c'est-à-dire l'amputation de la tête, fait cesser cependant toute action électrique. Les belles expériences que Galvani a faites en 1797 ont prouvé [1] qu'après la ligature des nerfs ou après l'extraction du cerveau, les commotions de la Torpille n'ont plus lieu, tandis qu'elle les communique lors même que le cœur lui est arraché. Les Raies, qui ne sont pas douées de la propriété électrique, ont, d'après M. Geoffroy [2], des organes analogues à ceux de la Torpille, des groupes de prismes aponévrotiques remplis de matières gélatineuse et albumineuse ; mais ces prismes, moins nombreux, différemment placés, et communiquant avec la peau par des pores excrétoires, reçoivent des cordons de nerfs moins gros que les organes analogues de la Torpille. Toutes ces considérations, vraiment physiologiques, me paroissent annoncer que la vie des organes électriques et leurs fonctions dépendent très-immédiatement du cerveau, et que les nerfs y jouent le rôle d'un appareil électro - moteur, aussi bien que les substances hétérogènes dont le contact met en circulation le fluide électrique. Il n'est pas temps encore de former des Gymnotes ou des Torpilles artificielles de cuir ou de carton [3], qui enchâssent des bouteilles de Leyde ou des piles! C'est dans l'*action du cerveau et de la matière médullaire des nerfs* que repose le grand mystère qui enveloppe les phénomènes de l'électricité galvanique des poissons. Nous ne pourrons nous flatter d'en avoir approfondi les véritables causes, que lorsque la physiologie expérimentale aura fait des progrès plus marquans dans la connoissance du *système nerveux* des animaux.

[1] *Aldini*, T. II, p. 70.

[2] *Annales du Muséum d'histoire naturelle*, Vol. I, p. 398.

[3] *Philosophical Transactions*, T. LXVI, Pl. I, p. 198. *Philosophical Transactions for* 1800 , n.° 17, p. 439.

EXPLICATION DES FIGURES.

PLANCHE X.

N.º I. Fig. 1. *Gymnotus æquilabiatus*, se rapportant au Mémoire précédent.
    2. La vessie natatoire du *Gymnotus æquilabiatus*.
    3. La vessie natatoire du *Gymnotus electricus*.

     Ces trois figures sont dessinées sur la même échelle, divisée en pouces de l'ancien
     pied de Paris.

N.º II. Coupe verticale du Gymnote électrique.

  a. Huit paquets de muscles composés de couches concentriques.
  b. Graisse.
  c. Épine dorsale.
  d. Vessie natatoire (la même, N.º I, Fig. 3).
  e. Deux petits muscles qui séparent les grands organes électriques des petits.
  f. Quatre muscles extérieurs.
  g. Muscle impair inséré dans la nageoire anale.
  h. Nageoire anale.
  k. Lobes du grand organe électrique.
  l. Lobes du petit organe électrique.

RECHERCHES ANATOMIQUES

SUR LES REPTILES

REGARDÉS ENCORE COMME DOUTEUX

PAR LES NATURALISTES;

FAITES. A L'OCCASION

DE L'AXOLOTL,

RAPPORTÉ PAR M. DE HUMBOLDT DU MEXIQUE,

PAR M. CUVIER [1].

1. Remarques préliminaires.

Lᴇ nom d'*amphibie*, en tant qu'il signifie un animal *vivant*, et surtout, *respirant aussi bien dans l'eau que dans l'air*, ne convient à aucun des animaux qui l'ont reçu des anciens et de la plupart des modernes.

Sans parler des *loutres* et des *hippopotames*, qui sont de vrais quadrupèdes aériens, que la recherche de leur nourriture attire seule au bord des eaux, les *phoques* et les *cétacés*, que leurs organes du mouvement contraignent à passer toute ou presque toute leur vie dans les eaux, ne peuvent cependant respirer que l'air.

Tous les *reptiles* auxquels Linnæus a transféré ensuite ce nom d'*amphibies*,

---

[1] Ce Mémoire a été lu à l'Institut national, les 19 et 26 janvier 1807.

sont dans le même cas dans leur état adulte; ils ne peuvent non plus respirer que l'air, soit qu'ils y vivent toujours, comme les *lézards*, soit qu'ils s'enfoncent dans l'eau pour plus ou moins de temps, comme les *grenouilles* et les *salamandres*. Au contraire, les poissons cartilagineux que ce même naturaliste avoit réunis aux reptiles ne peuvent, comme tous les autres poissons, respirer que par l'intermède de l'eau; ils n'ont que des branchies, et c'est pour avoir regardé comme des poumons la vessie natatoire fourchue de quelques-uns d'entre eux, que le docteur Garden avoit causé l'erreur de Linnæus.

Les seules *larves* ou *têtards* des *reptiles batraciens*, c'est-à-dire des *salamandres* et des *grenouilles*, *rainettes* et *crapauds*, réunissent des branchies et des poumons, respirent à la fois, du moins pendant un certain temps, et l'air élastique en nature, et celui que contient l'eau, participent par conséquent, d'une manière égale, de la nature des animaux aériens et des animaux aquatiques, et peuvent donc, si l'on veut, porter le nom d'*amphibies* dans son acception la plus rigoureuse.

Mais ce n'est là pour eux qu'un état transitoire et peut-être seulement momentané pour quelques-uns. A mesure que leurs poumons se développent, leurs branchies s'oblitèrent, et ils perdent entièrement celles-ci, souvent avant même d'être arrivés à toute la taille qu'ils doivent avoir, et surtout avant d'être propres à la génération.

Voilà du moins ce que l'on observe sur tous les *têtards* de notre climat, sur tous ceux qu'il a été possible d'élever et de suivre dans les divers degrés de leurs développemens.

Mais les naturalistes ont observé trois autres êtres réunissant, comme nos têtards, les deux sortes d'organes respiratoires, ne paroissant perdre ni l'un ni l'autre à aucune époque de leur vie, et d'ailleurs de forme et de grandeur telles, que l'on ne connoît, dit-on, dans les pays qu'ils habitent, aucun reptile parfait dont ils puissent être les larves.

Ces trois espèces d'êtres sont-ils en effet des animaux parfaits, de vrais *amphibies permanens*? Doivent-ils être considérés comme une classe intermédiaire entre les reptiles et les poissons? C'est ce que nous allons rechercher; mais comme ce que nous en allons dire suppose la connoissance de la circulation dans nos têtards ordinaires, nous nous en occuperons d'abord d'après des observations qui me sont communes avec mon ami, M. Duméril, professeur à l'École de Médecine.

Le seul auteur qui en ait parlé, l'immortel Swammerdam, n'a fait, de son aveu, qu'ébaucher ce sujet ; et, quoique nous puissions ajouter quelque chose à ce qu'en a dit ce grand anatomiste, nous serons bien éloignés de l'épuiser. Il est d'autant plus intéressant, que le *têtard* est le seul animal où la métamorphose se fasse pour ainsi dire sous nos yeux, et où nous puissions suivre chaque système organique dans son passage d'une forme à une autre toute opposée.

II. *Observations anatomiques sur les Têtards.*

Les têtards de grenouilles, de rainettes et de crapauds diffèrent de ceux de salamandres, principalement parce que leurs branchies sont cachées [1]. L'eau n'en peut sortir que par deux trous percés à des endroits différens, selon les espèces ; il y en a même plusieurs qui n'en ont qu'un seul du côté gauche. Tels sont les têtards de la jackie (*rana paradoxa*), et dans notre pays celui du crapaud brun ; mais le têtard de la grenouille commune m'a paru en avoir deux, placés l'un et l'autre en dessous.

Quand on ouvre longitudinalement la peau d'un têtard, on aperçoit que son intérieur est divisé en deux parties, ou contenu dans deux sacs membraneux.

Le premier s'étend depuis les mâchoires cornées et postiches qui forment le bec du têtard, jusque derrière les branchies : il les enveloppe entièrement. L'autre sac comprend les viscères abdominaux ; c'est le péritoine, sur lequel on commence déjà à voir les vestiges des muscles de l'abdomen.

Le premier sac est fort mince, transparent, et percé des mêmes trous que la peau, pour l'écoulement de l'eau des branchies.

Celles-ci forment de chaque côté quatre rangées transversales de petites houppes, portées sur autant de petits arcs cartilagineux, lesquels sont hérissés, du côté de la bouche, de petits tubercules arrondis. Ces arcs sont articulés d'une part derrière le crâne, de l'autre à une espèce d'os hyoïde, et ont le même jeu que dans les poissons. Il y a dans leurs intervalles des espaces libres par où l'eau peut passer de la bouche aux branchies, pour sortir ensuite par les petits trous extérieurs.

---

[1] D'après Swammerdam et Rœsel, les branchies seroient extérieures et libres dans les premiers momens de l'existence du têtard, et rentreroient ensuite ; mais je n'ai pas encore eu d'occasion de suivre ce changement : je décris ici des têtards au moins de quelques semaines.

Les têtards de grenouilles ont donc leurs branchies organisées en gros, comme certains poissons, tels que les *callyonymes* et autres, où l'eau ne peut sortir que par des ouvertures étroites : seulement ils n'ont ni opercules ni rayons branchiostèges.

Les branchies proprement dites, ou l'organe propre de la ramification des vaisseaux pulmonaires, sont de petites houppes en forme de plumes, c'est-à-dire frangées des deux côtés. Chaque arceau cartilagineux en porte une trentaine : au milieu de chaque houppe sont ses deux principaux vaisseaux qui dérivent des deux grands vaisseaux de l'arc.

Il est bon de remarquer ici que les poissons nommés *syngnathes* ont aussi leurs branchies en forme de houppes.

Le cœur, placé au-devant de cet appareil, et recevant le sang du corps par la veine cave qui vient, comme à l'ordinaire, en grande partie au travers du foie, n'a qu'une oreillette et un ventricule, comme dans les poissons et comme dans les grenouilles ou salamandres adultes, sans aucune de ces divisions qu'on observe dans les tortues ou dans les lézards. Du ventricule part une seule artère, qui se distribue complétement aux huit branchies, de manière qu'aucune goutte de sang ne peut se porter au reste du corps sans avoir passé par l'organe respiratoire. Les veines, qui rassemblent tout le sang qui a circulé dans les branchies, se portent vers le dos, et se réunissent successivement en un seul tronc qui devient l'artère descendante; mais, avant de se réunir, elles fournissent des artères à la tête, aux pieds de devant, au poumon et au foie; de manière que, dans le têtard, le poumon reçoit du sang qui a déjà été exposé à l'action de l'eau, et que cette petite partie de sang de l'animal respire réellement deux fois : mais la grande masse de ce fluide ne respire qu'une fois, et d'une respiration aquatique ou semblable à celle des poissons.

Quand le têtard passe à l'état de grenouille, il se fait de grands changemens dans sa circulation, mais c'est par des moyens très-simples qu'ils s'opèrent. Le bras et la tête prenant de l'accroissement, les artères qui s'y rendent deviennent plus grosses : les branchies, au contraire, s'oblitèrent, leurs artères diminuent par degrés; mais comme il faut toujours que le sang passe et à la tête et aux autres parties, l'une des quatre principales artères des branchies grossit, et finit par servir seule de canal à ce fluide. Il en résulte que l'artère qui sort du cœur, et qui auparavant se divisoit en huit, se borne maintenant à se bifurquer, et que ses deux branches fournissent les rameaux artériels de la tête, du bras, du poumon, etc., enfin qu'elles se réunissent pour former l'aorte descendante. Or, ce que je viens de décrire est précisément la circulation de la grenouille, et l'on voit qu'il n'a fallu, pour la produire, que l'oblitération de six des artères branchiales du têtard et le grossissement des deux restantes.

Alors le sang ne respire plus que dans le poumon seulement; il n'y en passe à chaque pulsation qu'une très-petite fraction : la grenouille est devenue un animal purement aérien.

En même temps que ces changemens s'opéroient dans ses organes respiratoires, il s'en faisoit beaucoup d'autres dans le reste de son corps.

Ce bec étroit de corne, précédé de petites lèvres charnues, tomboit; tous ses muscles se sphacéloient; les mâchoires durcissoient, et formoient une bouche beaucoup plus large.

Les yeux, débarrassés de cette peau qui ne les laissoit paroître qu'au travers d'un disque transparent, se présentoient avec l'appareil compliqué de leurs trois paupières.

Les pieds de devant sortoient de l'enfoncement où ils étoient cachés, entre le sac qui renfermoit les branchies et celui du péritoine; les pieds de derrière grandissoient chaque jour davantage; cette longue queue, formée de tant de couches musculaires, animée par tant de nerfs et de vaisseaux, se disposoit à disparoître; les intestins, auparavant presque partout également minces, excessivement longs et contournés en une immense spirale, se raccourcissoient, et prenoient aux endroits convenables des dilatations pour l'estomac et pour le côlon.

Mais dans le nombre de ces changemens qui font passer le têtard à l'état de grenouille, on ne peut pas ranger l'apparition des organes de la génération. On voit déjà dans le têtard les testicules, les ovaires et leurs appendices graisseuses; et s'ils n'ont pas toute la grandeur qu'ils auront dans la grenouille à l'époque de l'amour, ils approchent beaucoup de celle du reste de l'année.

Tout ce que nous avons dit du têtard de grenouille convient à celui du crapaud; mais il y a dans les différentes espèces des variations considérables pour l'époque et la taille où chacune passe d'un état à l'autre, ainsi que pour la rapidité avec laquelle ce changement se fait. On sait que la *jackie* (*rana paradoxa*) ne perd sa queue que fort tard et long-temps après ses branchies, et que ses branchies elles-mêmes ne tombent que quand elle a déjà sa taille de grenouille : le *pipa* (*rana pipa*) perd, au contraire, l'une et l'autre de fort bonne heure et lorsqu'elle est encore très-petite. Les espèces qui perdent leurs branchies très-tard, sont plus grosses dans leur état de tétard que dans celui de grenouille, parce que ces organes surnuméraires leur gonflent la partie antérieure du corps autant que la queue le prolonge en arrière. Elles ont donc l'air de rappetisser en se métamorphosant, et ne croissent plus, une fois qu'elles sont grenouilles. Celles qui perdent leurs branchies et leur queue de très-bonne heure, ont au contraire encore long-temps à croître, et l'on en voit de toutes les tailles dans leur forme parfaite. C'est là ce qui a fait penser que la *jackie* se métamorphose en poisson. Les tétards étant plus grands dans cette espèce que les grenouilles adultes, on ne pouvoit pas croire que celles-ci fussent le second âge.

On pourroit rendre aux larves de *salamandres* le nom de *cordyles* qu'elles portoient chez les Grecs, selon la remarque de M. Schneider. Ce qu'il y a de sûr, c'est qu'elles ne devroient point porter celui de *tétard*, parce qu'elles n'ont point la tête renflée, attendu que leurs branchies ne sont point cachées sous de larges enveloppes, mais flottent librement hors du corps. Ce sont des houppes en forme de peignes, purement charnues ou membraneuses, attachées par des pédicules qui les laissent flotter librement dans l'eau. Les arceaux cartilagineux des côtés ne servent qu'à limiter les bords des petites ouvertures par où l'eau sort de la bouche; car, quoique la forme et la position des houppes semblent les exposer suffisamment à l'action de l'eau, il y a néanmoins encore de ces ouvertures par lesquelles l'animal peut établir un courant. Du reste, la circulation se fait dans ces branchies comme dans celles des tétards de grenouilles, et elle change de même quand les branchies s'oblitèrent.

Les larves de salamandres que j'ai observées avoient les viscères semblables à ceux des adultes, et ne portoient point de bec corné, quoique leurs branchies fussent encore bien entières. Je suppose donc qu'elles ressemblent aux salamandres adultes à cet égard, comme par leurs pieds et par l'organisation et la permanence de leur queue, beaucoup plus que les tétards ne ressemblent aux grenouilles.

On sait, par les observations de Spallanzani, que ce sont leurs pieds de devant qui paroissent les premiers.

III. *Recherches sur la Sirène.*

Après avoir ainsi rappelé ou fait connoître en abrégé toute la partie de l'histoire des larves de Batraciens, qui a rapport à nos recherches, venons maintenant aux trois genres qui font l'objet de ce Mémoire.

Le plus anciennement décrit par des naturalistes méthodiques, est le *sirena lacertina*, si commun dans les rivières et les marais de la Caroline méridionale, où l'on dit qu'il se nourrit de serpens. Il se distingue éminemment des deux autres, parce qu'il n'a que les deux pieds de devant.

Le docteur Garden en envoya en 1765, au grand Linnæus, un individu, accompagné d'une description anatomique, où il fit connoître surtout l'existence simultanée des branchies et des poumons, et déclara qu'il n'y a dans toute la Caroline aucune *salamandre* assez grande pour pouvoir être provenue de la *sirène*.

Linnæus, d'après ces notions, se détermina, quoiqu'en hésitant, à faire de la *sirène* un ordre particulier de reptiles, sous le nom d'*Amphibia meantes*.

Ses raisons, pour ne pas la croire un têtard de salamandre, furent, 1.º l'absence totale des pieds de derrière; 2.º les ongles qu'il croyoit voir aux doigts, et qui manquent aux salamandres même adultes; 3.º les poumons joints aux branchies; 4.º la voix; 5.º le nombre de quatre doigts, et non pas de cinq qu'il croyoit général dans son genre *lacerta*; 6.º les dents. Mais de toutes ces raisons, il n'y avoit que la première qui fût réellement bonne; car la seconde étoit fausse, et les autres ne prouvent rien, comme nous le verrons.

A peu près à la même époque, Ellis décrivoit cet animal dans les *Transactions philosophiques*, et adoptoit une opinion semblable à celle de Linnæus, sans en exposer les motifs avec autant de détails : une bonne anatomie faite par le célèbre John Hunter, accompagnoit sa description.

Cependant Garden, Ellis et Linnæus, ne parvinrent pas à persuader tous les naturalistes; Pallas ne trouva point que l'impossibilité d'une métamorphose fût assez démontrée par l'absence des pieds de derrière [1].

Herrmann nia même que la grandeur fût une preuve suffisante, parce que, dit-il, les larves de la *rana paradoxa* et du *bufo scorodosma* sont aussi plus grandes que les individus parfaits [2]. Il ne faisoit pas attention que c'est la queue et l'enveloppe qui donnent à ces larves cette grandeur apparente, mais que le corps proprement dit ne diminue point en se dépouillant, que les

---

[1] *Nov. Comm. Petrop.*, T. XIX, p. 438.

[2] *Tab. affin. anim.*, p. 256.

pates en particulier ne diminuent jamais : néanmoins, son opinion a été adoptée par Schneider [1] et par plusieurs autres habiles naturalistes.

Mais en 1785, dix-huit ans après la première découverte, Camper, se trouvant à Londres, examina l'une des *sirènes* du muséum britannique ; l'échantillon étoit en mauvais état ; ce grand naturaliste ne put y reconnoître de poumon ; il avança donc une opinion toute nouvelle, et, sans égard à la forme des pates, il déclara cet animal un *poisson* [2], et Gmelin, sur sa parole, le rangea parmi les *anguilles*.

Cette idée de Camper étoit bien extraordinaire. Garden, qui avoit cru voir des poumons dans les coffres où il n'y en a certainement point, pouvoit, à la vérité, paroître un anatomiste suspect ; mais John Hunter n'étoit pas du même ordre.

Ce que Camper ajoute, qu'il seroit absurde d'admettre la co-existence de poumons et de branchies, et que dans la grenouille les branchies se détruisent sitôt que les poumons agissent, est manifestement faux ; car les têtards ont long-temps ensemble ces deux organes également développés.

Camper, dans un autre écrit [3], répète la même opinion, et l'étaie encore d'un argument nouveau, qui n'est pas meilleur que les autres ; c'est que la sirène a des côtes, et que la salamandre n'en a pas : elles en ont l'une et l'autre de semblables pour la forme et la grandeur, quoiqu'en nombre différent.

Je n'eus donc pas de peine à réfuter, en 1800, l'opinion de Camper, non-seulement en retrouvant dans une jeune *sirène*, apportée de la Caroline par M. de Beauvois, la même qu'il a décrite en abrégé dans les *Transactions de Philadelphie*, Tom. IV, les poumons et le larynx décrits par Garden et par Hunter, mais encore en montrant que l'ostéologie de l'extrémité antérieure est vraiment celle d'un *bras*, et non pas d'une *nageoire* [4]. D'après cette observation, MM. Daudin et Latreille replacèrent la *sirène* dans l'ordre des reptiles batraciens établi par M. Brongniard. Il étoit en effet évident que ce n'étoit pas un poisson ; mais il restoit toujours à examiner, dans son organisation même, si ce n'étoit pas un *têtard*.

La plupart des raisons alléguées contre cette supposition par Linnæus,

---

[1] *Hist. amph.*, *Fasc. I*, p. 48.

[2] Opusc. de Camper, éd. allem., T. III, Pl. I, p. 20 ; éd. franç., T. II, p. 492. Tiré du journal holl. intitulé *Correspondance patriotique*, année 1786.

[3] Lettre à Bloch. Mémoires de la Société des naturalistes de Berlin, T. VII, p. 479.

[4] *Bulletin des Sciences*, par la Société phil., n.° 38 Flor. an 8, p. 106.

se trouvoient mal fondées; celle des ongles, qui eût pu être bonne par elle-même, étoit fausse, car la *sirène* n'a point d'ongles. Camper en avoit aussi allégué qui lui étoient propres, et n'en étoient pas meilleures. Si c'étoit un tétard, dit-il, elle n'auroit qu'un trou au côté gauche pour l'issue de l'eau. Cela est bien ainsi dans quelques tétards de grenouilles, mais non dans ceux de salamandres, comme nous l'avons vu. Il ne restoit donc que l'absence des pieds de derrière et la grandeur.

Or, non-seulement il n'étoit pas rigoureusement démontré que l'ordre du développement des pieds dût toujours être le même, mais on avoit déjà un exemple du contraire. A la vérité, les tétards de grenouilles montrent d'abord ceux de derrière; mais les tétards des salamandres ordinaires naissent avec ceux de devant seulement.

Quant à la grandeur, la salamandre découverte dans les monts Alléghanys par M. Michaux, approchoit si fort de la taille où parvient la *sirène;* elle lui ressembloit tellement par la tête, les dents, la proportion de la longueur du corps à celle de la queue, la position des yeux, la forme des pieds de devant, enfin par une cicatrice au côté du cou, précisément à l'endroit où la sirène a ses branchies, que si cette salamandre ne pouvoit passer pour l'état adulte de la *sirène*, elle donnoit du moins de grandes probabilités sur la possibilité que la *sirène* parvînt à un tel état.

L'existence des organes de la génération que j'ai trouvés dans la *sirène*, ne prouve rien non plus, puisqu'ils existent également dans tous les tétards.

L'*ostéologie* étoit donc la seule partie de l'organisation qui pût donner quelque résultat décisif, et je crois qu'elle l'a donné en effet, comme on va le voir par sa description.

DESCRIPTION DE LA SIRÈNE.

1.° *Extérieur.*

L'individu que j'ai observé, et qui est déposé au muséum d'histoire naturelle, a précisément un demi-mètre, ou 0,50 de longueur; mais ce n'est pas là toute la taille à laquelle son espèce peut atteindre. Le plus grand de ceux qu'Ellis a décrits avoit encore plus de moitié de cette longueur en sus, étant long de 31 pouces anglois, ou 0,794. Son corps ressemble assez à celui d'une anguille; arrondi ou très-légèrement comprimé sur le devant, il s'aplatit latéralement et se rétrécit verticalement en arrière, pour finir par une queue pointue et comprimée.

L'anus est à quinze centimètres de l'extrémité postérieure.

Le diamètre vertical de la queue est augmenté par deux nageoires membraneuses, sans rayons ; l'inférieure s'étend jusqu'à l'anus ; l'autre se porte un peu plus avant : en arrière, elles se réunissent en pointe pour entourer l'extrémité postérieure de la queue.

Les côtés du corps sont marqués de sillons verticaux, distans de quelques millimètres, et qui répondent aux inscriptions tendineuses des muscles.

La tête n'est point séparée par un col ; elle est arrondie, et se termine par un museau mousse. La bouche est assez petite, et la lèvre supérieure avance, mais très-peu, sur l'inférieure : ni l'une ni l'autre n'est très-charnue, ni soutenue par des os particuliers, comme il arrive quelquefois dans les poissons. Les narines sont deux petits trous percés près du bord de la lèvre supérieure, un peu plus près de l'angle que du milieu. Les yeux sont placés au-dessus de l'angle de la bouche, à six millimètres de distance et à quinze l'un de l'autre ; ils sont petits, ronds, sans aucune paupière, et visibles seulement parce que la peau devient transparente en passant sur eux. On peut écorcher la sirène comme l'anguille, sans intéresser le globe.

Il n'y a point d'apparence d'oreille extérieure.

Les trous des ouïes sont trois fentes verticales placées l'une derrière l'autre : la première est à trente-cinq millimètres du bout du museau. Ces fentes donnent issue à l'eau de la bouche ; mais il n'y a point de branchies en dedans, comme il y en a par exemple dans les *lamproies,* quoique Garden, Ellis et Camper y en aient supposé. Les seules branchies existantes sont les trois houppes ou franges attachées à l'angle supérieur des fentes, auxquelles Ellis et Garden ont donné le titre d'*opercules*, mais que Linnæus a réellement prises pour ce qu'elles sont. Il n'y en a bien sûrement que trois de chaque côté, dont la première est la plus petite, et la troisième la plus grande. Les différences des auteurs sur le nombre des branchies qui ont embarrassé M. Schneider, viennent de ce que l'on a appliqué ce nom de branchies à deux organes différens. Ainsi Linnæus, qui reconnoît avec raison les houppes pour des branchies, en compte trois sans opercules (*branchia ad latera colli utrinque* 3 *exserta*), et Garden, qui croit les branchies adhérentes aux arceaux, en met quatre, avec trois opercules, ou un opercule à trois lobes. Chacune de ces houppes consiste en un gros pédicule charnu et conique, dont le bord inférieur se divise en deux rangées d'appendices, divisées elles-mêmes encore deux fois de la même manière. On peut comparer ces houppes, pour la figure, à quelques-unes de ces feuilles que les naturalistes nomment *tripinnatifides*. La plus grande des trois a environ deux centimètres de long; mais je présume qu'elle s'étend davantage dans l'état de vie. L'animal doit pouvoir les remuer dans tous les sens. C'est sur leurs différentes ramifications que s'épanouit le rézeau des vaisseaux branchiaux.

Un centimètre et demi derrière les ouvertures branchiales, viennent les bras; ils sont attachés aux côtés du corps, un peu plus près du ventre que du dos. Gréles, à peu près d'égale venue, leur coude est bien dégagé; ils sont longs de trois centimètres. La main se divise en quatre doigts bien distincts, et sans membranes intermédiaires. Je ne conçois pas comment Camper a pu dire qu'il n'y a point de doigts isolés. C'est le pouce qui manque; le dernier doigt est le plus petit, le deuxième le plus long : celui-ci n'a cependant que cinq millimètres.

On ne peut pas dire que la sirène ait des ongles; mais les dernières phalanges sont pointues; et comme il n'y a point de chair dessus, la peau s'y colle intimement. C'est cette pointe osseuse, recouverte d'une peau sèche, qu'on a prise pour un ongle; mais il n'y a pas d'enveloppe cornée.

Il n'y a pas non plus la moindre apparence d'écailles sur la peau, quoique quelques naturalistes aient dit le contraire; mais elle offre partout de très-petits points enfoncés et d'autres un peu élevés, qui sont tous à peine visibles sans loupe.

Sa teinte générale est un brun noirâtre, avec une multitude de petits points blanchâtres. Je n'ai pu voir les lignes latérales dont parlent Garden et Ellis; mais il est possible que l'esprit-de-vin les ait altérées.

2.º *Ostéologie.*

Quoique la *sirène* dont nous venons de parler n'eût pas atteint toute la grandeur propre à son espèce, son ossification étoit déjà fort avancée; elle avoit le crâne, la mâchoire inférieure et les vertèbres parfaitement ossifiés; il y avoit encore des épiphyses aux grands os des bras, et l'omoplate étoit presque toute cartilagineuse; mais cette dernière partie reste dans cet état à tout âge dans les *salamandres*. Il est donc probable que l'individu que j'ai examiné approchoit de l'état adulte. Néanmoins, les arceaux qui portent les branchies étoient entièrement cartilagineux, et paroissoient devoir le rester;

car on n'y remarquoit encore aucun point d'ossification, quoique l'os hyoïde et ses branches fussent déjà presque entièrement durcis.

Il y a, depuis la tête jusqu'à l'extrémité de la queue, quatre-vingt-dix vertèbres. L'anus est vis-à-vis de la quarante-cinquième, et cependant il s'en faut bien qu'il soit au milieu de la longueur du corps, parce que les vertèbres de la queue sont beaucoup plus petites que les autres, surtout les dernières. La *salamandre terrestre* en a trente-huit, et l'*aquatique* à peu près quarante. Le bassin est suspendu tantôt à la quinzième, tantôt à la seizième dans la terrestre, et à la quatorzième ou à la quinzième dans l'aquatique. Il n'y a pas le moindre vestige de bassin ni de pied de derrière dans la *sirène*; il n'y en a non plus aucun germe, tandis que les têtards de grenouilles en montrent à tout âge. Ainsi, bien certainement, elle ne doit point prendre de pieds de derrière; il y a une espèce de bassin incomplet, même dans l'*ophisaure*, vrai serpent, quoique analogue aux lézards en quelques points, mais qui n'a jamais de pieds.

Huit seulement des vertèbres de la *sirène*, depuis la seconde jusqu'à la neuvième, portent de petites côtes, ou plutôt fausses côtes très-courtes.

Dans la *salamandre terrestre*, il y en a douze ou treize; dans l'*aquatique*, onze.

Cette espèce de petites côtes qui se perdent dans les chairs, ne se retrouve que dans le genre de serpens nommés *cécilies;* mais elles y sont en très-grand nombre.

Ces vertèbres, considérées isolément, offrent des formes très-différentes de celles des *salamandres*, des *grenouilles* et des *cécilies*.

Le corps est terminé en avant et en arrière par un cône creux rempli d'un cartilage, qui l'unit aux deux vertèbres voisines, comme dans les poissons.

En dessous est une petite arête longitudinale; en dessus, une crête qui tient lieu d'apophyse épineuse et se bifurque en arrière. Aux quatre angles de la face supérieure sont les apophyses articulaires.

Les facettes des antérieures regardent en haut; celles des postérieures en bas.

Les apophyses transverses sont formées de deux lames triangulaires : l'une, inférieure et horizontale, part de tout le côté du corps de la vertèbre; l'autre, inclinée, part de l'apophyse articulaire antérieure, et descend en arrière pour se joindre à la précédente par son bord postérieur. C'est à l'extrémité de la ligne de leur réunion qu'est la facette pour porter le rudiment de côte dans les vertèbres qui en ont : dans les autres, cette extrémité est une simple pointe.

Aucun des genres voisins ne ressemble à la *sirène* par ses vertèbres, et leur forme singulière suffiroit seule pour constater que cet animal est d'un genre à part. Sa tête ne le montre pas moins. Ses formes sont toutes différentes de celles de la *salamandre*, et même des autres reptiles; les narines, simplement creusées sur les côtés du museau, ne pénètrent point dans la bouche : ni l'orbite, ni la fosse temporale ne sont fermées par le bas. Il en résulte que la mâchoire supérieure n'a point un tour osseux complet; sa partie antérieure seulement est formée par les os intermaxillaires, et n'a point de dents. Ainsi, la *sirène* n'a que des dents palatines attachées sur deux plaques, et non implantées dans le palais. La proéminence qui se termine par la facette pour l'articulation de la mâchoire inférieure, est beaucoup plus courte que dans la salamandre. La mâchoire inférieure lui présente une facette convexe en segment de sphère; son apophyse coronoïde est très-courte : chacune de ses branches se compose au moins de trois pièces. Les dents sont attachées à leur face interne, et non implantées sur leurs bords. L'articulation de la tête avec le cou se fait par deux condyles.

L'appareil osseux des branchies ressemble beaucoup à ce qu'on voit dans les poissons, à de légères différences près.

Une pièce osseuse longitudinale porte à chacune de ses extrémités une paire de pièces transversales. Les antérieures se joignent chacune à un cartilage qui remonte jusque derrière la tête, suspendu par un fort ligament aux côtés de l'occiput; c'est l'analogue de la pièce osseuse qui, dans les poissons, porte les rayons de la membrane branchiostège; mais ici cette pièce ne porte aucun rayon : il n'y a même entre elle et le premier arceau des branchies aucune solution de continuité.

Ce premier arceau, le plus grand des quatre, est joint avec la pièce transversale postérieure mentionnée ci-dessus.

Les trois autres se joignent à une troisième pièce osseuse, semblable à la précédente, mais suspendue derrière elle, et qui ne s'articule point à la pièce longitudinale.

Ces quatre arceaux sont simplement cartilagineux. Leur extrémité supérieure est suspendue à la seconde côte par un ligament, mais ne s'y articule point.

Leurs bords sont armés de petites dentelures fines, pour garnir les trois ouvertures des ouïes; ainsi le bord antérieur du premier arceau et le postérieur du dernier n'en avoient pas besoin et n'en ont pas en effet. La peau s'attache immédiatement sur ces arceaux, et ils ne portent, comme je l'ai déjà dit, rien qui ressemble aux branchies des poissons. Les seules branchies sont les houppes, lesquelles n'ont aucun os dans leur intérieur.

L'ostéologie des pieds est la même que dans la salamandre; une omoplate grêle, terminée vers le haut par une dilatation cartilagineuse; une large plaque de cette dernière nature, que l'on peut considérer comme une double clavicule, analogue à celle de la grenouille, et dont l'usage est de garantir le devant de la poitrine; un humérus; deux os de l'avant-bras; un carpe dont je n'ai pu bien compter les os, à cause de leur petitesse et de leur mollesse; un métacarpe et des phalanges comme à l'ordinaire.

3.ᵉ *Les organes des sens.*

Je n'ai pu en observer un peu exactement que l'oreille : elle m'a paru ressembler à celle de la salamandre, et je dois relever ici une légère erreur de mon Anatomie comparée. J'y dis, Tom. II, pag. 478, que la salamandre a son labyrinthe entièrement enfermé par les os. Le fait est qu'elle a, dans la paroi extérieure de l'oreille, une ouverture ovale, fermée seulement par une plaque cartilagineuse recouverte par les chairs et par la peau. La même chose a lieu dans la *sirène*, et à peu près au même endroit.

4.º *Les organes de la circulation et de la respiration.*

Je ne conçois pas comment Garden a pu dire que le cœur n'a point d'oreillette; il en a, au contraire, une très-grande, toute dentelée dans son pourtour, et qui reçoit tout le sang du corps et du poumon; deux grandes valvules sont à l'embouchure de la veine cave. Cette oreillette unique ne donne que par un seul orifice dans le ventricule, et le sang ne sort de celui-ci que par la seule aorte.

C'est donc un vrai cœur de *batracien* tout semblable à ceux des grenouilles, des salamandres et des poissons.

Le tronc de l'aorte, ou plutôt de ce que dans les poissons on nomme l'artère branchiale, est muni de parois charnues et fort épaisses; trois fortes valvules en garnissent la base; il se divise de chaque côté en trois branches pour les trois houppes branchiales, et aucun rameau n'en sort pour d'autres parties. Ces branches artérielles se collent à trois des arceaux cartilagineux pour se rendre à leur destination, mais elles n'y forment aucun plexus; ce qui prouve bien que les branchies ne sont point attachées à ces arceaux, comme cela a lieu dans les poissons, et comme Garden, Ellis et Camper l'avoient aussi cru pour la *sirène*.

Je n'ai pas besoin de dire que les artères arrivées aux houppes se ramifient sur toutes leurs subdivisions, et que les veines reviennent dans une direction contraire, mais en formant un plexus semblable. C'est ce que tout le monde peut voir sur les houppes branchiales des jeunes salamandres aquatiques, qui sont peut-être, de tous les organes des animaux, celui où il est le plus aisé d'observer la circulation à l'aide du microscope. J'ai joui plusieurs fois de ce spectacle avec le plus grand plaisir.

Une fois sorties des houppes, les veines branchiales prennent le tissu artériel, et vont se réunir vers l'épine du dos pour former l'aorte descendante; mais elles donnent, avant leur réunion, les branches qui appartiennent dans les autres animaux à l'aorte ascendante, et notamment les carotides, les artères des bras et celles du poumon : celles-ci sortent en particulier de la troisième de ces veines branchiales devenues artérielles.

Les poumons sont deux longs sacs cylindriques, qui s'étendent jusqu'à l'extrémité postérieure de l'abdomen, et se replient même alors en avant. Les veines et les artères forment un rézeau lâche sur leur membrane; l'air y pénètre par un larynx placé sur l'os hyoïde, et qui s'ouvre entre deux petites lèvres arrondies posées verticalement. Dans son intérieur se voit de chaque côté une très-légère saillie cartilagineuse, et entre deux est la glotte; mais il n'y a point de ruban vocal en forme de lame tranchante, ce qui n'empêche pas que la sirène ne puisse avoir une voix, comme les observateurs le rapportent; car le rapprochement des deux saillies que je viens d'indiquer doit suffire pour cela.

Je n'ai pu apercevoir aucun anneau cartilagineux à la trachée artère; elle m'a paru consister dans un simple canal membraneux, blanc et assez épais.

5.º *Les organes de la digestion.*

Nous avons déjà parlé des mâchoires et des dents. La langue est peu charnue, peu mobile, et soutenue, comme dans les poissons, par l'extrémité antérieure de l'os hyoïde ; elle ne ressemble point à celle de la *salamandre*, et encore moins à celle de la *grenouille*, qui sont toutes les deux beaucoup plus libres en arrière qu'en avant, et dont la surface est extrêmement glanduleuse.

L'*œsophage* est plissé longitudinalement. L'*estomac* a des parois médiocrement épaisses ; il se renfle d'abord un peu, puis il devient charnu, et se rétrécit plus que le commencement du *duodenum*. Cette partie de l'intestin est la plus large ; il se rétrécit ensuite jusque vers l'anus. Quoique plus long que l'abdomen, et faisant par conséquent plusieurs festons, il ne se recourbe pas en grands replis ; on n'y voit point de cœcum, ni de changement remarquable de structure qui puisse faire distinguer plusieurs sortes d'intestins. Le pylore n'a point de valvule ; la veloutée de l'estomac est assez lisse : celle des intestins offre des papilles en forme de petites écailles.

Le canal est soutenu par deux *mésentères* parallèles, dont celui du côté droit adhère à toute la longueur du foie. Il n'y a point d'*épiploon*.

Le *foie* est noir, allongé, et occupe plus des trois quarts de la longueur de l'abdomen ; vers son milieu est une forte échancrure où se loge la vésicule du fiel : elle ne donne qu'un seul canal qui débouche dans l'intestin un peu au-dessous du pylore. Je n'ai pu apercevoir de canal qui vînt immédiatement du foie, mais je pourrois en avoir confondu quelqu'un avec les nombreux vaisseaux mésentériques.

Une *rate* mince et très-longue est attachée au mésentère du côté gauche, et occupe plus des trois quarts de la longueur de l'abdomen.

6.º *Les organes de la génération.*

La grande *sirène* de notre muséum est femelle ; ses ovaires sont très-développés, occupant environ le quart de la longueur de l'abdomen, oblongs, lobés, remplis d'œufs très-visibles, quoiqu'on puisse juger, à leur état flasque, qu'ils n'ont pas, à beaucoup près, la turgescence qu'auroit amenée l'époque de l'amour. L'oviductus est court, droit, et marche collé au rein. Il n'y a rien qui ressemble à ces longs oviductus tortueux des *grenouilles* et des *salamandres :* ainsi la *sirène* se rapproche à cet égard des poissons.

L'individu que m'avoit communiqué M. de Beauvois ne m'a offert aucune trace d'organes de la génération. Comme il n'avoit guère que 0,22 de longueur, on peut croire qu'il étoit mâle, mais trop jeune pour que ses testicules fussent bien développés; car je crois que ses ovaires, s'il eût été femelle, auroient déjà dû être visibles.

7.º *Organes des sécrétions.*

On ne peut parler ici que des reins; ils occupent le fond de l'abdomen des deux côtés du rectum. Leur volume est peu considérable, et ils reçoivent à proportion beaucoup de vaisseaux sanguins.

La vessie est allongée, et ne se divise pas comme dans les grenouilles.

De cette description et de ces diverses comparaisons, je pense que l'on est en droit de conclure :

1.º Que la *sirène*, quels que soient les états où elle pourroit encore arriver, est un animal distinct assez différent, par tous les détails de son organisation, des salamandres et des larves de salamandres que nous connoissons ;

2.º Que bien sûrement elle ne doit point prendre de pieds de derrière, et restera, par conséquent, un reptile bipède ;

3.º Que rien n'annonce même qu'elle doive perdre ses branchies, puisqu'elle les conserve intactes jusqu'à la plus grande taille qu'elle puisse atteindre, et que le témoignage unanime de ceux qui l'ont observée dans son pays natal, porte qu'on n'en a jamais vu d'individu qui en fût dépourvu ;

4.º Que cependant elle est essentiellement différente des poissons par sa structure ostéologique et par l'organisation même de ses branchies ;

5.º Qu'ainsi on doit réellement en faire un genre particulier de *batraciens*, qui conserve toujours ses doubles organes de respiration, et que l'on pourroit la considérer comme une larve permanente de cette famille.

IV. *Recherches sur l'Axolotl.*

Le second des animaux, dont nous avons à parler, et celui qui fait l'objet principal de notre travail, quoique très-anciennement indiqué par les auteurs des premières relations du Mexique, n'a été décrit méthodiquement que dans ces dernières années.

Hernandez paroît en avoir parlé en deux endroits, une fois sous le nom de *tétard mangeable* (*gyrinus edulis*) ou *atolocatl*[1], et une autre fois sous celui de *lusus aquarum, piscis ludicrus* ou *axolotl*[2].

Il en donne, sous ce dernier nom, une description assez bonne pour le temps où elle fut faite; ces mots même, *vulvam habet muliebri simillimam*, sont vrais, avec cette restriction que c'est de l'anus de l'*axolotl* qu'il faut les entendre : il auroit dû dire, *anum habet vulvæ muliebri simillimum*. C'est un caractère général des *salamandres*.

Cette ressemblance extérieure, et peut-être la couleur rougeâtre des excrémens, est ce qui aura fait dire à ceux dont Hernandez recevoit ses renseignemens, que l'*axolotl* est sujet à des écoulemens périodiques.

Hernandez ajoute, et cela est plus vraisemblable, que la chair de l'*axolotl* est agréable et salubre, qu'elle ressemble pour le goût à celle de l'anguille, et qu'elle passe pour aphrodisiaque, comme celle du *scinque*.

Mais à ces notes plus ou moins exactes, extraites par Recchi des manuscrits d'Hernandez, les éditeurs de l'un et de l'autre joignirent une figure trouvée dans les papiers de Recchi, et qui est d'un tout autre animal : c'est un lézard assez grossièrement dessiné, avec une crête de petites épines dorsales, comme une *iguane*, et une queue verticillée et épineuse, comme un *stellion*.

La description d'Hernandez fut copiée par Nieremberg [3], et celle de Nieremberg par Jonston [4].

Long-temps auparavant, François Ximenès [5] l'avoit traduite en espagnol, mais en y ajoutant une faute, celle de donner *quatre doigts* à tous les pieds.

Au lieu de *quatre pieds terminés par des doigts semblables à ceux de la grenouille* (*quaternis natat pedibus, in digitos persimiles illis ranarum desinentibus*), il mit *des pieds divisés en quatre doigts, comme ceux de la grenouille*. Laët traduisit Ximenès, et l'*Histoire des Voyages* [6] copia Laët;

---

[1] *Hist. anim. et miner. Nov. Hisp.*, *Lib. unic.*, *Tract. V, Cap. IV*, p. 77. Ce livre est placé à la suite de l'abrégé de *Recchi.*

[2] *Ib. Cap. II*, p. 76, et dans le grand abrégé fait par *Recchi*, de tout l'ouvrage d'*Hernandez*, *Lib. IX, Cap. IV*, p. 316.

[3] *Hist. nat. peregr.*, *Lib. XI, Cap. XLV et Cap. XIII.*

[4] *De piscib.*, *Lib. IV, Tit. III, Cap. III.*

[5] *De la naturaleza y virtudes de las plantes*, etc. *Mexico* 1615, *fol.* 180.

[6] Histoire générale des Voyages, Tom. **XII**, *in-*4.°, p. 644.

mais ils ajoutèrent encore une seconde faute : ils rendirent le mot espagnol *madre* (*vulva*) par celui de *matrice* ou d'*uterus*.

Nos naturalistes modernes ne paroissent avoir connu que l'article ainsi doublement défiguré de l'Histoire des Voyages : les uns l'ont rapporté à la salamandre aquatique vulgaire ou à quelque têtard de grenouille [1], les autres à quelque salamandre inconnue [2], et tous ont été frappés de l'absurdité apparente de cette description, laquelle ne venoit que des fautes des deux traducteurs [3].

Cependant, M. Shaw décrivoit un individu envoyé immédiatement de *Mexico* au muséum britannique, et en donnoit deux bonnes figures [4]. Il remarquoit aussi que la *sirène operculée* décrite par M. de Beauvois [5], et l'animal du lac *Champlain* observé par Schneider dans la collection de M. Hellwig à Brunswick [6], devoient différer fort peu du sien ; mais il ne s'étoit point aperçu de l'identité de celui-ci avec l'*axolotl* des Mexicains et des premiers Espagnols.

C'est à M. de Humboldt que nous devons cette connoissance ; il nous a appris que c'est là le nom sous lequel on le désigne encore dans son pays natal.

Cet illustre physicien ayant bien voulu me faire présent de deux échantillons qu'il a rapportés, m'engagea à les décrire, et me promit d'insérer ma description dans le beau recueil des observations zoologiques qu'il a faites pendant ses voyages. C'est pour rendre mon travail plus digne de cette honorable association, que j'ai cherché à étendre mes remarques sur tous les reptiles douteux, et que j'ai fait les autres observations qui remplissent ce Mémoire.

---

[1] *Lacépède*, Quadr. ovip., Tom. II, *in*-12, p. 235.

[2] *Daudin*, Hist. des Rep., T. VIII, p. 237.

[3] Nouv. Dictionn. d'hist. nat., art. *Axolotl*.

[4] *Naturalist's Miscellany*, n.° 343 (*Gyrinus Mexicanus*), et general *Zoology, Vol. III, part. II*, p. 612, *et pl.* 140 (*Siren pisciformis*).

[5] Transact. de la Société philos. de Philadelphie, T. IV.

[6] *Hist. amphib. nat. et litter.*, *Fascic. I*, p. 50.

DESCRIPTION DE L'AXOLOTL.

1.° *Extérieur.*

Les *axolotls* que j'ai reçus de M. de Humboldt étoient d'un brun foncé, parsemés à peu près également de taches noirâtres, nombreuses et arrondies. En y regardant de près, on voit sur le fond brun une infinité de très-petits points blanchâtres. Ces deux individus étoient longs de 0,15 à 0,16 : c'est à peu près la taille de la *salamandre terrestre* d'Europe. Leur largeur est un peu plus considérable à proportion que dans toutes nos espèces d'Europe ; leur queue est comprimée, comme dans nos salamandres aquatiques, et relevée en dessus et en dessous d'une crête mince. La crête supérieure se continue sur le dos jusqu'entre les épaules, mais elle y est fort basse. La tête est aussi un peu plus large, plus plate et le museau plus arrondi que dans notre salamandre aquatique, et l'œil plus petit et plus rond. Les doigts se terminent, comme ceux de la sirène, par des phalanges plus pointues, mais aussi sans ongles. Mais ces différences peu importantes sont les seules, et personne n'hésiteroit à faire de l'axolotl une salamandre, sans ses *houppes de larve*.

Celles-ci même sont dans le plus grand rapport avec celles des *larves* de *salamandre*.

Les ouvertures qui communiquent dans la bouche sont au nombre de quatre, et beaucoup plus vastes que dans la *sirène*. Un repli de la peau de la tête forme une espèce d'opercule qui les recouvre toutes les quatre.

Il y a quatre *arceaux* comme dans les poissons, ce qui supposeroit cinq ouvertures ; mais le quatrième est collé immédiatement au tronc. Les deux arceaux intermédiaires ont, du côté de la bouche, deux rangs de dentelures pointues ; mais le premier et le quatrième n'en ont chacun qu'un seul rang. Il n'y a aucune de ces dentelures contre l'opercule ; de façon que la première des quatre ouvertures n'est dentelée d'aucun côté. Les quatre arceaux portent en dehors chacun une crête membraneuse tranchante bien propre à faire illusion, et que l'on est d'abord tenté de prendre pour une branchie de poisson ; mais il n'y a aucun rézeau vasculaire pour la respiration, et les troncs artériels suivent, sans se diviser, les trois premiers arceaux pour se rendre aux houppes, qui sont les seules vraies branchies.

Il y a trois de ces houppes de chaque côté, attachées aux trois premiers arceaux, à l'endroit où la peau les joint ensemble : l'opercule et le quatrième arceau n'en portent aucune.

Ces houppes sont beaucoup plus rameuses que celles de la *sirène*, mais leurs ramifications ressemblent à une espèce de chevelu, et ne sont pas distribuées avec une régularité aussi frappante.

2.º *Ostéologie.*

La tête osseuse est la même que dans les salamandres, excepté que le crâne est un peu plus large. Les dents sont placées de même sur les bords des deux mâchoires : il y en a de plus deux plaques immédiatement derrière le bord de la supérieure ; mais je n'ai point vu les deux séries longitudinales qui s'observent le long du palais de nos salamandres. La tête s'articule avec l'atlas par deux condyles, comme dans la sirène et dans les salamandres.

L'appareil qui supporte les branchies a de grands rapports avec celui de la sirène, et je crois que, lors de la métamorphose, il en reste une partie pour former l'os hyoïde de la salamandre.

La pièce intermédiaire est cylindrique, courte, et se termine en arrière en une queue fourchue par le bout. Son extrémité antérieure porte deux cartilages qui vont suspendre leur bout à l'angle de la mâchoire, et répondent aux branches hyoïdes des poissons : ils sont immédiatement sous l'opercule membraneux. De l'extrémité postérieure de cette pièce intermédiaire partent deux autres branches de chaque côté, une large qui porte le premier arceau, une autre plus grêle qui se trifurque pour porter les trois autres.

Les quatre arceaux des branchies sont suspendus, par leur bout extérieur, à la première vertèbre.

Depuis la tête jusqu'au bassin, il y a dix-sept vertèbres ; depuis le bassin jusqu'à l'extrémité de la queue, vingt-trois. Les unes et les autres ont des apophyses épineuses plus longues que dans les salamandres ; celles de la queue en ont en dessus et en dessous, ce qui donne au squelette de cette partie plus de hauteur verticale que dans nos salamandres aquatiques.

Il y a, de chaque côté, treize petites côtes semblables à celles des salamandres.

Toute l'ostéologie des quatre membres est semblable à celle des salamandres, excepté la forme plus pointue des dernières phalanges, qui les a fait prendre pour des ongles.

Mais, dans les deux individus que j'ai observés, toutes ces parties étoient encore très-cartilagineuses, et annonçoient un très-jeune âge : les apophyses épineuses n'étoient presque pas ossifiées, et les épiphyses des membres étoient plus cartilagineuses que dans nos salamandres communes adultes.

3.º *Organes des sens.*

L'œil est plus petit à proportion que dans nos salamandres communes, mais pas plus que dans celle des monts Alléghanys rapportée par Michaux. L'oreille est la même que dans tout le genre.

4.º *Organes de la circulation.*

La veine cave rassemble les veines de la tête, celles qui ont nourri les branchies et leurs arceaux, celles qui rapportent le sang qui a respiré dans le poumon, celle des bras ; enfin, toute la veine cave inférieure qui lui arrive en traversant le foie, et qui a reçu, comme à l'ordinaire, le sang de la veine porte. Elle entre dans l'oreillette du cœur, qui est fort grosse et unique, et celle-ci dans le ventricule, unique aussi, d'où part une grosse artère charnue, absolument comme dans les poissons, la sirène et les larves de batraciens. Elle donne, pour les branchies, trois artères de chaque coté, qui s'y rendent, comme nous l'avons dit, en suivant les trois premiers arceaux. Les veines branchiales se réunissent très-promptement en arrière, et forment, sous le derrière de la tête, un tronc unique qui suit la direction de l'épine et nourrit tout le corps.

C'est donc entièrement la circulation des larves de batraciens. L'*axolotl* étant même plus grand qu'aucune des larves de notre pays, peut servir commodément à la démonstration de cette espèce particulière de circulation.

5.º *Organes de la respiration.*

Les branchies de l'*axolotl* offrant aussi, dans des dimensions plus considérables, les mêmes mouvemens que celles des larves de salamandre, on en voit mieux le mécanisme, et on lira sans doute avec plaisir la description de leurs muscles que M. Duvernoy a disséqués sous mes yeux.

Les cartilages analogues aux branches hyoïdes ont chacun un muscle très-fort, qui descend de la base du crâne, le long de leur côté convexe, jusqu'à leur extrémité inférieure.

Ces muscles ont pour usage d'ouvrir les arcs branchiaux, en éloignant cette extrémité inférieure de la voûte du palais.

Les arcs des branchies sont rapprochés l'un de l'autre par un muscle, dont l'attache postérieure est à l'extrémité inférieure du dernier, qui s'avance sous celle des trois autres arcs, et leur envoie à chacun une languette.

Il a pour antagoniste un petit muscle fixé d'un côté à l'extrémité inférieure des branches hyoïdes, et qui se porte en arrière jusque sous le premier arc des branchies, auquel il s'attache vis-à-vis de la languette du précédent.

L'hyoïde est tiré en avant ou porté en arrière par deux genio-hyoïdiens et par autant de pubio-hyoïdiens, qui remplacent à la fois, comme dans les *salamandres*, les sterno-hyoïdiens et les droits du bas-ventre : il est soulevé par un muscle semblable au mylo-hyoïdien de ces mêmes animaux.

Enfin, les trois panaches eux-mêmes sont abaissés ou relevés par autant de paires de muscles, qui s'attachent supérieurement et inférieurement à la convexité des arcs des branchies, et dont les autres points fixes sont à la base de ces panaches.

Les poumons sont deux longs sacs, à la face interne desquels les vaisseaux sanguins forment un rézeau à mailles lâches, mais assez saillantes. Il n'y a point de cellules. Ils donnent dans un canal commun, membraneux, opaque, assez large, qui tient lieu de trachée-artère, mais qui n'a point d'anneaux cartilagineux, et qui se rétrécit pour former un petit larynx à deux lèvres membraneuses. La glotte est petite, formée par deux avances membraneuses, derrière chacune desquelles est un petit creux ou ventricule, et qui doivent produire une voix un peu plus forte que celle de la *sirène*.

6.º *Organes de la digestion.*

La langue est peu mobile, libre en avant et non pas en arrière, et soutenue par l'extrémité antérieure de l'os hyoïde.

L'œsophage est court, plissé longitudinalement, et se continue avec l'estomac.

Celui-ci est large, membraneux, et devient un peu charnu vers le pylore, où il se rétrécit beaucoup.

Je l'ai trouvé rempli, dans les deux individus, de petites écrevisses d'eau douce fort semblables aux nôtres, et que l'animal avoit avalées sans les mâcher : il s'en trouvoit des membres encore entiers jusque dans le rectum.

Le canal intestinal est assez large, surtout dans sa partie postérieure, et médiocrement long ; il fait deux principaux replis, et n'a ni cœcum, ni valvule intérieure. Le *foie* est rectangulaire, sans échancrures profondes : je n'y ai pu voir de vésicule. La *rate* est fort petite au centre du mésentère : celui-ci est simple comme à l'ordinaire.

Tous ces intestins sont pareils à ceux d'une salamandre.

7.° *Organes de la génération.*

Les ovaires, encore fort petits, flasques, et contenant à peine des œufs visibles, sont aux mêmes places et ont les mêmes appendices graisseux que dans les salamandres : les oviductus sont encore si frêles, qu'on a peine à les apercevoir.

De toutes ces marques de jeunesse, et de cette ressemblance intime de toutes les parties avec les salamandres et leurs larves, je conclus que l'*axolotl* des Mexicains, ou *siren pisciformis* de Shaw, n'est vraisemblablement que la larve de quelque grande *salamandre;* peut-être même précisément de celle qu'a rapportée Michaux.

En effet, en examinant l'intérieur de la bouche de la salamandre, j'y ai trouvé précisément ces deux plaques chargées de dents qui caractérisent l'*axolotl.*

Je porte un jugement semblable sur le *siren operculata* de M. de Beauvois, si même il n'est pas exactement la même chose que l'*axolotl;* ce qui me paroît fort vraisemblable.

L'animal décrit par M. Schneider présenteroit un caractère un peu plus essentiel, si, comme le dit ce savant amphibiologiste, il n'avoit que quatre doigts aux pieds de derrière; mais je crains qu'il n'y ait eu quelque méprise à cet égard. Dans tous les cas, ce caractère ne seroit que spécifique, et n'empêcheroit point cet animal d'être aussi la larve de quelque salamandre.

On objectera, sans doute, qu'il est bien difficile qu'un appareil aussi compliqué que celui des branchies, de leurs arceaux et des muscles qui les meuvent, disparoisse sans qu'il en reste de trace; mais comme nos larves de salamandres éprouvent une révolution semblable, la singularité du phénomène n'empêche point qu'il ne soit possible. Je pense néanmoins que c'est un des sujets qui méritent le plus d'être observés avec suite par les naturalistes.

L'*axolotl* est commun dans le lac où est bâtie la ville de Mexico. M. de Humboldt rapporte que c'est un des animaux que l'on trouve le plus haut sur les montagnes et dans les eaux les plus froides. C'est un rapport de plus avec nos salamandres aquatiques, qui, au premier printemps, se trouvent souvent prises dans les glaçons, et y restent gelées pendant plusieurs jours sans en périr.

Il est assez singulier, comme l'a remarqué Dufay, que les animaux auxquels on attribuoit autrefois la propriété fabuleuse de résister aux flammes, aient réellement celle de résister à la gelée.

V. *Recherches sur le Protée.*

Laurenti, l'un des premiers naturalistes qui aient cherché à mettre un peu d'ordre dans la classe des reptiles, après avoir fait un genre, sous le nom de *triton*, de toutes les salamandres à queue plate ou aquatiques, en établit, sous le nom de *protée*, un autre où il rangea des batraciens qui, selon lui, conservoient à la fois des branchies et des poumons.

Il y mit, sous le nom de *proteus raninus*, le tétard de la jackie, que tout le monde savoit dès-lors n'être qu'une larve de grenouille; et sous celui de *proteus tritonius*, un animal qu'il soupçonnoit lui-même, et que l'on a depuis reconnu n'être que la larve d'une salamandre aquatique : sans doute il y eût aussi placé l'*axolotl*, s'il l'eût connu, et se fût exposé triplement au reproche de composer son genre avec des êtres encore imparfaits.

Ce reproche étant réellement fondé, par rapport à ses deux premières espèces, il étoit assez naturel qu'on l'étendît aussi à la dernière, je veux dire à son *proteus anguinus*, et c'est à quoi l'on n'a pas manqué.

Jean Hermann veut qu'on le raye, aussi bien que la *sirène*, du catalogue du règne animal [1]. M. Schneider est du même avis [2]. Linnæus même, à qui Scopoli avoit envoyé un échantillon du *protée*, le regarda comme la larve de quelque salamandre [3].

Mais ce n'étoit pas là une opinion facile à faire adopter par ceux qui ont observé ces sortes de larves, et ont vu combien elles ressemblent à leurs animaux parfaits.

Le *protée* a des formes si particulières, qu'on ne peut le comparer à aucune espèce connue, et les recherches les plus assidues dans les lacs d'où on l'a tiré, n'ont pu y faire découvrir aucun animal qui puisse paroître son état parfait.

La meilleure description que l'on en ait, est celle que M. Schreibers, directeur du Cabinet impérial de Vienne, a fait insérer dans les Transactions philosophiques pour 1801.

Elle est excellente à tous égards, et embrasse l'intérieur comme l'extérieur.

On y voit l'existence des yeux, celle des poumons et leur structure particulière; la forme de tous les organes de la digestion, des reins; quelques détails sur les ovaires et sur la circulation, et le tout est accompagné d'excellentes figures.

Après un semblable écrit, il n'étoit plus permis de ne pas accorder au *protée* un rang particulier dans la classe des reptiles.

Les naturalistes françois ont donc adopté le genre de Laurenti, et l'ont placé dans l'ordre des *batraciens*, à la suite des *salamandres*.

M. Shaw seul fait du protée une *sirène*, et le laisse, avec la *sirène ordinaire*, parmi les reptiles douteux.

M. Schreibers ayant eu la bonté de m'envoyer récemment un *protée* bien conservé, j'ai eu le bonheur de pouvoir ajouter encore à sa description quelques détails intéressans, surtout son *ostéologie*, qui ne me paroît plus laisser de doute que ce ne soit un animal parfait, qu'il est impossible de confondre avec aucun autre.

J'ai donc pensé que l'on verroit avec plaisir, dans ce Mémoire, un précis de mes observations.

---

[1] *Tabul. affin. animal.*, p. 256, 257.

[2] *Hist. amphib. nat. et litter.*, T. I, p. 45 et sq.

[3] *Scopoli ann. historico-nat.*, T. V, p. 70.

DESCRIPTION DU PROTÉE.

1.º *Extérieur.*

L'individu que j'ai observé étoit long de 0,25 et gros comme le petit doigt. Il y en a de plus grands ; car M. Schreibers en cite un de treize pouces anglois, ou 0,33. La tête a 0,03 ; les pieds de devant sont à 0,04 du bout du museau ; ceux de derrière à 0,07 de l'extrémité de la queue : les uns et les autres ont 0,02 de longueur.

Le corps est légèrement comprimé et marqué de sillons sur les côtés, comme celui de la sirène. La queue, plus comprimée que le corps, est encore relevée en dessus et en dessous d'une nageoire adipeuse, qui en contourne le bout et le rend arrondi. En dessus, cette nageoire ne s'avance pas plus qu'en dessous, c'est-à-dire qu'elle se termine vis-à-vis de l'anus. Les pieds sont grêles ; le coude et le genou sont au milieu de leur longueur, et dirigés comme dans les salamandres ; ceux de devant se terminent par trois doigts égaux et sans ongles ; ceux de derrière par deux seulement : combinaison unique jusqu'ici dans tout le règne animal.

La tête ne ressemble pas mal à celle d'une anguille ; les muscles font paroître le crâne tombé en dessus et renflé à ses côtés ; le museau est plat et obtus comme un bec d'oie ; l'ouverture de la bouche médiocre, garnie de lèvres charnues, minces ; les narines sont une fente longitudinale de chaque côté, parallèle au côté de la lèvre supérieure. On n'aperçoit point d'œil au dehors ; mais quand on a écorché l'animal, on le voit sous la peau comme un point noirâtre, à peine large d'un trentième de ligne.

C'est dans l'enfoncement produit par les muscles sur les côtés du crâne, que sont les ouvertures des branchies. Il y en a trois, sur lesquelles une proéminence de la peau, soutenue d'une couche musculaire, forme une sorte d'opercule : les branchies sont trois petits panaches, tripennés, couleur de sang dans l'animal vivant.

La peau toute entière est blanchâtre, molle, lisse, et offrant à peine à la loupe les petits points saillans dont sa surface est parsemée.

2.º *Ostéologie.*

Lorsque les muscles qui renflent le crâne à l'extérieur sont enlevés, il paroît fort plat, et entièrement de niveau avec la face : celle-ci se termine en pointe en avant. La partie moyenne du crâne a ses côtés parallèles ; la postérieure s'élargit à l'endroit des pédicules qui portent la mâchoire inférieure, lesquels se dirigent en avant et en descendant et s'écartant très-peu. En arrière, l'occiput a deux crêtes latérales pour les muscles. La tête s'articule par deux condyles sur l'atlas : le dessous du crâne est aussi fort plat.

Il n'y a ni arcade zygomatique, ni orbite, ni fosse temporale distinctes.

La mâchoire supérieure a tout autour une rangée de petites dents pointues et verticales, et en avant seulement une petite rangée de plus située devant l'autre. L'inférieure n'a aussi qu'une rangée de dents pareilles à celles d'en haut. Ses deux branches sont presque rectilignes, et font un angle d'environ 45°. Elle n'a point de branche montante, et l'apophyse coronoïde est peu considérable.

Toutes ces parties sont bien ossifiées et dures ; et, quoique les sutures y soient encore visibles, on ne peut y méconnoître les os d'un animal fort voisin de l'état adulte.

L'appareil osseux qui porte les branchies, est beaucoup plus dur que nous ne l'avons trouvé dans la *sirène* et dans l'*axolotl*, et offre quelques différences de composition. Les branches hyoïdes sont grêles, et suspendues aux côtés du crâne, derrière l'articulation de la mâchoire inférieure. L'hyoïde est court et gros, et porte en arrière deux pièces également courtes et grosses qui divergent un peu. Le premier arceau de chaque côté, qui est le plus gros, s'articule à l'extrémité d'une de ces pièces, et porte les deux autres arceaux attachés à son bord postérieur.

Il y a cinquante-six vertèbres ; le bassin est attaché à la trente-unième : les vingt-cinq suivantes appartiennent à la queue.

Six de ces vertèbres seulement, à compter de la seconde, portent des rudimens de côtes encore plus petits que ceux des salamandres et de la sirène.

Toutes ces vertèbres, excepté les dernières de la queue, sont parfaitement ossifiées : elles ont toutes des formes propres à cette espèce.

3.º *Organes de la digestion.*

La langue est courte, peu libre en avant, et soutenue par l'extrémité antérieure de l'os hyoïde ; le canal intestinal s'étend presque en droite ligne d'une extrémité de l'abdomen à l'autre; l'œsophage est plissé longitudinalement; l'estomac n'est qu'une partie un peu plus large du canal, qui ne se distingue par aucun étranglement. Il n'y a ni cœcum ni gros intestin; le foie est oblong, pointu aux deux bouts, d'un gris noirâtre; son bord gauche a deux échancrures; il occupe près des deux tiers de la longueur de l'animal. La vésicule est grande, attachée à sa face interne vers le milieu, et verse la bile dans l'intestin par un canal très-court; le pancréas est petit, étroit, et attaché à l'intestin vis-à-vis la vésicule; la rate est oblongue, étroite, attachée au mésentère un peu plus en avant, et longue comme le quart du foie à peu près; le mésentère est simple, et offre les mêmes vaisseaux qu'à l'ordinaire : il n'y a point d'épiploon.

4.º *Organes de la circulation.*

Je me suis assuré qu'ils sont les mêmes que dans la *sirène;* seulement la réunion des veines branchiales, pour former l'artère dorsale, se fait un peu plus bas.

5.º *Organes de la respiration.*

Les branchies se meuvent comme dans l'axolotl, la sirène, etc.; mais aucun reptile n'a moins de poumons, s'il est permis de s'exprimer ainsi, que notre *protée*. Il n'y a point de *larynx* proprement dit, mais seulement un petit trou sur le fond du pharynx, lequel donne dans une cavité commune en forme de croissant, dont les angles se prolongent pour former les poumons. Ceux-ci ne sont que deux canaux membraneux très-minces, terminés par un léger renflement; il n'y a dans leur intérieur aucune division en cellules, et l'on n'aperçoit que très-peu de vaisseaux sur leurs parois. Quand on songe combien il y a peu de différence entre de tels poumons et les vessies aériennes fourchues de certains poissons cartilagineux, on ne peut guère se défendre de l'idée que ces vessies n'aient quelque analogie avec les sacs pulmonaires de ces derniers reptiles.

6.º *Organes de la génération.*

Ils sont fort bien développés dans l'individu que j'ai observé, et qui étoit une femelle. Les ovaires sont fort bas dans l'abdomen aux deux côtés du rectum, oblongs, lobés, pleins de petits œufs très-distincts. Des oviductus très-longs, et faisant beaucoup de festons, comme ceux de la salamandre, remontent jusque vers le tiers antérieur de l'abdomen.

7.º *Organes des sécrétions.*

Il y a des reins et une vessie, comme dans les salamandres; les reins sont très-longs, et remontent fort avant dans l'abdomen.

Toutes ces observations, et surtout celles qui ont l'*ostéologie* pour objet, me paroissent achever de mettre hors de doute que le *protée* est un animal particulier, différent de tous ceux que nous connoissons; elles me paroissent même rendre très-vraisemblable que c'est un animal adulte qui ne doit plus changer d'état.

On sait qu'il est excessivement rare, ne s'étant trouvé jusqu'ici, en très-petit nombre, que dans ces lacs de la Carniole si célèbres par leurs communications souterraines et les phénomènes singuliers qui en résultent. Celui de *Cirknitz* est le plus fameux, et on le regarde comme la source de tous les autres. C'est lui qui a fourni le premier *protée,* suivant Laurenti; cependant M. Schreibers assure que l'espèce n'habite proprement que le lac de *Sittich,* l'un de ceux qui communiquent avec celui de *Cirknitz,* et qu'elle n'en sort que dans les inondations.

Il est possible que son séjour naturel soit précisément dans ces canaux souterrains qui vont d'un lac à l'autre. Le *protée* a, en effet, tous les caractères d'un animal souterrain, aussi bien que ceux d'un animal aquatique. Ses petits yeux cachés, et rendus inutiles par une peau opaque, rappellent surtout le *rat-taupe (spalax typhlus),* qui vit sous terre, et qui a parfaitement la même organisation.

Toutes les habitudes du *protée* désignent une lenteur et une foiblesse bien d'accord avec l'excessive petitesse de ses organes pulmonaires et le peu de multiplication de leur surface.

M. Schreibers m'a fait l'honneur de m'écrire, en m'envoyant l'échantillon qui a fait l'objet de ces recherches, que, depuis l'année 1801 qu'il publia son Mémoire, il s'en est trouvé plusieurs individus tous parfaitement semblables entre eux, mais que l'on en a toujours vainement cherché qui eussent perdu leurs branchies; que lui-même en possède, depuis deux ans, quelques-uns

vivans qui continuent à se bien porter, quoiqu'ils n'aient pris aucune nourriture depuis qu'il les a. Il ajoute qu'il est plutôt porté à les regarder comme
des espèces d'*albinos* ou de *cretins*, que comme des larves; mais il faudra
toujours convenir que ce ne peuvent pas être des *albinos* d'espèces connues,
puisque leur ostéologie n'a rien de commun, pour le nombre et la forme des
pièces, avec celles d'aucun autre reptile.

En dernier résultat, le présent Mémoire prouveroit donc que, parmi les
trois reptiles regardés encore récemment comme douteux, un seulement, savoir
l'*axolotl*, doit être effacé du catalogue des animaux et considéré comme une
larve; et que les deux autres, c'est-à-dire la *sirène* et le *protée*, sont des êtres
distincts, que tout annonce ne point devoir changer d'état, et qu'il faut, par
conséquent, en faire des genres particuliers, intermédiaires à quelques égards,
entre la famille des *reptiles batraciens* et celles des *poissons chondroptérygiens*.

EXPLICATION DES FIGURES.

Planche XI.

Splanchnologie de la Sirène.

Fig. 1. Sirène ouverte.

 N. B. Le graveur ayant négligé d'employer le miroir, ce qui est à gauche dans ces figures
 doit être replacé à droite par l'imagination, et réciproquement.

 a. L'œil *b b.* Les branchies. *c c c.* Les trous par lesquels l'eau sort de la bouche. *d d.* Partie
 des cartilages qui supportent les branchies. *e e.* Diaphragme tapissé en dessous par une
 portion du péricarde. *f.* Le cœur. *g.* L'artère qui part du cœur et se distribue toute
 entière aux branchies. *h.* L'oreillette du cœur, qui en recouvre presque toute la face
 antérieure. *i i.* La principale veine cave, qui marche sur la face externe du foie.
 k. L'œsophage. *l l.* L'estomac. *m m.* Le canal intestinal. *n.* Le rectum. *o.* La vessie.
 p p p. Le foie. *q.* La vésicule du fiel. *r.* Le canal biliaire. *s s s.* Partie des artères
 mésentériques. *t t t.* Partie des veines mésaraïques. *u u u.* Le poumon droit. *v.* Son
 extrémité recourbée en avant. *w.* Parties du poumon gauche. *x x.* L'ovaire droit.

Fig. 2. Partie des organes de la circulation.

 a. Le cœur. *b.* L'artère branchiale. *c c c c c c.* Ses rameaux aux branchies. *d.* Les arceaux
 cartilagineux qui portent les branchies. *e e.* Veines venant de la mâchoire inférieure et

124

parties environnantes. *ff.* Veines venant de quelques autres parties de la tête. *gg.* Troncs des veines jugulaires. *h.* Sinus commun de toutes les veines. *i.* Oreillette du cœur. *k k.* Partie supérieure des poumons. *l l.* Trachée-artère. *m.* OEsophage.

Fig. 3. Autre partie des organes de la circulation.

a. Le cœur déplacé, rejeté en avant. *b.* L'artère branchiale, *id. c.* L'oreillette. *d.* Le sinus commun des veines. *e.* La veine cave inférieure. *ff.* Le foie. *g.* L'œsophage. *h.* Le poumon droit. *i.* La trachée-artère. *k.* Le larynx. *l l.* Les veines inférieures de la tête. *m m.* Les supérieures. *n.* Leur tronc du côté droit, se joignant au sinus commun des veines. *d. ooa.* Les veines branchiales prenant le tissu artériel, et se réunissant pour former le tronc commun des artères du corps. *p.* Ce tronc. *q.* Artère qui se rend au travers du foie vers la vésicule du fiel. *r.* Artère stomachique.

PLANCHE XII.

L'Axolotl et une partie de son anatomie.

Fig. 1. L'*axolotl* vu en dessous.

Fig. 2. Le même vu en dessus.

Fig. 3. La gorge de l'axolotl.

On a relevé les opercules charnus et écarté les arcs branchiaux, pour faire voir les ouvertures, leurs dentelures et la connexion des branchies avec les arcs.

Fig. 4. L'*axolotl* ouvert.

1 1. Muscles genio-hyoïdiens. 2 2. Les analogues des sterno-hyoïdiens. 3 3. Muscles qui tirent en avant les premiers arceaux branchiaux. 4 4. Muscles qui les tirent en arrière. 6 6 6. Les arcs branchiaux. 7 7 7. Les branchies. 8 8. Les opercules membraneux et charnus relevés. 9 9. La peau jetée de côté. 10 10. Les muscles pectoraux encore en place. 11. Le foie. 12. La vésicule. 13. L'estomac. 14 14. Diverses parties des intestins. 15. Partie des intestins, où l'on voit encore une écrevisse entière. 16. Extrémité d'un des poumons.

PLANCHE XIII.

Splanchnologie des têtards de Crapaud brun et de Salamandre aquatique,
et ostéologie du Protée.

Fig. 1. Jeune têtard ouvert.

a a. Les pieds de devant qui étoient cachés sous la peau, entre le sac des branchies et celui de l'abdomen. *b.* Les viscères vus au travers du sac abdominal formé par le péritoine et les muscles abdominaux. *c.* Le cœur et son oreillette en place. *d d.* Les branchies. *e.* Le bec. *f.* Partie de ses muscles.

Fig. 2. Autre têtard dont le sac pectoral et branchial ont été ouverts, et que l'on voit par le côté.

> *a.* Le bec et les lèvres ouverts et écartés. *b b.* Les lambeaux du sac pectoral. *c.* L'œil droit. *e e.* Les branchies. *f.* L'oreillette. *g.* Le cœur. *h.* L'artère branchiale. *i.* Les veines branchiales sortant des branchies vers le dos pour former l'artère dorsale. *k.* Artère pulmonaire. *l.* Poumon droit. *m m.* Les lobes du foie. *n n.* Les circonvolutions de l'intestin. *o.* Les appendices graisseux du testicule.

Fig. 3. Autre têtard dont on a enlevé les viscères et abaissé les arcs branchiaux et le cœur.

> *a.* Le bec et les lèvres qui le précèdent. *b.* L'oreillette. *c.* Le cœur. *d.* L'artère branchiale. *e e.* Les branchies auxquelles elle se distribue. *f f.* Veines qui sortent de ces branchies pour former l'artère dorsale. *g.* Commencement de l'artère dorsale. *h h.* Artères fournies par les veines branchiales à la tête, avant leur réunion en artère dorsale. *i i.* Les poumons. *kk.* Les appendices graisseux des testicules.

Fig. 4. Larve de salamandre ouverte.

> *a.* Le cœur. *b.* L'oreillette. *c.* La trachée-artère. *d.* L'artère branchiale et sa distribution. *e e.* Les branchies, dont les arceaux cartilagineux *f f* ont été écartés. *g.* Le foie. *h.* L'intestin. *i.* Le rectum. *k.* La vessie. *l l.* Les appendices graisseux des ovaires. *m m.* Les poumons. *n n.* Les ovaires. *o.* L'anus.

Fig. 5. Le squelette du protée vu par le dos.
Fig. 6. Sa tête vue en dessus.
Fig. 7. La même vue en dessous.
Fig. 8. La même vue de profil.
Fig. 9. Une de ses vertèbres dorsales vue en arrière et par le côté.
Fig. 10. Une de ses vertèbres lombaires vue en dessus, en dessous, par le côté et par les deux extrémités.

Planche XIV.

Ostéologie de la Sirène et de l'Axolotl.

Fig. 1. Vertèbre dorsale de la sirène vue en dessus.
Fig. 2. La même en dessous.
Fig. 3. De côté.
Fig. 4. En avant.
Fig. 5. En arrière.
Fig. 6. Le squelette entier de la sirène à demi-grandeur.
Fig. 7. La tête, les premières vertèbres et les bras de la sirène au double de leur grandeur naturelle, vus de profil.
Fig. 8. Sa tête au double de sa grandeur, vue en dessous.

Fig. 9. La même, vue en dessous, après qu'on en a séparé la mâchoire inférieure et tout l'appareil branchial.

Fig. 10. Le squelette de l'axolotl.

Fig. 11. Une de ses vertèbres dorsales vue en dessus.

Fig. 12. La même, vue en arrière.

Fig. 13. La même, vue en dessous.

Fig. 14. La tête de l'*axolotl* grossie et vue de profil.

Fig. 15. La même, vue en dessous, après qu'on a enlevé la mâchoire inférieure et l'appareil branchial.

Fig. 16. La même, vue en dessus.

INSECTES

DE L'AMÉRIQUE EQUINOXIALE,

RECUEILLIS PENDANT LE VOYAGE

DE MM. DE HUMBOLDT ET BONPLAND,

ET DÉCRITS

PAR M. LATREILLE.

Avertissement.

PRESSÉS du désir de terminer la relation de leur voyage dans le nouveau continent, et les autres travaux qui en sont la suite, MM. DE HUMBOLDT et BONPLAND m'ont prié de faire connoître les insectes qui sont le fruit de leurs recherches. Je sens combien ce témoignage d'estime et de confiance est honorable pour moi, et je m'efforcerai d'y répondre dignement.

Si le nombre des espèces que je mentionnerai n'est pas aussi considérable qu'on a sujet de s'y attendre, n'accusons point ces naturalistes de négligence à cet égard. Ils étoient trop instruits, et ils aimoient trop la nature, pour oublier, dans leurs excursions, cette classe intéressante d'animaux; mais la majeure partie de la collection qu'ils en avoient formée, a été malheureusement perdue dans le trajet ; la beauté, ou la singularité des espèces qu'ils ont conservées, ajoute encore aux regrets qu'excite une perte si affligeante.

L'Amérique méridionale, par la grande variété de son sol et de sa température, est très-féconde en productions naturelles ; peut-être même offriroit-elle sous ce rapport une moisson plus abondante qu'une portion des Indes orientales de la même étendue. M. Richard, membre de l'Institut, et que son zèle pour l'avancement de l'histoire naturelle conduisit dans les retraites presque inaccessibles de la Guyane françoise, y avoit amassé en peu de temps, et quoique ses recherches ne fussent que secondaires, près de six mille espèces d'insectes. On sait que la collection de M. le comte de Hoffmansegg, une des plus riches de l'Europe, tire son principal éclat des objets qu'il a fait récolter à grands frais dans le Brésil. Puissent des hommes éclairés, et animés de cette ardeur dont Mlle Mérian donna autrefois l'exemple, se rendre dans ces belles régions du nouveau continent, afin de se livrer à l'étude des insectes! Le naturaliste qui visite des pays de notre hémisphère, très-éloignés les uns des autres, y rencontre cependant des productions qui leur sont communes; mais transportez-le dans l'Amérique, dans ces contrées surtout qui avoisinent l'équateur, tout frappera ses regards, et redoublera ses jouissances. En vain chercheroit-il les reptiles, les insectes, les plantes, etc., qu'il observoit dans sa patrie; tous les êtres organisés qu'il découvre lui sont inconnus et lui répètent qu'il est réellement dans un nouveau monde.

Ce seroit une erreur de croire que les observations entomologiques n'ont d'autre aliment qu'une simple curiosité, et qu'il n'en résulte pour la société aucun avantage solide. Vous vous plaignez tous les jours des dégâts que font les insectes; et comment trouverez-vous le moyen de les détruire ou de suspendre du moins le cours de leurs dévastations, si vous ne faites pas une étude approfondie des mœurs de ces animaux? Le dommage qu'ils vous occasionnent n'est cependant presque rien, en comparaison de celui qu'ils font éprouver aux habitans des deux Indes. Lisez ce que les voyageurs nous apprennent des ravages affreux des *fourmis*, des *termés* et de tant d'autres insectes pernicieux : l'homme lui-même n'est-il pas souvent, dans ces climats, la victime d'un insecte presque imperceptible, la *chique* (*pulex penetrans*)? Les Indiens, nos colons, béniroient à jamais la mémoire du naturaliste qui les délivreroit de ces terribles fléaux. Des expériences et des observations bien suivies sur les *abeilles*, les *cochenilles*, les *bombyx* de l'Amérique, ouvriroient peut-être une nouvelle source de richesses, en favorisant les progrès de l'industrie et du commerce.

Le nombre des insectes que je décrirai étant, comme je l'ai dit plus haut, peu considérable, j'ai pensé qu'il n'étoit pas nécessaire de m'asservir à un ordre méthodique; et je n'ai consulté, dans l'exposition, que l'agrément des planches qui accompagnent ce catalogue : je suppléerai à ce défaut par le secours d'une table générale et méthodique des espèces.

Les dessins sont de M. Oppel, habile peintre bavarois, attaché à l'académie royale de Munich, et très-versé dans l'histoire naturelle.

J'aurois voulu pouvoir rendre ce travail moins aride, en l'entremélant de quelques faits relatifs aux habitudes des insectes, dont je donne la connoissance; mais on n'acquiert de tels faits que par un long séjour dans les mêmes lieux et une grande continuité d'observations. Nous devons en conclure qu'il a été impossible à M. Bonpland, occupé à décrire une multitude de végétaux neufs et intéressans, d'étudier, avec l'assiduité et la patience nécessaires, la manière de vivre des insectes qu'il a rapportés. Je ne saurois remplir ce vide à l'aide des renseignemens vagues ou inexacts que je puiserois dans Hernandez, Pison, Marcgrave et les autres voyageurs; j'en profiterai néanmoins lorsque je pourrai m'en servir sans craindre d'offenser la vérité.

L'ouvrage que j'ai mis au jour sous le titre de *Genera crustaceorum et insectorum*, sera mon guide. L'attachement, souvent aveugle, que tout auteur a pour ses productions littéraires, ses systèmes principalement, n'a point commandé ce choix. Je n'ai préféré mon ouvrage que parce qu'il facilite davantage la classification des objets dont j'ai à traiter.

P. A. Latreille.

Je suis sûr que les naturalistes liront avec intérêt les descriptions d'insectes dont un des plus savans Entomologistes de l'Europe a bien voulu enrichir mon ouvrage zoologique. C'est un sacrifice généreux que M. *Latreille* a fait à l'amitié, en dérobant quelques momens aux grands et utiles travaux dont il est sans cesse occupé. Les insectes figurés dans ce recueil ont été recueillis par M. *Bonpland* : une collection beaucoup plus nombreuse, formée par lui dans les forêts de l'Orénoque, du Cassiquiaré et du Rio Negro, avoit été confiée à la Havane, en 1801, à un de nos amis, *Fray Juan Gonzales*, moine de Saint-François, qui s'embarquoit pour Cadix. Cet homme éclairé et courageux, qui avant nous avoit pénétré dans la Guyane espagnole, fit naufrage sur les côtes d'Afrique. Chassé par un corsaire, le capitaine du vaisseau sur lequel se trouva M. Gonzales, se laissa échouer sur la côte. L'équipage périt; et les caisses qui, en outre des insectes, contenoient une grande partie de nos herbiers, ont été sans doute englouties par les flots. C'est par un hasard des plus heureux que mes manuscrits, surtout le journal du voyage de Caraccas et de l'Orénoque, au lieu d'être confiés à ce religieux, ont été envoyés, dans le même mois, par une autre voie en Espagne; et de là à Paris. Je dois observer aussi qu'un long voyage de terre, très-propre pour faire un grand nombre d'*observations*, rend difficile la conservation et le transport des *collections*. Les sauts que font les mulets, le choc des caisses contre les rochers brisent les objets délicats et fragiles. Il est presque impossible de conserver des bocaux remplis d'eau-de-vie; les pates de beaucoup d'insectes se séparent du corcelet et de l'abdomen. Les pluies pénètrent dans l'intérieur des caisses. Toutes ces entraves augmentent encore lorsqu'un voyage se fait loin des côtes et à une époque où (à cause de la guerre maritime) on ne peut être sûr de la propriété et même de la conservation de ses collections, qu'autant qu'on ne s'en sépare pas. Alors le nombre des caisses s'agrandit avec le chemin qu'on a parcouru. Les voyageurs se plaignent en Europe du désagrément causé par le transport de deux ou de trois malles. Que l'on juge de l'embarras qui naît de la nécessité de traîner à sa suite vingt à vingt-cinq bêtes de sommes, nécessité dans laquelle nous nous sommes trouvés pendant cinq ans dans les forêts et sur le dos des Cordillères!

HUMBOLDT.

I. HANNETON CHRYSOCHLORE.

MELOLONTHA chrysochlora, pl. XV, fig. 1, femelle; fig. 2, mâle;
grandeur naturelle.

Antennes de dix articles, massue de trois feuillets; crochets des tarses inégaux, l'antérieur
plus grand; corps ovale, convexe, d'un vert doré, mélangé de cuivreux en dessous;
élytres chagrinées; pates postérieures de l'un des sexes très-grandes, et à jambes
prolongées au côté interne en une pointe très-forte.

*Antennis decemarticulatis, capitulo triphyllo; tarsorum unguibus inæqualibus, antico
majore; corpore ovali, convexo, aurato-viridi, infra cupreo vario; elytris rugosulis;
pedibus posticis, in uno sexu maximis, tibiisque ad apicem in spinam validissimam
interne productis.*

Longueur du corps.

Femelle, 0^m.031 — Mâle, 0^m.037.

DE tous les hannetons connus, celui-ci est un des plus beaux, soit par sa
taille, soit par son coloris; l'un des sexes est surtout remarquable par la
grandeur de ses pates de derrière et la forme de leurs jambes. Cet insecte se
rapproche beaucoup du *scarabée kanguroo*, décrit par M. Francillon, et qui
se trouve aussi dans l'Amérique méridionale.

Le corps est ovale, convexe, presque entièrement glabre, d'un vert doré,
brillant, avec une teinte d'un rouge cuivreux sur la poitrine, le dessous de
l'abdomen, son extrémité postérieure, et sur les cuisses et les jambes des
deux dernières pates, du moins dans quelques individus. La tête, le corcelet,
l'écusson, la poitrine et l'abdomen sont presque lisses, très-finement et vaguement pointillés; mais sur les élytres ces points sont beaucoup plus grands,
confluens, et les rendent chagrinées ou finement ridées. Les antennes sont

brunes, légèrement pubescentes, de dix articles, dont les trois derniers en
feuillets, et formant une massue oblongue. La bouche est un peu velue; les
palpes sont noirâtres; les mandibules sont un peu saillantes extérieurement,
d'un noir un peu bleuâtre, aplaties, tranchantes au bord supérieur et extérieur,
tronquées ou très-obtuses et un peu sinuées en devant. Les yeux sont noirâtres.
Le chaperon est transversal, arrondi aux angles antérieures, avec les bords
aigus, un peu relevés. Le corcelet est rebordé en tout sens, une fois plus
large que long, plus étroit en devant et légèrement plus élevé dans son milieu;
ses angles antérieurs et latéraux sont avancés, aigus, et les postérieurs arrondis.
L'écusson est petit, presque en demi-cercle ou en triangle transversal et arrondi
postérieurement. Les élytres sont fortement chagrinées, à l'exception de leur
bord antérieur et transversal, ou de la partie qui s'applique contre le corcelet;
elles ont chacune deux élévations ou gibbosités, une près des épaules, et l'autre
près de l'extrémité postérieure; les rebords extérieurs sont aigus; on remarque
dans quelques individus quelques commencemens de lignes élevées. L'extrémité
de l'abdomen va en pointe, et cette pointe est formée par le dernier anneau
qui est à découvert; le pénultième est encore à nu dans le mâle. La poitrine
est épaisse, et son sternum du milieu avance en une pointe très-courte, à
l'origine de la seconde paire de pates. Les pates ont quelques poils épars, et
un duvet très-pais, d'un gris obscur, sur le côté interne des cuisses postérieures,
dans le mâle particulièrement. Outre les couleurs mentionnées ci-dessus, elles
ont encore, à leur naissance, au côté inférieur des cuisses, à l'extrémité et le
long de la partie interne des jambes, et sur les tarses, une teinte d'un bleu
un peu violet; il paroît aussi que le dessus de l'abdomen est coloré de même.
Les quatre jambes antérieures ont sur le côté extérieur quelques points enfoncés,
chacun desquels donne naissance à un gros cil ou une petite épine; les deux
jambes de devant, aux mâles surtout, ont le côté extérieur tridenté; l'extrémité
postérieure des quatre suivantes dans les femelles, celles des deux intermédiaires
seulement dans les mâles, sont couronnées de petites épines; le dernier article
des tarses des deux sexes est grand, avec une petite saillie angulaire, en forme
de dent, à sa partie inférieure; il est terminé par deux ongles très-forts, pointus,
et dont l'antérieur est un peu plus grand; ce crochet est échancré ou bidenté
aux tarses des deux pates de devant; la dent interne est plus courte, plus large
et obtuse. Le mâle, ou du moins l'individu que je présume être de ce sexe,
a les pates postérieures beaucoup plus fortes, d'une demi-fois environ plus longues
que le corps; les cuisses sont fort grandes, mais comprimées; les jambes sont

un peu arquées, et l'angle interne de leur extrémité postérieure se prolonge, presque à angle droit, en une saillie ou épine très-forte, aplatie sur sa face postérieure, arrondie de l'autre côté, aiguë aux deux bords, et un peu courbe près de l'extrémité, qui finit presque en fer de lance ; la longueur de cette espèce d'éperon égale au moins la moitié de celle de la jambe, dont il fait partie.

Cette espèce appartient à notre division des Hannetons I, 3 (*Gener. crust. et insect.*, Tom. II, p. 109), par la forme du corps et celle des antennes ; mais elle s'en éloigne sous le rapport des crochets des tarses.

Trouvé au Pérou, dans la province de Loxa, et sur une espèce nouvelle et arborescente du genre *Budleia ;* il y en avoit un grand nombre d'individus, et tous accouplés.

II. RUTÈLE LISSÉE.

RUTELA POLITA, pl. XV, fig. 3; grandeur naturelle.

Crochets des tarses entiers, presque égaux; corps presque ovale; tête et corcelet d'un brun jaunâtre clair; élytres d'un jaunâtre pâle et un peu brun, lisses; dessous du corps et pâtes d'un vert foncé; tarses d'un brun cuivreux.

Tarsorum unguibus integris, subæqualibus; corpore subovali; capite thoraceque flavescenti-brunneis, dilutis; elytris pallido-flavescentibus, ad brunneum vergentibus, lævibus, corpore infrà pedibusque saturato-viridibus; tarsis cupreo-brunneis.

Longueur du corps.

$0^m. 025.$

M. Olivier a partagé le genre de Cétoine en trois sections; la première est formée des Cétoines proprement dites; la seconde répond aux Trichies de Fabricius; et la troisième renferme des espèces qui ressemblent à celles de la première section par la coupe de leur corps, mais qui ont des mandibules et des mâchoires entièrement cornées, et qui, de même que les Trichies, n'ont point de pièce triangulaire à la base latérale des élytres. Fabricius a également réuni ces insectes aux Cétoines. Mais comme la marche systématique doit être uniforme, on ne peut associer des insectes si disparates quant aux organes de la manducation; il faut se déterminer à établir une nouvelle coupe générique, ou placer ces prétendues Cétoines avec les Hannetons, auxquels elles ressemblent sous les rapports de la bouche. Je me suis décidé pour le premier parti, et j'ai, en conséquence, formé le genre Rutèle. Le hanneton *ponctué* de Fabricius m'a paru devoir y entrer; or, notre Rutèle lissée est très-voisine de ce dernier insecte.

Le corps est ovale, un peu plus étroit en devant qu'à son extrémité postérieure, d'environ un tiers plus large que haut, ou déprimé, luisant, glabre en dessus, pubescent en dessous. Les antennes sont brunes et composées de dix articles, dont les trois derniers forment une massue ovale et étroite. Les mandibules sont noirâtres, fortement échancrées au côté extérieur, qui paroît ainsi bidenté; la dent terminale est plus allongée et obtuse. Les palpes sont bruns. La tête et le corcelet sont finement et vaguement ponctués, d'un brun jaunâtre clair; la moitié antérieure de la tête, les côtés et une partie des bords du corcelet ont une teinte verdâtre. Le chaperon est court, rebordé, et se rétrécit peu à peu de la base à son extrémité antérieure, qui est tronquée transversalement, et dont le rebord est un peu plus élevé. Les yeux sont d'un gris brun. Le corcelet est presque en carré transversal, une fois plus large que long, plus convexe au milieu et incliné peu à peu vers les côtés : ces côtés sont rebordés, un peu dilatés extérieurement vers leur milieu, et ont chacun un petit enfoncement circulaire, en forme de point. L'écusson et les élytres sont d'une teinte plus claire que la tête et le corcelet, ou d'un jaunâtre pâle, lavé de brun; l'écusson est fort petit et presque triangulaire; les élytres paroissent parfaitement lisses : elles ont cependant de très-petits points et quelques lignes légèrement enfoncées et très-peu distinctes; la suture a un reflet verdâtre; on remarque près du bout de chaque élytre une petite élévation. Le dessous du corps est d'un vert foncé; le milieu de la poitrine, situé entre les secondes et dernières pates, a une ligne enfoncée et longitudinale; son sternum est avancé en une pointe conique, droite, et prolongée un peu au delà de la naissance des pates intermédiaires. Le fond de la couleur des pates est brun, mais dominé par un vert foncé; les tarses seuls sont d'un brun un peu cuivreux; leurs crochets sont simples, forts et pointus; l'antérieur paroît un peu plus long; les jambes sont ponctuées; le côté extérieur des antérieures est tridenté; celui des quatre autres a deux saillies ou dents transverses; l'extrémité postérieure de ces quatre dernières jambes est armée de deux éperons courts, assez gros et inégaux.

Cette espèce a été prise dans un petit sentier, près de la ville de Cuença, au Pérou. Sa couleur n'a point subi de changement.

III. GALÉRUQUE CAYENNOISE.

GALERUCA CAJENNENSIS, pl. XV, fig. 4, grossie.

Galeruca cajennensis. FAB. *Entom. system. emend.* Tom. I, *pars II*, pag. 14, n.º 8; *ejusd. system. eleuth.* Tom. I, pag. 480, n.º 11. — OLIV. *Entom. coléopt.* Tom. V, pag. 617, pl. 2, fig. 15.

Longueur du corps.

0^m. 011.

ON avoit déjà recueilli cette espèce à Cayenne et à l'île de Saint-Thomas. L'individu, dont nous donnons la figure, diffère de celui décrit par Fabricius, en ce que toutes les cuisses et la poitrine sont rouges; ce n'est qu'une variété, puisque MM. de Humboldt et Bonpland ont apporté d'autres individus, parfaitement semblables à celui que Fabricius a observé. Nous ajouterons à la description de cet auteur et à celle de M. Olivier les remarques suivantes : 1.º Les troisième et quatrième articles des antennes, le premier des deux surtout, sont fort allongés, et les six qui succèdent courts et presque grenus; 2.º le labre est rouge; 3.º le corcelet est plus court proportionnellement que dans les congénères et rétréci de chaque côté postérieurement; 4.º les crochets des tarses sont fortement bidentés; 5.º l'extrémité inférieure de l'abdomen est rouge.

Elle a été trouvée à Xalapa, dans la Nouvelle-Espagne, sur des *psichotria* et sur une espèce de *cornouiller.*

IV. ALTISE RACCOURCIE.

ALTICA [1] ABBREVIATA; pl. XV, fig. 5; grossie.

Altica abbreviata. OLIV. *Entom. coléopt.*, Tom. V, pag. 683; pl. 2, fig. 25. — *Haltica abbreviata.* ILLIG. *Magaz. für Insekt.* 1807, pag. 134. — *Galeruca abbreviata.* FAB. *Suppl. entom.*, pag. 97; *ejusdem Syst. eleuth.*, Tom. I, pag. 493.

Longueur du corps.

0^m. 007.

FABRICIUS et M. Olivier ont décrit cette jolie espèce; M. Illiger l'a mentionnée dans son excellente monographie des Altises, qui fait partie de son Magazin entomologique, de l'année 1807, et la rapporte à sa cinquième famille, les sauteuses, *saltatrices*. Il cite pour synonyme l'Altise *bisfaciée* de l'Encyclopédie méthodique; mais cette espèce que M. Olivier vient de figurer, *Entom. coléop.*, Tom. V, pag. 672, pl. 1, fig. 4, est différente; son corcelet a des points noirs, ses élytres sont finement ponctuées, et leurs bandes, ainsi que le fond du corcelet, sont d'un jaune pâle.

L'Altise *raccourcie* varie pour les couleurs. Nous avons un individu dont la tête n'a point de blanc; ses élytres sont d'un brun rougeâtre, sans teinte de violet; leurs bandes blanches sont plus courtes; le bord extérieur n'est point de cette couleur. Fabricius ne disant point que cette partie des élytres soit blanche, nous présumons qu'il a décrit une variété très-rapprochée de la nôtre. L'individu que nous avons représenté ressemble parfaitement à ceux de MM. Olivier et Illiger.

L'Altise *raccourcie* a le corcelet beaucoup plus large que long, et fortement rebordé sur les côtés, principalement à la partie antérieure, dont les

[1] M. Illiger écrit *Haltica.*

Zoologie. 18

angles sont très-saillans. Les élytres ont une gibbosité humérale. Les pates postérieures ont les cuisses très-grandes; leurs jambes ont une rainure le long de leur côté supérieur, et les bords de cette rainure ont quelques petites dents. Ces caractères de forme avoient été omis dans les descriptions de cet insecte.

Très-commune sur toutes les plantes.

V. IMATIDIE A QUATORZE TACHES.

IMATIDIUM (Himatidium, ILLIGER) 14-MACULATUM, pl. XV, fig. 6; grossie.

Dessus du corps d'un jaunâtre ferrugineux, clair; sept taches noires sur chaque élytre.

Corpore supra ferrugineo-flavescenti, diluto; elytro singulo maculis septem nigris.

Longueur du corps.

o^m. 006.

L̲ES cassides dont les antennes sont cylindriques ou filiformes, et dont le corcelet a le bord antérieur transversal ou échancré dans son milieu, composent maintenant le genre Imatidie de Fabricius. Ces caractères, assez foibles à la vérité, s'appliquent à l'insecte que je vais décrire.

Il est presque orbiculaire, tronqué en devant, très-déprimé, glabre et luisant. Les antennes, le dessous du corps proprement dit et les pates sont d'un brun ferrugineux; le dessus du corps est d'un jaunâtre ferrugineux, clair, et demi-transparent sur le limbe extérieur, à raison du peu d'épaisseur et de la consistance presque membraneuse de cette partie. Les yeux sont noirs, et l'on observe, au milieu de l'intervalle qui les sépare ainsi que les antennes, une petite saillie ou arête. Le corcelet est plus large que long, fortement échancré en devant, d'un fauve clair au milieu, sans taches, et déprimé de chaque côté, près les angles postérieurs; ceux de devant sont arrondis; le bord postérieur est un peu lobé ou avancé à la base de l'écusson; on voit le long de ce bord quelques points enfoncés, dont quelques-uns groupés. L'écusson est petit, noir, triangulaire et pointu. Les étuis ont leur limbe extérieur très-dilaté; leur disque est plus élevé comme dans la plupart des cassides, et arrondi; chaque élytre a sur cette portion discoïdale environ neuf strics longitudinales, formées par des points alignés et sept taches noires et inégales, 1, 2, 2 et 2; les deux dernières forment presque une bande qui s'étend un peu sur le limbe; les deux qui sont au-dessus et près de la suture sont ovales; le limbe a de larges points enfoncés et semble être réticulé, vu à la lumière.

Cette espèce a de grands rapports avec la casside *sinuée* de M. Olivier, *Entom. coléopt.*, Tom. V, pag. 949, pl. 5, fig. 71.

Commune dans les plaines de Barcelona, sur les graminées, les *andropogons* principalement.

VI. IMATIDIE DEMI-CIRCULAIRE.

IMATIDIUM semi-circulare; pl. XV, fig. 7; grossie.

Antennes, pates et dessous du corps proprement dit bruns; son dessus noir, avec le limbe extérieur et une ligne demi-circulaire autour de l'écusson, jaunes.

Antennis, pedibus corporisque proprie dicti parte inferiori brunneis; illius facie supera nigra, limbo externo lineaque semi-circulari scutellum cingente flavidis.
Cassida semi-circularis. OLIV. *Entom. coléopt.*, Tom. V, pag. 970, pl. 6, fig. 99.

Longueur du corps.

0ᵐ. 006.

CET insecte et le suivant ayant une forme identique doivent être placés dans la même coupe générique; or, le dernier est un imatidie pour Fabricius. M. Olivier n'ayant pas admis ce genre, dont les caractères sont en effet peu saillans, ainsi que nous l'avons déjà observé, a réuni ces deux insectes avec les Cassides. Son Entomologie des coléoptères offre une description exacte de l'imatidie *demi-circulaire*. Nous remarquerons seulement par addition que son corcelet est rebordé et vaguement ponctué le long du bord postérieur; que les stries du disque des étuis sont oblitérées vers leur extrémité; que les étuis ont un rebord à leur base et un enfoncement immédiatement au-dessous de ses angles extérieurs. Nous insistons sur les détails de forme, parce qu'ils prévalent toujours dans les variétés, et que beaucoup d'auteurs les négligent.

L'imatidie *demi-circulaire* ressemble au premier coup-d'œil à la casside *anneau* de M. Olivier; mais, outre qu'elle s'en éloigne par la figure du corcelet, la tache jaunâtre du disque des élytres ne forme pas une ligne circulaire, mais un fer à cheval dont l'ouverture regarde la base de ces élytres.

La casside *anneau* (*annulus*) d'Herbst, *coléopt.* pl. 133, fig. 3, est la même que celle que nous venons de mentionner; Fabricius l'a rapportée mal à propos à celle qu'il a désignée sous la même dénomination, et qui est la casside *circulaire* de M. Olivier.

L'imatidie *demi-circulaire* a été observée dans les mêmes lieux que l'imatidie *à quatorze taches*.

VII. IMATIDIE ALBICOLLE.

IMATIDIUM ALBICOLLE.

Noire; corcelet d'un blanc jaunâtre; élytres d'un noir bleuâtre; abdomen et cuisses bruns.

Nigrum; thorace flavescenti-albo; elytris cœruleo-nigris; abdomine femoribusque brunneis.

Imatidium thoracicum. Fab. *System. eleuth.*, Tom. I, pag. 346. — *Cassida albicollis.* Oliv. *Entom. coléopt.*, Tom. V, pag. 974, pl. 6, fig. 105.

Longueur du corps.

0ᵐ. 005.

Fabricius ayant décrit le premier cette imatidie, je devrois naturellement conserver sa dénomination spécifique; mais celle de M. Olivier, qui a regardé cet insecte comme inédit, étant plus caractéristique, me paroît devoir être préférée.

L'imatidie *albicolle* est un peu plus petite que l'espèce précédente; son corcelet est plus arrondi en devant, et plus étroitement échancré; il est parfaitement lisse. Les élytres sont d'un noir bleuâtre, très-luisant, avec des lignes de points sur toute la partie discoïdale et bombée; leur limbe extérieur est lisse, avec un grand enfoncement, à peu de distance des angles extérieurs de la base. Les cuisses et le dessous de l'abdomen sont d'un brun rougeâtre. Le corps est fort luisant. Les autres caractères distinctifs sont exprimés dans la phrase spécifique. Ne voulant pas multiplier inutilement les figures, nous renvoyons à celle de M. Olivier, que nous avons citée.

VIII. CRYPTORHYNQUE ARCHER.

CRYPTORHYNCHUS SPICULATOR; pl. XV, fig. 8; grossi.

Cuisses simples; corps d'un noir brun, avec des poils en forme d'écailles, d'un gris jaunâtre, formant des lignes sur les élytres; poitrine armée de deux épines avancées parallèlement et fort longues.

Femoribus simplicibus; corpore brunneo-nigro, pilis squamiformibus, flavescentigriseis, et lineas in elytris efficientibus, vestito; pectore spinis duabus porrectis, parallelis, longissimis, armato.

Longueur du corps.

0^m. 005.

Un des plus savans et des plus profonds entomologistes de l'Europe, M. Illiger, vient de simplifier le genre Rhynchæne de Fabricius, par l'établissement d'une nouvelle coupe qu'il nomme *Cryptorhynchus*, renfermant les espèces dont la trompe est courbée en dessous et qui se loge, du moins en partie, dans un enfoncement ou une rainure de la poitrine; tels sont les rhynchænes de Fabricius : *Lapathi, Pseudoacori, pericarpius, Echii, didymus, etc.* C'est à ce nouveau groupe que je crois devoir associer l'insecte remarquable dont je vais donner la description.

Il a le port des cryptorhynques *pericarpe, didyme, etc.* Sa coupe est un ovale qui se rapproche du losange, le corcelet et l'abdomen différant peu en longueur, et formant par leur réunion deux triangles presque isocèles, et dont les deux bases se touchent.

Le corps est d'un noir brun, finement ponctué, et presque entièrement couvert de petits poils, en forme d'écailles, d'un gris jaunâtre. La trompe est grêle, de la longueur des trois quarts du corps, unie, excepté à sa base, arquée, un peu dilatée et striée dans son milieu. La tête est presque globuleuse

et presque nue; les yeux sont noirs, triangulaires et contigus sous la trompe.
Le corcelet est simple, plan ou peu convexe en dessus, et un peu avancé au
milieu du bord postérieur; de chacun de ses côtés inférieurs ou pectoraux,
immédiatement au-dessus de l'origine des pates de devant, naît une épine
presque aussi longue que le corps, grêle, diminuant peu à peu de grosseur,
brune, ayant quelques petites inégalités, droite jusque vers son extrémité,
un peu courbe ensuite et terminée en pointe; ces deux épines sont avancées
parallèlement, de chaque côté de la trompe. Le sternum antérieur a un enfoncement, et deux petites éminences tout près de la naissance de la trompe.
L'écusson est très-petit et presque carré. Les élytres recouvrent tout le dessus
de l'abdomen et se replient en dessous le long du bord extérieur; elles ont
chacune sept à huit lignes enfoncées, longitudinales, avec de petits points
imprimés dans les intervalles, et environ cinq raies d'un gris jaunâtre, inégales,
et formées par les écailles. Le dessous du corps est en entier de cette couleur.
Les pates sont longues, les antérieures principalement.

Trouvée une seule fois dans les montagnes de Quindiu, sur des fleurs de
Begonia.

IX. BLATTE RÉTRÉCIE.

BLATTA ANGUSTATA; pl. XV, fig. 9; grossie.

Oblongue; dessous du corps et pates d'un jaunâtre brun et clair; corcelet noir, avec une ligne dans son milieu, plusieurs taches discoïdales et le bord extérieur jaunâtres; élytres allongées, rétrécies postérieurement, noirâtres, rayées de jaunâtre.

Oblonga; corpore infra pedibusque dilute brunneo-flavidis; thorace nigro, linea in medio, maculis discoidalibus margineque externo flavidis; elytris elongatis, postice angustatis, nigricantibus, flavido-lineatis.

Longueur du corps.

0^m. 014.

Son corps forme un ovale allongé et brusquement rétréci à son extrémité postérieure; il est en dessous d'un jaunâtre brun et clair. Les antennes sont longues et noirâtres. La tête est brune, arrondie sur le vertex. Le corcelet est demi-circulaire, d'un noir un peu brun, avec une ligne longitudinale au milieu du dos, quatre taches de chaque côté, le bord antérieur et celui des côtés d'un jaunâtre pâle. L'écusson est petit, triangulaire, pointu, jaunâtre, mêlé de noirâtre, avec l'apparence d'une petite carène. Le fond des élytres est d'un brun noirâtre, coupé par un grand nombre de lignes enfoncées plus obscures, et de petites lignes obliques et jaunâtres, dans les intervalles, particulièrement vers la base; la région scutellaire forme comme un grand demi-cercle, dont le contour est tracé par une ligne arquée et jaunâtre; la majeure partie du bord extérieur des élytres est de cette dernière couleur, et rayée de noirâtre. Les pates sont épineuses. Tout le corps est luisant.

Trouvée sur des bois presque pourris, dans des maisons de la Vera-Cruz.

X. CORÉE SAINT.

COREUS sanctus; pl. XV, fig. 10; grandeur naturelle.

Corps ovale, rougeâtre; corcelet en triangle tronqué en devant, s'élevant peu à peu : angles postérieurs pointus; élytres noires, avec deux bandes, une sur chaque, rougeâtres, formant ensemble un *X;* cuisses épineuses, les postérieures renflées et ponctuées de noir.

Corpore ovali, rubescente; thorace trigono, antice truncato, sensim elevato, angulis posticis acutis; elytris nigris, faciis duabus, una in singulo, rubescentibus, litteram X *conjunctim formantibus; femoribus spinosis, posticis incrassatis, nigro-punctatis.*

Lygœus sanctus. Fab. *System. rhyng.,* pag. 212; *ejusdem Entom. System. emend.,* Tom. IV, pag. 141.

Longueur du corps.

0ᵐ. 016.

Le célèbre entomologiste de Kiel n'ayant pas établi une ligne de démarcation bien fixe entre ses corées et ses lygées, a mal composé ces groupes. Plusieurs espèces du dernier doivent passer dans l'autre, et le *lygœus sanctus* est de ce nombre.

Le corps de cet insecte est ovale, un peu plus étroit en devant, entièrement et finement pointillé, d'un fauve rougeâtre mat, et qui est plus vif ou plus rouge en dessous. Les antennes sont de cette couleur et de la longueur des deux tiers du corps; les trois premiers articles sont cylindriques et allongés; celui de la base est le plus grand de tous; les deux suivans sont presque égaux; le dernier est le plus court et forme une petite massue ellipsoïde; sa couleur ne diffère pas, dans notre individu, de celle des articles précédens. L'extrémité du bec est plus obscure. Les yeux sont d'un brun cendré. Les bords extérieurs de la tête ont chacun, en devant et près de l'origine des antennes, un petit avancement en forme d'épine. Le corcelet vu en dessus présente un triangle isocèle, tronqué à sa partie antérieure qui en fait la pointe; cette partie est déprimée, échancrée pour recevoir la tête, et ses angles de devant sont saillans et pointus; le corcelet s'élève ensuite jusque près de son bord postérieur, où il s'abaisse brusquement; les bords latéraux offrent quelques légères inégalités ou dentelures, et se prolongent en une pointe courte, aux angles postérieurs. L'écusson est de la couleur du corps, triangulaire et presque terminé en alène; sa longueur égale le cinquième de celle des élytres, et sa largeur le tiers de celle de l'abdomen. Les élytres ont leur partie coriace ou leur moitié supérieure d'un fauve rougeâtre pâle, avec la marge interne et une tache triangulaire au milieu de leur bord extérieur noires, d'où il résulte que la partie colorée de rougeâtre forme une bande longitudinale et arquée du côté de l'écusson; ces deux bandes réunies imitent une espèce de croix de Saint-André; l'appendice membraneuse des élytres est entièrement d'un noir un peu bronzé, avec des nervures nombreuses. L'abdomen est allongé, presque de la même largeur partout, arrondi et quadridenté à son extrémité; ses bords sont un peu relevés, aigus et entiers; son dessous a quelques petites taches ou points noirs. Les pates sont de la couleur du corps; les deux paires antérieures sont presque égales, et leurs cuisses ont une ou deux petites épines en dessous, et près de leur extrémité; les pates postérieures sont d'un tiers au moins plus longues, avec les cuisses renflées, et en massue ovalaire et allongée; elles ont des points, des tubercules et plusieurs épines ou dents noires; les épines sont inégales et situées en dessous; toutes les jambes sont cylindrico-linéaires, comprimées, un peu ciliées, avec une rainure le long de la tranche supérieure; les jambes de derrière ont un canal longitudinal sur le milieu de leur face interne, et la tranche inférieure paroît finement dentelée.

Commun sur les petits arbrisseaux, dans les montagnes de Quindiu.

XI. REDUVE MI-PARTI.

REDUVIUS DIMIDIATUS; pl. XV, fig. 11; grandeur naturelle.

Jambes semblables, cylindriques; corps noir; portion coriace des élytres, les côtés de l'abdomen d'un rouge de brique pâle, avec des taches noires; corcelet biépineux en devant, avec deux petites arêtes à sa partie postérieure; pates entièrement noires.

Tibiis conformibus, cylindricis; corpore nigro; elytrorum parte coriacea, abdominis lateribus pallido-lateritiis, nigro maculatis; thorace antice bispinoso, postice subbicarinato; pedibus totis nigris.

Longueur du corps.

0^m. 032.

Son corps est oblong, rétréci antérieurement, noir, luisant et presque glabre. Les antennes sont noires et pubescentes. La tête est cylindrique, striée transversalement en dessus; le milieu de son extrémité antérieure est avancé en forme de museau, et beaucoup plus élevé que ses côtés, en manière de carène arrondie. Les yeux sont très-saillans, hémisphériques, et d'un cendré noirâtre; les deux petits yeux lisses sont d'un blanc transparent, très-luisans et portés chacun sur un petit tubercule. Le corcelet a la figure d'un triangle isocèle, tronqué à sa pointe; son rebord antérieur est prolongé, à chacun de ses deux angles de devant, en une pointe conique, en forme d'épine; derrière ce rebord sont quatre petites éminences irrégulières, dont les deux du milieu ont chacune un tubercule arrondi; la surface supérieure du corcelet offre ensuite des rides peu élevées, une ligne enfoncée et longitudinale dans son milieu et deux petites carènes; les côtés sont un peu élevés et un peu rebordés vers les angles postérieurs; ces angles sont obtus. L'écusson est noir, triangulaire et très-inégal ou ridé; son extrémité est mutilée dans notre individu; elle se prolonge vraisemblablement en pointe ou en épine. Les élytres ont la portion coriace d'une couleur de brique [1], pâle et mate, avec la marge interne et supérieure, un point dans leur milieu et une tache triangulaire à l'extrémité du bord extérieur, noirs; la portion membraneuse est noirâtre, obscure, et présente trois grandes aréoles complètes. L'abdomen est presque ovale, guère plus long que large; ses côtés sont comprimés, élevés, et débordent notablement les élytres; ils sont de leur couleur, et leurs bords ont chacun cinq taches noires qui s'étendent tant en dessus qu'en dessous; la couleur fauve se prolonge sur le dos et sur le ventre jusqu'au milieu. Les pates sont entièrement noires, semblables pour la forme et pubescentes; les cuisses sont allongées, presque cylindriques, et ont en dessous une ou deux petites dents peu distinctes.

Dans les lieux sombres des forêts, près la Villa de Ybara, au Pérou.

---

[1] Linnæus nomme cette couleur *testaceus*, expression que plusieurs entomologistes françois traduisent littéralement.

XII. REDUVE GÉNICULÉ.

REDUVIUS geniculatus; pl. XV, fig. 12; grandeur naturelle.

Jambes semblables, cylindriques; corps couleur de noix, tacheté de noir; bord antérieur
du corcelet à deux tubercules latéraux et coniques; écusson inégal, noir, avec deux
taches roussâtres; son extrémité prolongée en une pointe longue; pates noires, avec
les genoux rougeâtres.

*Tibiis conformibus, cylindricis; corpore colore nuceo, nigro maculato; thoracis margine
antico tuberculis duobus, lateralibus, conicis; scutello inæquali, nigro, maculis
duabus rufescentibus : illius apice in spinam elongatam producto; pedibus nigris,
geniculis rubescentibus.*

Longueur du corps.

0^m. 025.

CETTE espèce est plus étroite que la précédente, sa plus grande largeur étant à
sa longueur comme deux est à cinq. Le corps est couleur de noix, avec une
teinte roussâtre. Les antennes sont noires. Le bec est noir, avec l'extrémité
roussâtre. La tête n'a point de taches; son museau a la forme de celui du reduve
mi-parti, mais il est proportionnellement plus court et plus large; les yeux
sont presque de la couleur de la tête; les deux petits yeux lisses sont d'un
jaunâtre clair, très-luisant, et insérés chacun à l'extrémité d'une petite éminence.
Le corcelet a, de chaque côté, aux angles de son rebord antérieur, un tubercule
assez grand, élevé, conique et obtus; derrière ce rebord sont deux éminences,
à surface inégale, séparées par un enfoncement longitudinal, ayant chacune et
en devant un tubercule arrondi, et par derrière le commencement d'une petite
carène; cet espace offre plusieurs petites taches noires; le corcelet est ensuite
un peu resserré sur ses côtés; leurs rebords sont interrompus en ce point et
terminés par une petite saillie en forme de dent; le restant de ce corcelet est

un peu ridé; ses angles sont obtus; sur le bord postérieur est une bande noire, transversale, et sinuée à sa partie antérieure. L'écusson est triangulaire, terminé en une pointe longue, horizontale, striée ou ridée, noir, avec une tache de la couleur du corps, de chaque côté; il est plus déprimé et uni à sa jonction avec le corcelet, situé et denté au bord antérieur de la partie épaissie qui vient après; son milieu est enfoncé et ridé. Les élytres sont d'un cendré un peu roussâtre, avec des nervures noires; les appendices membraneuses sont plus obscures à quelque distance de leur base; les nervures noires y forment des aréoles, comme dans l'espèce précédente. Le dessous du corps est luisant, et d'un jaunâtre pâle. La poitrine a un grand nombre de taches noires qui dominent le fond; le sternum antérieur a une petite éminence en forme de dent, aplatie et tournée en arrière; le milieu du second sternum est un peu caréné. L'abdomen est ovale, élevé, de chaque côté, au-dessus du plan horizontal des élytres; ses bords sont aigus, rouges et entrecoupés chacun, tant en dessus qu'en dessous, de cinq taches noires. Le ventre présente trois rangées longitudinales de taches de cette couleur, une de chaque côté, et la troisième au milieu; les taches de cette ligne s'étendent davantage en largeur, et occupent le bord postérieur des anneaux; l'anus est arrondi et entier. Les pates sont grêles, noires, pubescentes, avec les hanches d'un jaunâtre livide, et les genoux d'un jaunâtre lavé d'un peu de rouge; les cuisses sont cylindriques, allongées; les quatre premières ont en dessous, près de leur extrémité, trois petites dents, dont les deux antérieures opposées.

Dans les mêmes lieux que l'espèce précédente.

XIII. CICINDÈLE BIPUSTULÉE.

CICINDELA BIPUSTULATA; pl. XVI, fig. 1; fig. 2 var.; grandeur naturelle.

Dessous du corps d'un bleu foncé; le dessus de la même couleur ou d'un vert obscur; disque de chaque élytre noir, avec une tache orbiculaire, rougeâtre; labre prolongé en une forte pointe.

Corpore infra cæruleo saturato; supra concolore vel obscuro-viridi; elytri singuli disco nigro, macula orbiculari, rubescente; labro antice valide mucronato.

Longueur du corps.

$0^m.017.$

Toutes ses parties, à l'exception de l'abdomen, ont une couleur mate ou très-peu luisante. Les antennes, la bouche et les pates sont noires. Le dessous du corps est d'un bleu indigo foncé; mais le dessus est tantôt coloré de même, fig. 2, tantôt d'un vert obscur, fig. 1. Le labre est triangulaire, denté sur les côtés, et terminé par une pointe très-forte et avancée. Le corcelet a, près de ses bords antérieur et postérieur, une ligne enfoncée transversale; l'espace intermédiaire est élevé, arrondi, et comme divisé en deux lobes déprimés, par une petite ligne enfoncée et longitudinale. Les élytres sont finement et vaguement ponctuées, du moins à leur base et au milieu; le milieu du disque de chacune d'elles offre un espace noir, ovale, et dont le centre est occupé par une tache assez grande, ronde, d'un rougeâtre orangé. Les palpes labiaux et les pates sont poilus.

Cette cicindèle est abondante sur les sables humides de la rivière des Amazones, et court d'une vîtesse extrême, ainsi que ses congénères.

Zoologie.   20

XIV. TAUPIN MANTELÉ.

ELATER PALLIATUS; pl. XVI, fig. 3; grandeur naturelle.

Quatre fois plus long que large, noir, luisant, très-ponctué; front, côtés du corcelet, moitié antérieure des élytres. d'un rouge sanguin; corcélet convexe, avec deux taches noires de chaque côté sur l'espace rouge, et un tubercule en forme de dent à son extrémité postérieure.

Quadruplo longior quam latior, niger, nitidus; valde punctatus; fronte, thoracis lateribus, elytrorum dimidio antico, sanguineis; thorace convexo, utrinque maculis duabus nigris, rubro impositis, tuberculoque postico, dentiformi.

Longueur du corps.

0^m. 024.

Iʟ est quatre fois plus long que large, noir, luisant, très-ponctué, parsemé de quelques poils courts, peu apparens et couchés; les supérieurs rougeâtres ou obscurs, les inférieurs grisâtres. Les antennes sont noires et en scie. Le milieu de la tête est élevé, et forme une espèce de chaperon arrondi en devant; le front est d'un rouge sanguin qui remonte de chaque côté. Le corcelet est une demi-fois plus court que les étuis, en carré un peu plus long que large et un peu plus étroit en devant, chargé de gros points enfoncés, convexe, noir, avec les côtés en entier d'un rouge sanguin; cette couleur s'élargit beaucoup près du milieu du dos, et n'y laisse qu'un petit intervalle noir; il y a de chaque côté, à ce point d'expansion, deux taches noires, situées obliquement, et dont l'exté-rieure est plus petite; le milieu de l'extrémité postérieure du dos s'élève en un tubercule obtus. L'écusson est noir, ainsi que la partie des élytres qui l'entoure, fortement ponctué et arrondi à son extrémité. Les élytres sont d'un rouge sanguin depuis la base jusqu'un peu au-delà du milieu de leur longueur; mais cette couleur ne s'étend point postérieurement jusqu'à la suture, et, se rétrécissant peu à peu, elle finit en pointe au bord extérieur; le noir de l'extrémité avance en forme d'angle sur la suture; chaque élytre offre neuf lignes principales, formées par des points enfoncés; on voit dans chacun des intervalles une ligne semblable, mais moins sensible, les points étant plus petits et moins nombreux. Les pates et le dessous du corps, à l'exception des bords du corcelet, sont noirs; ces bords sont d'un rouge sanguin, de même que les côtés supérieurs.

Trouvé parmi des graminées, près du volcan de Jorullo, dans la Nouvelle-Espagne.

XV. LAMPYRE PLUMICORNE.

LAMPYRIS PLUMICORNIS; pl. XVI, fig. 4; grossie.

Allongé; antennes très-plumeuses; corcelet demi-circulaire, transversal, jaunâtre, avec deux élévations au milieu noirâtres; élytres de cette couleur, entièrement bordées de jaunâtre.

Elongata; antennis valde plumosis; thorace semi-circulari, transverso, flavescenti, eminentiis duabus fuscis in medio; elytris fuscis, marginibus omnibus flavidis.

Longueur du corps.

0ᵐ. 012.

M. LE COMTE DE HOFFMANSEGG a formé, aux dépens des lampyres, deux nouveaux genres, *Phengodes, Amydetes.* (Illig. *Magaz. für Insekt,* 1807, pag. 341 et 342.) Le lampyre *plumicorne* doit peut-être trouver sa place dans un de ces groupes. N'ayant qu'un seul individu de cette espèce, et ne connoissant point suffisamment les insectes des genres que je viens d'indiquer, il m'est impossible d'éclaircir mon doute.

Le lampyre *plumicorne* ressemble, quant à la forme générale du corps, au mâle de l'espèce européenne nommée *splendidula.* Les antennes sont un peu plus courtes que le corps, noirâtres et remarquables par les filéts nombreux (30 à 40), longs et barbus, qui garnissent, sur un seul rang, leur côté interne; les inférieurs sont progressivement plus courts et plus lâches; ceux de l'extrémité sont très-serrés les uns contre les autres. Le lampyre *plumeux* se rapproche beaucoup, sous ce rapport, de notre espèce; mais ses élytres sont très-courtes et rétrécies en pointe. Le corps du lampyre *plumicorne* est finement pubescent. Ses mandibules sont avancées, très-arquées, plus obscures et très-pointues à leur extrémité. La tête est noirâtre et en majeure partie découverte. Les yeux sont noirs, saillans, mais très-écartés l'un de l'autre. Le corcelet est petit, en demi-cercle transversal, un peu resserré de chaque côté au bord antérieur, un peu lobé au bord opposé, avec les angles postérieurs avancés et pointus; il est d'un jaunâtre très-pâle, demi-transparent sur les côtés, et son disque a deux éminences contiguës, arrondies et noirâtres. L'écusson est de la couleur du corcelet et carré. Les élytres sont étroites, allongées, noirâtres, avec une tache humérale, le bord extérieur et la suture d'un jaunâtre pâle; elles sont inclinées extérieurement vers leur base; on aperçoit sur chacune d'elles trois nervures longitudinales, peu saillantes, n'allant pas jusqu'au bout, et dont l'extérieure est beaucoup plus courte. La poitrine est noirâtre avec quelques espaces jaunâtres. Les pates sont obscures; les cuisses des antérieures paroissent être d'une couleur plus claire. L'abdomen de notre individu a été détruit.

Trouvé une seule fois, près de la ville de Valladolid, dans le royaume du Mexique.

XVI. BRUCHE CURVIPÈDE.

BRUCHUS CURVIPES; pl. XVI, fig. 5, un peu grossi; A, une de ses pates
postérieures grossie; fig. 6, le même insecte grossi et sortant de l'amande
du palmier, dans laquelle il a subi ses métamorphoses; A, portion circulaire
de l'enveloppe de cette amande enlevée par l'insecte au moment de sa sortie.

Noir, revêtu d'un petit duvet cendré-roussâtre; élytres couvrant entièrement l'abdomen,
avec des stries profondes, formées par des points presque contigus; pates postérieures
à cuisses très-grandes, ayant en dessous un grand nombre de dents, dont une plus
forte, dentelée; jambes des mêmes pates arquées.

*Niger, tomento brevissimo, rufescenti-cinereo, vestitus; elytris abdomen penitus
supertegentibus, striis profundis, e punctis subcontiguis; pedibus posticis femoribus
maximis, subtus serratis, denteque validiore, denticulato, instructis; tibiis eorumdem
pedum arcuatis.*

Longueur du corps.

0^m. 014.

Il est très-voisin du bruche des *noyaux* (*nucleorum*) de Fabricius; mais
cette dernière espèce est plus grande, et ses élytres, quoique striées, n'ont pas
de points (*elytra striata at haud punctata.* FAB. *Entom. system.* Tom. I,
pars 2, pag. 369). Dans la figure qu'en a donnée M. Olivier (*Entom. coléopt.*
genr. bruche, pl. 1, fig. 1), les élytres sont cependant représentées avec des
points formant des lignes. La figure d'Herbst (Fuesl. *Archiv. insect. tab.* 20,
n.º 16) convient parfaitement à notre espèce, à la taille près, qui est beaucoup
plus grande; cet auteur dit même que les élytres sont rayées par des points,
caractère qui ne s'accorde pas avec la description du bruche des *noyaux* de
Fabricius. Herbst rapporte son insecte au bruche du *palmier* (*bactris*) de
Linnæus, et M. Olivier est du même sentiment; mais dans cette dernière

espèce, les cuissés postérieures n'ont point de dentelures, caractère qui semble devoir faire rejeter l'application de la synonymie d'Herbst et de M. Olivier. L'embarras qu'on éprouve dans les déterminations d'espèces vient de ce que la plupart des descriptions sont très-incomplètes, et que les auteurs se sont plus attachés à parler des couleurs que des caractères de forme.

Le bruche *curvipède* est noir, luisant, et tout couvert d'un petit duvet d'un cendré roussâtre qui déguise le fond de sa couleur. Les antennes sont entièrement noires, en scie, et un peu plus longues que la tête et le corcelet. La tête est ponctuée, avec une petite carène lisse, longitudinale, et terminée par une petite ligne enfoncée, dans le milieu de l'intervalle qui sépare les yeux. Le corcelet est plus large que la tête et plus étroit que les élytres, rebordé en tout sens, et sa coupe forme une sorte de trapèze, court, large, dont les côtés convergent en devant, et sont un peu resserrés vers le bas; la surface n'est point parfaitement unie; on y voit des espaces lisses et d'autres très-ponctués; le milieu du bord postérieur est un peu avancé. L'écusson est très-petit et en carré long. Les élytres recouvrent tout le dessus de l'abdomen et se courbent sur l'anus; elles ont chacune dix stries très-distinctes, formées par des points enfoncés, profonds et presque contigus; de-là ces stries ressemblent à des lignes enfoncées et contiguës; ces points vus à la loupe sont ombiliqués ou ont eux-mêmes un petit enfoncement. Les cuisses postérieures sont très-grandes comparativement aux autres, ovales, et comprimées ou beaucoup plus larges qu'épaisses; leur tranche inférieure est garnie, depuis leur naissance jusqu'un peu au-delà du milieu, d'une rangée de dents très-petites et inégales; vient ensuite une saillie comprimée, ressemblant à une grande dent, qui est elle-même dentelée dans toute sa longueur; la dentelure du sommet est plus forte. Les jambes postérieures sont cylindriques, très-arquées, arrondies en dessus et comprimées sur les côtés; la tranche inférieure a un sillon dans le milieu de sa longueur, et ses côtés sont un peu rebordés. Dans le repos, les jambes sont repliées sous les cuisses dont elles dépendent.

Trouvé dans le fruit d'un palmier, près de Serullo, dans la Nouvelle-Espagne. M. Bonpland avoit recueilli plusieurs de ces fruits, paroissant entièrement sains et n'offrant pas la moindre trace de piqûre; mais arrivé en Europe, aucun n'étoit entier, et ils renfermoient tous un individu du bruche que je viens de décrire. Pour sortir de l'amande, cet insecte pratique, à une de ses extrémités et avec beaucoup d'art, un trou circulaire. Il s'en détache alors une espèce de calotte, ainsi qu'on peut le voir dans la figure.

XVII. TETRAONYX A HUIT TACHES.

TETRAONYX [1] OCTO-MACULATUM; pl. XVI, fig. 7; presque de grandeur naturelle; A, une des pates antérieures grossie.

Noir; quatre taches rouges sur chaque élytre.
Nigrum; elytro singulo maculis quatuor rubris.

Longueur du corps.

0^m. 020.

J'avois pensé, au premier coup-d'œil, que cet insecte étoit une Horie; mais l'examen attentif de ses caractères m'a convaincu qu'il s'éloignoit de ce genre, et qu'il ne pouvoit même entrer dans aucun de ceux qu'on a établis jusqu'à ce jour. Il mérite surtout une attention particulière, en ce qu'il remplit un des vides que nous offroient les coléoptères hétéromères, ou ceux dont les tarses sont de 5,5 et 4 articles. Nous n'en connoissions point qui eussent à la fois le pénultième article de ces tarses bilobé, et deux crochets doubles ou profondément bifides à l'extrémité du dernier article. Le coléoptère que nous considérons présente cette combinaison mitoyenne; voilà donc un premier caractère qui l'isole de ceux de sa section. Par la forme générale du corps, il tient aux Hories et aux Mylabres; mais ses antennes sont presque filiformes, très-légèrement plus grosses vers leur extrémité; il n'est donc pas un Mylabre: de plus son corcelet est transversal. Les Hories ont le second et le troisième article des antennes plus courts que le suivant et presque de la même longueur; leur labre est petit et triangulaire; leurs mandibules sont nues et fort avancées; leurs mâchoires sont terminées par un lobe étroit, allongé, en forme de languette; le dernier article

---

[1] Nom composé de deux mots grecs, qui signifient *quatre ongles.*

de leurs palpes est plus court que le précédent et ovaloïde; les articles de leurs tarses, à l'exception du dernier, sont simples et cylindriques; les crochets qui terminent celui-ci sont dentelés en dessous et accompagnés chacun d'une appendice sétiforme. Dans le Tetraonyx à *huit taches*, les antennes sont moins filiformes, plus grosses et plus longues; le second article est notablement plus court que le troisième, et celui-ci est au moins de la longueur du suivant; le labre forme un carré transversal qui recouvre la majeure partie des mandibules; les mâchoires paroissent se rapprocher de celles des Mylabres, leur extrémité étant hérissée de poils et faisant un crochet; le dernier article de leurs palpes est plus long que le précédent, cylindrico-ovaloïde et tronqué; les articles intermédiaires des tarses sont triangulaires; le pénultième est bifide; les deux crochets du dernier sont doubles et sans dentelures. La tête et le corcelet sont plus étroits que dans les Hories; le corcelet forme un carré court et transversal; l'abdomen et les élytres paroissent fort grands, comparativement aux deux parties précédentes; les pates postérieures, quant à leur grandeur, ne diffèrent pas notablement des autres.

N'ayant qu'un individu de cet insecte, nous n'avons pu le sacrifier pour le développement des organes de la manducation; les caractères que nous avons exposés, la comparaison que nous en avons faite, la figure que nous donnons, fixent néanmoins nos idées. En visitant les collections de Paris, nous trouverons peut-être d'autres espèces de ce genre, ce qui nous donnera le moyen de détailler un jour les autres caractères.

Le Tetraonyx à *huit taches* est très-noir, obscur en dessus, un peu luisant en dessous, tout couvert d'un petit duvet de la même couleur. Les antennes sont un peu plus longues que la tête et le corcelet, presque filiformes ou paroissant un peu et insensiblement plus grosses vers leur extrémité, insérées à nu près du milieu du bord interne des yeux, de onze articles, dont le premier un peu plus grand que ceux qui succèdent, le second fort court, le troisième et les suivans jusqu'au dixième presque égaux, peu allongés; ceux du milieu sont presque cylindriques, un peu amincis à leur base; les derniers paroissent tout-à-fait cylindriques; le onzième ou le terminal est allongé, cylindrico-conique, finissant en pointe. La tête et le corcelet sont de la même largeur, d'un quart environ plus étroits que les élytres, et vont en s'inclinant. La tête est triangulaire; les yeux sont allongés, un peu en forme de rein. Le corcelet est en carré transversal, deux fois plus large que long, uni et plan en dessus, sans rebords. L'écusson est moyen et triangulaire. Les élytres occupent au moins les deux

Zoologie. 21

tiers de la longueur du corps et forment réunies un carré allongé; elles s'inclinent sur les côtés, s'arrondissent à leur extrémité et n'ont point de rebord; on voit sur chacune quatre taches d'un rouge de sang; la première à l'angle extérieur de la base inférieure et d'une figure triangulaire; la seconde appuyée sur le milieu de cette base, longitudinale, étroite, allongée, en forme de bande, un peu arquée et terminée en pointe; les deux autres sur le milieu de chaque étui, en une ligne transverse, arrondies; l'une est près du bord interne, et l'autre près du bord opposé; ces deux taches forment avec leurs correspondantes une rangée transversale. L'abdomen étoit un peu altéré; il m'a paru avoir quelques taches rougeâtres ou livides. Le reste du dessous du corps et les pates sont entièrement noirs.

Trouvé à Xalapa, dans la Nouvelle-Espagne, sur le liquidambar *styraciflua*.

XVIII. CAPRICORNE A ÉTUIS VERTS.

CERAMBYX viridipennis; pl. XVI, fig. 8; grandeur naturelle.

Tête, antennes, majeure partie du corcelet, pates et taches inférieures du corps d'un rouge marron; corcelet presque uni en dessus, unituberculé de chaque côté, avec les bords antérieur et postérieur bronzés; élytres lisses, vertes, avec un reflet rouge; leur extrémité tronquée obliquement et unidentée au côté extérieur.

Capite, antennis, thoracis maxima parte, pedibus corporisque maculis inferis badio-rubris; thorace supra vix inæquali, utrinque unituberculato, marginibus antico et postico æneis; elytris lævibus, viridibus, rubrum reflectentibus, ad apices oblique truncatis, extus unidentatis.

Longueur du corps.

0^m. 033.

Il se rapproche des espèces désignées sous les noms de *virens, nitens, ater,* etc., et qui forment dans ce genre une petite division, dont notre capricorne *musqué* (*moschatus*) est le type. Le corps du capricorne à *étuis verts* est très-brillant; son dessous est noirâtre ou d'un brun très-foncé, finement et vaguement pointillé, légèrement pubescent, avec la plus grande partie de la poitrine, l'anus, une ligne transversale et peu apparente sur le bord postérieur des anneaux qui le précèdent, d'un fauve marron. Les antennes, la tête, le corcelet, à l'exception de ses bords antérieur et postérieur, et les pates, sont de cette dernière couleur. Les antennes sont simples et presque de la longueur du corps. Les mandibules sont noires. Le vertex de la tête a deux petites côtes longitudinales, séparées par un sillon. Le corcelet est vaguement ponctué, presque uni, avec un tubercule obtus de chaque côté, et les bords antérieur et postérieur, ainsi que tout le dessous, bronzés. L'écusson est de cette couleur, petit, en triangle allongé et très-pointu.

Les élytres sont lisses (ou n'ont que des points presque imperceptibles), très-brillantes, d'un vert foncé, mais qui, vu à un certain jour, se change presque entièrement en un rouge cuivreux; l'extrémité de chacune d'elles est comme tronquée obliquement et unidentée au bord extérieur. La poitrine proprement dite a une petite ligne enfoncée et longitudinale dans son milieu; le sternum intermédiaire est saillant et présente un tubercule conique, avancé. Les jambes sont presque semblables pour la forme, et sans compression ou dilatation remarquable.

Trouvé, mais très-rarement, dans les montagnes de Quindiu.

XIX. CAPRICORNE A QUATRE MARQUES.

CERAMBYX QUADRINOTATUS; pl. XVI, fig. 9; grandeur naturelle.

Corcelet presque cylindrique, un peu plus long que large, bituberculé en dessus, uni-épineux de chaque côté; antennes longues et velues; corps d'un brun clair et cendré; chaque élytre bidentée a son extrémité, avec deux taches d'un jaune pâle, simples, linéaires, lisses; la postérieure plus longue.

Thorace subcylindrico, paulo longiore quam latiore, supra bituberculato, utrinque unispinoso; antennis longis, villosis; corpore dilute cinereo-brunneo; elytro singulo ad apicem bidentato, maculis duabus pallido-flavis, simplicibus, linearibus, lævibus; postica longiore.

Longueur du corps.

0^m. 035.

FABRICIUS eût placé cette espèce dans son genre de stenocore, groupe informe, composé de capricornes, de callidies, de leptures, etc., et très-différent de celui auquel M. Geoffroi donna primitivement ce nom. Les stenocores 4-*maculatus*, *maculosus* de l'entomologiste de Kiel ont une grande affinité avec notre capricorne à *quatremarques*; mais les taches jaunes de leurs élytres sont doubles.

Le corps est entièrement d'un brun marron clair, paroissant cendré, à raison du petit duvet qui le recouvre en entier, et peu luisant. Les antennes sont velues, et doivent être plus longues que le corps, à en juger par la grandeur des premiers articles; car ceux de l'extrémité manquent dans notre individu; ces premiers articles n'ont pas d'épines ou de piquans à leur extrémité, comme dans quelques espèces voisines de celle-ci. Les côtés antérieurs de la tête sont terminés, près de la base des mandibules, par un petit avancement triangulaire et pointu. Les yeux sont grands, d'un brun très-foncé ou noirâtre, et leur échancrure est garnie d'un duvet épais, grisâtre. Le corcelet est finement raboteux, et un peu plus large dans son milieu qu'aux deux extrémités; il a près du milieu du dos deux éminences, courtes, noirâtres, luisantes, en forme de tubercules, placées sur une ligne transverse, et une de chaque côté; le milieu du dos, par derrière ces tubercules, est un peu élevé longitudinalement, et présente le commencement d'une foible carène; les bords latéraux ont chacun une petite éminence noirâtre, écrasée, située à peu de distance de l'extrémité antérieure, et près du milieu un tubercule conique, pointu, noirâtre, en forme d'épine. L'écusson est fort petit et presque demi-circulaire. Les élytres sont environ trois fois plus longues que le corcelet, vaguement ponctuées, du moins vers leur base, qui offre même quelques petits grains élevés, et paroît comme un peu chagrinée par places; la suture et le bord extérieur sont d'un brun noirâtre; chaque élytre a deux taches linéaires, d'un jaune pâle, luisantes, lisses, longitudinales, et environnées de noirâtre; la première appuyée sur le milieu de la base; la seconde au milieu de l'élytre, dans la même ligne, et trois fois plus longue; ces taches et les deux correspondantes sont disposées en un quadrilatère; l'extrémité de chaque élytre est tronquée; la suture et le bord extérieur se terminent en une épine droite, noirâtre et très-aiguë; l'extérieure est plus forte. L'extrémité postérieure des quatre cuisses se prolonge de chaque côté en une dent; celle du côté postérieur est plus grande.

Trouvé une seule fois dans les montagnes de Quindiu.

XX. EROTYLE ZÈBRE.

EROTYLUS ZEBRA; pl. XVI, fig. 10; un peu grossie.

D'un jaune pâle; antennes, tête, moitié postérieure du corcelet et trois bandes sur les élytres, noires.

Pallido-flavus; antennis, capite, thoracis dimidio postico, elytrorum fasciis tribus, nigris.

Erotylus zebra. Fab. *System. eleuth.*, Tom. II, pag. 6; *ejusdem Entom. system. emend.*, Tom. I, *pars* 2, pag. 38.—*Erotyle zèbre.* Oliv. *Encyclop. méthod. hist. natur.*, Tom. VI, pag. 434.

Longueur du corps.

0^m. 010.

Le corps est ovoïde, court, bombé et arrondi sur le dos, très-luisant, glabre, mélangé de noir et d'un jaune pâle un peu roussâtre. Les antennes sont entièrement noires. La tête est lisse, noire, avec les palpes d'un jaune roussâtre; les maxillaires sont très-grands. Le corcelet est lisse et marqué de chaque côté d'un petit enfoncement; il est d'un jaune pâle, avec un peu plus de sa moitié postérieure et supérieure noire; son dessus est ainsi partagé en deux bandes transversales, dont la postérieure plus grande et un peu rétrécie sur les côtés; le noir s'étend sur la base inférieure; le bord postérieur est trilobé. L'écusson est petit, triangulaire, noir et lisse. Les élytres sont alternativement coupées dans leur largeur par trois bandes d'un jaune pâle et par autant de bandes noires; la bande jaune de la base est réunie extérieurement avec la seconde; la troisième bande noire occupe l'extrémité postérieure; ces élytres sont chargées d'un grand nombre de petits points enfoncés, dont quelques-uns forment des commencemens de lignes, près du milieu du dos. Le dessous du corps est d'un jaune pâle un peu roussâtre, avec les côtés de la poitrine et les pates noirs.

Trouvée sur des graminées et des fleurs composées, dans la vallée de Puembo, près de la ville de Quito.

XXI. MEMBRACE LANCÉOLÉE.

MEMBRACIS LANCEOLATA; pl. XVI, fig. 11; grossie.

Corps comprimé, noir; corcelet s'élevant fortement au-dessus de la tête en une pointe courbée, très-comprimé postérieurement, et prolongé en forme d'écusson; sa tranche supérieure aiguë, avec deux taches blanches.

Corpore compresso, nigro; thorace supra caput maxime elevato, incurvo - cornuto, postice valde compresso, in modum scutelli longe producto; illius margine supero acuto, maculis duabus albis.

Membracis lanceolata. FAB. *System. rhyng.*, pag. 13; *ejusd. Entom. system. emend.*, Tom. IV, pag. 10.

COQUEB. *Illust. iconogr. insect. dec.* 2.ª *tab.* 18, fig. 3.

LATR. *Gener. crust. et insect.*, Tom. III, pag. 160.

STOLL. *Cicad. tab.* 28, fig. 166.

Longueur du corps.

0^m. 006.

Les individus rapportés par M. Bonpland avoient le bout de la corne qui s'élève au-dessus de la tête mutilé, et notre figure, à cet égard, est imparfaite; cette corne doit être un peu plus prolongée, et s'incliner un peu en devant à sa pointe. Le chaperon est plan en dessus, presque demi-circulaire, un peu échancré et un peu dilaté de chaque côté, près de sa base; ses bords sont aigus et foiblement relevés. Les deux petits yeux lisses sont placés sur le front, entre les deux yeux ordinaires. La corne formée par l'élévation de l'extrémité antérieure du corcelet est comprimée, avec trois carènes longitudinales, une en devant, et une autre de chaque côté; elle a de plus trois lignes élevées, longitudinales, inégales, dans chaque espace intermédiaire. Le corcelet se prolonge en pointe jusqu'à l'extrémité de l'abdomen; sa tranche supérieure a deux taches d'un blanc jaunâtre, qui s'étendent dans toute sa hauteur, et dont l'antérieure est plus longue; cette partie de la tranche vue au jour, paroît un peu transparente et ponctuée. Les élytres forment un toit dont l'arête est aiguë. Les quatre jambes antérieures, les secondes surtout, sont larges, et planes au côté extérieur; les postérieures sont plus étroites, un peu concaves, avec les deux bords dentés; les tarses sont bruns. Le corps est d'un noir mat.

Dans la province de Caraccas, sur des plantes, où elle forme, avec un grand nombre d'individus de son espèce, des masses qui paroissent immobiles.

XXII. TETTIGONE MOUCHETÉE DE JAUNE.

TETTIGONIA FLAVO-GUTTATA; pl. XVI, fig. 12; grossie.

Linéaire, jaune en dessous, d'un brun rougeâtre en dessus, avec l'écusson, une tache sur
le corcelet, cinq sur chaque élytre, dont trois au bord extérieur, jaunes; l'angle
extérieur de l'extrémité de chaque élytre rouge; tête triangulaire.

Linearis; subtus flava, supra rubescenti-brunnea, scutello, macula thoraci imposita,
maculis quinque aliis in elytro singulo, et quarum tres margini externo adnexæ,
flavis; elytri singuli angulo externo rubro; capite trigono.

Longueur du corps.

0ᵐ. 012.

A L'EXEMPLE de MM. Olivier et Lamark, je nomme cigales les hémiptères,
désignés comme tels depuis long-temps, et que Fabricius appelle mal à propos
tettigones. Par suite nécessaire de ce renversement de noms, mes tettigones sont
les cigales de cet auteur.

La tettigone *mouchetée de jaune* a le corps très-étroit et allongé, ou linéaire;
le dessous est d'un jaune clair, avec une petite teinte roussâtre; le dessus est d'un
brun rougeâtre, qui, vu obliquement, jette un peu d'éclat et paroît purpurin. La
tête est triangulaire, arquée postérieurement, un peu pointue en devant, jaune,
convexe et un peu striée en dessous, brune et plane en dessus; les yeux sont
triangulaires et noirâtres; on remarque dans l'espace intermédiaire les deux petits
yeux lisses, qui sont écartés, rougeâtres et luisans. Le corcelet est très-court
relativement aux élytres, carré, d'un brun rougeâtre, avec une grande tache
orbiculaire d'un jaune jonquille dans son milieu, et contiguë au bord antérieur.
L'écusson est assez grand, triangulaire, fort pointu, presque entièrement occupé
par une tache d'un jaune semblable, avec la base et la pointe de la couleur du

dessus du corps. Chaque élytre a cinq taches presque triangulaires, d'un jaune également jonquille; trois plus grandes, placées sur le bord extérieur qui est presque coloré de même; et deux au bord interne, dont la première un peu plus grande, placée sur la suture, et formant avec la correspondante de l'autre élytre une tache commune; la seconde de la côte est un peu échancrée; à chaque angle extérieur du bout des élytres est une petite tache d'un rouge vif. Les jambes postérieures ont deux rangées de petites épines ou de cils nombreux, l'une au côté extérieur, l'autre au bord opposé.

Trouvée à Acapulco, sur les bords de la mer du Sud.

XXIII. MÉLIPONE A BANDES.

MELIPONA FASCIATA; pl. XVI, fig. 13; ouvrière, grandeur naturelle;
A, une des pates postérieures grossie; B, aile supérieure grossie.

Antennes et corps noirâtres; chaperon sans taches; abdomen obscur, avec le bord
postérieur et supérieur des anneaux jaunâtre.

Antennis corporeque nigricantibus; clypeo immaculato; abdomine obscuro, segmentorum margine postico et supero flavescenti.

Longueur du corps.

0^m. 010.

J'AVOIS remarqué dans un mémoire sur les abeilles proprement dites, et
faisant partie de la collection des Annales du Muséum d'histoire naturelle
de Paris (Vol. V, pag. 178), que les abeilles du nouveau continent formoient
une section particulière, à raison des différences de leurs tarses postérieurs,
des ailes, et des proportions de leur abdomen. M. Illiger, sans avoir
connoissance de mon travail, fit la même observation, et sépara ces apiaires
sous le nom générique de Mélipone, *Melipona.* M. Jurine a désigné ensuite
cette coupe sous la dénomination de trigone, *trigona.* Quoique l'on doive
employer avec beaucoup de circonspection les caractères que nous fournissent
les mandibules des insectes, il n'en est pas moins vrai que ces organes n'ont
pas une forme identique dans toutes les mélipones de M. Illiger. Leur côté
interne est tantôt dentelé (*M. Amalthea*) et tantôt sans la moindre apparence
de dents (*M. Favosa*). Il est raisonnable de présumer que ces modifications
tiennent à une différence d'habitudes ou d'industrie [1]; ces considérations m'ont

---

[1] Nous savons que l'abeille *Amalthée* construit sa ruche en plein air, et qu'elle la suspend aux arbres.
Toutes les trigones ont probablement la même industrie, et nous soupçonnons que les mélipones établissent
leur domicile dans des creux d'arbres.

déterminé à partager en deux le genre de mélipone. Je ne comprends sous une telle dénomination que les espèces dont les mandibules n'ont point de dents; les autres composent le genre de trigone (*Gener. crust. et insect.,* Tom. IV, pag. 182 et 183).

La nature de mon sujet semble m'inviter à raconter ici ce que les naturalistes et les voyageurs nous apprennent des abeilles du nouveau monde. Une matière aussi curieuse et aussi importante étant susceptible d'un grand nombre de recherches, j'ai résolu de la traiter particulièrement dans la suite de cet ouvrage, et d'y joindre les figures de toutes les espèces que je pourrai me procurer. J'en possède déjà plusieurs du Brésil, et que je dois à l'amitié extrêmemeut prévenante de M. le comte de Hoffmansegg et de M. Illiger.

La mélipone *à bandes* ressemble beaucoup à celle que Fabricius a décrite sous le nom d'*apis favosa*. La forme, la grandeur, les bandes, ou plutôt les raies de l'abdomen, sont parfaitement les mêmes; cette nouvelle espèce en est cependant distinguée; 1.º par les antennes qui sont tout-à-fait noirâtres; 2.º par le chaperon dont la couleur est la même que celle du corps et n'offre aucun mélange. Ajoutons encore que cette espèce paroît plus velue; que ses poils sont plus obscurs et tirant sur le brun foncé, et que son abdomen est peu luisant. Ses cinq bandes transverses sont plus ternes, d'un jaunâtre très-pâle et un peu brun; le corps est d'ailleurs noirâtre, comme dans la mélipone ruchaire, *favosa;* les côtés inférieurs de l'abdomen sont seulement un peu plus clairs ou d'un brun livide.

Trouvée dans les bois de la Vera-Cruz.

XXIV. ODACANTHE A DEUX BANDES.

ODACANTHA BIFASCIATA, pl. XVII, fig. 1 ; presque de grandeur naturelle;
   A, antenne grossie ; B, un des palpes maxillaires et extérieurs grossi; C, un
   des palpes labiaux grossi.

Corps d'un fauve pâle; élytres à deux bandes, transverses, noires; pénultième article
   des tarses bifide.
*Corpore pallido-ferrugineo; elytris fasciis duabus, transversis, nigris; tarsorum articulo
   penultimo bifido.*
Odacantha bifasciata, FAB. *System. eleuth.*, Tom. I, pag. 229.
Carabus bifasciatus. — OLIV. *Entom.*, Tom. III, n.º 55, pag. 88, pl. 7, fig. 80.

Longueur du corps.

0^m. 014.

CET insecte, par la longueur des antennes, la forme du corcelet, celle des
tarses et par l'aplatissement du corps, s'éloigne des odacanthes, et devroit
peut-être former un genre particulier qui lieroit le précédent avec celui de
lébie, dont il est très-voisin. Le corps est luisant, d'un fauve pâle; les élytres
et l'abdomen tirent sur le jaunâtre; la poitrine est d'une couleur livide.
Les antennes sont de la longueur du corps, un peu velues, avec le premier
article allongé, cylindrico-obconique, aminci à sa base et sensiblement plus
gros à son extrémité. La tête est portée sur un petit cou, un peu plus étroite
et arrondie postérieurement; les yeux sont noirs, saillans et hémisphériques;
le dernier article des palpes maxillaires extérieurs et des labiaux est presque ovoïde.
Le bord supérieur de l'échancrure du menton n'a point de dent. Le corcelet
est proportionnellement plus court que dans les odacanthes, et a la forme
de celui de la galérite *américaine;* c'est une sorte de demi-ovale, dont la

troncature est postérieure et un peu élargie; le dessus est presque plan, avec une ligne imprimée et longitudinale dans le milieu; les côtés ont un petit rebord. L'écusson est triangulaire, petit et enfoncé. Les élytres forment un carré un peu plus long que large; elles sont traversées par deux bandes noires, grandes, terminées près du bord extérieur, un peu élargies postérieurement à la suture, et placées l'une tout près de la base, et l'autre un peu au delà du milieu; ces élytres ont chacune neuf lignes foiblement imprimées et longitudinales, et sont fortement tronquées à leur extrémité; les deux angles sont un peu avancés en forme de dent. Les pates sont longues; les articles intermédiaires des tarses sont larges; le pénultième est bifide.

Je présume que cet insecte ne diffère pas essentiellement du carabe *bifascié* de M. Olivier, quoique ce naturaliste ne fasse point mention de la troncature des élytres. On doit aussi regarder comme une espèce très-voisine l'odocanthe *fasciée*, décrite par M. Weber fils, dans ses observations entomologiques, pag. 45.

Trouvée sur le sable des bords de la rivière des Amazones.

XXV. LYCUS CEINT.

LYCUS SUCCINCTUS; pl. **XVII**, fig. 2; grandeur naturelle.

Noir; élytres fort allongées, s'élargissant insensiblement vers leur extrémité postérieure,
d'un noir bleuâtre, avec la base d'un rouge sanguin; quatre lignes élevées sur chaque;
antennes simples; corcelet très-inégal.

*Niger; elytris valde elongatis, versus apicem sensim dilatatis, cæruleo-nigris, ad basin
sanguineis; singulo lineis quatuor elevatis; antennis simplicibus; thorace admodum
inæquali.*

Longueur du corps.

0ᵐ. 024.

Iʟ a la forme des lycus *bicolor, reticulatus, fasciatus.* Le corps est noir.
Ses antennes sont simples, à articles obconiques et comprimés. Le museau
est allongé. Le corcelet est presque carré, un peu plus étroit et arrondi en
devant, rebordé, très-inégal, ayant de chaque côté deux fossettes profondes
et un sillon longitudinal au milieu; les intervalles sont élevés en forme de rides.
L'écusson est fort petit, presque carré, arrondi au bout. Les élytres sont
très-allongées (faisant à elles seules les trois quarts de la longueur totale du
corps), et s'élargissent insensiblement vers leur extrémité qui est arrondie; elles
sont d'un rouge sanguin mat depuis leur base jusqu'un peu avant leur milieu,
ensuite d'un noir bleuâtre, ainsi que tout le long de la suture; leur surface est
finement ridée; on y voit quatre nervures longitudinales qui se perdent près
de l'extrémité. Les ailes sont d'un noir un peu bleuâtre. Le dessous du corps
est entièrement noir et un peu luisant.

Trouvé à Truxillo, sur les bords de la mer du Sud.

XXVI. DASYTE A ÉTUIS ROUGES.

DASYTES RUBRIPENNIS; pl. XVII, fig. 3; *Ibid.* A — fig. 4; *Ibid.* A, grandeur
naturelle.

Noir, hérissé de poils; élytres rouges, avec des taches noires.
Niger, piloso-hirtus ; elytris rubris, nigro-maculatis.

Longueur du corps.

0ᵐ. 012.

Il ressemble pour la forme au dasyte *très-noir (melyris ater,* Oliv.). Le corps
est d'un noir un peu bleuâtre, luisant, très-pointillé, tout hérissé de poils noirs,
un peu plus courts et plus épars sur les élytres. Les antennes sont simples et
formées d'articles presque obconiques. Le corcelet est large, cambré, avec les
bords un peu relevés et les angles arrondis. L'écusson est noir, presque demi-
circulaire, ou en triangle arrondi postérieurement. Les élytres sont rebordées,
très - finement et vaguement ponctuées, d'un rouge sanguin, avec le bout, la
suture, l'extrémité du rebord extérieur, et différentes taches d'un noir un peu
bleuâtre; ces taches varient beaucoup, ainsi qu'on le voit par les figures. Les uns
ont, sur la suture et immédiatement au-dessous de l'écusson, une tache grande,
presque carrée, qui se réunit avec une autre partant des épaules et descendant
un peu plus bas que la précédente; un peu au-delà du milieu sont deux petites
taches arrondies, très-rapprochées, dont l'intérieure fort petite; elles se confondent
quelquefois. Les autres individus ont au milieu des élytres une bande transverse,
parfois réunie avec les taches de la base, tantôt entière, tantôt partagée en deux;
près du bout de l'élytre est une tache assez grande, presque arrondie. Les

mêmes individus présentent une sous-variété, dans laquelle les deux taches de la base sont séparées et plus petites. Le dessous du corps et les pates sont entièrement noires; les jambes sont semblables dans les deux sexes, tandis que celles du dasyte *très-noir* diffèrent sous ce rapport.

Trouvé à Jaen de Bracamorras, dans le Pérou.

XXVII. ATEUCHUS A SEPT TACHES.

ATEUCHUS SEPTEM-MACULATUS; pl. XVII, fig. 5; grandeur
naturelle.

Bord extérieur des élytres point sinué; jambes de devant fortement tridentées à leur
extrémité extérieure; corps noir, lisse; milieu du bord antérieur du chaperon
bidenté; cinq taches sur le corcelet, deux à l'anus, jaunâtres.

*Elytris margine externo non sinuato; tibiis anticis ad apicem extus valide tridentatis;
corpore nigro, lævi; medio marginis antici clypei bidentato; thorace maculis quinque,
ano duabus, flavescentibus.*

Longueur du corps.

0^m. 012.

On doit ranger cette espèce avec les ateuchus de notre troisième division
(*Gener. crust. insect.*, tom. II, pag. 78); elle a de grands rapports avec celui
que Fabricius nomme *violaceus.* Son corps est presque orbiculaire, très-lisse,
noir, glabre, et assez luisant, surtout en dessous. Les antennes sont entièrement
noires. Le bord antérieur du chaperon est relevé, échancré et bidenté dans son
milieu. Le corcelet est convexe, avec cinq taches presque égales, d'un jaunâtre
pâle, presque arrondies et placées sur le contour; deux de chaque côté, et une
cinquième près du milieu du bord postérieur. Les élytres sont plus ternes, avec
la suture un peu bronzée. La poitrine et l'abdomen sont épais; l'anus est à
découvert et marqué de deux taches rapprochées, presque orbiculaires, d'un
jaunâtre pâle, et disposées transversalement. Les pates sont un peu velues; les
jambes antérieures ont sur leur face supérieure deux lignes enfoncées, longitudinales et ponctuées; leur côté extérieur est finement dentelé dans sa longueur,
et terminé par trois dents très-fortes, entre lesquelles l'on découvre encore

d'autres petites dentelures, semblables à celles qui précèdent; la saillie en forme d'épine ou d'éperon qui est à l'angle intérieur de·l'extrémité de ces jambes, est pointue et entière, au lieu que cette épine est fourchue dans l'ateuchus *violet* (OLIV. *Scarab.* pl. XXVII, fig. 229); les quatre cuisses postérieures ont sur leur milieu et en dessous une tache jaunâtre.

Trouvé dans du crotin de cheval, à Xalapa.

XXVIII. SCARABÉE ÆGEON.

SCRABAEUS ÆGEON; pl. XVII, fig. 6; grandeur naturelle.

Tête avec une corne recourbée, simple et pointue; milieu du disque du corcelet élevé
insensiblement en une corne presque perpendiculaire, courte, et garnie d'un duvet
roussâtre en devant; corps noir; corcelet et élytres roussâtres, bordés de noir.

*Capite cornu recurvo, simplici, acuto; medio disci thoracis in cornu breve, subper-
pendiculare, antice rufo-barbatum, sensim elevato; corpore nigro; thorace elytrisque
rufescentibus, nigro-marginatis.*

Scarabœus Ægeon., Fab. *Entom. system.,* Tom. I, *pars* 2.ᵃ, *pag.* 4; *ejusd. geotrupes
Ægeon, system. eleuth.,* Tom. I, *pag.* 5.

Scarabœus Ægeon. Oliv. *Entom. coléopt.,* Tom. I, *pag.* 26, pl. 26, fig. 119.

Drury. *Illust. of. insect.,* Tom. II, tab. 20, fig. 5.

Longueur du corps.

0ᵐ. 036.

Oɴ ne connoissoit pas encore d'une manière positive le lieu d'où cette espèce
est originaire. Fabricius l'attribue vaguement aux Indes, et M. Olivier dit qu'elle
vient des Indes orientales; nous savons maintenant qu'elle appartient à l'Amérique
méridionale; j'ajouterai aux descriptions de ces naturalistes quelques remarques.
La tête, le dessous du corps et les bords de l'abdomen ont un duvet assez épais,
d'un gris jaunâtre pâle. La massue des antennes et une partie des cuisses sont
brunes. Le chaperon est échancré. Les mandibules ont le côté extérieur droit et
deux dents à leur sommet, dont l'extérieure plus forte et relevée. Le corcelet
et les élytres sont d'un fauve marron clair et pâle; le corcelet est vaguement
ponctué; au milieu de son extrémité antérieure commence une ligne imprimée,
foiblement prononcée, qui gagne la corne; l'extrémité de cette corne est noire,
pointue, et un peu crochue; les côtés inférieurs du corcelet sont de la couleur

du dessus; sur chacun des supérieurs, près des bords, est un enfoncement noirâtre. L'écusson est noir, triangulaire et ponctué. Les élytres ont la suture et tout le bord extérieur noirs; elles sont très-ponctuées; quelques-uns de ces points semblent former deux ou trois lignes peu distinctes sur chacun de ces étuis. Les pates antérieures sont allongées, étroites, comme dans plusieurs scarabées; leurs jambes sont tridentées; le dernier article de tous les tarses a sous les crochets une petite saillie cylindrique, terminée par un pinceau de poils roides, en forme de crins.

Trouvé à Chilo, près de Quito, sur des bouses de vache.

XXIX. EROTYLE UNICOLOR.

EROTYLUS UNICOLOR; pl. XVII, fig. 7; grossie.

Brièvement ovée, luisante, entièrement marron-fauve en dessus, de la même couleur ou presque toute noire en dessous.

Breviter ovatus, nitidus, supra penitus rufo-castaneus, infra concolor aut fere totus niger.

Erotylus unicolor. OLIV. *Entom. coléopt.*, Tom. V, n.º 89; pag. 481, pl. 3, fig. 32.

Longueur du corps.

0ᵐ. 010.

L'INSECTE dont nous donnons ici la figure, est la variété de l'érotyle *unicolor* de M. Olivier, celle qu'il a observée dans la collection de M. Duméril, et qui a la poitrine, l'abdomen et les pates noirs. Les yeux, et même les antennes, sont de cette couleur. Le corcelet a un petit enfoncement de chaque côté; son dessous est de la couleur du dos. Les élytres ont quelques foibles apparences de lignes formées par des points. Cette espèce est très-voisine de l'érotyle *testacée* de Fabricius.

Trouvé à Jorullo, dans la Nouvelle-Espagne.

XXX. PENTATOME A FRONT-DENTÉ.

PENTATOMA DENTIFRONS; pl. XVII, fig. 8; un peu grossie.

Carrée-ovée, déprimée, jaunâtre pâle, très-pointillée de brun; devant de la tête trifide;
division du milieu plus grande, presque carrée, arrondie et échancrée en devant; les
latérales pointues, en forme de dents; corcelet large, très-échancré antérieurement;
bords latéraux un peu dilatés, arqués, tranchans.

*Quadrato-ovata, depressa, pallido-flavicans, fusco-punctatissima; capite antice trifido;
lobo intermedio majore, subquadrato, antice rotundato et emarginato; lateralibus
dentiformibus, acutis; thorace lato, antice valde emarginato; marginibus lateralibus subdilatatis, arcuatis, acutis.*

Longueur du corps.

0^m. 012.

<hr>

ELLE se rapproche de l'édesse bordée, *marginata*, de Fabricius. Sa forme est
presque carrée, arrondie par devant. Le corps est aplati, d'un gris jaunâtre pâle,
avec une foible teinte roussâtre, très-ponctué en dessus et en dessous; ces points
sont bruns ou noirâtres. Le bec est court. Les yeux sont noirâtres. La tête est
plane, échancrée et unidentée de chaque côté, près des yeux; la division intermédiaire (ou le chaperon) est avancée, presque carrée, arrondie et échancrée
en devant, ou plutôt bilobée et à lobes connivens. Le corcelet est large, un peu
plus élevé postérieurement et très-échancré en devant; le bord antérieur est un
peu plus avancé, de chaque côté, près de l'échancrure qui reçoit la tête; les
bords latéraux sont un peu dilatés, tranchans, arqués ou arrondis; les angles
antérieurs sont assez pointus, mais les postérieurs sont à peine marqués; la
surface supérieure du corcelet est un peu inégale. L'écusson est grand, triangulaire, ridé foiblement et transversalement à sa base, déprimé de chaque côté,

un peu resserré avant l'extrémité, qui se termine un peu au delà du milieu de la longueur de l'abdomen ; sa pointe est presque obtuse. L'appendice membraneuse des élytres est un peu ridée et sans taches. Les bords de l'abdomen sont un peu velus, découverts, horizontaux et tranchans ; les angles postérieurs et latéraux des anneaux sont aigus, un peu avancés en forme de dents et noirâtres ; sur chacun des anneaux, à l'exception des deux derniers, est une tache roussâtre ; le segment postérieur est court, large, avec le bord postérieur droit, ce qui fait paroître l'abdomen comme tronqué postérieurement ; le segment anal proprement dit est terminé par deux pointes obtuses, en forme de cornes. Les pates sont pointillées de noirâtre.

Commune dans les bois ombragés, au Pérou.

XXXI. CORÉ PORTE-CROISSANT.

CORÉUS lunatus; pl. XVII, fig. 9; grandeur naturelle.

Angles postérieurs du corcelet pointus; pates simples; dessus du corps noir, avec une
ligne arquée sur le corcelet, et une bande transverse sur les élytres, d'un blanc
jaunâtre; dessous du corps d'un vert foncé, avec des points d'un blanc jaunâtre.

*Thoracis angulis posticis acutis; pedibus simplicibus; corpore supra nigro; thorace
linea arcuata, elytris fascia transversa, flavido-albidis; corpore infra saturato-viridi,
punctis flavido-albidis.*

Lygœus lunatus. Fab. *Entom. system.*, Tom. IV, pag. 142. — *Ejusd. system. Rhyng.*,
pag. 212.

Stoll. *Cimic*, tab. X, fig. 71. *A.*

Longueur du corps.

0^m. 018.

Cette espèce se rapporte à notre division II, 1, des corés. Le dessus du corps
est d'un noir mat. Les antennes sont noires, presque de la longueur du corps,
avec le dernier article plus obscur, cylindrique et fort allongé. La tête a un petit
enfoncement sur le milieu de sa partie supérieure; chacun de ses côtés offre en
dessous une ligne d'un blanc jaunâtre, qui part depuis les antennes et s'étend
jusqu'au corcelet; les yeux sont d'un brun clair. Le corcelet est très-ponctué,
beaucoup plus large et beaucoup plus élevé vers son extrémité postérieure qu'en
devant, traversé immédiatement après le bord antérieur par une ligne arquée,
d'un blanc jaunâtre; les angles postérieurs sont prolongés, pointus, avec quelques
dentelures peu distinctes, sur leur bord postérieur. L'écusson est triangulaire et
pointu. Les élytres ont dans leur milieu une bande, ou plutôt une raie, transverse, droite, d'un blanc jaunâtre. Le dessous du corps est d'un vert foncé,

luisant, et parsemé d'un petit duvet soyeux et jaunâtre; la poitrine et l'abdomen ont de petites taches arrondies, en forme de points, d'un blanc jaunâtre; six de chaque côté de la poitrine et formant à peu près deux lignes, 4, 2, et quatre de chaque côté de l'abdomen, ou deux sur chacun des quatre premiers anneaux. Les pates sont longues et un peu velues; les cuisses sont allongées, presque cylindriques, amincies vers leur naissance, bleuâtres, luisantes, avec de petites dents ou épines en dessous.

Trouvé à Guayaquil, sur les bords de la mer du Sud.

XXXII. CORÉ HÉTÉROPE.

COREUS ʜᴇᴛᴇʀᴏᴘᴜs; pl. XVII, fig. 10; grandeur naturelle; A, une des pates postérieures grossie.

Extrémité postérieure du corcelet plus élevée, et prolongée en pointe à chaque angle latéral; bords latéraux dentelés; les quatre cuisses antérieures bidentées à leur extrémité; pates postérieures très-grandes, à hanches unidentées à cuisses très-grosses et dentées, à jambes courbes, comprimées, striées et unidentées; corps noirâtre; milieu du ventre rougeâtre.

Thorace postice magis elevato, utrinque in dentem acute producto; marginibus lateralibus denticulatis; femoribus quatuor anticis ad apicem bidentatis; pedibus posticis maximis; coxis unidentatis; femoribus crassissimis, dentatis; tibiis curvis, compressis, striatis, unidentatis; corpore nigricante; ventris medio rubescente.

Longueur du corps.

0ᵐ. 030.

Iʟ nous paroît très-voisin du lygée *gladiateur* (*gladiator*) de Fabricius, et surtout de l'individu qu'il regarde comme la femelle. Le corps est noirâtre, peu luisant, à l'exception de l'appendice membraneuse des élytres et du ventre, généralement revêtu d'un duvet très-petit, d'un jaunâtre doré, clair semé, mais plus épais au-dessus de l'origine de chaque pate, et y formant une tache très-apparente. Le corcelet est très-étroit et très-incliné à son extrémité antérieure, marqué de deux enfoncemens, plus lisse et plus luisant sur l'espace déprimé et transversal qui vient après le rebord antérieur, ensuite fortement élevé, tout couvert de très-petites rides, dentelé sur ses bords, dilaté et terminé en pointe aux angles, un peu prolongé et un peu arqué au bord postérieur; le milieu de ce bord est brusquement déprimé, et la partie au-dessus offre une élévation transversale. L'écusson est de grandeur moyenne, triangulaire, finement ridé, et foiblement unicarené à sa pointe. Les appendices membraneuses des élytres sont très-chargées de nervures, et ont un reflet bronzé et un peu cuivreux. L'abdomen est allongé, presque de la même largeur partout, arrondi à son extrémité, plan sur le dos, épais, élevé, arrondi, et rougeâtre en dessous dans le milieu de sa longueur; ses côtés sont fortement déprimés en dessous, tranchans, entièrement noirâtres, et ont chacun quatre à cinq petites dents très-aiguës. Les pates sont de la couleur du corps, avec un duvet d'un jaunâtre obscur, plus distinct sur les postérieures. Les deux premières ont les cuisses allongées et bidentées à leur extrémité inférieure; leurs jambes sont trigones, un peu plus grosses à leur extrémité, munies en dessous de quelques dentelures peu distinctes, et ont un sillon sur leur face antérieure; les deux pates de derrière sont très-grandes; le second article des hanches est armé d'une dent ou épine, très-forte et un peu courbe; les cuisses sont très-grosses, dilatées en forme d'angle au côté inférieur; le milieu de ce côté est en gouttière, et chacun de ses bords est tridenté; les jambes sont grandes, très-comprimées, courbes, dilatées, et fortement unidentées vers le milieu de leur côté inférieur; la face supérieure a deux sillons profonds dans toute sa longueur; la face opposée est unie et concave le long du bord interne.

Trouvé à Guayaquil, dans les forêts qui avoisinent la ville.

XXXIII. TETTIGONE A COU SANGUIN.

TETTIGONIA sanguinicollis; pl. XVII, fig. 11; grandeur naturelle.

Allongée, noire; tête arrondie en devant; son dessus, devant du corcelet, base et extrémité des élytres blancs; extrémité postérieure du corcelet, milieu de l'écusson, bords des anneaux de l'abdomen, majeure partie des cuisses et taches pectorales, d'un rouge de sang.

Elongata, nigra; capite antice rotundato; illius vertice, thoracis anticis, elytrorum basi et apice albis, thoracis dimidio postico, scutelli medio, marginibus segmentorum abdominis, femorum maxima parte, maculisque pectoris, sanguineo-rubris. STOLL. *Cicad.*, tab. 14, fig. 75?

Longueur du corps.

0^m.015.

Je lui trouve beaucoup de rapports avec la cigale *surdorée (aurulenta)* de Fabricius. Son corps est étroit, allongé, noir, recouvert sur le dessus de la tête, le devant du corcelet, la base et l'extrémité des élytres, et sur quelques autres parties, d'une espèce de croûte ou poussière farineuse blanche; cette poussière a peut-être même plus d'étendue sur les individus qui sont bien frais. Les antennes sont noires, avec les deux premiers articles courts, cylindriques, et le troisième très-grêle, fort allongé, presque cylindrique, aminci insensiblement vers la pointe. La tête est transverse, arrondie en devant, avec le front convexe, strié de chaque côté, enfoncé dans son milieu et marqué de deux points rouges, peu apparens à son sommet; les yeux sont cendrés. La moitié postérieure du corcelet est rouge, et cette couleur y forme un triangle large, dont la pointe est en devant. L'écusson est triangulaire, d'un rouge de sang, avec les côtés noirs. Les élytres sont fort longues, d'un noir un peu brun, très-luisant, avec une tache oblique et occupant la base, leur extrémité, et quelques espaces, çà et là, d'un blanc farineux; on remarque près de la suture, un peu au delà du milieu, un trait ou une tache d'un rouge de sang; les deux tubercules scapulaires qui servent d'attache aux élytres, les bords postérieurs des anneaux de l'abdomen, les cuisses, à l'exception de leur extrémité, et quelques espaces de la poitrine, sont aussi d'un rouge de sang.

Trouvée à l'île de Cuba, dans la vallée de Guines.

XXXIV. EUGLOSSE SURINAMOISE.

EUGLOSSA surinamensis; pl. XVII, fig. 12; grossie.

Très-velue et très-noire; abdomen d'un jaune d'ocre, avec le premier anneau fort noir.
Hirsuta, atra; abdomine ochraceo, segmento primo atro.
Euglossa surinamensis, Latr. *Gener. crust. et insect.*, Tom. IV, pag. 180.
Apis surinamensis. Linn. *System. nat. ed.* 12, Tom. I, *pars* 2°., pag. 961.
Abeille à ventre jaune. Degéer. *Mém. pour servir à l'hist. des insect.*, Tom. III,
    pag. 574, pl. 28, fig. 9.
Centris surinamensis. Fab. *System. piez.*, pag. 355. — *Ejusd. apis surinamensis. Entom.*
    system., Tom. II, pag. 318.
Apis surinamensis. Oliv. *Encycl. méth. hist. nat.*, Tom. IV, pag. 66.
Drur. *Illust. of insect.*, Tom. I, pl. 43, fig. 4.

Longueur du corps.

0^m. 020.

FABRICIUS a placé cet insecte dans son genre *centris;* mais ses caractères
essentiels me paroissent être ceux des euglosses. Ignorant sa manière de vivre,
je ne puis assurer si l'individu que nous représentons est une femelle ou un
neutre. Le corps est très-noir et couvert d'un duvet très-épais. Les yeux sont
d'un brun cendré. Le milieu du chaperon et du labre a une ligne élevée et
longitudinale. Les ailes ont les nervures noires, avec une teinte d'un brun clair
et un peu doré. Le premier anneau de l'abdomen est noir; les autres sont d'un
jaune d'ocre qui paroît un peu doré; en dessous, la couleur noire du premier
anneau s'étend jusqu'au milieu du ventre. Les pates postérieures ont les jambes
et le premier article des tarses large et luisant sur la face qui est dépourvue
de poils.

Trouvé à Xalapa, dans le royaume de la Nouvelle-Espagne.

Zoologie.   25

XXXV. HÉLICONIEN HUMBOLDT.

HELICONIUS HUMBOLDT; pl. XVIII, fig. 1, en dessus et de grandeur naturelle; fig. 2, le même, avec les ailes élevées.

Antennes de la longueur du corps, presque filiformes; ailes très-noires, à taches d'un jaune de soufre; taches des inférieures formant une bande en dessus et deux en dessous; une grande tache fauve comprise entre celles-ci; une ligne de petites taches blanches sur le limbe postérieur et inférieur des quatre ailes.

Antennis corporis longitudine, subfiliformibus; alis atris, sulphureo-maculatis; inferiorum maculis in fasciam unicam supra, in duas infra, dispositis; his maculam ferrugineam includentibus; alarum omnium limbo postico et infero macularum parvularum, albarum, linea.

Longueur du corps.

0^m. 033.

Largeur, ailes étendues.

0^m. 097.

LINNÆUS et Fabricius ont emprunté de la mythologie et de l'histoire un grand nombre de noms, pour désigner les lépidoptères diurnes. Ces personnages de l'antiquité, dont Homère et Virgile chantèrent les exploits ou les vertus, sont reproduits dans les fastes de l'entomologie; nous avons un *Priam*, un *Achille*, un *Ulysse*, un *Énée*, etc. La reconnoissance a aussi influé sur la nomenclature; d'autres lépidoptères contribuent par leurs dénominations à perpétuer le souvenir des Réaumur, des Degéer, des Lyonnet, des Geoffroi, et des hommes qui ont rendu tant de services à la science. MM. de Humboldt et Bonpland marchant sur leurs traces, la justice ne nous commande-t-elle pas de leur donner un témoignage semblable de notre estime, en affectant leurs noms à des animaux qu'ils ont découverts? Ces noms même intéresseront plus les amis de la nature que ceux que je pourrois puiser dans les fictions de nos poëtes. Laissons là nos héros grecs ou troyens, et offrons à la postérité des hommes dont les travaux sont certains et vraiment dignes de notre admiration.

Le lépidoptère que je vais décrire paroît appartenir au genre *mechanitis* de Fabricius (Analyse du système des glossates, donnée par M. Illiger, *Magaz. für Insekt.* 1807). Mais je crois devoir le placer, du moins provisoirement, dans une coupe moins restreinte, celle de nos héliconiéns. Je suis convaincu, avec ce célèbre naturaliste, que le genre papillon de Linnæus est susceptible de divisions; je pense néanmoins que Fabricius est allé trop loin dans son système des glossates, ou qu'il a du moins très-mal caractérisé un grand nombre de ses nouveaux genres.

L'héliconien *Humboldt* n'a pas les ailes aussi étroites proportionnellement que ses congénères. Les palpes sont plus velus et plus longs. Les crochets des tarses sont plus courts et ressemblent à ceux de la plupart des nymphales. Ce lépidoptère semble faire la nuance entre ceux que Cramer nomme *Eugenia, Calliope,* etc., et nos héliconiens proprement dits. Son corps et ses ailes sont d'un noir très-foncé et mat. Les antennes sont longues, grêles, presque filiformes ou foiblement et insensiblement plus grosses vers leur pointe, qui est un peu arquée. Le bord postérieur des ailes a des sinus peu prononcés, et il est alternativement entrecoupé de noir et de blanc; celui des inférieurs est plus large, plus arqué et arrondi vers l'angle interne. Les quatre ailes sont un peu plus longues que larges, et ont sur les deux surfaces des taches d'un jaune soufre, un peu luisantes, formant des lignes ou des bandes; l'on voit près du bord postérieur, et en dessous seulement, une ligne de taches blanches, petites, plus ou moins arrondies, et souvent disposées par paires, entre les nervures principales; cette ligne remonte un peu plus haut aux ailes inférieures. Les supérieures ont le bord interne nu en dessous, dilaté vers la base, et un peu échancré ou concave au-delà; elles sont traversées des deux côtés par deux lignes de taches d'un jaune soufre, dont les supérieures plus petites; la première ligne, composée d'environ six taches, commence près du milieu de la côte, et descend près de l'angle postérieur, en formant une espèce d'arc; la seconde ligne occupe le milieu de l'intervalle renfermé entre la précédente et le sommet de l'aile; elle n'est formée que d'environ quatre taches; les mêmes ailes ont de plus, en dessous, deux grandes taches de cette couleur, dont l'une, en forme de bande, part de leur base et s'étend le long de la cellule discoïdale, et l'autre presque carrée, au bout de la précédente, et se rapprochant un peu du bord interne de l'aile. Les ailes inférieures ont le bord antérieur arqué et garni en dessus, près de la base, de poils nombreux, longs et couchés parallèlement; elles sont coupées, au-delà du milieu et sur les deux surfaces, par une bande d'un jaune soufre, transverse, formée de taches, dont les extérieures plus petites, plus isolées et plus arrondies; mais le dessous de ces ailes offre en outre : 1.º une ligne blanche, transverse, arquée, située près de là base, et réunie en dessous avec une tache d'un jaune soufre; 2.º une bande de cette dernière couleur, transverse, en forme de triangle étroit, allongé, commençant un peu au-dessous du milieu du bord antérieur, et gagnant celui qui lui est opposé et où elle s'élargit; cette bande est parallèle à la majeure partie de celle dont nous avons parlé; 3.º dans l'intervalle qui les sépare, entre le milieu de l'aile et le bord antérieur, est une grande tache, presque ovale, anguleuse, couleur de tabac d'Espagne. Le côté extérieur des palpes et le dessous des cuisses sont blancs. Les pates antérieures, dans tous les individus, sont très-petites et pliées sur elles-mêmes. L'abdomen est long, presque cylindrique, noir, avec une ligne ou bande jaune tout le long du ventre.

Commun sur les bords de la rivière des Amazones.

XXXVI. NYMPHALE PAVON.

NYMPHALIS PAVON; pl. XVIII, fig. 3, en dessus et de grandeur naturelle; fig. 4, le même avec les ailes élevées.

Ailes dentées; bord postérieur des supérieures concave, prolongé et tronqué à l'angle du sommet; dessus des quatre ailes d'un brun noirâtre, avec deux bandes plus claires, et une tache rougeâtre vers l'extrémité des supérieures; dessous brun-rougeâtre, avec des bandes d'un gris un peu rougeâtre; base des supérieures d'un fauve jaunâtre, avec deux taches, en forme de lettres, noires; un point bleuâtre, entouré de noir, sur une bande brune, aux inférieures.

Alis dentatis; superiorum margine postico concavo, ad apicem producto, truncato; alis quatuor supra fusco-brunneis, fasciis duabus dilutioribus, maculaque rubescenti superiorum apicem versus; infra rubescenti-brunneis, fasciis rubescenti-griseis; superiorum basi fulva, litteris duabus nigris; inferioribus puncto cærulescenti, nigro-marginato, fasciæ brunneæ imposito.

Longueur du corps.

0^m. 020.

Largeur, ailes étendues.

0^m. 055.

Les antennes manquent, et je ne puis assurer positivement à quel nouveau genre de Fabricius doit être rapporté ce lépidoptère; je présume cependant qu'il doit être placé dans celui d'Apature, *Apatura;* il a de l'affinité avec les papillons *Amalthea, Iphicla,* etc.; mais il en est distingué non seulement par les couleurs, mais par la figure des ailes supérieures, dont le sommet ou l'angle extérieur est largement prolongé et tronqué, ce qui fait paroître le bord postérieur concave; les ailes inférieures ont des dents plus nombreuses et plus saillantes; leur angle anal est un peu prolongé, tronqué et comme échancré. Le dessus des quatre ailes est d'un brun foncé ou noirâtre, avec un reflet d'un bleu violet, et deux bandes plus claires, parallèles et transversales; elles commencent à quelque distance de la côte des supérieures, et se terminent au bord interne des inférieures; l'une est plus étroite, maculaire et rapprochée du bord postérieur; l'autre traverse le milieu des deux surfaces; les supérieures ont, entre la base et le milieu, près de la côte, deux petites taches noires, arquées et formant un cercle; un peu avant l'angle extérieur est une tache assez grande, ovale, fauve, coupée par les nervures de l'aile. Le dessous des quatre ailes est d'un brun rougeâtre et traversé par deux bandes d'un gris de perle et un peu rougeâtre, qui, perçant à travers le fond, produisent les deux autres bandes supérieures dont nous avons parlé; la plus voisine du bord postérieur est plus longue et coupe entièrement les quatre ailes; on remarque tout le long de ce bord une série de petites taches de la couleur de ces bandes, et séparée de la dernière par une ligne brune et ondulée. Les ailes supérieures sont d'un fauve jaunâtre vers leur base, avec un espace plus clair et grisâtre près de la côte; sur cet espace sont deux caractères noirs, dont le plus interne a la figure d'un S, et l'autre celle d'un 1; l'intervalle qui sépare les deux bandes offre: 1.º une tache d'un brun fauve, peu éloignée du bord extérieur, et sur laquelle sont deux points gris; 2.º trois petites taches noirâtres, triangulaires, échancrées postérieurement, sur une ligne transverse et appuyée sur les taches qui forment la bande postérieure. Les ailes inférieures ont leur base d'un gris de perle et un peu rougeâtre, avec un point et un petit trait bruns; l'espace brun compris entre les deux bandes, et qui forme également une fascie, présente, au-delà du milieu, trois petits points, alignés, bleuâtres, bordés de noir, mais dont le postérieur est plus grand, et le seul qui soit bien distinct. Le corps est noirâtre en dessus et grisâtre en dessous.

J'ai donné à cette espèce le nom d'un naturaliste espagnol, célèbre par ses travaux sur les plantes du Pérou, M. Pavon.

Pris dans les bois ombragés de Loxa.

XXXVII. CÉTHOSIE BONPLAND.

CETHOSIA BONPLAND; pl. XVIII, fig. 5, en dessus et de grandeur naturelle;
fig. 6, le même, les ailes élevées.

Ailes supérieures longues, rétrécies et prolongées à leur extrémité; inférieures plus
courtes et arrondies postérieurement; les unes et les autres noires, tachées de jaune,
avec des points blancs près du bord postérieur.

*Alis superis elongatis, ad apicem angustato-productis; inferis brevioribus, postice
rotundatis; his et illis nigris, flavo-maculatis, marginem posticum versus, albo-
punctatis.*

Longueur du corps.

0^m. 015.

Largeur, ailes étendues.

0^m. 050.

J E n'ai vu qu'un seul individu de cette espèce, et il est encore défectueux. Sa
forme le rapproche des papillons *Junon* et *Alcionée* de Cramer. Son corps
est noir. Les palpes sont allongés, étroits, cylindriques, velus, noirs en devant,
et blancs de chaque côté. Les pates antérieures sont très-petites, avec les cuisses
noires, les jambes et les tarses blancs; les deux pates suivantes ont l'extrémité
supérieure des cuisses, les jambes et les tarses, d'un jaune d'ocre roussâtre et
pâle. Les ailes sont foiblement dentées ou sinuées postérieurement. Les supérieures sont une fois plus longues que larges, avec le bord postérieur grand,
courbe, rétréci et prolongé à l'angle du sommet, qui est arrondi. Les inférieures
sont plus courtes, mais plus larges et arrondies postérieurement. Les quatre
ailes sont noires, tachées de jaune d'ocre, avec des points blancs près du

bord postérieur; le bord est aussi entrecoupé de la même couleur; les points forment une ligne en dessus et deux en dessous; mais ceux de la seconde ligne du dessous des ailes inférieures sont plus grands et jaunâtres; chaque ligne est composée de sept à huit points. Les taches jaunes des ailes supérieures sont disposées de même sur les deux surfaces; savoir : 1, 2, 1; celle de la base et l'inférieure du second rang sont coupées en deux par une grosse nervure; la dernière est divisée en trois. Les ailes inférieures sont presque entièrement jaunes depuis leur naissance jusqu'au milieu; le jaune du dessus est à moitié coupé en deux par deux taches noires, inégales, formant une bande transverse, et placée à peu de distance de la base; le jaune du dessous est divisé en trois par le noir de l'aile, et forme deux taches inégales et une bande transversale.

Pris aux environs de Cuença, au Pérou.

XXXVIII. SCARABÉE BARBICORNE.

SCARABÆUS BARBICORNIS; pl. XXII, fig. 1; grandeur naturelle.

Tête et corcelet armés d'une corne; celle de la tête recourbée, simple, sans dents; celle
du corcelet très-courte, échancrée et très-velue en dessous.

*Capite thoraceque unicornutis; capitis cornu recurvo, simplici, dentibus nullis; thoracis
cornu brevissimo, emarginato, infra hirsuto.*

Longueur du corps.

0^m. 036.

Ses caractères le rapprochent beaucoup des scarabées *Militaire, Philoctète,*
de M. Olivier, et surtout de l'espèce qu'il nomme *Agénor;* mais il diffère de ce
dernier par la corne de la tête qui n'a point de dent apparente. Son corps est
entièrement d'un brun marron foncé et luisant. Les antennes, le dessous du
corps et les pates sont garnis de poils d'un brun roussâtre. Les mandibules sont
saillantes, noirâtres, avec le bord latéral et extérieur droit, tranchant et un peu
relevé; leur extrémité est tronquée, recourbée et bidentée; la dent extérieure
est la plus grande. Le chaperon est largement échancré et bidenté à son bord
antérieur. La tête est ponctuée, resserrée et rebordée de chaque côté, avec une
petite arête transversale, et quelques petites inégalités au-devant de chaque œil;
elle est armée, au milieu de sa partie antérieure et supérieure, d'une corne
recourbée, terminée insensiblement en pointe, un peu comprimée dans le sens
de sa largeur ou de son diamètre transversal; sa longueur surpasse environ d'une
demi-fois celle de la tête. Le corcelet est presque rebordé en tout sens, lisse
et taillé en biseau à sa partie antérieure, vaguement ponctué sur les autres
points; le milieu de la troncature paroît un peu enfoncé; son extrémité supérieure et postérieure offre une éminence très-courte, avancée, échancrée et un

Zoologie. 26

peu bidentée en devant ; cette corne est couverte en dessous d'un duvet court et ramassé, d'un brun roussâtre ; on remarque près du milieu de chaque bord latéral du corcelet une impression ou cicatrice, caractère qui se retrouve aussi dans la plupart des scarabées. L'écusson est triangulaire, petit, avec une ligne de points enfoncés formant un angle ou un V, et dont les branches sont parallèles aux bords. Les élytres ont une ligne imprimée le long de la suture ; la plus grande partie de leur surface est lisse ; la base, près des épaules, et l'espace qui avoisine le bord extérieur, à l'exception de l'extrémité postérieure, sont ponctués ; les points forment même quelques lignes longitudinales, courtes et inégales. Les deux jambes antérieures ont quatre dents le long de leur côté postérieur ; ce même côté est également dentelé aux autres jambes ; mais les dentelures sont plus groupées, et ne forment pas une série longitudinale comme celles des jambes de devant.

Mexique.

XXXIX. HANNETON LONGICOLLE.

MELOLONTHA LONGICOLLIS; pl. XXII, fig. 2; de grandeur naturelle;
A, une des pates postérieures grossie.

Allongée; corcelet plus long que large; milieu de ses bords latéraux dilaté et unianguleux; antennes de neuf articles, dont les trois derniers forment la massue; crochets des tarses bifides, dents de la même longueur, l'inférieure un peu plus épaisse; corps entièrement d'un bleu luisant; élytres striées.

Elongata; thorace longiore quam latiore; illius laterum marginalium medio dilatato, uniangulato; antennis articulis novem, capitulo triphyllo; tarsorum unguibus bifidis; dentibus æque longis, infero paulo crassiore; corpore penitus cœruleo, nitido; elytris striatis.

Longueur du corps.

0^m. 013.

Lᴇ hanneton *subépineux* de Fabricius m'a paru devoir former, dans ce genre, une section particulière (*Gener. crust. et insect.,* Tom. II, pag. 110). Voici une espèce parfaitement analogue : son corps est elliptique, deux fois plus long que large, rétréci aux deux extrémités, surtout en devant, entièrement d'un bleu foncé et luisant, presque glabre en dessus, garni en dessous, ainsi que sur les antennes et les pates, de poils assez longs et grisâtres. Les antennes sont noires, luisantes, de neuf articles, dont les 3, 4, 5 allongés, cylindriques, et dont les trois derniers en feuillets, et composant une tête allongée. La tête est vaguement pointillée en dessus, un peu plus déprimée de chaque côté entre les yeux; le chaperon est tronqué ou droit en devant, arrondi aux angles, et se rétrécit un peu de sa base à son extrémité antérieure; il est foiblement rebordé, et ses bords semblent se prolonger jusqu'au dessus des yeux. Le corcelet est en forme d'ovale tronqué aux deux bouts, vaguement pointillé, généralement uni et sans rebords bien sensibles; le milieu de chacun de ses bords latéraux est dilaté et fait un angle obtus très-prononcé. L'écusson est petit, pointillé, triangulaire, avec l'extrémité obtuse. Les élytres sont rebordées, arrondies à leur bout postérieur, et ont chacune environ dix stries longitudinales et ponctuées; plusieurs de ces stries paroissent rapprochées par paires; les intervalles compris offrent de petites lignes imprimées, transverses, et peu distinctes; ceux du milieu du dos paroissent être un peu plus grands, et former comme de petites côtes. L'anus est prolongé en cône et velu. Les pates sont longues, assez grêles, garnies de poils, dont plusieurs ressemblent à des piquans. Les jambes antérieures sont bidentées au côté postérieur; la dent terminale est longue et avancée en forme d'épine. Les tarses postérieurs sont longs. Tous les ongles sont unidentés à leur base, allongés, et bifides à leur extrémité; la division inférieure est un peu plus large.

Acapulco.

XL. LAMPYRE LINÉAIRE.

LAMPYRIS linearis; pl. XXII, fig. 3; grossie.

Linéaire, noirâtre; antennes filiformes, simples; corcelet en demi-cercle allongé,
marqué d'un sillon au milieu; tous ses bords et ceux des élytres presque entièrement
jaunâtres; les deux avant-derniers segmens du ventre d'un jaune pâle.

*Linearis, nigricans; antennis filiformibus, simplicibus; thorace elongato-semicirculari,
in medio unisulcato; illius elytrorumque marginibus omnibus ferme penitus lutescentibus; ventris segmentis duobus penultimis pallido-flavis.*

Longueur du corps.

0^m. 012.

Il a des traits de ressemblance avec le lampyre *marginé*. Son corps est proportionnellement plus allongé et plus étroit, sa largeur ne faisant guère que le quart
de sa longueur. Il est noirâtre, peu luisant, et presque glabre. Les antennes
sont filiformes, simples, entièrement noirâtres et pubescentes. La tête est cachée
sous le corcelet, noirâtre, avec le labre d'un jaunâtre roussâtre; les yeux sont
noirs. Le corcelet forme un demi-cercle allongé, ou une espèce de carré arrondi
en devant: son milieu est marqué d'un sillon longitudinal; tous ses bords, à
l'exception du milieu des latéraux, sont d'un jaunâtre roussâtre; la bordure
antérieure est un peu plus étendue en couleur, et a, postérieurement et dans son
milieu, une échancrure ou un sinus. L'écusson est noirâtre, en triangle allongé,
avec l'extrémité obtuse et un peu roussâtre. Les élytres sont très-étroites, unies,
avec le bord extérieur et la suture d'un jaunâtre roussâtre, l'extrémité exceptée.
Le ventre est presque noir; les deux avant-derniers anneaux sont d'un jaune
pâle, avec deux petits enfoncemens circulaires sur chaque, et le milieu du bord
postérieur échancré; les pates sont noirâtres, avec un peu plus de la moitié
inférieure des cuisses jaunâtre.

Bords de la rivière des Amazones.

XLI. CALANDRE VELOUTÉE.

CALANDRA sericea; pl. XXII, fig. 4; variété; grossie.

Masse des antennes tronquée; corcelet d'un rouge de sang, avec les bords latéraux, une ligne longitudinale dans son milieu, et deux taches allongées, dorsales et postérieures, noirs; élytres d'un noir de velours, striées, avec la base d'un rouge de sang; pates rouges avec les genoux et les tarses noirs.

Antennarum clava truncata; thorace sanguineo, marginibus lateralibus, linea longitudinali in medio, maculis duabus elongatis, dorsalibus et posticis, nigris; elytris atro-velutinis, striatis, basi sanguinea; pedibus rubris, geniculis tarsisque nigris.

Calandra sericea, Oliv. *Entom. Coléopt.*, Tom. V, pag. 84, pl. XXVIII, fig. 409.

Longueur du corps, depuis l'extrémité antérieure de la trompe jusqu'à l'anus.

0^m. 015.

M. Olivier vient de décrire et de figurer cette espèce. J'observerai seulement que les couleurs rouge et noire, dont cet insecte est mélangé, varient beaucoup relativement à leur étendue; je m'en suis assuré en voyant un grand nombre d'individus rapportés de Saint-Domingue par M. Launoy fils. Dans l'individu que nous représentons, le rouge domine davantage; la trompe, et une grande partie du dessous du corps, sont de cette couleur. Le corcelet et les élytres n'ont point d'éclat; mais la poitrine, le ventre et les pates sont luisans. Il s'attache à cette calandre une espèce d'*acarus* dont le corps est orbiculaire, déprimé, parfaitement lisse, brun, luisant, semblable, en un mot, à la mitte *végétative* de Degéer.

Dan s les forêts de Jaen de Bracamoros, au Pérou.

XLII. CAPRICORNE CORDONNÉ.

CERAMBYX succinctus; pl. XXII, fig. 5; variété; de grandeur naturelle.

Corcelet grand, très-inégal, bituberculé de chaque côté; longueur de l'écusson égalant le quart de celle des élytres; corps d'un brun marron luisant; antennes longues, entrecoupées de roussâtre et de noir; une bande jaune, transverse, sur le milieu des élytres; cuisses noires à leur extrémité.

Thorace magno, admodum inæquali, utrinque bituberculato; longitudine scutelli quartam partem longitudinis elytrorum æquante; corpore badio, nitido; antennis longis, nigro rufescentique annulatis; elytrorum medio fascia transversa lutea; femorum apice nigro.

Cerambyx succinctus, Fab. *System. eleuth.,* Tom. II, pag. 274.— *Capricorne cordonné.* Oliv. *Entom. coléopt.,* Tom. IV, n.º 67, pag. 20, pl. 7, fig. 43, *a, b.*

Longueur du corps.

0ᵐ. 019.

Cette espèce, qui forme, avec quelques autres, une division particulière et remarquable par la longueur relative du corcelet et celle de l'écusson, a été décrite plusieurs fois. Il nous suffira d'observer que nous représentons ici une variété dans laquelle la bande jaune des élytres est partagée en quatre taches. Nous avons remarqué très-souvent que cette portion des élytres, colorée de jaune, est attaquée de préférence par les insectes destructeurs.

Bords de la rivière des Amazones.

XLIII. CLYTHRE CEINTURÉE.

CLÝTHRA cingulata; pl. XXII, fig. 6 et 7; grossie.

Antennes légèrement en scie; corps noir; son dessous, les pates, les côtés et le bord
  postérieur du corcelet garnis d'un duvet soyeux, gris-jaunâtre; élytres rougeâtres,
  avec la portion intérieure de la base et une bande transverse dans leur milieu
  noires.

*Antennis subserratis; corpore nigro; illius parte infera, pedibus, thoracis lateribus
  margineque postico tomento flavescentigriseo; elytris rubescentibus, basi interna
  fasciaque transversa in medio nigris.*

Longueur du corps.

0^m. 006.

On croiroit, au premier aperçu, que cet insecte est un scolyte d'Olivier ou
une hylésine de Fabricius. Il s'éloigne un peu des clythres par ses palpes qui
sont plus grêles et plus cylindriques que dans ses congénères. Son corps est
noir, mais tout couvert en dessous jusqu'à l'anus, sur les pates, la tête, les
côtés et le bord postérieur du corcelet, d'un duvet épais, soyeux, d'un gris
jaunâtre, qui s'étend même jusqu'aux antennes. Ces organes sont foiblement
en scie, noirs, avec les second, troisième, quatrième et cinquième articles
roussâtres. Le labre est aussi de cette dernière couleur. L'extrémité postérieure
et supérieure de la tête, le milieu du corcelet, jusqu'au bord antérieur inclusi-
vement, sont glabres, très-noirs, lisses et fort luisans; vues à la loupe, ces
parties paroissent cependant très-finement pointillées. L'écusson est triangulaire,
noir, lisse et très-luisant. Les élytres sont d'un rougeâtre fauve, luisantes, avec
la base intérieure, à partir de la callosité humérale, et une bande transverse,
un peu arquée en arrière, assez large, traversant leur milieu, noires; la suture

et une grande partie du bord extérieur sont aussi de cette couleur; chaque étui offre neuf lignes formées par des points enfoncés, disposés en séries longitudinales, et s'étendant de la base au bout opposé; on voit en outre, près de l'écusson, le commencement de deux autres lignes; l'angle extérieur de la base est dilaté et replié en dessous. Les pates antérieures ne m'ont point paru différer des autres en grandeur; le fond des cuisses de ces deux premières pates est roussâtre, à en juger par des intervalles dépilés.

Trouvée une seule fois à Guayaquil, au Pérou.

XLIV. CASSIDE GRÊLÉE.

CASSIDA MULTICAVA; pl. XXII, fig. 8 et 9; de grandeur naturelle.

Bronzée, sans taches; corcelet entier, quadriponctué, dilaté au milieu du bord postérieur; élytres élevées près du milieu du dos, avec des points enfoncés, nombreux, et dont plusieurs rassemblés par groupes.

Ænea, immaculata; thorace integro, quadripunctato, ad marginis postici medium dilatato; elytris, dorsi medium versus, gibbosis, valde impresso-punctatis; punctis plurimis congestis.

Longueur du corps.

0^m. 012.

Elle est presque arrondie, entièrement bronzée, plus foncée et plus luisante en dessous. Son corcelet est court, large, figuré en segment de cercle, rebordé sur les côtés et en devant, sans échancrure notable à sa partie antérieure, et prolongé en angle obtus au-dessus de l'écusson; le milieu de son disque a, de chaque côté, deux gros points enfoncés, et une petite ligne imprimée, dirigée vers le milieu du bord postérieur. L'écusson est très-petit, triangulaire et enfoncé. Les élytres s'élèvent insensiblement vers le milieu du dos, et forment une bosse courte, terminée en pointe arrondie; elles sont entièrement couvertes de gros points enfoncés, de grandeur inégale, et dont plusieurs sont rassemblés par groupes de deux à quatre. Les pelotes des tarses sont cendrées.

Environs de Lima, sur les broussailles.

XLV. ALTISE A BORDURE BLANCHE.

ALTICA ALBO-MARGINATA; pl. XXII, fig. 10; de grandeur naturelle.

Ovoïde; corcelet transversal, uni; second article des antennes plus petit que le troisième, celui-ci et les suivans presque égaux; les quatre jambes postérieures unidentées en dessus, près de leur extrémité; corps noir; corcelet, à l'exception de ses côtés, limbe extérieur des élytres, extrémité postérieure du ventre, blancs; élytres presque rugueuses, noires ou d'un vert bleuâtre, mêlé de violet.

Ovata; thorace transverso, lævi; antennarum articulo secundo tertio minore, hoc et sequentibus subæqualibus; tibiis quatuor posticis, apicem versus unidentatis; corpore nigro; thorace, lateribus exceptis, elytrorum limbo externo, ventris apice, albis; elytris subrugosis, nigris aut cærulescenti-viridibus violaceoque sparsis.

Longueur du corps.

0^m. 010.

Le genre des altises est maintenant composé d'un très-grand nombre d'espèces qu'il est impossible de bien caractériser, sans le secours de bonnes divisions; car autrement les phrases spécifiques seront ou trop longues ou insuffisantes. M. Illiger vient d'aplanir ces difficultés, en formant dans le genre des altises plusieurs petites familles qui sont très-naturelles. L'espèce dont il s'agit ici appartient à la première de ces familles, les *physapodes.* Il la signale ainsi : *ongle postérieur* (le dernier article des tarses postérieurs), *grêle à sa base, dilaté et comme bossu à son extrémité supérieure. Elytres vaguement ponctuées ou lisses. Corps ovale, un peu déprimé. Tête un peu saillante. Corcelet transversal, sans sillon transversal à son extrémité postérieure. Cuisses postérieures grandes, comprimées, en demi-cœur, renflées en dessus, droites inférieurement; jambes postérieures ayant une petite dent au bord postérieur, près de son extrémité; petite épine postérieure simple. Premier article des tarses postérieurs une demi-fois plus court que la jambe, inséré à son extrémité (Magaz. für Insekt. 1807, pag. 54).* On pourroit fortifier les caractères ou augmenter le nombre de ces coupes, en mettant à profit les antennes, dont les articles n'ont pas toujours les mêmes proportions relatives; c'est une considération que M. Illiger a négligée; nous y avons eu égard dans notre phrase spécifique.

L'altise à *bordure blanche* est ovoïde ou ovale, mais un peu plus étroite en devant; son corps est plus large que haut, et d'un noir luisant. Les antennes sont un peu plus longues que la moitié du corps, filiformes, très-rapprochées; on voit derrière leur insertion deux petites lignes élevées. Le corcelet est transversal, un peu plus étroit que les élytres, uni, avec les côtés largement déprimés; ces côtés sont noirs; mais le milieu est blanc, et cette couleur y forme une grande tache demi-circulaire, appuyée par son diamètre au bord postérieur. L'écusson est petit, noir, lisse et figuré en triangle isocèle. Les élytres sont chargées, jusqu'à la marge extérieure, de points enfoncés, très-grands et fort rapprochés, ce qui fait paroître la surface de ces élytres comme ridée ou fortement chagrinée; elles sont noires, ou d'un vert mêlé de bleu, avec un reflet violet; le limbe extérieur, l'extrémité postérieure du ventre et les côtés des anneaux qui le précèdent sont blancs. La face supérieure des jambes est un peu creusée en gouttière, et un des bords de ce sillon est foiblement unidenté près de l'extrémité; cette extrémité est armée d'une petite épine; les tarses sont courts.

Acapulco.

XLVI. EUMORPHE CRUCIGÈRE.

EUMORPHUS CRUCIGER; pl. XXII, fig. 11; grossi.

Tête, corcelet, base des antennes, et majeure partie des pates, fauves; une tache noirâtre
et échancrée antérieurement sur l'extrémité postérieure du corcelet; élytres noires,
parsemées de points enfoncés, avec tous les bords, la base, et une raie transverse
au milieu, fauves; dessous du corps d'un brun foncé.

*Capite, thorace, antennarum basi pedumque maxima parte, ferrugineis; thorace
macula postica, nigricanti, antice emarginata; elytris nigris, sparsim impresso-
punctatis; marginibus omnibus, basi lineaque transversa in medio, ferrugineis;
corpore subtus intensive brunneo.*

Longueur du corps.

0^m. 008.

Cᴇᴛ eumorphe n'est peut-être qu'une variété de celui que M. Olivier a décrit
sous le nom de Ceint, *cinctus.* (*Entom. Coléopt.*, Tom. V, pag. 1067, pl. I ,
fig. 5). Il n'en diffère que par les caractères suivans: 1.º le corcelet est marqué,
au milieu de son extrémité postérieure, d'une tache noirâtre, carrée, échancrée
au milieu du bord antérieur ; 2.º la raie ferrugineuse du milieu des élytres
n'est pas interrompue; elle s'étend jusqu'à la suture; 3.º le dessous du corps
est d'un brun foncé, avec quelques espaces sur la poitrine, et, vers l'extrémité
du ventre, roussâtres. Les pates sont de cette dernière couleur, avec l'extrémité
supérieure des jambes obscure. Le corps est très-luisant. Les antennes sont
noirâtres, avec les deux premiers articles fauves; les derniers manquent dans
notre individu. Le corcelet est finement et vaguement ponctué et rebordé en
tout sens; il forme un carré presque une fois plus large que long, et un peu
dilaté vers les angles antérieurs ; le disque offre dans son milieu l'apparence
d'une petite ligne imprimée et longitudinale , et de chaque côté deux gros

points enfoncés, disposés obliquement; les deux marges latérales, ou le limbe des côtés, sont un peu plus élevées dans leur milieu ; au bord postérieur, elles se détachent en quelque sorte de la portion discoïdale, par le moyen de deux lignes fortement imprimées, et qui finissent vers la moitié de la longueur du corcelet. Les élytres ont des points enfoncés, disposés vaguement et placés à une distance assez sensible les uns des autres; la raie fauve qui traverse le milieu des étuis est un peu arquée en arrière. La teinte fauve qui affecte cette partie et les autres énoncées dans les caractères spécifiques, est pâle.

Cette espèce est encore voisine de l'ægithe *cinctus* de Fabricius; ici la tête et le corcelet sont entièrement noirs.

Pris une seule fois sur les bords de l'Orénoque.

XLVII. LÈDRE VIRIDIPENNE.

DEDRA VIRIDIPENNIS; pl. XXII, fig. 12; de grandeur naturelle.

Rougeâtre ; front ' unidenté à son extrémité inférieure, enfoncé dans son milieu, avec
deux éminences à son extrémité supérieure; corcelet bicornu; demi-étuis verts, avec
l'extrémité rougeâtre.

*Rubescens; fronte infra unidentata, in medio excavata, ad apicem superum biprominula;
thorace bicornuto; hemelytris viridibus, apice rubescenti.*

Longueur du corps.

0^m. 020.

CETTE espèce fait le passage des lèdres de Fabricius aux hémiptères de la même
famille, qu'il nomme *membracis, darnis, centrotus,* et que nous réunissons
en un seul genre, conservant sa désignation primitive, celle de membrace. Le
lèdre *viridipenne* ressemble en effet, quant au facies, au lèdre *à oreilles*
(*aurita*); mais l'extrémité inférieure du front n'est point déprimée ou plane ;
elle forme une saillie avancée, comprimée et terminée par une pointe aiguë ou
une dent; or ce caractère est propre aux membraces : ne seroit-il, dès-lors, pas
plus naturel de rétablir ce dernier genre tel qu'il étoit d'abord, sauf à le diviser
d'après les modifications secondaires et très-variables des formes de la tête et du
corcelet?

Le corps du lèdre *viridipenne* est allongé, presque de la même largeur,
rougeâtre sanguin, et un peu soyeux en dessous. Le bec est fort court. On
remarque, immédiatement au-dessus de la lèvre supérieure, un avancement
triangulaire, comprimé, surtout inférieurement, où sa tranche est aiguë; la

---

' J'appelle front la partie antérieure de la tête située au-dessus du chaperon.

pointe de cette saillie, qui forme une sorte de nez, est terminée brusquement par une dent acérée; le devant du front est écrasé et largement excavé dans son milieu; ses côtés ont quelques stries transverses, peu distinctes; le bord antérieur et supérieur de la tête est enfoncé longitudinalement, et offre de chaque côté de ce sillon deux éminences ou tubercules; l'entre-deux est plus pâle ou un peu jaunâtre; derrière chacune de ces protubérances est un petit œil lisse, très-brillant; les yeux sont bruns. Le contour du corcelet est d'un roussâtre obscur; mais le disque, qui se dilate très-sensiblement à peu de distance du bord antérieur, est jaunâtre; sa surface est un peu ridée; vers les angles de son extrémité postérieure, s'élève de chaque côté, et dans une direction oblique, une corne conique et obtuse; ces deux pointes sont divergentes. L'écusson est assez grand, en triangle allongé et pointu, jaunâtre, avec les côtés de la base rougeâtres; il est coupé transversalement en deux par une ligne imprimée; la moitié postérieure a, dans son milieu, une petite ligne enfoncée et longitudinale. Les demi-étuis sont d'un vert tendre ou pâle, coriaces, en toit, fortement ponctués, avec l'extrémité postérieure ou la partie presque membraneuse et réticulée, le bord extérieur et un peu la suture rougeâtres : cette portion terminale des demi-étuis est luisante et dépasse un peu l'anus. Le dernier anneau du ventre est fort grand, allongé, avec une arête longitudinale de chaque côté et l'extrémité postérieure fendue au milieu. Les pates sont rougeâtres, grêles, cylindriques et pubescentes; les jambes ont un sillon tout le long du côté extérieur : les bords de ce côté sont dentelés aux jambes postérieures.

Trouvé une seule fois sur les bords de la rivière des Amazones.

XLVIII. POLISTE PÉDONCULÉE.

POLISTES PEDUNCULATA; pl. XXII, fig. 13; femelle; de grandeur naturelle.

Noire; premier anneau de l'abdomen rétréci en pédicule, turbiné; le second grand, en forme de cloche; leur bord postérieur, celui des trois anneaux suivans, du segment antérieur du corcelet, une ligne sur l'écusson, jaunâtres; ailes supérieures jaunâtres, avec l'extrémité postérieure plus claire; le stigmate noir et la cellule marginale noirâtre.

Nigra; abdominis segmento primo pedunculiformi, turbinato; secundo magno, campanulato; illorum segmentorumque trium sequentium margine postico, thoracis segmenti antici eodem margine lineaque scutellari, lutescentibus; alis superis flavicantibus, ad apicem dilutioribus; stigmate nigro cellulaque marginali fuscis.

Longueur du corps.

0^m. 010.

ELLE est d'un noir mat ou d'un noirâtre très-foncé, sans la mondre tache sur les antennes et sur la tête. Le segment antérieur du corcelet est bordé de jaunâtre postérieurement, ce qui forme une ligne très-arquée; l'extrémité de l'écusson est traversée par une ligne de la même couleur, et qui s'élargit un peu aux deux bouts et au milieu de son bord postérieur. Les ailes supérieures sont d'un jaunâtre roussâtre, avec l'extrémité plus claire; le stigmate est noir, et la cellule marginale obscure. Le premier anneau de l'abdomen est rétréci en un pédicule qui s'élargit vers son extrémité, et a la forme d'une poire ou d'une toupie; le second est grand et figuré en cloche; le bord postérieur de ces deux anneaux, celui des trois suivans sont jaunâtres, tant en dessus qu'en dessous; les lignes circulaires formées par cette couleur ne présentent pas de sinuosités sur leurs bords, et sont de la même étendue. Les pates sont noires, avec l'extrémité supérieure des cuisses un peu brune.

Sur les bords de la rivière des Amazones.

Zoologie.   28

XLIX. BOUSIER A LUNETTE.

COPRIS CONSPICILLATUS; pl. XXIII, fig. 1; le mâle, de grandeur naturelle.

Mâle. Une corne recourbée sur la tête; corcelet fortement incliné en devant, avec une excavation et deux petites cornes comprimées, en forme de dents, sur le dos; milieu de son bord postérieur prolongé; élytres sillonnées; tête, dessous du corps et pates noirs; corcelet, élytres et le dessous des quatre cuisses postérieures verts; sternum intermédiaire prolongé antérieurement en pointe.

Mas. Capite cornu recurvo; thorace antice retuso, superius excavato, cornibus duobus parvis, compressis, dentiformibus, instructo, ad marginis postici medium producto; elytris sulcatis; capite, corpore infra pedibusque nigris; thorace, elytris femorumque quatuor posticorum latere infero viridibus; sterno intermedio antice mucronato.

Copris conspicillatus WEBER. *Observat. entomol.*, pag. 36, *mas.* — FAB. *System. eleuth.*, Tom. I, pag. 22, *mas.*

Longueur du corps.

0^m. 026.

Cette espèce a de très-grands rapports avec le bousier *élégant* (*festivus*), et n'en diffère bien essentiellement que par ses couleurs. Le corps est très-luisant; la tête, les antennes, le dessous du corps et les pates sont noirs; le corcelet, les élytres et le dessous des quatre cuisses postérieures sont d'un beau vert de pré, à l'exception de quelques parties que nous indiquerons dans le détail de la description. La masse des antennes ressemble un peu à celle des lethrus, en ce que le premier article de cette masse est en demi-entonnoir, et enveloppe les deux suivans. Le chaperon est arrondi, et très-légèrement échancré au milieu du bord antérieur. La tête est armée d'une corne, s'élevant presque perpendiculairement, tant soit peu rejetée en arrière, en cône allongé, allant insensiblement en pointe, un peu anguleuse sur les côtés de sa base, marquée d'un sillon dans le milieu de sa face postérieure, avec un sinus près de son extrémité; la longueur de cette corne surpasse presque d'une demi-fois celle de la tête; au-devant de chaque œil est une arête formant un angle presque droit, et dont une branche se dirige au bord postérieur de la tête, et l'autre au bord extérieur; la partie de la tête comprise entre cette dernière branche et l'œil est verte. Le corcelet est fort grand, comme dans la plupart des congénères, dilaté vers le milieu de ses côtés, sinueux au bord antérieur, avec les angles latéraux saillans, pointus, et un peu relevés; il est fortement incliné, ou coupé en talus depuis le milieu du dos jusqu'en devant; de chaque côté du milieu de ce dos est une petite corne triangulaire, comprimée longitudinalement, peu courbée en dedans, toutes deux noires, à l'exception de leur origine; les deux plans latéraux de chaque corne se prolongent en devant, et y forment deux arêtes ou élévations linéaires et longitudinales; l'intervalle dorsal compris entre les cornes est fortement déprimé, ou marqué d'un enfoncement transversal, et qui devient plus sensible par l'élévation brusque de l'extrémité postérieure du dos; vers le milieu de chaque côté du corcelet sont deux petites excavations arrondies; par derrière, et à commencer aux cornes, le dos présente deux sortes d'arêtes arrondies, transverses, obliques et noires; le milieu du bord postérieur est dilaté, et forme un angle ou une pointe qui remplace l'écusson. Les élytres ont chacune une tache noire scapulaire et sept sillons (sans y comprendre celui du bord extérieur), dont le fond paroît noir; le troisième et le quatrième sont comme interrompus à leur naissance par une impression commune et assez grande. Le sternum intermédiaire est très-lisse, et s'avance en présentant une pointe très-forte, acérée et courbée. Les premières jambes ont trois dents au côté extérieur.

Dans la femelle, la tête n'a point de corne; on voit à sa place une arête transverse. Le corcelet est pareillement mutique, convexe, noir, avec une grande partie des côtés et du bord postérieur verts; le milieu du dos offre en devant une incision peu profonde, linéaire, arquée, et dont la courbure regarde la tête; de chaque côté est un enfoncement profond, et dont les bords élevés sont noirs; l'espace latéral et coloré de vert est marqué d'une tache noire. Les deux jambes antérieures n'ont que la dent terminale. Je représenterai cette femelle dans la suite de l'ouvrage.

A Quito, prairies de Chillo; il se trouve aussi au Brésil.

L. ONTHOPHAGE CURVICORNE.

ONTHOPHAGUS CURVICORNIS; pl. XXIII, fig. 2; grossi.

Mâle. Deux cornes arquées et divergentes sur l'occiput; devant du corcelet avancé, terminé en pointe, avec une excavation de chaque côté; bord antérieur du chaperon relevé et tronqué; corps noir; antennes et tarses bruns; élytres striées.

Mas. Occipite cornibus duobus, arcuatis, divaricatis; thorace antice producto, acuminato, utrinque excavato; clypei margine antico reflexo, truncato; corpore nigro; antennis tarsisque brunneis; elytris striatis.

Longueur du corps.

0^m. 011.

Je place cette espèce à côté du bousier *vache* (*vacca*) de Fabricius, et du bousier *albicorne* de M. Palisot de Beauvois. Son corps, à l'exception des antennes et des tarses, qui sont d'un brun foncé, est entièrement noir et luisant; le dessous et les pates ont des poils d'un brun grisâtre. Le chaperon est un peu sinueux et rebordé sur les côtés; son extrémité antérieure est très-relevée, avec le bord tronqué transversalement et arrondi aux angles. La tête est pointillée : de sa nuque s'élèvent deux cornes grêles, assez longues, allant en pointe, divergentes, arquées, se recourbant vers leur extrémité, et semblables à celles du bousier *taureau* (*taurus*) de Fabricius : elles se logent dans les deux excavations antérieures du corcelet. Cette partie du corps est très-lisse sur le dos, finement pointillée vers les bords antérieur et latéraux, avec une impression de chaque côté : l'extrémité antérieure et dorsale est enfoncée longitudinalement et obliquement de chaque côté : l'espace intermédiaire est élevé, et présente une saillie brusque, dont les côtés supérieurs sont convergens, et forment une pointe ou un angle très-ouvert. Les élytres ont chacune sept stries (celle du bord extérieur non comptée) longitudinales et très-fines; la première est un peu courbe : les intervalles ont des points très-petits et peu apparens. Le côté extérieur des deux premières jambes est quadridenté.

Pris dans du crottin, à Quito.

LI. HANNETON ROUILLEUX.

MELOLONTHA RUBIGINOSA; pl. XXIII, fig. 3; grossi.

Oblong; corcelet n'étant point plus long que large; antennes de neuf articles, les trois derniers formant la masse; tous les crochets des tarses égaux, bifides; corps entièrerement roussâtre, couvert de petits poils jaunâtres; bord antérieur du chaperon relevé, obtus et entier; corcelet convexe et arrondi.

Oblonga; thorace non longiore quam latiore; antennis novem articulis, tribus ultimis clavam efficientibus; tarsorum unguibus omnibus æqualibus, bifidis; corpore omnino rufescenti, pilis minimis, lutescentibus, vestito; clypei margine antico elevato, obtuso et integro; thorace convexo, rotundato.

Longueur du corps.

0^m. 010.

Les antennes, la forme du corps, celle des crochets des tarses, doivent faire ranger cette espèce dans le voisinage du hanneton *solsticial.* Elle est néanmoins proportionnellement plus étroite, et plus convexe; les crochets des tarses ont leur extrémité bifide, avec la dent inférieure un peu plus courte. Le corps est entièrement roussâtre, ou d'un fauve clair, pointillé, et couvert d'un duvet clair, jaunâtre, formé de petits poils : ceux des pates et de l'anus sont plus longs. Il m'a paru que les antennes étoient composées de neuf articles, dont le troisième un peu plus long que les trois suivans, et dont les trois derniers forment une massue ovale. Le chaperon est transversal, avec les bords relevés; celui de devant est obtus, entier et arrondi sur les côtés; les yeux sont cendrés. Le corcelet est presque aussi long que large, convexe, arrondi, avec une ligne longitudinale au milieu du dos, et un point de chaque côté, lisse ou dépourvu de poils. L'écusson est petit, presque en forme de cœur, et plus garni de duvet que les autres parties du corps; une ligne enfoncée le partage longitudinalement en deux. Chaque élytre semble offrir, vers le milieu du dos, deux ou trois lignes élevées et longitudinales, peu prononcées. L'anus est obtus et découvert. Les deux premières jambes ont trois dents sur le côté extérieur; l'extrémité des autres est couronnée par un verticille de petites pointes en forme d'épines.

LII. TÉLÉPHORE EN DEUIL.

TELEPHORUS LUCTUOSUS; pl. XXIII, fig. 4; de grandeur naturelle.

Très-noire; corcelet et abdomen d'un jaunâtre livide; côtés du corcelet fort élevés.
Ater; thorace abdomineque livido-flavescentibus; thoracis lateribus valde reflexis.

Longueur du corps.

0^m. 020.

Sᴇs couleurs lui donnent une grande affinité avec les cantharides *flavicolle* et *lugubre* de Fabricius. Il est d'un noir foncé, mat et pubescent. Le corcelet et l'abdomen sont entièrement d'un jaunâtre roussâtre et pâle. Le corcelet est un peu plus clair, luisant, arrondi aux angles, parsemé de poils noirs, avec les côtés fort élevés. L'écusson est petit et presque carré : les élytres sont très-planes, unies et recouvertes d'un duvet noir, soyeux et fort court. Les antennes et les pates sont de la couleur du corps.

Dans les bois du Pérou.

LIII. DYTIQUE CIRCONSCRIT.

DYTICUS CIRCUMSCRIPTUS, pl. **XXIII**, fig. 5; de grandeur naturelle.

Femelle. Un écusson; corps brièvement ovale, noirâtre en dessus, très-noir en dessous; bouche, bords latéraux du corcelet et des élytres d'un jaunâtre roussâtre; bordure des élytres découpée ou inégale au côté interne; antennes, deux taches réunies sur le front, ligne transverse sur le milieu du corcelet, les quatre pates antérieures, partie des cuisses postérieures, roussâtres; élytres presque lisses, avec de petits points jaunâtres; yeux cendrés.

Femina. Scutellatus; corpore breviter ovali, supra nigricante, infra atro; ore, thoracis elytrorumque lateribus, rufescentiflavidis; elytrorum limbo colorato intus laciniato; antennis, frontis maculis duabus connatis, thoracis medii linea transversa, pedibus quatuor anticis, femorum posticorum parte, rufescentibus; elytris sublævibus, flavido punctulatis; oculis cinereis.

Longueur du corps.

0 . 011.

Soit que l'on adopte les nouveaux genres introduits par M. Clairville, dans notre famille des hydrocanthares, soit que l'on s'en tienne au système de Fabricius, cet insecte sera toujours un vrai dytique, non-seulement par les organes de la bouche, sa forme générale, mais encore par les proportions relatives des articles des antennes. Son corps forme un ovale court, et se rapprochant de l'ovoïde; il est déprimé, ainsi que tous ses congénères, et très-luisant; son dessous est très-noir; mais sa teinte supérieure paroît moins foncée, à raison principalement de petits points jaunâtres dont les élytres sont parsemées. La tête est parfaitement lisse; on remarque seulement à sa partie antérieure deux gros points enfoncés, un de chaque côté, près du bord interne des yeux. Le corcelet a sur ses côtés un grand nombre de petites lignes légèrement imprimées, courtes, rapprochées, et entremêlées de petits points. La ligne roussâtre, qui le coupe au milieu de sa largeur, se réunit à la bordure des côtés vers les angles de la base; le milieu postérieur de cette ligne est un peu dilaté en forme de dent. L'écusson est petit, lisse, en triangle presque isocèle et obtus. Les élytres, vues à la loupe, paroissent très-finement et vaguement pointillées; on distingue, à peu de distance de la suture, quelques points enfoncés, plus remarquables, et disposés sur une ligne; la bordure jaunâtre et extérieure offre, le long de son côté interne, quelques échancrures inégales; elle jette près de l'extrémité un rameau plus considérable, s'étendant jusqu'à la suture, et arqué en devant; on voit aussi plus bas une petite ligne jaunâtre et oblique; la surface de ces élytres, à l'exception du milieu du dos, est parsemée de petits points isolés ou réunis, et de quelques traits longitu-dinaux de la même couleur; chaque bord du haut de la suture offre encore une ligne très-fine, roussâtre, et très-peu apparente; les dents de la bordure sont ponctuées de noirâtre. Les quatre pates antérieures sont entièrement d'un roussâtre pâle; mais les dernières sont presque noires, avec une partie des cuisses roussâtre : la forme cylindrique et simple des deux premiers tarses annonce un individu femelle. Les autres caractères dont nous ne faisons point mention, sont exprimés dans la phrase spécifique.

Fossés du Mexique.

LIV. EPITRAGE A ANTENNES BRUNES.

EPITRAGUS BRUNNICORNIS; pl. XXIII, fig. 6; grossi.

Aptère, noire, sans taches, presque lisse; abdomen presque obovoïde; corcélet presque orbiculaire, tronqué aux deux extrémités; antennes brunes; pates d'un brun noirâtre.

Apterus, niger, immaculatus, sublœvis; abdomine subobovato; thorace suborbiculato, antice posticeque truncato; antennis brunneis; pedibus piceis.

Longueur du corps.

0^m. 009.

La section des coléoptères, dont les tarses sont de 5 et 4 articles, ou celle des hétéromères de M. Duméril, est une des plus difficiles, non seulement par rapport à l'établissement des caractères génériques, mais encore quant à la détermination des espèces. J'ai fait tous mes efforts pour éclairer cette partie de l'entomologie : j'avouerai néanmoins que mon travail est encore imparfait, que mes familles ne sont pas toujours rigoureusement circonscrites et bien groupées : l'insecte que j'ai à décrire m'en fournit une preuve; car d'un côté il se rapproche des anciennes pimélies de Fabricius, et de l'autre il est très-voisin de mes épitrages, que j'ai placés à une trop grande distance de ces derniers coléoptères. La ressemblance de cet insecte avec les pimélies est telle, que j'ai cru long-temps qu'il formoit une espèce très-voisine de ma tentyrie *interrompue* et des akis, *glabra, orbiculata* de Fabricius. Il s'élevoit cependant un doute dans mon esprit : les piméliaires, les sépidies et les scaures sont propres à l'Afrique et aux pays chauds de l'Europe. Cette réflexion a entraîné un examen plus attentif, et j'ai reconnu que cet insecte n'étoit pas une tentyrie; que ses antennes, ses organes de la manducation et ceux du mouvement se représentoient sous la même forme dans les épitrages, à une seule différence essentielle près : ici, la division interne des mâchoires est dépourvue d'ongle corné (ou du moins m'a paru telle); là, elle en offre un, comme dans les familles des piméliaires et des ténébrionites. Cette considération ne semble pas d'abord bien importante; mais on en jugera autrement, si l'on fait attention aux vues de la nature. Les insectes qu'elle destine à ronger les parties solides des substances animales ou végétales, ont les mâchoires plus fortes ou plus dures que ceux qui se nourrissent de matières plus tendres; ces organes, dans le premier cas, sont presque toujours accompagnés de ce crochet intérieur dont nous avons parlé. Il seroit donc possible que l'insecte dont il est question composât un genre propre, d'autant mieux qu'il s'éloigne par le port des épitrages, qu'il vit à terre comme les piméliaires, et que M. Bonpland a rapporté du même pays un autre insecte [1] ayant les mêmes caractères génériques.

Le corps de l'épitrage *à antennes brunes* est ovale, d'un noir assez luisant, assez lisse et presque glabre; vu à la loupe, il paroît finement pointillé. Les antennes et les palpes sont bruns. Le corcelet est un peu plus large que long, convexe, presque orbiculaire, avec les bords antérieur et postérieur droits; les côtés sont rebordés, dilatés et arrondis, de sorte que la largeur du milieu du corcelet égale presque celle de l'abdomen. L'écusson est petit, mais distinct, et d'une figure triangulaire. L'abdomen est presque obovoïde, et deux fois plus long que le corcelet; il est embrassé par les élytres qui paroissent soudées, dont la surface est convexe, arrondie, et présente quelques foibles commencemens de stries ou de lignes de points; l'extrémité postérieure de ces étuis va en pointe. Les pates sont d'un brun noirâtre; les articles des tarses sont soyeux en dessous, comme dans les hélops, les épitrages, et les poils sont d'un gris obscur.

Dans les sables, entre Carichana et Atures.

---

[1] J'en donnerai plus bas la description ainsi que celle d'un véritable épitrage.

LV. CHARANSON ANNULIGÈRE.

CURCULIO ANNULIGER; pl. XXIII, fig. 7; de grandeur naturelle.

Toutes les cuisses unidentées; rostre presque de la longueur du corcelet, cylindrique, uni et courbe; corps oblong, d'un noir luisant; côtés du corcelet, deux bandes transverses, et une tache annulaire sur les élytres, ochracés; élytres pointillées; points distans et disposés en lignes.

Femoribus omnibus unidentatis; rostro thoracis fere longitudine, cylindrico, lœvi, incurvo; corpore oblongo, nigro, nitido; thoracis lateribus, elytrorum fasciis duabus transversis maculaque annuliformi, ochraceis; elytris punctulatis; punctis distantibus, per strias digestis.

Longueur du corps, depuis l'extrémité du rostre.

0^m. 017.

Dans les méthodes de Fabricius et de M. Olivier, cet insecte doit être associé aux rhynchènes. Il est très-voisin de l'espèce que le dernier naturaliste a nommée *zonatus*, d'après Sweder. Par sa forme étroite et allongée, il a le port d'un lixe. Son corps est d'un noir luisant. Ses antennes sont entièrement de cette couleur, un peu velues, et composées de onze articles distincts, dont le premier fort long, comme dans toutes les espèces du genre, le second et le troisième obconiques, et notablement plus allongés que les suivans, le second surtout; les cinq qui succèdent, courts et presque globuleux, et les trois derniers formant une massue brusque, ovoïde, allongée, pointue et d'un noirâtre obscur. Le rostre est assez gros, presque de la longueur du corcelet, cylindrique, un peu plus large seulement vers l'extrémité, uni et tombant perpendiculairement en faisant un arc. On distingue sur le sommet de la tête, entre les yeux, un gros point enfoncé. Le corcelet est un peu plus étroit que les élytres, plus court d'environ les deux tiers, conico-cylindrique, un peu plus étroit en devant, uni, avec de petits points enfoncés et distans; ses côtés sont garnis d'un grand nombre de petites écailles qui forment une bande longitudinale d'un jaune d'ocre, et échancrée dans son milieu, au côté interne; le milieu du bord postérieur est un peu avancé. L'écusson est très-petit, noir, granuliforme. Les élytres sont étroites, allongées, marquées de petits points enfoncés et distans, et disposés en lignes peu distinctes. Chaque élytre offre: 1.º deux bandes transverses, composées et colorées de même que les latérales du corcelet, partant du bord extérieur, où elles sont réunies, n'atteignant pas tout-à-fait la suture, et placées, l'une à peu de distance de la base, l'autre au milieu; 2.º une grande tache en forme d'anneau, de la nature et de la couleur des bandes, et occupant l'extrémité postérieure; cette tache environne la callosité ou le gros tubercule que l'on remarque sur la plupart des étuis des charansonites et d'autres coléoptères; l'extrémité de l'élytre est arrondie. On découvre sur le ventre des vestiges d'écailles jaunes, semblables aux supérieures. Les pates sont entièrement noires; les antérieures sont un peu plus grandes; toutes les cuisses ont en dessous, et près de leur extrémité, une saillie comprimée, triangulaire, terminée en pointe et formant une dent, et un sinus ou échancrure sous le genou; les jambes sont un peu arquées et terminées en dessous par un crochet très-acéré.

Aux environs de Loxa.

LVI. COCCINELLE HUMÉRALE.

COCCINELLA HUMERALIS; pl. XXIII, fig. 8; de grandeur naturelle.

D'un noir bleuâtre, pubescente; élytres dilatées extérieurement à leur origine, jaunâtres, avec les deux extrémités, tous les bords et quatre points disposés transversalement sur le milieu du dos, d'un noir bleuâtre.

Cærulescenti-nigra, pubescens; coleoptris extus ad originem dilatatis, flavescentibus, apicibus duobus, margine toto punctisque quatuor, in dorsi medio transverse positis, cærulescenti-nigris.

Longueur du corps.

0ᵐ. 008.

Dᴇ toutes les coccinelles décrites, je n'en connois point dont la forme soit aussi remarquable. Les élytres sont très-dilatées ou fort larges aux angles extérieurs de leur base; elles vont ensuite en se rétrécissant, de manière que leur bord extérieur est presque droit; elles forment, par leur réunion, une espèce de triangle court, large et arrondi à son extrémité. Tout le corps est luisant, très-finement pointillé, d'un noir bleuâtre, pubescent ou un peu soyeux, notamment sur les côtés supérieurs du corcelet. La tête et le corcelet sont beaucoup plus étroits que la base des élytres; le corcelet est une fois plus large que long, largement échancré en devant, avec les angles des côtés arrondis ou obtus. L'écusson est très-petit, et de la couleur du corps. Les élytres sont d'un jaunâtre pâle, avec la base, l'extrémité postérieure, la suture et le bord extérieur d'un noir bleuâtre; la portion colorée de jaunâtre représente une grande tache carrée, qui remonte un peu du côté des épaules; son milieu offre deux petites taches arrondies, d'un noir bleuâtre, disposées transversalement, mais de manière que l'extérieure est un peu plus basse; celle-ci est encore un peu plus petite et presque ovale; les quatre taches forment ainsi une ligne transverse, un peu arquée en devant. Le dessous du corps est en entier d'un noir bleuâtre.

J'aurois pu donner à cette espèce un autre nom spécifique, fondé sur la considération du nombre des points : celui que j'ai choisi m'a paru préférable, attendu qu'il indique la forme caractéristique du corps de cet insecte.

Lima.

LVII. COCCINELLE a quatre plaies.

COCCINELLA quadriplagiata; pl. XXIII, fig. 9; grossie.

Noire, pubescente; élytres à quatre taches arrondies, grandes, presque égales, rougeâtres; intervalle compris formant une croix; tête, corcelet, dessous du corps et
pates sans taches.

*Nigra, pubescens; coleoptris maculis quatuor orbiculatis, magnis, subæqualibus,
rubescentibus; spatio interjecto cruciato; capite, thorace, corpore infra pedibusque
immaculatis.*

Longueur du corps.

0^m. 007.

Elle est très-convexe, pubescente, très-finement pointillée, d'un noir un peu
bleuâtre et luisant. Le corcelet est beaucoup plus large que long, notablement
plus étroit que les élytres, dont il est séparé, de chaque côté, par un intervalle
formant un angle; cette espèce appartient ainsi à notre première division
(*Gener. crustac. et insect.*, Tom. III, pag. 74), et a pour analogues les suivantes:
cacti, marginata, bi-pustulata, etc. L'écusson est très-petit, triangulaire
et de la couleur du corps. Les élytres réunies ont quatre taches presque orbiculaires, d'un rougeâtre livide, grandes, occupant la majeure partie du dos,
opposées deux à deux, formant un carré et laissant entre elles un espace représentant une croix. Les deux taches supérieures sont un peu moins grandes et
moins arrondies; les autres parties du corps sont entièrement noires.

Au Pérou.

LVIII. ALTISE A CINQ LIGNES.

ALTICA QUINQUE-LINEATA; pl. XXIII, fig. 10; grossie.

Allongée, lisse, fauve-pâle; corcelet transversal, uni; élytres à suture et quatre lignes noires, deux sur chacune; base des antennes pâle; le second article fort court; le quatrième un peu plus long que le précédent; dessous du corps et pates entièrement d'un fauve pâle.

Elongata, lævis, pallido-flava; thorace transverso, lævi; coleoptris sutura lineisque quatuor nigris, duabus in singulo; antennarum basi pallida; illarum articulo secundo brevissimo; quarto præcedenti paulo longiore; corpore infra pedibusque penitus pallido-ferrugineis.

Longueur du corps.

0ᵐ. 009.

Cette espèce a beaucoup d'affinité avec les galéruques, *notulata*, *americana*, *caroliniana* de Fabricius, avec la dernière surtout. Son corps est allongé, et ressemble, pour la forme, et presque quant à la couleur, à celui de la galéruque *lusitanique* de M. Olivier. Il est lisse, d'un fauve pâle, un peu plus vif sur les élytres, un peu plus clair sur les parties inférieures, et très-luisant. Les antennes sont filiformes, presque de la longueur du corps, un peu soyeuses, d'un noir obscur, avec les trois premiers articles pâles; ces articles et les suivans, à l'exception du dernier, sont presque obconiques. Les yeux sont noirs : la tête est de la couleur du corps : le corcelet est une fois plus large que long, en carré transversal, cambré, sans impressions sensibles, et marqué sur le dos de quelques petites taches obscures peu distinctes. L'écusson est d'un brun foncé, triangulaire et pointu. Les élytres sont lisses, sans la moindre apparence de stries, et ont chacune deux lignes noires placées, l'une près du bord extérieur et l'autre au milieu; le bord interne de la suture est encore noir, ce qui forme en tout cinq lignes, dont la suturale commune; ces raies sont longitudinales, droites, égales, parallèles, et n'atteignent pas tout-à-fait l'extrémité postérieure des élytres. Le dessous du corps est pubescent; il est, ainsi que les pates, entièrement d'un fauve pâle. N'ayant qu'un individu défectueux, je ne puis déterminer dans quelle division de M. Illiger l'on doit ranger cette espèce.

LIX. CHRYSOMÈLE MI-BORDÉE.

CHRYSOMELA SEMI-MARGINATA; pl. XXIII, fig. 11; grossie.

Ovoïde, convexe, d'un bleu foncé et luisant; corcelet presque uni, point épaissi à ses côtés, une fois au moins plus large que long; ses côtés, la tête, les quatre premiers articles des antennes, les pates, à l'exception des tarses, et l'anus, rouges; élytres à stries très-finés, et formées par des points enfoncés.

Ovata, convexa, saturató-cœrulea, nitida; thorace sublœvi, ad latera non incrassato, duplo saltem latiore quam longiore; illius lateribus, capite, antennarum articulis quatuor primis, pedibus, tarsis exceptis, anoque rubris; elytris subtiliter punctato-striatis.

Longueur du corps.

0^m. 006.

Eᴌᴌᴇ ressemble, pour la forme, aux chrysomèles *collaris*, *viminalis*, *adonidis*, etc.; son corps est ovoïde, assez bombé, d'un bleu foncé et très-luisant. Les antennes sont noires, avec les quatre premiers articles rouges: les derniers sont sensiblement plus gros. Les palpes ont leur extrémité noire et pointue. La tête est rouge, avec les yeux noirs. Le corcelet est transversal, presque uni, bleu au milieu du dos, et rouge sur les côtés, tant en dessus qu'en dessous; on aperçoit sur chacun d'eux une impression peu marquée et arrondie; les rebords sont très-étroits. L'écusson est petit, lisse, de la couleur du corps, et presque en triangle isocèle. Les étuis sont sans taches; on distingue sur chacun neuf stries longitudinales, très-légères et formées par des petits points enfoncés et alignés, dont les uns sont isolés et les autres contigus. L'anus, les cuisses, les jambes et la base du premier article des tarses sont rouges; le restant des tarses est noir, avec les pelottes rougeâtres. J'observerai que la couleur rouge, propre aux parties indiquées ci-dessus, est assez vive, et approche un peu du fauve.

Bords de l'Orénoque.

Zoologie. 30

LX. ÆTALION RÉTICULÉ.

ÆTALION RETICULATUM; pl. XXIII, fig. 12 grossi; fig. 13, partie
antérieure et inférieure du corps grossie.

Corps d'un jaunâtre gris; tête transverso-linéaire; deux raies noires et transverses sur
son bord antérieur; yeux saillans; une ligne plus claire et longitudinale sur le milieu
du corcelet; écusson jaune, avec deux petites taches noires; élytres d'un brun clair,
réticulées de jaunâtre; toutes les cuisses et les quatre jambes antérieures rayées de
noirâtre; jambes postérieures annelées de noir et de rougeâtre.

*Corpore griseo-lutescenti; capite transverso-lineari; illius margine antico strigibus
duabus nigris, transversis; oculis prominentibus; thoracis medio linea longitudinali
dilutiore; scutello flavo, maculis duabus, parvis, nigris; elytris diluto-brunneis,
flavido-reticulatis; femoribus omnibus tibiisque quatuor anticis fusco-lineatis; tibiis
posticis nigro rubidoque annulatis.*

Cicada reticulata, LINN. *System. nat. edit.,* 12, Tom. I, *part.* 2, pag. 707.

Cigale à réseau, DE GÉER. *Mém. pour serv. à l'hist. des insect.,* Tom. III, pag. 227,
pl. XXXIII, fig. 15 et 16.

Lystra reticulata, FAB. *System. Rhyng,* pag. 60. — Ejusd. *Tettigonia minuta,* entom.
system., Tom. IV, pag. 26.

STOLL. *Cicad.,* tab. XIV, fig. 74.

Longueur du corps.

0^m. 009.

L_A cigale *laineuse* de Linnæus est devenue, pour un de ses plus célèbres
disciples, l'entomologiste de Kiel, le type d'un genre qu'il a nommé *lystra*. Je
n'ai pas cru devoir adopter son opinion, et j'ai réuni cet insecte aux fulgores,
comme l'avoit déjà fait M. Olivier dans l'Encyclopédie méthodique. Fabricius
s'est plutôt décidé d'après quelques différences de forme que sur l'examen
comparatif des caractères essentiels, ceux que fournissent les antennes, le bec, etc.
Les grandes fulgores semblent, au premier coup-d'œil, devoir se détacher des

lystres, des flates, etc., par la conformation singulière de leur tête, qui se prolonge antérieurement et présente une sorte de museau; mais, en examinant successivement ces différens hémiptères, l'on voit la longueur de leur museau diminuer graduellement, et la tête, de longitudinale qu'elle étoit d'abord, finit par être transversale, ainsi que dans un grand nombre de tettigones et de cercopes. On ne peut donc s'étayer d'un caractère si variable. Fabricius, il est vrai, semble ne pas en faire usage. Ses signalemens génériques sont pris de la composition du bec, de la forme de la lèvre supérieure, de la structure des antennes et de leur insertion; mais il faut examiner s'il ne s'est pas trompé dans l'exposition de ces caractères; or je pense que ceux qu'il a donnés, relativement aux genres indiqués ci-dessus, sont faux ou très-inexacts. S'il avoit observé plus soigneusement l'insecte dont je m'occupe, il auroit sans doute vu : 1.º qu'il ne pouvoit être associé ni à ses lystres ni à ses tettigones, mais qu'il devoit former un genre propre ; 2.º que cet hémiptère avoit déjà été décrit par Linnæus, et figuré par De Géer et Stoll.

Je désignerai ce nouveau genre sous le nom d'Ætalion, appliqué anciennement, suivant des lexicographes, à des espèces de cigales. Il doit être placé, à raison du nombre des pièces des antennes et de celui des petits yeux lisses, dans ma division des cicadelles (*Gener. crustac. et insect.*, Tom. III, pag. 156). Par la forme du corcelet, qui est presque aussi long que large, et dont la coupe dessine une sorte de losange tronqué aux deux bouts, ou un hexagone irrégulier, ce genre se rapproche beaucoup plus de celui des cercopes que des autres de la même division; mais les antennes des cercopes sont insérées immédiatement sous le bord supérieur et antérieur de la tête, sur les limites latérales du front, dans une ligne idéale allant d'un œil à l'autre, et très-près du milieu des bords internes de ces organes; mais dans les ætalions, les antennes ont leur naissance plus bas, et dans une ligne qui se trouve inférieure par rapport aux yeux : ce caractère convient aussi aux fulgores; mais les antennes de ces derniers hémiptères, outre qu'elles ont une autre conformation, sont insérées immédiatement sous les yeux, au lieu que dans les ætalions elles en sont éloignées, et plus rapprochées au contraire du milieu du front. La différence que l'on observe à cet égard entre ces derniers hémiptères et les cercopes, a pour cause un changement de forme dans l'extrémité antérieure et supérieure de leur tête, ou le bord qui sert de base au front; ici ou dans les cercopes, le plan supérieur de la tête est étendu horizontalement; là ou dans les ætalions, il est presque entièrement rabattu en dessous, de sorte que le bord postérieur de la tête prend la place de l'antérieur; le front est ainsi rejeté plus bas, occupe beaucoup moins d'espace, et n'a presque point de convexité. De tout cela il s'ensuit que les antennes doivent descendre. J'ai dit plus haut que ces organes avoient une forme diffé-rente de celle des fulgores; leur structure, en effet, est presque la même que dans nos tettigones ou les cigales de Fabricius; elles sont composées de trois articles, dont les deux premiers un peu plus gros, très-petits, cylindriques, à peu près égaux, et dont le troisième ou dernier beaucoup plus long, plus grêle, ayant à sa naissace la forme d'un cône allongé, et terminé insensiblement en une soie assez longue. Le bec ne présente point de caractère particulier; les deux petits yeux lisses, au lieu d'être sur le vertex, sont reportés en avant, vers le milieu de la partie inclinée de la tête; cette partie est traversée de deux lignes noires; l'une occupe son bord supérieur et suit sa courbure, l'autre est droite, et un peu au-dessous du milieu du plan antérieur. C'est sur cette dernière ligne que sont placés, à quelque distance l'un de l'autre, les deux petits yeux lisses. Les jambes n'ont point d'épines, comme dans la plupart des cicadelles. Les yeux sont bruns. Le dessous du corps est un peu plus jaune que le dessus. Le corcelet est très-ponctué; ses bords latéraux sont noirs : on voit une ligne semblablement colorée sur chacun de ses côtés inférieurs. L'écusson est trian-gulaire, très-pointu, jaunâtre, avec une ligne plus claire au milieu, formée par le prolongement de celle qui règne le long du corcelet; on voit sur la base de cet écusson deux petites taches noires et rapprochées; il paroît reposer sur une pièce particulière, dont les côtés sont élevés et lui servent de rebord. Les élytres sont entièrement coriaces, d'un brun rougeâtre pâle, avec un grand nombre de nervures jaunâtres, imitant un réseau; l'extrémité est plus claire, moins opaque, et dépasse peu l'abdomen. Les autres notes distinctives sont mentionnées dans la phrase spécifique; on peut d'ailleurs consulter encore la description que De Géer a donnée de cet insecte.

Dans les broussailles, près de Caraccas; se trouve aussi à Surinam.

LXI. ERYCINE OPPEL.

ERYCINA OPPELII; pl. XXIV, fig. 1, en dessus et les ailes étendues; fig. 2,
de profil et les ailes relevées; de grandeur naturelle.

Antennes en massue obconique et dont l'extrémité est arrondie; palpes avancés; ailes
très-entières, très-noires en dessus, avec une bande d'un vert doré, transverse,
sur le milieu des supérieures; une ligne bleuâtre près du bord postérieur des inférieures; dessous des premières noir; leur base, leur extrémité, et tout le dessous
des secondes d'un jaune d'ocre pâle; chacune de celles-ci traversée par deux raies
noires et parallèles.

*Antennis clavâ obconicâ, ad apicem rotundata; palpis productis; alis integerrimis,
supra atris; anticarum medio fascia aurato-viridi, transversa; posticis, margini
postico proxime, linea cœrulescenti; prioribus infra nigris; illarum basi et apice,
posteriorum pagina infera tota, pallido-ochraceis; harum singula strigis duabus
nigris, parallelis.*

Envergure.

0ᵐ. 050.

Longueur du corps.

0ᵐ. 018.

FABRICIUS, dans son dernier travail sur les glossates, a partagé en plusieurs
autres son genre des hespéries. Mais, n'ayant connu cette nouvelle classification
que par l'extrait qu'en a publié M. Illiger, il ne m'a pas été possible d'examiner
suffisamment les bases sur lesquelles elle repose. Je me suis borné, pour le
moment, à couper en deux le genre des hespéries. Les espèces dont les mâles ont
les pates antérieures beaucoup plus courtes, appliquées contre la poitrine, et
presque inutiles au mouvement; les espèces, en un mot, dont les premières pates
sont en palatine, composent mon genre erycine; les autres espèces, formant le

plus grand nombre, rentrent dans mes polyommates, qui, à l'exception des espèces séparées par la première coupe, embrassent les anciennes hespéries rurales de Fabricius.

En donnant à l'espèce d'érycine [1] que je décris le nom d'*Oppel*, j'ai voulu rendre un nouvel hommage au talent et aux lumières du peintre bavarois qui m'a été d'un grand secours pour cet ouvrage. Je me plais à dire que j'ai vu en lui, non-seulement un artiste distingué, mais encore un zoologiste très-instruit, un habile observateur, et qui se conciliera bientôt l'estime des savans par un bon mémoire sur les serpens venimeux de l'Europe. S'il m'étoit permis de dévoiler ici mes affections personnelles, j'ajouterois que le sentiment de l'amitié anime encore ce foible témoignage de mon souvenir pour M. Oppel.

Le dessus du corps de l'érycine *Oppel* est noir. Les antennes sont de la même couleur, mais annelées de blanc; leur masse est assez grosse, en forme de cône renversé, allongé et arrondi au bout. Les palpes sont noirs en dessus, d'un blanc un peu jaunâtre en dessous, entièrement garnis d'écailles, notablement avancés au-delà de la tête; le second article est long et demi-cylindrique; le dernier est court, conique et un peu incliné. Les yeux m'ont paru bordés d'une ligne blanche. Les ailes sont très-entières, et d'un beau noir de velours en dessus; les supérieures ont le bord postérieur presque droit; mais celui des inférieures est arrondi. Le dessus des premières offre les caractères suivans: 1.º Sa base est saupoudrée de vert; 2.º son milieu est traversé presque entièrement par une bande d'un beau vert doré, droite, entière, presque de largeur égale, partant près du milieu du bord extérieur, où elle est un peu plus étroite et arrondie au bout, et se terminant au bord interne, un peu avant son angle postérieur; 3.º une petite tache allongée et bleuâtre, près de l'angle du sommet. Le dessous des mêmes ailes est d'un jaune d'ocre pâle depuis la base jusqu'au tiers de la longueur; l'espace qui suit est noir, et forme une grande bande, traversant tout le milieu; on y remarque près de la côte une petite tache blanche, accompagnée en dessous d'un peu de bleu; entre cette tache et le jaune de la base, l'on aperçoit un trait qui est également bleu; l'angle du sommet de l'aile est largement occupé par une tache d'un jaune d'ocre, en triangle allongé, mais qui n'atteint pas tout-à-fait le bord postérieur; ce bord est noir dans toute son étendue, et entrecoupé sur

---

[1] L'analogie qu'a cet insecte avec les papillons désignés sous le nom d'*argus*, nous détermine à le placer dans le genre *érycine*. Je préviens cependant qu'il a plusieurs rapports avec certains nymphales; si nous connoissions sa chenille, le doute seroit bientôt levé.

les deux surfaces par cinq à six points blancs. Le dessus des ailes inférieures, de
la base jusqu'au milieu, est en partie saupoudré d'atomes verts, ou d'un vert
bleuâtre, ce qui forme une ligne ou une bande longitudinale peu prononcée; le
milieu du disque offre encore une tache très-foible et composée de même; près
du bord postérieur est une ligne ou petite bande, suivant la majeure portion de
son contour, et bleuâtre. Le dessous de ces ailes est d'un jaune d'ocre pâle, avec
deux raies noires sur chaque; ces raies sont étroites, presque droites, parallèles,
traversant le milieu de la surface, en partant du bord le plus extérieur, et se
rendant au côté opposé, vers lequel elles sont plus resserrées; la raie inférieure
aboutit à l'angle anal. Le dessous du corps et les pates sont jaunâtres; la couleur
des cuisses tire sur le blanc.

Sur les bords de la rivière des Amazones.

LXII. ÉRYCINE EUCLIDE.

ERYCINA EUCLIDES; pl. **XXIV**, fig. 3; en dessus, les ailes étendues; fig. 4, de profil et les ailes élevées.

Antennes en massue obconique et dont l'extrémité est arrondie; palpes avancés; ailes très-entières, très-noires en dessus, avec une bande bleue et à reflets d'un vert-doré, sur chaque; dessous des supérieures d'un carmin rose vers leur base, noir au milieu, d'un gris luisant, avec une raie noire, à l'extrémité supérieure; dessous des inférieures d'un gris luisant, avec la côte supérieure carmin; des lignes noirâtres formant deux grands cercles presque concentriques, et deux ovales au milieu, sur chaque; un point dans l'ovale supérieur, deux dans l'inférieur; points noirs.

Antennis clava obconica, ad apicem rotundata; palpis productis; alis integerrimis, supra atris, fascia cærulea, radios aurato-virides reflectente; alis anticis infra, basin versus, roseo-miniatis, in medio nigris, ad apicem superum lucido-griseis lineaque nigra notatis; posticis infra lucido-griseis, ad costam superam miniatis; ala singula lineis fuscis, circulos duos, magnos, subconcentricos figurasque totidem subovatas in medio, delineantibus; figura supera punctum unicum, infera duo includentibus; punctis nigris.

Envergure.

o^m, o45.

Longueur du corps.

o^m. o15.

PARMI les hespéries de Fabricius, on en trouve une qui porte le nom d'Archimède. Quand on jettera les yeux sur le dessous des ailes inférieures de notre érycine, on approuvera, j'espère, la dénomination qui distingue cette espèce. Le compas de la nature a tracé sur chacune de ces ailes deux espèces de cercles presque concentriques, et dont le milieu offre en outre deux ovales; les trois points noirs renfermés par ces ovales ajoutent encore à la singularité du dessin.

Le nom d'un géomètre de l'antiquité, du célèbre Euclide, peut dès-lors convenir à cette jolie espèce de lépidoptère.

Elle est très-voisine du papillon *Eurota*, figuré par Cramer, pl. 64, E, F, et le dessin est presque semblable; mais dans cette dernière espèce, le rouge du dessous des ailes supérieures est plus étendu et d'une teinte différente; les lignes courbes du dessous des autres ailes sont plus larges; le cercle intérieur est contigu aux ovales du centre; ces ovales se touchent, et renferment l'un et l'autre deux taches ou deux points noirs. Les ailes supérieures ont encore en dessus, et près de l'angle du sommet, une tache verte, qui n'existe pas dans notre espèce.

L'érycine *Euclide*, par la forme des antennes, celle des palpes et des pieds, et sous le rapport de la coupe des ailes, ressemble parfaitement à l'érycine *Oppel*. Le dessus des ailes est aussi presque le même; mais ses bandes sont d'un bleu changeant, et qui, vu horizontalement, paroît d'un vert doré éclatant, avec une teinte d'argent: la base des ailes supérieures est légèrement saupoudrée de bleuâtre; on n'en voit point sur celle des inférieures: leur bande, en forme de ligne transverse et arquée, est plus grande que dans l'érycine *Oppel;* et, outre qu'elle est très-apparente, elle est aussi plus éloignée du bord postérieur : au-dessous d'elle, près de l'angle anal, est une tache bleuâtre, peu distincte: la tranche du bord postérieur des quatre ailes est blanche; le dessous des supérieures est d'un gris luisant, et comme foiblement argenté à leur origine et à l'angle du sommet, jusqu'un peu au-delà du milieu du bord postérieur: l'espace intermédiaire offre d'abord une grande bande transverse d'un carmin rose et vif, qui s'étend jusque près du milieu, et ensuite une autre bande également transverse, mais plus grande, noire, un peu plus claire au bord interne; le gris de l'angle du sommet forme une tache triangulaire, allongée, traversée un peu au-delà de son milieu par une ligne noire, fine, un peu arquée, et longitudinale : on voit encore, tout le long du bord postérieur du dessous de ces ailes et des suivantes, une ligne pareillement noire et très-fine; cette ligne est droite aux ailes supérieures, et ondulée sur les deux autres. Le dessous de ces dernières ailes est entièrement du même gris que nous avons remarqué sur la base et l'extrémité des précédentes; leur côte supérieure est d'un carmin très-vif : cette couleur forme une ligne courbe et fourchue vers sa naissance; immédiatement au-dessous de l'extrémité inférieure de cette ligne, et à peu de distance du bord postérieur, commencent deux lignes noirâtres, très-fines, rapprochées, courbes, parallèles, remontant en suivant le contour de l'aile jusqu'à sa base, et se perdant vers le milieu du rouge de la côte; ces deux lignes tracent ainsi deux espèces de cercles un peu resserrés, et formant un angle au bord interne de l'aile ; le centre commun des deux cercles présente deux ovales fermés, circonscrits de même par deux lignes noirâtres et courbes ; les deux ovales sont placés transversalement l'un sur l'autre : le supérieur est un peu plus petit, et va en se rétrécissant au côté interne : il renferme à l'extrémité opposée un point noir ; l'ovale inférieur est plus ovale, plus élargi au côté interne, et comprend deux points noirs et assez écartés. Les pates sont grises, avec quelques raies noires. Le dessous de l'abdomen est d'un jaunâtre très-pâle sur les côtés, obscur au milieu ; mais le dessus et les parties supérieures du corps sont noirs. Les antennes sont de la même couleur, avec des anneaux blancs sur la tige ; la masse est noire, et marquée d'une tache roussâtre à son extrémité.

Bords de la rivière des Amazones.

LXIII. ERYCINE ARISTOTE.

ERYCINA ARISTOTELES; pl. XXIV, fig. 5; en dessus, et les ailes étendues; fig. 6, en dessous et les ailes élevées.

Antennes en massue obovoïde et allongée; palpes très-courts; les quatre ailes triangulaires; les supérieures entières; les inférieures allongées, un peu sinuées, obtuses ou comme tronquées à leur extrémité; les surfaces de toutes, noires, et traversées par deux bandes droites; l'une au milieu, d'un fauve orangé et continu; l'autre vers le limbe postérieur, très-divisée par les nervures, peu apparente, et d'un noirâtre clair en dessus, blanchâtre en dessous; ailes inférieures ayant, tant en dessus qu'en dessous, des taches blanches le long du bord postérieur, et une tache d'un fauve orangé, transverse et échancrée, au-dessus de l'angle anal.

Antennis clava obovata, elongata; palpis brevissimis; alis quatuor trigonis; anticis integris; posticis elongatis, subsinuatis, ad apicem obtusis aut veluti truncatis; his et illis utrinque nigris, fasciis duabus, transversis, rectis; priori in medio posita, aurantiaco-rufa, continua; posteriori limbum posticum versus supra nervis valde divisa, supra obsoleta et diluto-fusca, infra albicanti; alis posticis, ex utraque parte, ad marginem posticum albo-maculatis, angulumque analem supra macula aurantiaco-rufa, transversa, emarginata, notatis.

Envergure. 0ᵐ. 038. *Longueur du corps, depuis la tête jusqu'à l'extrémité des ailes inférieures.* 0ᵐ. 019.

LE père de l'histoire naturelle, le grand Aristote, a été oublié par Fabricius, dans l'application nominale qu'il a faite des personnages fameux de l'antiquité aux lépidoptères diurnes; il est juste de réparer cette omission: que notre nouvelle espèce d'érycine soit donc l'érycine *Aristote.* C'est sur des hespéries analogues, comme le *lysippus*, le *melibœus*, etc., que l'entomologiste de Kiell a composé le genre d'érycine proprement dit. Notre phrase spécifique équivalant à une description, nous ne nous étendrons pas davantage sur ce lépidoptère. Nous ajouterons simplement que les antennes et le dessus du corps sont noirs; que l'origine inférieure des quatre ailes est d'un gris bleuâtre; que le bord postérieur des inférieures est un peu frangé, et que chaque côté du ventre a une bande longitudinale d'un roussâtre clair.

Sur les bords de la rivière de la Madeleine.

LXIV. ERYCINE PALLAS.

ERYCINA PALLAS; pl. XXIV, fig. 7; en dessus et les ailes étendues; fig. 8, en dessous et les ailes élevées.

Antennes en massue obovoïde et allongée; palpes très-courts; les quatre ailes triangulaires; les supérieures entières; les inférieures prolongées, un peu sinuées, obtuses ou comme tronquées à leur extrémité; les surfaces de toutes noirâtres et traversées par deux bandes droites; l'une au milieu, blanche, et pointue aux deux extrémités; l'autre vers le limbe postérieur, très-divisée par les nervures, moins apparente et d'un noirâtre clair en dessus, blanchâtre en dessous; ailes inférieures ayant, tant en dessus qu'en dessous, des taches blanches le long du bord postérieur, et une tache d'un fauve orangé, partagée en deux, transverse, au dessus de l'angle anal.

Antennis clava obovata, elongata; palpis brevissimis; alis quatuor trigonis; anticis integris; posticis elongatis, subsinuatis, ad apicem obtusis aut veluti truncatis; his et illis utrinque nigricantibus, fasciis duabus, transversis, rectis; priori in medio posita, alba, ad apices angustato-acuminata; posteriori, limbum posticum versus, nervis valde divisa, supra minus conspicua et diluto-fusca, infra albida; alis posticis, ex utraque parte, ad marginem posticum albo-maculatis, angulumque analem supra macula aurantiaco-rufa, bipartita, transversa, notatis.

Envergure.

0^m. 038.

Longueur du corps, depuis la tête jusqu'à l'extrémité des ailes inférieures.

0^m. 019.

Cette espèce se rapproche tellement de la précédente, qu'on seroit tenté de croire qu'elle n'en est qu'une variété. Cependant le fond des ailes est plus clair; à la place de la bande fauve, on voit ici une bande blanche, qui d'ailleurs se rétrécit et se termine en pointe aux deux extrémités; la tache anale et fauve des inférieures n'est pas simple, mais didyme, ou partagée en deux.

Sur les bords de la rivière de la Madeleine.

LXV. NYMPHALE CHRYSITE.

NYMPHALIS chrysites ; pl. XXV, fig. 1 ; en dessus, et de grandeur naturelle ;
fig. 2, le même, avec les ailes élevées.

Ailes supérieures entières, avec l'extrémité un peu avancée et tronquée ; bord postérieur
des inférieures arqué, légèrement sinué vers l'angle anal ; le dessus des quatre ailes et le
dessous des supérieures noirs, avec un reflet violet et des bandes couleur de souci
pâle ; dessous de chacune des supérieures ayant une tache bleuâtre près du milieu,
et quatre petits yeux, dont l'inférieur plus grand, à prunelle noire et à iris couleur
de souci pâle, près de l'extrémité ; dessous des inférieures presque bai, avec une
légère teinte cendré-bleuâtre ; une tache jaune, dorée, unidentée, appuyée sur le
bord extérieur, et deux petits yeux contigus, sur chaque surface inférieure.

*Alis superioribus integris, ad apicem truncato-subproductis ; inferiorum margine
postico subarcuato, angulum analem versus subsinuato ; alis quatuor supra, superioribus infra, violaceo-nigris, fasciis pallido-miniatis ; alarum superiorum pagina
infera macula cærulescenti ad medium, et ocellis quatuor ad apicem ; horum infimo
majore, pupilla nigra, iride pallide miniata ; alis posticis infra subbadiis, cærulescenti-
cinereo leviter imbutis ; macula aurato-straminea, unidentata, margini externo imposita,
ocellisque duobus contiguis, in pagina singula.*

Longueur du corps.

0^m. 022.

Envergure.

0^m. 069.

M. Bonpland n'ayant apporté qu'un individu de cette espèce, et cet individu
encore étant privé d'antennes, je ne puis décider à quel nouveau genre de Fabricius
on doit associer ce lépidoptère. Je présume cependant qu'il appartient à ses
paphies ou à ses *apatures*. Les quatre ailes sont presque entières ; les supérieures
ont l'extrémité ou l'angle du sommet un peu avancé et coupé ; le bord postérieur
des inférieures est arqué, arrondi, foiblement sinué vers l'angle anal, qui est
assez fortement prononcé, le côté intérieur de ces ailes allant presque en ligne
droite. Le dessus des quatre ailes est noir, avec un reflet violet ; les supérieures
sont entièrement traversées, dans le sens de leur largeur, par trois bandes

parallèles, d'une couleur de souci pâle : la première est plus large, et presque droite sur ses bords, elle est située à peu de distance de la base de l'aile : la seconde est la plus longue, et se prolonge du milieu de la côte à l'angle interne ; ses bords, l'intérieur surtout, sont sinués : la dernière est la plus petite, et comme formée de trois taches réunies ; la tranche du bord postérieur est également couleur de souci. Les ailes inférieures sont coupées par une bande de la même couleur, et qui n'est qu'une continuation de la première des supérieures : elle se rétrécit et se courbe un peu en dedans, lorsqu'elle approche du bord postérieur ; une ligne, qui est pareillement couleur de souci, suit le contour de ce bord. Le fond du dessous des ailes supérieures est en majeure partie presque le même que celui de dessus ; le noir et les deux premières bandes sont plus pâles : on remarque dans l'entre-deux de ces bandes une petite tache ovale et bleuâtre ; l'extrémité de l'aile est d'un brun rougeâtre ou presque bai, avec une teinte cendrée bleuâtre ; à la place de la troisième bande souci que nous offre la face supérieure, on voit ici quatre petits yeux contigus, sur une ligne transverse et un peu arquée ; les deux yeux supérieurs sont très-petits (le second particulièrement), noirs, avec la prunelle et l'iris d'un cendré bleuâtre ; le troisième est un peu plus grand que les précédens, blanchâtre, et entouré de deux cercles, dont l'interne brun, et l'externe souci pâle : l'œil inférieur est beaucoup plus grand, très-distinct, noir, avec un cercle souci pâle tout autour : au-dessous sont deux points d'un cendré bleuâtre. Le dessous des ailes inférieures est presque bai, ou tirant sur la couleur du quinquina, avec une teinte cendré-bleuâtre, particulièrement vers le bas et au côté interne ; au milieu du bord extérieur est une tache d'un jaune paille, dorée, luisante, en forme de triangle élargi, mais échancrée intérieurement près de la pointe, ce qui la fait paroître unidentée : cette tache est placée sur un fond plus rougeâtre et plus foncé ; au-dessous, et à une petite distance de l'origine du bord postérieur, sont deux petits yeux presque effacés, contigus, de même grandeur, dont le fond est à peu près le même que celui de l'aile, mais distingués par une petite prunelle noire, avec un point bleuâtre au milieu ; l'œil inférieur paroît avoir un iris d'un brun jaunâtre, mais très-peu apparent : entre ces petits yeux et l'angle anal, l'aile est d'un rougeâtre plus clair. Le duvet du dessus de la tête, des palpes, de la partie antérieure du corcelet, sont d'un brun rougeâtre ; le côté antérieur de ces palpes, la poitrine, et une grande partie des quatre pattes antérieures, sont d'une teinte plus claire, tirant sur le souci pâle.

Trouvé, mais très-rarement, près de Guancabamba, dans la Cordillère des Andes.

LXVI. NYMPHALE LEUCOPHTHALME.

NYMPHALIS LEUCOPHTHALMA; pl. XXV, fig. 3; en dessus, et de grandeur
naturelle; fig. 3, le même, et les ailes élevées.

Antennes en massue allongée, formée insensiblement; ailes supérieures entières; les
supérieures crénelées; dessus des quatre noirâtre; les deux surfaces des premières
traversées par une bande d'un jaune d'ocre clair, large; une tache d'un blanc
de neige, orbiculaire, sur le milieu du disque des postérieures, tant en dessus qu'en
dessous; les surfaces inférieures des quatre ailes d'un minime clair, avec des lignes
plus pâles, et des taches d'un gris bleuâtre.

*Antennis sensim elongato-capitatis; alis superioribus integris; inferioribus crenatis;
his et illis supra nigricantibus; primoribus utrinque fascia diluto-ochreacea, lata,
transversa; posteriorum disco macula candida, orbiculata, in medio, ex utraque
parte, notato; alis omnibus infra diluto-castaneis, lineis pallidioribus maculisque
cœrulescenti-griseis.*

Longueur du corps.

0^m. 018.

Envergure.

0^m. 061.

LES antennes sont noires, terminées insensiblement en une massue allongée,
assez grêle, ce qui semble indiquer qu'on doit rapporter ce lépidoptère au genre
limenitis de Fabricius. Le corps est également noir, avec la tranche antérieure
des palpes, les pates en grande partie, et des lignes sur le ventre, blanches.
Les ailes supérieures sont entières; mais le bord postérieur des inférieures est
crénelé. Les unes et les autres sont noirâtres en dessus, et d'un brun minime
clair, avec des lignes et des espaces maculaires plus pâles et tirant sur le jaunâtre.
Les supérieures sont traversées des deux côtés par une grande bande couleur
d'ocre pâle, qui va du milieu de la côte à l'angle interne, vers lequel elle se
rétrécit et se termine en pointe; ses bords ont quelques échancrures; le dessous

de chacune de ces ailes est marqué de cinq taches inégales, d'un gris bleuâtre ou presque de couleur de perle et bordées de brun plus foncé ; trois de ces taches sont placées en triangle près de l'origine de l'aile ; les deux supérieures sont plus grandes et triangulaires ; l'inférieure est très-petite et presque en forme de point ; les deux autres sont situées près de l'angle du sommet, et parallèlement au bord postérieur ; elles sont petites et arrondies. Les ailes inférieures ont, au milieu de leur disque, tant en dessus qu'en dessous, une tache assez grande, presque orbiculaire et d'un beau blanc ; leur bord postérieur est entrecoupé de traits de la même couleur ; leur surface inférieure présente aussi, comme celle des supérieures, des taches d'un gris bleuâtre ; mais ces taches sont plus nombreuses ; la base en a cinq à six de forme et de grandeur différentes ; les autres taches sont presque égales, ovales, et placées sur une ligne transverse, à peu de distance du bord postérieur, auquel cette ligne est parallèle ; sur le milieu du bord extérieur est une autre tache arrondie et qui paroît plus blanche ; l'intervalle compris entre la grande tache discoïde et le bord postérieur est entrecoupé par des lignes transverses, qui sont alternativement d'un brun minime souci et d'un brun jaunâtre.

Au Pérou, sur la pente occidentale des Andes, en approchant de la mer du Sud, près de Guangamarea.

LXVII. HÉLICONIEN CYRÈNE.

HÉLICONIUS CYRENE; pl. XXV, fig. 5; en dessus et de grandeur naturelle; fig. 6, le même, et les ailes élevées.

Ailes oblongues, très-entières; les supérieures et le dessus des inférieures noirs; une grande bande longitudinale sur celles-ci, et un grand nombre de taches sur celles-là, transparentes; le dessous des ailes inférieures, la moitié postérieure de celui des supérieures, d'un brun marron; le limbe postérieur et inférieur des quatre noir, avec une ligne transverse de points blancs.

Alis oblongis, integerrimis; anticis posticarumque pagina supera nigris; his fascia magna, longitudinali, illis maculis plurimis, diaphanis; alarum posticarum pagina infera, anticarum ejusdem paginæ dimidio apicali, castaneis;. omnium limbo postico et infero nigro, punctorum alborum serie transversa.

Longueur du corps.

0^m. 017.

Envergure.

0^m. 062.

C ETTE espèce d'héliconien me paroît avoir une grande affinité avec l'*Æglé* de Fabricius; peut-être même n'en est-il qu'une variété à taches plus nombreuses. Les antennes sont noires, avec une partie des palpes et des pates blanche. Le dessus des quatre ailes et le dessous des supérieures, à l'exception de leur extrémité, sont d'un noir obscur. Celles-ci ont chacune dix taches transparentes ou vitrées, disposées ainsi : 1, 2, 4, 3; la première, ou celle de la base, est plus grande, longitudinale et presque en forme de coin; les autres forment des rangées transversales; celles des deux dernières sont plus petites et arrondies; la moitié postérieure du dessous de ces ailes est d'un brun marron, coupé de noir, avec six points blancs et alignés sur le limbe postérieur qui est noir. Les ailes inférieures ont leur disque occupé depuis le bord interne par une grande bande transparente, mais ayant une teinte blanche, excepté vers l'extrémité, où elle se rétrécit et où elle est partagée en deux; le dessous de ces ailes est d'un brun marron; la bande dont je viens de parler est bordée de noir; c'est aussi la couleur du limbe postérieur, sur lequel sont encore six points blancs et formant une ligne transverse.

Au Pérou, à l'est de Truxillo.

LXVIII. ERYCINE AGÉSILAS.

ERYCINA AGESILAS; pl. XXV, fig. 7, en dessus et de grandeur naturelle; fig. 8, le même, avec les ailes élevées.

Massue des antennes petite, en forme de fuseau; palpes de longueur moyenne, peu poilus : le dernier article court, cylindrico-conique; ailes triangulaires, brièvement anguleuses au bord postérieur, très-ponctuées, tant en dessus qu'en dessous, de noir ou de noirâtre; les inférieures sans queue; dessus de toutes bronzé-bleuâtre; leur dessous brun, avec des espaces grisâtres; les échancrures du bord postérieur frangées de blanc.

Antennarum capitulo parvo, fusiformi; palpis mediocribus, parum pilosis : articulo ultimo brevi, cylindrico-conico; alis trigonis, ad marginem posticum breviter angulatis, nigro aut fusco utrinque confertissime punctatis; posticis ecaudatis; his et illis supra chalybeo-æneis, infra brunneis, griseo variegatis; marginis postici incisuris albo fimbriatis.

Longueur du corps.

0^m. 015.

Envergure.

0^m. 038.

Quoique les métamorphoses de ce lépidoptère me soient inconnues, je suis cependant fondé à croire qu'il appartient à l'ancien genre des *hespéries* de Fabricius. On voit, en effet, au premier coup-d'œil, qu'il a plusieurs traits de conformité avec les espèces nommées par cet auteur *Phlœas, Virgaureœ,* etc.; mais comme les deux pates antérieures sont beaucoup plus courtes que les autres, très-velues et collées sur la poitrine, ce lépidoptère est tétrapode, et doit, d'après ma méthode, être placé dans mon genre *érycine.* Le dessus du corps est noir, avec le contour postérieur de la tête et les palpes blancs; le dessous est grisâtre; c'est aussi la couleur des pates. Les antennes sont noires, avec des anneaux et l'extrémité de la massue blancs. Les quatre ailes sont triangulaires, avec le bord postérieur inégalement et brièvement sinué; les inférieures n'ont point de prolongemens en forme de queue : leur bord interne est velu ou presque soyeux. Les quatre ailes sont chargées, sur leurs deux surfaces, d'une grande quantité de petites taches inégales en forme de traits ou de points; les taches supérieures sont noires, et les inférieures noirâtres; plusieurs de celles qui sont près du bord postérieur paroissent presque ocellées. Le dessus de ces ailes est d'un bronzé bleuâtre, brillant et soyeux, mais qui varie selon les individus, de même que les couleurs de la surface inférieure et les taches. Le dessous des quatre ailes est d'un brun souci et mêlé d'une foible teinte violette ou bleuâtre, avec quelques espaces cendrés ou grisâtres le long du bord postérieur; cette dernière couleur s'étend davantage dans quelques individus. La marge du bord postérieur est noire à son origine, et ensuite frangée de blanc; cette frange est coupée par des points noirs qui sont placés aux saillies angulaires.

Sur les bords de la rivière des Amazones, dans la province de Jaen de Bracamorros.

SUR LA RESPIRATION

DES CROCODILES;

Par A. DE HUMBOLDT.

Les expériences que je présente dans ce Mémoire à l'attention des physiologistes ont été faites sur l'espèce de crocodiles qui habite les rivières de l'Orénoque, de l'Apure, du Cassiquiaré et de la Madeleine, et que M. Cuvier, dans son grand travail sur les différentes espèces de crocodiles vivans, désigne par le nom de *Crocodilus acutus.* Ce Saurien, d'une stature colossale, a été long-temps confondu avec les Alligators[1] de la Caroline méridionale, sous le nom vulgaire de Caïman, tandis qu'il offre une analogie frappante avec le crocodile de la Thébaïde (*C. vulgaris*), et que, par la position et le nombre de ses dents, il appartient au sous-genre des crocodiles proprement dits.

Il est facile de concevoir que la férocité, la grandeur et la force énorme du *crocodile à museau aigu*, rendent impossible toute expérience tentée sur un animal adulte; j'ai dû me contenter d'enfermer sous des cloches de jeunes animaux sortis de l'œuf depuis quinze à vingt jours. Les Sauriens n'éprouvant pas la métamorphose que l'on observe dans les reptiles batraciens, il n'y a aucune raison de supposer que la respiration d'un jeune crocodile, de deux décimètres de longueur, diffère essentiellement de celle d'un crocodile adulte qui atteint jusqu'à six ou sept mètres. Cette différence, à en juger d'après l'analogie qu'offrent les mammifères, les oiseaux et les poissons sur lesquels j'ai fait des expériences, ne se manifeste pas dans les proportions de l'oxigène absorbé et de l'acide carbonique produit, mais uniquement dans la quantité d'air décomposé.

Dans le cours de l'expédition que nous fîmes, M. Bonpland et moi, pour examiner la communication qui existe entre l'Orénoque et la rivière des Amazones, nous vîmes, pendant plusieurs mois, notre *pirogue* entourée d'une grande quantité de crocodiles. Les îlots arides, les plages bordées d'Hermesia castanei-

---

[1] *Crocodilus lucius. Cuv.*

folia[1] étoient couverts de ces reptiles carnassiers. Au milieu des forêts de la Guayane, luttant contre tous les obstacles qui peuvent se présenter à des voyageurs, nous devions renoncer à l'idée de nous livrer à des expériences qui exigent un appareil en verre, un local commode, et surtout du repos. Notre situation fut moins pénible pendant le voyage de Carthagène des Indes à la ville de Quito, en remontant la rivière de la Madeleine, qui traverse le royaume de la Nouvelle-Grenade. Occupé de lever le plan de ce grand fleuve, je m'arrêtai, au mois de mai de l'année 1801, quelques jours à la ville de Mompox, située, d'après mes observations, par les 9° 14′ 20″ de latitude boréale, et les 5ʰ 7′ 11″ de longitude occidentale. C'étoit l'époque à laquelle les crocodiles sortoient de leurs œufs. Les mares qui communiquent à la rivière de la Madeleine étoient remplies d'une innombrable quantité de ces jeunes Sauriens : les poissons ne sont pas plus abondans dans nos étangs ; et si les oiseaux de proie, surtout les *Galinazos* ou *Zopilotes* (Vultur aura) n'en dévoroient pas une grande partie, les crocodiles augmenteroient tellement en ces régions marécageuses, que les hommes oseroient à peine s'approcher des bords des fleuves. Les Indiens ont une grande adresse pour prendre les petits crocodiles. Ils les saisissent par la nuque, en leur présentant un morceau de bois dans lequel l'animal irrité enfonce ses dents. En peu d'heures je réunis dans mon appartement une quarantaine de crocodiles qui avoient à peu près trois ou quatre décimètres de longueur. Ces animaux, malgré leur petitesse, sont déjà assez dangereux à manier ; ils se défendent pendant long-temps avec succès contre les attaques d'un vautour ou d'un chien, en écartant leurs mâchoires en angle droit et en présentant leur gueule à l'ennemi. Ils ont toutes les mœurs des crocodiles adultes, même férocité, même lenteur dans les mouvemens, même impétuosité, lorsque, exposés aux rayons directs du soleil, ils passent de l'état d'un assoupissement profond à la plus grande énergie de l'action musculaire.

J'introduisis avec assez de peine un jeune crocodile très-vigoureux, et de près de trois décimètres de longueur, dans une cloche remplie d'eau de rivière. J'y fis passer successivement un volume d'air atmosphérique de 300 centimètres cubes ; je marquai la hauteur à laquelle l'eau montoit dans la cloche ; je fus étonné de voir qu'après une heure de temps, le volume de l'air avoit sensiblement augmenté sans qu'il y eût un changement de température dans l'atmosphère. Partageant l'idée reçue que le crocodile peut suspendre pendant long-temps sa

---

[1] M. Bonpland a donné la description de cet arbuste dans nos *Plantes équinoxiales*, T. I, p. 161, tab. 46.

respiration, je n'examinai l'appareil que très-tard pendant la nuit; je trouvai l'animal suffoqué et d'une roideur extrême, tandis que les jeunes crocodiles qui périssent par d'autres causes restent aussi flexibles qu'ils le sont pendant leur vie. En retirant l'animal mort, j'introduisis accidentellement un peu d'air atmosphérique sous la cloche, de sorte que je ne pus ni mesurer ni analyser le résidu.

Voyant que le manque d'oxigène fait périr le crocodile bien plus promptement qu'on l'avoit cru jusqu'ici, je montai mon appareil avec plus de soin; de grandes calebasses très-communes dans ces climats brûlans me servoient de cuve pneumato-chimique. Pour empêcher que l'animal mourant ne dégageât, par des *ructus* convulsifs, l'air contenu dans son œsophage et dans son estomac, je résolus de le retirer de sa prison, dès qu'il donneroit des marques sensibles de grandes souffrances.

Je pris trois crocodiles, âgés de quinze à seize jours, et de deux décimètres de longueur. Pour les forcer à tenir le museau hors de l'eau, et pour empêcher en même temps qu'ils ne brisassent les cloches en les fouettant de leur queue, je les liai par les jambes, les bras et l'extremité de la queue, sur des croix de bamboux. La tête, le col et la poitrine restoient libres. Je mis chaque crocodile en contact avec 1,000 parties d'air atmosphérique mesurées avec soin dans un tube gradué, et équivalentes à 138 centimètres cubes; j'exposai les trois cloches au soleil. L'action de la lumière et de la chaleur ranima les forces de ces jeunes animaux. Ils ouvrirent la gueule comme ils font lorsqu'ils sont étendus sur les plages; le mouvement des narines semi-lunaires, celui de la langue charnue dont le repli en forme de valve sert à couvrir la glotte (comme je l'ai fait voir dans mon mémoire sur le larynx des crocodiles [1]), paroissoient prouver que les inspirations se faisoient comme dans l'état de liberté. Après une heure, ou une heure dix minutes de temps, les trois animaux donnoient des signes de malaise. Ils cherchèrent à cacher leur tête sous l'eau comme s'ils vouloient se soustraire à l'influence d'un gaz délétère. Leur respiration étoit ralentie, comme cela arrive avec les grenouilles que l'on place dans un mélange de gaz dans lequel l'acide carbonique ou l'hydrogène abondent. Les paupières horizontales qui couvrent les yeux des crocodiles se fermoient; le penchement de tête précédoit de fortes convulsions. Pendant ces mouvemens spasmodiques, un des animaux parvint à casser les bamboux sur lesquels je

---

[1] Voyez plus haut, pag. 21, pl. IV, fig. 3, 4, 5 et 6.

l'avois lié. Il brisa l'appareil qui le renfermoit, et je ne pus examiner que l'air contenu dans les deux autres cloches. Je retirai de leurs prisons les crocodiles à demi suffoqués, une heure quarante-trois minutes après le commencement de l'expérience. Rendus à l'air libre, ils ouvrirent la gueule comme pour inspirer beaucoup d'air à la fois; leurs yeux s'animèrent de nouveau, et en peu de minutes leur méchanceté naturelle reparut. Ils firent mine de m'attaquer dès que je m'approchai d'eux. Ils jetèrent des cris perçans quand je leur touchai la queue; le cri du jeune crocodile est fréquent et ressemble à celui du chat. Au contraire, le rugissement du crocodile adulte doit être très-rare; car ayant vécu pendant plusieurs années dans des pays où ce reptile est commun, ayant été entourés de crocodiles presque toutes les nuits en couchant à l'air libre sur les bords de l'Orénoque, nous n'avons jamais entendu la voix de ces Sauriens à taille gigantesque.

Les volumes d'air dans lesquels les deux jeunes crocodiles avoient vécu furent mesurés de nouveau; les ayant réduits à leur température primitive, je trouvai, au lieu de 1,000 parties d'air dans une cloche, 1,124; dans l'autre, 1,154 parties. Je lavai cet air avec de l'eau de chaux récemment préparée. La quantité d'oxigène fut déterminée par le moyen du gaz nitreux. Cinq expériences faites sous les mêmes circonstances étoient conformes entre elles à un centième près. Il auroit été plus exact, sans doute, d'analyser l'air par le gaz hydrogène ou par le phosphore, mais j'étois dépourvu et de cette dernière substance et de l'appareil eudiométrique de Volta. Ayant fait en même temps, dans le même tube gradué et sur la même eau, des expériences sur l'air contenu dans les cloches et sur l'air atmosphérique dont la composition est connue, j'ai pu soumettre les nombres eudiométriques à un calcul suffisamment exact. Ce calcul se fonde en partie sur un procédé particulier[1], dans lequel le mélange du gaz nitreux et de l'air se fait sur de l'acide muriatique oxigéné liquide, pour juger de l'oxigène de l'air,

---

[1] Les objections que l'on a faites contre l'usage vulgaire de l'eudiomètre de Fontana ne sont pas applicables à ce nouveau procédé très-simple et qui égale presque en exactitude les moyens eudiométriques par lesquels la quantité d'oxigène absorbée n'est pas indiquée en multiples. On commence à déterminer, par le sulfate de fer ou par l'acide muriatique oxigéné liquide, le petit volume d'azote qui est souvent contenu dans le gaz nitreux. On mêle un volume connu de ce dernier gaz à un volume connu de l'air à analyser. On lave le résidu par l'acide muriatique oxigéné liquide, et l'on retranche de l'azote restant l'azote mêlé au gaz nitreux employé. En se servant d'un gaz nitreux entièrement pur, il seroit superflu d'en mesurer le volume. Cette détermination seroit tout aussi inutile que celle de la quantité d'hydro-sulfure alcalin ou de phosphore employés dans les procédés recommandés par Scheele et par M. Berthollet.

non d'après le volume de gaz absorbé, mais d'après le volume de l'azote restant, moins l'azote qui est accidentellement mêlé au gaz nitreux employé.

Des deux cloches dans lesquelles les jeunes crocodiles avoient été renfermés pendant $1^h 43'$, l'une contenoit

0,095 d'acide carbonique.
0,060 d'oxigène.
0,845 d'azote.
____
1,000.

l'autre

0,082 d'acide carbonique.
0,076 d'oxigène.
0,842 d'azote.
____
1,000.

Ces expériences paroissent indiquer :

1.° Que le crocodile, malgré le volume de ses bronches et la structure de ses cellules pulmonaires, souffre dans un air qui ne se renouvelle pas. Ces souffrances de l'animal commencent quand l'air ambiant contient encore huit à neuf centièmes d'oxigène. L'animal périt lorsque cette quantité n'excède pas cinq ou six centièmes. J'introduisis un jeune crocodile très-vigoureux sous une cloche, dans laquelle un autre crocodile avoit péri; il se trouva très-souffrant après une demi-heure de temps. Ces phénomènes me font regarder comme peu exacte l'observation des Indiens, qui assurent que les caïmans peuvent dormir sous l'eau pendant des journées entières. Aussi les recherches faites par M. Cuvier sur le ventricule du cœur des crocodiles, qui est divisé en trois loges, viennent à l'appui de mes expériences. Il n'y a que le sang qui, de la loge droite et de l'oreillette droite, se porte par l'aorte gauche aux viscères [1], qui n'est pas exposé à l'influence de l'air dans les poumons. Les extrémités antérieures, au contraire, les membres postérieurs et l'énorme queue des crocodiles, doivent indispensablement recevoir le sang pulmonaire. Dans cette famille de Sauriens, la *petite circulation* est par conséquent une fraction très-considérable de la *grande*. Il

____

[1] Leçons d'Anatomie comparée de M. Cuvier, T. IV, p. 223. Je donnerai, dans la suite de mes observations zoologiques, le dessin du cœur du *Crocodilus actus* des côtes de la Vera-Cruz; ce viscère a été déposé au Museum d'histoire naturelle, à Paris.

Zoologie.   33

est inutile d'observer que ce que nous énonçons ici sur l'absorption de l'oxigène ne se rapporte qu'à l'état où toutes les fonctions vitales de l'animal sont en pleine activité. Nous ignorons absolument ce qui se passe lorsque les crocodiles, sous les tropiques et dans la zone tempérée, dans les temps des grandes sécheresses et pendant les froids de l'hiver, sont engourdis dans la terre glaise ou dans la vase des rivières. M. Carradori a déjà observé que les grenouilles périssent pendant l'été, lorsqu'on les tient pendant quarante minutes sous l'eau, tandis qu'elles séjournent pendant l'hiver au fond des marais;

2.° La respiration du crocodile, ou plutôt l'absorption de l'oxigène dans ses poumons, est très-lente. Dans l'espace de $1^h\,43'$, un jeune animal de trois décimètres de longueur n'a enlevé en l'air ambiant qu'à peu près vingt centimètres cubes d'oxigène. Dans les deux expériences que j'ai faites, l'acide carbonique produit ne représente pas tout-à-fait le volume de l'oxigène absorbé. Il manque près de six centièmes de ce dernier. Une partie d'oxigène combinée à l'hydrogène du sang veineux aura été transformée en vapeur aqueuse. Mais, l'expérience ayant été faite sur l'eau, il est probable que quelques centièmes d'acide carbonique expiré ont été absorbés par ce liquide. J'ai oublié de placer un crocodile dans un air très-pauvre en oxigène, mais dépouillé de tout acide carbonique. Je ne puis croire cependant que huit à neuf centièmes d'acide carbonique fassent souffrir un animal qui, pendant des heures entières, tient son museau à la surface des eaux les plus croupissantes. Les pulsations du cœur d'un crocodile auquel on a coupé la tête, sont presque deux fois plus fréquentes que celles d'une grenouille. J'en ai compté soixante à soixante-deux par minute. Il a été impossible de fixer la proportion qui existe entre le nombre des contractions du cœur et le nombre des inspirations. Les crocodiles et tous les animaux de l'ordre des Sauriens prenant l'air, non par déglutition comme les Batraciens et les Chéloniens, mais par un mécanisme particulier des côtes et des muscles du bas-ventre, les dilatations de leurs gorges ne sont qu'accidentelles. En me plaçant devant un jeune crocodile qui, exposé aux rayons du soleil, écartoit les mâchoires, j'ai observé que l'inspiration se fait généralement par les narines. L'arrière-bouche est fermée par le pli jaune de la langue qui forme la valve ou le *tapon*. Cependant, quelquefois cette valve se baisse et s'élève régulièrement; le bourrelet rouge, dans lequel se trouve l'ouverture de la glotte, paroît et disparoît alors quinze et même vingt-cinq fois par minute. Un jeune crocodile, quoique six fois plus long qu'une grenouille, a le cœur à peine plus grand; cette petitesse extraor-dinaire du cœur, et la petite masse de sang que nous avons trouvée dans un crocodile de quatre mètres de longueur, disséqué à Bataillez, annoncent l'extrême lenteur de la circulation et de la respiration dans cette famille de reptiles ;

3.º Dans les expériences que je viens de rapporter, le volume de l'air a été augmenté de plus d'un dixième ; je ne crois pas que cette augmentation puisse être attribuée à une erreur dans la mesure du volume du résidu ; je regrette de n'avoir pas pu examiner si l'azote de ce résidu gazeux étoit mêlé d'hydrogène ; mais on ne connoissoit pas, à cette époque, le procédé indiqué par M. Gay-Lussac, par lequel on découvre une petite quantité d'hydrogène dans l'azote. Quoique nous ignorions entièrement l'action des reptiles sur l'air, sous le rapport du volume des gaz absorbés et produits, il paroît peu probable qu'un animal expire de l'hydrogène pur ; car pourquoi l'oxigène ne se porteroit-il pas plutôt sur ce dernier élément que sur le carbone ? Je doute aussi que les glandes qui exhalent une odeur fétide, mais analogue à celle du musc, et dont deux se trouvent à l'anus, deux autres sous la mâchoire inférieure du crocodile, puissent avoir une influence sensible sur l'air ambiant. L'augmentation du volume ne suppose qu'un dégagement gazeux de dix-huit centimètres cubes, et cet air a pu échapper, pendant les souffrances de l'animal, de l'œsophage, de l'estomac, et surtout des poumons.

Quelque imparfait que soit le travail que j'ai présenté dans ce mémoire, je me flatte qu'il pourra engager d'autres voyageurs à examiner avec plus de soin la respiration d'un animal difficile à renfermer dans des cloches, mais remarquable par la structure compliquée de son cœur et par la distribution particulière de ses vaisseaux.

DES ABEILLES

PROPREMENT DITES,

ET PLUS PARTICULIÈREMENT

DES INSECTES DE LA MÊME FAMILLE

QUI VIVENT EN SOCIÉTÉ CONTINUE,

ET QUI SONT PROPRES A L'AMÉRIQUE MÉRIDIONALE

(MÉLIPONES ET TRIGONES);

Avec un tableau méthodique des genres comprenant les insectes désignés anciennement sous le nom général d'Abeille (*Apis*. Lin. Geoffroi).

Par P. A. LATREILLE[1].

Les insectes qui font le sujet de ce mémoire appartiennent au genre abeille, *apis*, tel que je l'avois d'abord circonscrit, et tel qu'il l'est encore dans le système des piézates de Fabricius. Si, à l'imitation de ce célèbre naturaliste, on n'admet pour caractères génériques que les antennes et les instrumens de la manducation, il est certain que les abeilles de l'Amérique méridionale, dont je vais parler, diffèrent peu, sous ce rapport, de notre abeille *domestique*, et qu'on peut alors les réunir dans un meme cadre. Mais si on donne plus d'étendue à la base systématique, si on y fait entrer les organes du mouvement qui offrent tant d'avantages

---

[1] M'étant restreint à la description des seuls insectes recueillis par MM. de Humboldt et Bonpland, dans le cours de leur voyage, on pensera peut-être que je franchis maintenant les bornes que je me suis tracées. Le désir de répandre quelque intérêt sur une matière aussi aride que celle d'une simple nomenclature entomologique, m'a déterminé à donner ce mémoire que j'avois annoncé. Mon travail d'ailleurs eût été probablement nécessaire, si les célèbres naturalistes que je viens de nommer n'avoient pas eu le malheur de perdre une grande partie de leurs insectes. Voilà le motif de cette digression; voilà mon excuse.

pour la classification des insectes, et qui jouent d'ailleurs un rôle important dans leur économie, on isolera naturellement les abeilles du nouveau monde. Il est aujourd'hui bien reconnu que plusieurs genres de quadrupèdes, d'oiseaux, de reptiles, ne se trouvent que dans cette partie du globe. L'observation devient encore plus générale en s'étendant jusqu'aux insectes. Les entomologistes ne l'avoient pas mise à profit dans leurs recherches. Linnæus, Fabricius, et plusieurs autres, trompés par quelques traits communs de formes, de couleurs, ont souvent confondu des espèces européennes, asiatiques, avec d'autres de l'Amérique, et absolument distinctes : c'est ainsi, par exemple, que notre *ateuchus pilulaire* a été long-temps réuni avec une espèce des États-Unis, très-analogue par la couleur, la grandeur, les habitudes, etc., mais essentiellement différente, quant à la figure des élytres, des palpes, etc.

Dans mon premier travail sur le genre *apis* de Linnæus, imprimé à la suite de mon histoire naturelle des fourmis, et à la même époque (1802) où M. Kirby publioit sa belle monographie des abeilles de l'Angleterre, j'avois formé un groupe particulier de l'abeille *mellifique* ou domestique, et de quelques autres espèces, dont l'organisation générale et les mœurs m'avoient paru identiques; les abeilles de l'Amérique y étoient comprises. Mais un nouvel examen me fit découvrir, peu de temps après, que ces dernières offroient des caractères particuliers; et le résultat de mes observations, servant aussi de fondement à ce mémoire, fut consigné dans les Annales du Muséum d'histoire naturelle de Paris, Tom. IV, pag. 383, et Tom. V, pag. 161. J'en tirai les conclusions suivantes:

1.º Les abeilles du nouveau continent, et que je désignerai le plus souvent à l'avenir sous les noms de Mélipones et de Trigones, ont des traits qui leur sont propres, et qui rapprochent ces insectes des abeilles rassemblées pareillement en société, mais moins nombreuse et temporaire, les *abeilles villageoises* ou *bourdons* (*Bombi* Fab.). Les antennes, les parties de la bouche des insectes, appelées *mâchoire, lèvre* ou *langue,* et dont la réunion forme une sorte de

J'ose espérer que l'ensemble de mes observations sur un sujet des plus neufs et des plus curieux de cette classe de la zoologie plaira à ceux qui la cultivent. L'histoire des abeilles, des espèces exotiques particulièrement, est bien loin du période où elle peut atteindre. Je m'estimerois heureux si la réunion de ces premiers fragmens, si l'appel que je fais aux vrais amis de la nature, pouvoient hâter les progrès d'une histoire aussi riche en phénomènes. Les écrits de MM. de Humboldt et Bonpland seront bientôt entre les mains des hommes instruits qui habitent les lieux illustrés par ces voyageurs. J'exciterai peut-être moi-même la curiosité de ces habitans du nouveau monde, et une étude agréable par les douces jouissances dont elle est la source, avantageuse, sous bien des rapports, à la société; l'Entomologie, trouvera enfin des prosélytes dans des régions où on n'aborde et où on ne vit que pour amasser de l'or.

trompe (*promuscis* Illiger), ne diffèrent pas essentiellement [1], il est vrai, dans toutes ces abeilles; mais les bourdons ont leurs jambes postérieures terminées par deux épines, ce qui n'a pas lieu dans les abeilles proprement dites, les mélipones et les trigones; caractère singulier séparant ces insectes de tous les autres du même ordre, comme l'a très-bien remarqué le savant Illiger. Les bourdons, en outre, ont le corps plus épais, très-fourni de poils, formant des bandes ou des taches diversement colorées, et la tête plus petite et plus basse. Leurs mandibules, dans les ouvrières et les femelles, sont fortement striées en dessus. La troisième cellule sous-marginale de leurs ailes supérieures, ou la troisième des cubitales dans la méthode de M. Jurine, a la figure d'un triangle curviligne et tronqué par son extrémité; elle est étroite, allongée et oblique dans les véritables abeilles. Dans les mélipones, cette cellule manque tout-à-fait, et de plus la cellule discoïdale inférieure n'est fermée que par le bord postérieur de l'aile; je veux dire que ces ailes supérieures n'ont qu'une seule nervure récurrente. Le premier article des tarses postérieurs présente encore des différences notables dans ces trois genres. Il forme un carré allongé dans les bourdons, les abeilles propres; mais là, sa base n'est jamais prolongée extérieurement à la manière d'une oreillette; le duvet de sa face intérieure n'est jamais strié; ici, ou dans les abeilles propres, ces deux caractères affectent constamment les individus qui sont les plus nombreux, ou les mulets. Si nous examinons ce même article des tarses dans les mélipones et les trigones, nous verrons qu'il a une autre figure et qu'il est triangulaire; nous observerons aussi que les crochets terminant la dernière pièce de leurs tarses sont simples, ou qu'ils n'ont pas une dent inférieure, comme ceux des insectes précédens et des autres apiaires.

L'on sait que les ruches de nos abeilles et les sociétés des bourdons sont composées de trois sortes d'individus, de mâles, de femelles, de mulets ou d'ouvrières. Les réunions des mélipones et des trigones sont, je le présume, organisées sur le même principe; mais nous n'avons point encore, à cet égard, d'observation positive. Au témoignage des voyageurs, ces insectes, ou du moins le plus grand nombre d'entre eux, n'auroient point d'aiguillon; je pense, d'après l'analogie, que c'est une erreur. De célèbres naturalistes ont dit également ment que plusieurs apiaires indigènes étoient privés de cette arme offensive.

---

[1] Les palpes maxillaires des bourdons ressemblent à une petite lame ou écaille elliptique; ils ont la forme d'un tubercule cylindrico-conique dans les abeilles, les mélipones et les trigones. La trompe des bourdons est beaucoup plus longue que celle des insectes de ces trois derniers genres.

Une assertion établie sur de si fortes autorités paroissoit plus certaine, et cependant elle s'est trouvée absolument fausse. L'aiguillon de ces abeilles d'Amérique est probablement plus petit et moins sensible que celui des nôtres; on en aura conclu, sans examen, qu'il n'existoit pas. Tels sont les points de contact et les oppositions que nous observons dans les apiaires vivant en société. L'étude des insectes de cette famille, ou des abeilles de Linnæus, a reçu depuis quelques années une vive impulsion; mais peut-être lui a-t-on imprimé un mouvement trop rapide : car il est difficile de saisir aujourd'hui les caractères des genres nombreux qu'on a formés, et qui d'ailleurs ne sont pas toujours exacts, du moins dans Fabricius. Je les ai tous revus avec une extrême attention; et, après les avoir scrupuleusement comparés, j'ai dressé le tableau méthodique qui accompagne ce mémoire. On y trouvera les caractères essentiels de toutes les coupes génériques qui composent maintenant les deux familles que j'ai nommées *andrenètes* et *apiaires*, et qui répondent au genre *apis* de Linnæus. J'ai suivi l'ordre qui me semble le plus naturel, et que j'ai exposé en détail dans le quatrième volume de mon *Genera Crustaceorum et Insectorum*. Je me borne ici aux signalemens les plus distinctifs et les plus simples. Le constraste de ces genres en ressortira davantage, et sera mieux apprécié.

2.º Quoique M. Illiger ait compris dans une seule coupe générique, sous le nom de mélipone, les abeilles de l'Amérique, il est néanmoins certain que leurs mandibules présentent deux différences notables, comme d'offrir ou de ne pas avoir de dentelures. J'ai dit, dans les généralités qui précèdent la description de la mélipone *à bandes*, que ces insectes n'avoient pas des habitudes uniformes; que les uns, par exemple, choisissent pour domiciles des excavations de vieux arbres, des trous de rochers, des fentes de murs; que les autres élèvent leurs habitations en plein air, et les suspendent à des branches d'arbres. Les premiers ont besoin que la nature ou le hasard leur prépare d'avance une retraite en leur épargnant la moitié des frais de construction; les autres, plus industrieux, doivent tout à eux-mêmes; il ne leur faut qu'un seul point d'appui, et, cette base une fois déterminée, ils sauront bien édifier la maison qui les mettra à couvert, ainsi que leur génération. La famille des guêpes sociales nous montre également cette diversité d'industrie. J'ai donc cru pouvoir séparer en deux le genre des mélipones; et, afin de ne pas entraver la nomenclature par des dénominations superflues, j'ai appliqué au nouveau groupe celle de trigone, qui, dans l'ouvrage de M. Jurine sur les hyménoptères, est appliquée aux mélipones de M. Illiger. Je témoigne ainsi mon respect pour les travaux de ces deux savans.

3.º Mes recherches à l'égard des abeilles proprement dites, celles de l'ancien continent, m'ont fait connoître plusieurs espèces nouvelles. J'ai surtout observé que nous avions en Europe deux abeilles domestiques très-distinctes. L'une prédominante, plus généralement cultivée, probablement originaire du Nord, dont le domaine embrasse toute l'Europe, à l'exception de l'Italie, que l'on retrouve encore en Barbarie, et qui s'est même naturalisée en Amérique jusqu'aux Antilles; l'autre particulière à l'Italie, et qui s'étend depuis Gênes jusqu'au Frioul au nord, et jusqu'à l'extrémité du royaume de Naples au midi. La Morée, les îles de l'Archipel ont peut-être la même espèce. Les auteurs de différens traités sur l'économie rurale distinguent plusieurs abeilles qu'ils nomment *petites flamandes*, *petites hollandoises*, *etc.*; mais ce ne sont au plus que de légères variétés de la première. L'Égypte nous offre une troisième espèce, très-analogue à la seconde, et que j'avois même d'abord confondue avec elle. Si nous nous transportons au Sénégal que la grande chaîne de l'Atlas, qu'un immense désert séparent de la partie la plus septentrionale de l'Afrique, et qui forment aux animaux des classes inférieures une barrière presque insurmontable de ce côté-là, nous y découvrirons une autre sorte d'abeille domestique (*Adansonii*). Les contrées de l'Afrique, plus au midi, peuvent avoir des espèces différentes; attendons ces éclaircissemens des naturalistes ou des voyageurs instruits que leur zèle conduira dans ces régions. Quoique le cap de Bonne-Espérance soit bien connu, quoiqu'on y ait récolté beaucoup d'insectes, nous ignorons cependant encore si l'abeille indigène de cette partie du monde s'écarte spécifiquement des précédentes. Nous sommes plus heureux relativement à l'abeille des îles de Madagascar, de la Réunion, et à celle de l'île de France : Riche, MM. Péron et Lesueur l'ont observée. Un capitaine de vaisseau qui accompagnoit ces deux derniers dans l'expédition du capitaine Baudin à la Nouvelle-Hollande, a même rapporté un peu du miel qu'elle produit. La couleur de ce miel, lorsqu'il est encore dans les alvéoles, ou qu'il vient d'en être retiré, est verte; elle prend ensuite une teinte d'un jaunâtre un peu roux, et sa consistance est sirupeuse. La couleur de ce miel, les qualités qu'on lui attribue, dépendent de la variété des végétaux de ces pays, et de la différence de leur température; il doit être naturellement plus aromatisé. Je ne sache pas qu'on ait fait des expériences pour connoître la quantité de miel et cire que rendent par année les ruches servant d'habitation à cette abeille. Il seroit cependant à souhaiter qu'on s'en occupât : les colons, ceux de l'île de la Réunion surtout, peut-être même la métropole, en retireroient de grands avantages. M. de Lanux a publié un mémoire sur la forme que les peuples de Madagascar donnent à leurs ruches, preuve qu'ils regardent la culture de cette abeille comme très-utile. Pourquoi les habitans de nos colonies africaines ne profiteroient-ils pas de cette leçon? Quoi qu'il en soit, cette abeille a un caractère particulier; elle est entièrement d'un noir uniforme. L'abeille d'Italie (*Ligustica* Spin.), suivant les observations de M. Spinola, donne, mais rarement, une variété presque entièrement semblable à l'abeille de l'île de France. L'abeille de Pondichéri (*indica*) diffère des précédentes par la couleur et par sa taille plus petite; on la retrouve au Bengale. Mais cette contrée produit encore deux autres espèces, dont l'une est d'un tiers plus forte que la nôtre. Les alvéoles de ses gâteaux sont aussi plus grands que ceux de nos ruches, et, toutes choses égales, le rapport des ruches de cette espèce indienne devroit être plus considérable. Nous sommes redevables de la connoissance de l'abeille de Timor (*Peronis*) à M. Péron. Son miel est jaune, plus liquide que le nôtre, et d'un goût excellent lorsqu'il est purifié; les insulaires le nomment *goûlar fâni,* sucre d'abeille. Si on ajoute à ces espèces quatre autres mentionnées par Fabricius (*cerana, guineensis, carbonaria, dorsata*), et que je n'ai point vues, le genre des abeilles paroîtra assez nombreux; et certes, nous sommes loin d'avoir épuisé la matière : il reste encore bien des découvertes à faire sur les abeilles de l'Afrique, de l'intérieur de l'Asie et de son vaste Archipel.

J'ai décrit et figuré dans les Annales du Muséum d'histoire naturelle, Tom. IV, pag. 386, pl. 69, fig. 1 et 2, un gâteau de ruche qui faisoit partie d'une collection zoologique, formée au Bengale par Macé. Ce sujet est curieux, et l'on me permettra de reproduire ici mes observations, d'autant mieux qu'elles complètent le travail général que je donne sur des insectes si intéressans.

« La matière dont est composé ce gâteau paroît être de la même nature que celle des gâteaux de nos ruches; la différence dans ces matières ne doit tenir qu'à la diversité du pollen et du miel des fleurs d'Europe et de celles du Bengale. Les cellules sont également hexagonales, disposées de même sur deux plans, et opposées respectivement par leurs bases; mais ces cellules étant plus petites que les nôtres, leur ensemble offre un coup-d'œil plus agréable que les gâteaux de notre abeille domestique. Ce gâteau de ruche indienne, ou plutôt cette portion de gâteau, a une figure triangulaire; mais

Zoologie.   34

ce qui le rend bien remarquable, c'est qu'un de ses coins est occupé par un grand nombre de cellules beaucoup plus grandes, un peu moins hexagones, remplissant un espace triangulaire, et destinées peut-être à renfermer le couvain des mâles. Ce gâteau, à cet égard, est très-différent de ceux de l'abeille domestique européenne. Je vais donner les dimensions générales et partielles de ce gâteau de ruche indienne. »

1.º Longueur du gâteau, prise dans son milieu, en menant une ligne des grands alvéoles au milieu du côté opposé..... 0,163

2.º Longueur de ce côté opposé aux grands alvéoles, ou de la base du triangle................................... 0,190

3.º Épaisseur du gâteau, prise sur un des bords, et dans la portion où sont les petits alvéoles.......................... 0,015

4.º Longueur de cinquante alvéoles, d'un bord à l'autre, et hors d'œuvre [1] 0,148

5.º Hauteur de l'espace triangulaire rempli par les alvéoles les plus grands... 0,041

6.º Longueur de sa base, ou sa plus grande largeur........... 0,080

7.º Diamètre d'un alvéole ordinaire....................... 0,003

8.º Profondeur.. 0,009

9.º Diamètre d'un grand alvéole 0,005

10.º Profondeur 0,012

« J'ai mesuré une longueur de quatorze alvéoles ordinaires de notre abeille domestique, prise en ligne droite, et dans un rayon, allant du bord extérieur à l'alvéole destiné pour la femelle et placé vers le milieu du gâteau : j'ai trouvé 76 millimètres ; chaque cellule a donc un diamètre de cinq millimètres et un peu plus de $\frac{3}{7}$. »

« Le rapport des cellules de l'abeille ouvrière de l'Inde et de celles de la nôtre est donc à peu près comme trois est à cinq ; ainsi la longueur d'une série de dix-huit alvéoles et de $\frac{4}{10}$ d'alvéole d'un gâteau de nos ruches égale un décimètre, tandis qu'avec le gâteau de la ruche indienne il faudroit, pour atteindre cette dimension, prendre la longueur de trente-trois cellules et deux tiers. L'on en doit tirer cette conséquence que, si les ruches de cette espèce exotique sont de la même grandeur que les nôtres, leur population doit être beaucoup

[1] Le diamètre transversal de chaque cellule est d'un neuvième trop grand dans le dessin que l'on en donne.

plus considérable; car donnons à nos ruches européennes douze gâteaux ; supposons que chacun d'eux réponde à une surface carrée dont chaque côté ait environ trente-six alvéoles, nous aurons 1,296 alvéoles pour une seule surface; et, comme le plan opposé du gâteau ou l'autre surface en a autant, nous trouverons que chaque gâteau a 2,592 cellules. Chaque côté d'un gâteau de notre ruche indienne étant supposé avoir la même longueur que chaque côté d'un gâteau de nos ruches d'Europe, sera formé de soixante-six cellules; élevons le nombre au carré, et doublons à raison des deux surfaces, nous aurons 8,712 alvéoles par gâteau (ou quelques-uns de moins à raison de l'espace qu'occupent les grands alvéoles). »

« La population ordinaire d'une de nos ruches étant portée à 24,000 abeilles, celle de la ruche indienne sera donc de 80,000. Observons en outre que les essaims de cette dernière doivent être plus nombreux que ceux des nôtres, la terre dans ces climats étant, sans discontinuité, couverte de fleurs, et la nature y étant beaucoup plus active que dans nos contrées. »

« J'ai dit que j'avois mesuré les alvéoles du gâteau de nos ruches, en partant du bord et gagnant le milieu du plan. L'indication de cette manière de mesurer étoit nécessaire, m'étant aperçu que la même longueur, prise dans un sens à peu près parallèle au bord, ou transversalement, ne répondoit pas exactement à·la même quantité de cellules; ainsi les 76 millimètres qui ont servi d'élémens à mon premier calcul, au lieu de ne comprendre que quatorze alvéoles, en renferment ici la moitié d'un de plus. »

« Réaumur croyoit avoir découvert, dans la constante uniformité de l'étendue de ces cellules, un moyen de former une sorte de mesure universelle. Une telle idée prouve que ce grand homme cherchoit toujours à utiliser les plus petits résultats. Nous avons dit, en effet, que dix-huit alvéoles et quatre dixièmes répondoient à un de nos décimètres. Mais notre abeille n'est pas répandue sur toute la surface du globe; il n'est pas d'ailleurs démontré que l'influence de la température, changeant suivant les climats, ne puisse modifier les dimensions de ces alvéoles. J'ai vu une portion de gâteau d'une ruche de notre abeille domestique transplantée à Saint-Domingue, et il m'a paru que ses cellules étoient un peu plus grandes que celles des gâteaux de nos ruches d'Europe. Une telle mesure ne sera jamais employée que par l'homme privé accidentellement d'une échelle comparative rigoureuse, et ce cas est extraordinaire.

« Quelle est maintenant l'abeille à l'industrie de laquelle nous devons le gâteau de cire que je viens de faire connoître? Parmi les insectes arrivés avec ce gâteau étoient trois espèces d'abeilles, mais dont deux seules ont trait à notre discussion. Feu Riche les avoit aussi rapportées de son voyage, sous le commandement d'Entrecasteaux. La première de ces deux espèces est l'abeille indienne, *apis indica*, de Fabricius. La seconde espèce est pour moi l'abeille sociale, *apis socialis*. La première, ou l'abeille indienne, a sept millimètres de longueur, et la seconde neuf. Nous avons vu que la profondeur d'un alvéole ordinaire du gâteau de la ruche indienne étoit de neuf millimètres. Comme l'on peut supposer que l'abeille ouvrière, parvenue à son dernier période de croissance, ne remplit pas très-exactement l'intérieur de l'alvéole, l'on pourroit en déduire que les proportions des cellules de la ruche indienne s'accordent mieux avec la longueur du corps de l'abeille indienne qu'avec les dimensions de celui de l'abeille sociale. »

Afin de rendre la description de ce gâteau plus intelligible, nous en redonnons ici la figure, de même que celles des abeilles de l'ancien continent. Des planches enluminées avec soin facilitent toujours bien mieux la connoissance des objets que des figures en noir, quelque exactes qu'elles soient.

Je vais maintenant exposer les observations que des naturalistes ou des voyageurs dignes de confiance ont faites sur les abeilles de l'Amérique méridionale, ou sur les mélipones et les trigones [1]. Ces observations malheureusement sont encore très-incomplètes, et ont plus pour objet la figure des ruches de ces insectes, la nature de leur miel, que leur régime politique. La partie la plus intéressante de leur histoire, celle qui regarde la formation de leurs sociétés, le nombre et les rapports mutuels des membres qui les composent, leurs moyens d'industrie, leur manière de se multiplier, les soins qu'ils donnent à l'éducation et à la conservation de leurs races, leur développement et leur durée, tout ce qui appartient, en un mot, à leur civilisation n'a reçu aucune lumière : puissent un jour ces belles contrées de l'Amérique se glorifier comme nous d'un Réaumur !

François Hernandez a donné, un des premiers, dans son Histoire naturelle de la Nouvelle-Espagne (Lib. IX, pag. 133), quelques aperçus sur les abeilles de cette partie du nouveau monde. Il y a observé plusieurs espèces de miels, qui diffèrent du nôtre, non-seulement à raison de la localité, mais encore relativement à leur matière, et à la diversité des abeilles qui les produisent. Le miel de la première espèce ressemble à celui d'Espagne, et des abeilles analogues aux nôtres, et que les Indiens réduisent à l'état de domesticité, le récoltent et le déposent dans des creux d'arbres. La seconde espèce de miel est celle que l'on

---

[1] Ces auteurs peuvent aussi avoir confondu des bourdons avec ces abeilles.

retire de la canne à sucre. La troisième provient de ce que l'auteur appelle *metl*. La quatrième est due à des abeilles originaires des parties tempérées et chaudes de la Nouvelle-Espagne. Ces abeilles sont plus petites que les nôtres, sans aiguillon, ressemblent à de petites fourmis ailées, et suspendent leurs nids aux rochers, aux arbres, aux chênes plus particulièrement. Ces ruches, appelées par les naturels *mecatzonte camimiaoatl*, sont globuleuses, quelquefois de grandeur humaine, et formées de plusieurs couches ou enveloppes. Elles donnent un miel noirâtre, très-abondant, exquis, et contenu dans des alvéoles plus nombreux et plus serrés que ceux des gâteaux de notre abeille. Le couvain est considérable; les larves sont d'un blanc couleur de perle; rôties et assaisonnées avec du sel, elles ont un goût d'amandes douces. Les Indiens ne châtrent point les ruches, mais ils se bornent à en sucer le miel; il s'attache alors à leurs dents, non de la cire, mais quelque chose de semblable à des fragmens de paille. Ces abeilles recueillent le miel, et vivent de la même manière que les nôtres. Le mois de septembre est celui où les ruches sont le plus chargées.

La cinquième espèce de miel, d'une qualité un peu inférieure à celles des précédentes, est ramassée par des abeilles armées d'un aiguillon, et beaucoup plus petites que les nôtres; le contour de leurs ruches forme un cercle allongé; on les nomme, dans la langue du pays, *acomimiaoatl*.

D'autres petites abeilles sans aiguillon établissent leurs domiciles dans des lieux souterrains, et y construisent des ruches pareillement orbiculaires, mais dont le travail n'est pas aussi agréable; leur miel, quoique employé au défaut d'autres, est acide et même un peu amer. Je donne ici les figures de deux de ces ruches américaines, telles qu'elles sont représentées par Hernandez (Lib. IX, pag. 133); *Yzaxalasmitl* et *micatzonteco mimiaoatl*. Cet auteur mentionne encore quelques insectes ayant, sous le rapport de leurs travaux, de l'affinité avec les précédens, mais qui, devant être rangés avec les abeilles solitaires ou avec les insectes de la famille des guêpes, sortent de mon sujet.

Pison (*De Ind. utrius. re nat.*, Lib. IV, pag. 112) distingue treize sortes d'abeilles, insectes que les habitans du Brésil appellent généralement *eiruba*.

Les espèces les plus remarquables sont : 1.º les abeilles *eiriçu*, surpassant les autres en grandeur, ne piquant point, nidifiant dans les cavités des arbres, et faisant un bon miel, mais qui n'est pas d'un usage journalier. 2.º Les abeilles *eixu* et *copii*: elles sont plus petites et noirâtres; elles appliquent sur les écorces leurs nids, composés de différens rayons ou gâteaux, disposés avec art, et dont la cire et la propolis sont blanches; le miel est très-bon, mais peu abondant et moins recherché, parce que les abeilles, étant pourvues d'un aiguillon, ne permettent pas qu'on les approche impunément. 3.º Les abeilles *munbuca;* elles sont jaunes, petites, et placent leurs ruches sur des arbres souvent fort élevés. Leur miel est excellent, très-sain, et d'un emploi fréquent, surtout en médecine. L'île de Maranhon en fournit beaucoup. Les indigènes grimpent, pour l'avoir, aux sommités des arbres, et le vendent à bas prix aux Européens. Parmi les fleurs qui servent à la récolte du miel, il en est une qui lui communique une amertume singulière, celle qui vient solitairement sur l'arbre *Tapurriba;* la cire (*Yetie*) est noire, mais préférable à celle d'Europe.

Pison observe qu'on trouve encore dans l'intérieur du pays plusieurs autres espèces d'abeilles dont les noms, les formes et la manière de nidifier sont différentes. On vient à bout de s'emparer de leur miel par le moyen du feu et de la fumée.

L'auteur parle ensuite (pag. 113) d'une sorte de corps marin qu'il représente, et dont la substance intérieure, suivant lui, est, par sa nature et sa disposition, analogue à celle des ruches d'abeille. Transporté à terre, ce corps lui parut, au premier coup-d'œil, rempli d'un grand nombre de petits vers bleus, qui se transformoient, par l'action du soleil, en autant de mouches, ou plutôt, suivant lui, en autant d'abeilles petites et noires. Je présume qu'il s'agit ici d'un alcyon; mais quant à cette espèce de métamorphose que raconte l'auteur, ou elle est absolument fausse, ou il faut l'attribuer à une espèce de diptère qui auroit déposé ses œufs dans cet alcyon, et immédiatement à sa sortie de son élément naturel.

Marcgrave (*De Insectis,* Lib. VII, pag. 259), d'après Jacques Rabbi, qui avoit vécu plusieurs années avec les Tapayas, ajoute quelques faits aux observations de Pison. Il cite six espèces d'abeilles ou de miels sauvages. Quatre de ces abeilles ont une arme offensive ou un aiguillon; deux d'entre elles font leurs nids dans la terre; l'une de ces ruches, et dont le miel est appelé *heubig,* est enveloppée, comme un pain de sucre, d'une sorte de papier brouillard; l'autre est de la grandeur de nos ruches ordinaires; on retire son miel (*kitshagk*), ainsi que le précédent, en employant le feu et la fumée. Les deux autres espèces d'abeilles piquantes habitent en plein air; la première fixe sa ruche, qui est longue d'une demi-aune et formée d'une espèce de papier grossier, à des arbrisseaux ou à de petits arbres; son miel (*kitshaara*) est fort bon et très-suave. Les ruches de la seconde sont noires et suspendues aux arbres, à la manière d'un nid d'oiseau; il faut encore se servir du feu pour avoir son miel (*atshoy*).

Les deux dernières espèces d'abeilles sont dépourvues d'aiguillon offensif. L'une (*ehenhne*) donne la figure d'un globe à son habitation; elle l'attache aux troncs d'arbres, et ses gâteaux sont composés de cire. On brise ce nid lorsqu'on veut s'en procurer le miel. La seconde (*benatshy*) s'établit dans les troncs d'arbres, fait également de la cire, et produit un miel d'une saveur excellente et très-sain.

« Les abeilles qu'on voit aux Antilles, suivant l'auteur de l'Histoire naturelle et morale de ces îles, pag. 145, ne sont pas de beaucoup différentes de celles qui se trouvent en Amérique méridionale; mais les unes et les autres sont plus petites que celles de l'Europe. Il y en a qui sont grises, et d'autres qui sont brunes ou bleues; ces dernières font plus de cire et de meilleur miel; elles se retirent toutes dans les fentes des rochers et dans les creux d'arbres. Leur cire est molle, et d'une couleur si noire, qu'il n'y a aucun artifice qui soit capable de la blanchir; mais en récompense leur miel est beaucoup plus blanc, plus doux et plus clair que celui que nous avons en ces contrées. On les peut manier sans aucun danger, parce qu'elles sont presque toutes dépourvues d'aiguillons. »

Ce passage, quoique vague, est cependant digne d'attention. Il y est dit que les *abeilles bleues* sont celles qui *font plus de cire et de meilleur miel;* je soupçonne que ces abeilles *bleues* sont des euglosses, dont les organes essentiels ont en effet une grande conformité avec ceux des bourdons.

Pierre Barrère a fait mention, dans son *Essai sur l'Histoire naturelle de la France équinoxiale,* pag. 190, d'une espèce de mélipone ou de trigone. Il la caractérise ainsi : *apis sylvestris, parva, atra, innoxia.* Ces sortes d'abeilles, qu'on y nomme *ouano,* sont noires, longues de quatre ou cinq lignes au plus, sans aiguillon, et produisent du miel et de la cire. Elles travaillent ordinairement dans les fentes des murailles, dans les charpentes des maisons et sur des arbres où elles font leurs ruches, et où elles entrent par un trou fort étroit : le miel qu'elles rendent est blanc, liquide et clair comme de l'eau; il est d'abord doux, mais il s'aigrit en très-peu de temps; la cire est noirâtre, molle, et n'acquiert jamais de dureté.

Philippe Fermin (*Description générale histor. de la colon. de Surinam,* Tom. II, pag. 300) paroît avoir eu en vue le même insecte, ou une espèce très-voisine, lorsqu'il a parlé des abeilles de Surinam; car il dit qu'elles sont noires et qu'elles ont tout au plus cinq ou six lignes de long. Elles se nichent dans des creux d'arbres. Si le trou est trop grand pour que la ruche le remplisse en son entier, elles y suppléent en faisant une espèce de dôme de cire. Cette cire est noire ou violette, toujours très-molle, et ne se blanchit ni ne jaunit jamais. Elle sert à former les alvéoles que l'auteur compare à des vessies de carpes, et qui renferment un miel toujours liquide, de couleur d'ambre, fort doux, mais s'aigrissant facilement et en très-peu de temps. Les apothicaires s'en servent comme de celui d'Europe; on pourroit en avoir une quantité plus considérable si l'on retiroit ces abeilles dans des ruches. Ces abeilles diffèrent particulièrement des nôtres, en ce qu'elles ne font point de rayons.

Nous sommes redevables au médecin Renaud de quelques observations plus détaillées et plus positives. Elles ont pour objet l'abeille (trigone) *Amalthée,* décrite par M. Olivier dans l'Encyclopédie méthodique, espèce qui se trouve à Cayenne et à Surinam.

« Ces abeilles, dit-il, vivent en société très-nombreuse. Elles construisent, vers le sommet des arbres un peu hauts, un nid dont la figure approche de celle d'une cornemuse, mais dont la grandeur varie suivant que la société est plus ou moins nombreuse; ces nids ont ordinairement de dix-huit à vingt pouces de long, et huit à dix pouces de diamètre; en les voyant on les prendroit pour une motte de terre appliquée contre l'arbre. Il est très-difficile ou presque impossible de les avoir sans abattre l'arbre. Malgré leur solidité, ces nids s'écrasent en tombant de si haut. Ceux que M. Renaud a vus contenoient des alvéoles très-grands, relativement à la petitesse de l'insecte; ils avoient environ un pouce de long et six à sept lignes de large; ils renfermoient un miel très-doux, très-agréable, très-fluide, d'une couleur roussâtre, un peu obscure. Ce miel est si aqueux qu'il fermente peu de temps après qu'on l'a retiré des alvéoles, et il fournit alors une liqueur spiritueuse que les Indiens aiment beaucoup, et qui est assez agréable lorsqu'elle n'est pas trop ancienne. Pour conserver ce miel, on est obligé de le faire cuire, afin de dissiper la quantité d'eau surabondante qu'il contient; on lui donne à peu près la consistance de nos sirops. »

Ce miel est très-abondant dans chaque nid, et il seroit sans doute d'une très-grande ressource pour les habitans de ce pays, s'ils pouvoient parvenir à élever en domesticité et à multiplier à volonté ces abeilles; car, indépendamment du miel frais qui leur fourniroit un aliment aussi sain qu'agréable, ils feroient encore des boissons excellentes avec celui qu'ils laisseroient fermenter; ils feroient cuire et épaissir l'autre, soit seul, soit avec différens fruits, pour le conserver et et en faire usage au besoin. »

« Lorsqu'on a retiré le miel, on met tout le nid dans des terrines de terre ; la cire fond, comme la cire ordinaire, à un feu modéré ; on la décante ensuite ; il reste au fond une matière épaisse, noirâtre, que l'on abandonne. Cette cire est d'une couleur brune obscure ; on a tenté en vain jusqu'à présent de la blanchir. Elle pourroit sans doute être utilement employée, soit dans les arts, soit dans la médecine. Les Indiens trempent dans la cire fondue de longues mèches de coton, les laissent refroidir, les roulent ensuite, et en font des bougies très-minces qui servent à les éclairer. »

La lecture des voyages qui traitent de la partie méridionale du nouveau monde pourroit me fournir quelques autres renseignemens sur les mélipones et les trigones, ou les abeilles de ces contrées. Mais de telles connoissances auroient toujours le même degré d'imperfection, et ajouteroient bien peu à celles que nous avons déjà. Il y a cependant une relation publiée récemment, et que je dois excepter, celle de Don Félix de Azara, homme qui, forcé par les circonstances à se livrer à une étude jusqu'alors étrangère pour lui, celle de la nature, a développé le talent d'un grand observateur, dont le langage respire toujours l'ingénuité, et porte l'empreinte du vrai ; homme auquel il n'a manqué, dans ses recherches sur les animaux des classes inférieures, que la connoissance de ces notions et de ces règles fondamentales, qui sont le fruit d'une longue expérience, et qui préservent la raison des écarts où elle peut tomber, si elle s'abandonne trop à elle-même. Les abeilles occupent une bonne partie de son chapitre sur les insectes. (*Voyages dans l'Amérique méridionale, par Don Félix de Azara, publiés d'après les manuscrits de l'auteur, par C. A. Walckenaer,* Tom. I, chap. 9, pag. 156).

Il remarque d'abord que les naturels du Paraguay font deux familles des abeilles et des guêpes ; qu'ils les distinguent en ce que les premières font de la cire et ne piquent point, et que les secondes, par opposition, piquent et ne font point de cire. Il observe à cet égard que l'abeille d'Espagne, ainsi qu'une autre espèce du Paraguay, étant armées d'un aiguillon, et fabriquant de la cire, devroient, en adoptant les principes des peuples de cette contrée, être intermédiaires entre les deux familles. M. d'Azara ne pouvant, faute de lumières, établir, par rapport à ces insectes, de bonnes divisions, se détermine à donner le nom d'abeilles aux espèces qui, ne sachant ou ne pouvant pas construire les parois extérieures de leurs habitations, se logent et forment leurs rayons dans les creux des arbres, et profitent ainsi d'un local tout préparé ; maintenant il prend pour des guêpes les espèces qui fabriquent en entier et en plein air leurs demeures.

Cette distinction n'étant fondée que sur des modes différens d'industrie, et dont nous trouvons souvent des exemples dans la même famille, telle que celles des abeilles, des guêpes, des sphex, est inexacte, ainsi que l'observe judicieusement M. Walckenaer, et doit, par conséquent, être rejetée. On connoît au Paraguay jusqu'à sept espèces d'abeilles; la plus grande l'est du double de celle d'Espagne, et la taille de la plus petite n'égale pas le quart de celle de la mouche commune. Aucune d'elles ne pique [1], et toutes font de la cire et du miel; ce miel a la consistance d'un sirop épais de sucre blanc. M. d'Azara en a souvent fait fondre un peu dans de l'eau pour lui servir de boisson, parce qu'outre son bon goût, ce miel a la propriété de rafraîchir l'eau, du moins en apparence. Celui de la grande espèce d'abeilles n'est pas aussi bon, parce qu'il prend assez fréquemment le goût des pétales de fleurs que l'insecte enlève en le recueillant, et que même il y mêle quelquefois. Le miel d'une autre espèce, appelée *cabatu*, occasionne une violente migraine et une ivresse aussi forte au moins que celle que produit l'eau-de-vie. Celui d'une autre excite des convulsions et les douleurs les plus violentes, qui se terminent au bout de trente heures sans produire aucune suite fâcheuse. Les gens de la campagne distinguent bien ces deux espèces [2] et n'en mangent point le miel, quoique le goût en soit aussi agréable que celui de toutes les autres, et que la couleur en soit la même. Une espèce de la même famille, plus petite et plus carrée que l'abeille d'Europe, ne dépose pas son miel dans des rayons, mais dans de petits vases de cire sphériques, ayant à peu près six lignes de diamètre. M. d'Azara a vu transporter de Tucuman à Buenos-Ayres, c'est-à-dire à plus de deux cents lieues, une ruche de cette espèce. « Peut-être, dit l'auteur, pourroit-on transporter cette espèce en Europe, ainsi que celles que l'on trouve en Amérique, en les embarquant lorsque leur provision de miel est abondante. Cette substance est un des articles les plus considérables de la nourriture des Indiens qui vivent dans les bois; et de plus, en la délayant dans de l'eau et l'y laissant fermenter, ils se procurent une boisson enivrante. » On pourroit élever des doutes sur le succès et les avantages de ces colonies d'insectes; mais sans examiner une telle question, nous pouvons assurer que notre abeille domestique suffiroit, autant qu'il est possible, à nos besoins, si sa culture étoit plus soignée et plus répandue.

[1] Voyez ce que nous avons dit plus haut à ce sujet.

[2] Cette différence de miels dépend uniquement de la nature des fleurs sur lesquelles ces insectes butinent.

La cire de l'abeille du Paraguay que je viens de mentionner est jaunâtre, beaucoup plus foncée que celle d'Europe et plus molle. On ne l'emploie que pour les églises de campagne et pour celles des missions d'Indiens; on ne sait pas la blanchir. Celle de la grande espèce est plus blanche et si ferme qu'on peut la mêler avec une quantité égale de suif. Les habitans de Santiago del Estero recueillent, par année, sur les arbres du Chaco, 14,000 livres de cette cire. Les branches du guabiramy, arbuste de deux ou trois pieds de haut, et qui produit le meilleur fruit du pays, offrent exclusivement des nids en forme de petites boules ressemblant à des perles, collés en assez grand nombre les uns contre les autres, et construits par de petits insectes. Ces nids sont d'une cire très-supérieure, par sa blancheur et sa solidité, à celle des abeilles précédentes.

Telles sont les observations de M. d'Azara sur les insectes auxquels il conserve le nom d'abeilles. Comme ils vivent dans les grands bois, et le plus souvent à une élévation considérable, il n'a pu examiner et suivre leurs manœuvres; quelques abeilles des petites espèces l'incommodoient dans les forêts, en venant lui sucer la sueur sur les mains et sur le visage.

D'après la fausse distinction établie par l'auteur, et dont nous avons parlé ci-dessus, de véritables apiaires doivent nécessairement faire partie de sa famille des guêpes. Il en distingue onze espèces; la première, les sixième et septième me paroissent se ranger avec les mélipones de M. Illiger, ou, suivant mes présomptions, avec les trigones. M. d'Azara n'a vu qu'une seule ruche de la première espèce. Elle étoit presque sphérique, de deux pieds de diamètre, recouverte en quelques endroits de quatre pouces d'argile bien pétrie, et suspendue à un tronc de la grosseur du bras. Cette ruche étoit si dure, qu'il fallut la briser à coups de hache; l'intérieur étoit composé de rayons de cire qui renfermoient de bon miel. L'insecte étoit noirâtre, plus carré que l'abeille d'Europe, et presque de la même taille; il pique moins. Les deux autres espèces de mélipones, ou les guêpes 6 et 7 de M. d'Azara, sont désignées sous les noms de *lechiguana* et *camuaty*. Elles piquent et font des nids qui ont presque la forme d'un bonnet ou d'une calotte. La première suspend le sien aux plus petites branches de quelques arbustes, placés sur le bord des bois; il offre des irrégularités très-remarquables. La seconde fixe sa ruche, dont la superficie est entièrement lisse, à quelque grosse touffe de paille, et en rase campagne; la croûte de cette ruche est moins épaisse et moins dure que celle de l'habitation de la *lechiguana,* ou la première de ces deux espèces. Toutes les deux sont très-fécondes; leurs rayons ont jusqu'à un pied de diamètre, et sont remplis d'une grande quantité d'excellent miel, qui a plus de consistance que celui des abeilles du pays; mais elles ne font point de cire.

Les guêpes 2, 3, 4 et 5 de M. d'Azara ne me semblent pas devoir changer de nom générique; quant à ses quatre dernières espèces, ou ses guêpes solitaires, la huitième et la neuvième doivent sortir de la famille; ce sont pour moi des sphégimes. La huitième, ou la première de ses guêpes solitaires, est un des pélopées que Fabricius nomme *lunatus, jamaicencis, affinis, flavipes*. Cela est d'autant plus vraisemblable, que M. d'Azara raconte avoir vu une espèce semblable en Espagne, et l'on sait que le pélopée *spirifex* y est commun. La seconde sorte de guêpe solitaire, ou la neuvième de la famille, pourroit bien être le chlorion *ichneumoneum* de l'entomologiste de Kiell, ou du moins un de ses pepsis. Les deux dernières espèces de guêpes solitaires, observées par M. d'Azara, sont à leur place. La manière dont elles construisent et composent le nid qui doit servir de berceau à leurs petits, la nature des provisions qu'elles leur destinent, nous annoncent que ces insectes sont réellement des guêpes solitaires, et probablement des eumènes. Je ne mentionnerai point, dans la synonymie spécifique, la plupart des auteurs que je viens de passer en revue. Leurs indications sont tellement insignifiantes, qu'elles ne peuvent être de quelque secours, et mes applications seroient nécessairement trop hasardées.

ORDRE NATUREL

DES INSECTES HYMENOPTÈRES

DE LA FAMILLE

DES ADNRENÈTES

ET DE CELLE

DES APIAIRES (*Apis* Linnæi).

Caractère essentiel des deux Familles.

Nota. Ces deux familles composent la seconde section, celle des Anthophiles, *Anthophila*, de la troisième tribu, les Porte-Aiguillon, *Aculeata*, de l'ordre des Hyménoptères. Latr. *Gener. crust. et insect.*, Tom. III et IV.

Un aiguillon dans les femelles et les mulets. Premier article de leurs tarses postérieurs en carré long, comprimé, le plus souvent très-velu ou soyeux sur une de ses faces et pollinifère [1]. Pièce principale de la lèvre, ou sa division intermédiaire, en fer de lance ou filiforme dans le plus grand nombre, évasée et presque en forme de cœur dans les autres. (Antennes ordinairement filiformes. Yeux entiers et ailes étendues dans tous.) Mâchoires et lèvre formant une espèce de trompe, *promuscis*.

[1] Cette partie me paroît fournir de bons caractères et faciles à saisir. Si on n'en fait pas usage, on aura bien de la peine à séparer nettement les *mélectes* des *macrocères*. Il faut suivre la marche de la nature; elle s'écarte ici de sa méthode, en attachant aux organes du mouvement une fonction particulière.

FAMILLE DES ANDRENÈTES (*Andrenetæ*, Latr. - *Melitta*, Kirby).

Caract. essent. Division intermédiaire de la lèvre plus courte que sa gaîne, en fer de lance, ou évasée et en forme de cœur, repliée en dessus dans les uns, presque droite, ou simplement inclinée et courbe, dans les autres; palpes ayant toujours leur forme ordinaire.

FAMILLE DES APIAIRES (*Apiariæ*, Latr. - *Apis*, Kirby).

Caract. essent. Division intermédiaire de la lèvre aussi longue au moins que sa gaîne, toujours fléchie en dessous et couchée sur le côté inférieur de cette gaîne, filiforme. Palpes de cette lèvre ressemblant le plus souvent à des soies écailleuses, très-comprimées, et terminées par deux articles extrêmement petits.

FAMILLE DES ANDRENÈTES.

I. *Division intermédiaire de la lèvre évasée et presque en forme de cœur.*

Genre COLLÈTE, *Colletes.*

Troisième article des antennes plus long que le second. Mandibules fortement unidentées au côté interne. (Trois cellules sous-marginales.)

Colletes succincta, Latr. Illig.; *Megilla Calendarum*, Fab. *mas.;* ejusd. *Andrena succincta, femina.*

G. HYLÉE, *Hylæus.*

Troisième et second articles des antennes presque de la même longueur. Mandibules sans dents, ou obtuses et simplement échancrées à leur pointe. (Deux cellules sous-marginales.)

Prosopis annulata Fabricii.

II. *Division intermédiaire de la lèvre en fer de lance.*

G. ANDRÈNE, *Andrena.*

Division intermédiaire de la lèvre recourbée. Mâchoires simplement fléchies vers leur extrémité; leur lobe terminal notablement plus court que leurs palpes. (Deux cellules sous-marginales dans le plus grand nombre; trois dans une seule espèce.)

Andrena cineraria Fabricii.

G. DASYPODE, *Dasypoda.*

Division intermédiaire de la lèvre recourbée. Mâchoires fléchies au milieu de leur longueur ou plus bas ; leur lobe terminal aussi long ou plus long que leurs palpes. (Deux cellules sous-marginales. Pates postérieures à premier article des tarses aussi long ou plus long que la jambe).

Dasypoda hirta, Fab. *mas. ;* ejusd. *D. Hirtipes, femina.*

G. SPHÉCODE, *Sphecodes.*

Division intermédiaire de la lèvre presque droite, guère plus longue que les latérales, et n'étant pas, en y comprenant sa gaîne, une fois plus longue que la tête. (Trois cellules sous-marginales).

Nomada gibba Fabricii.

G. HALICTE, *Halictus.*

Division intermédiaire de la lèvre courbée inférieurement, beaucoup plus longue que les latérales, surpassant, en y comprenant sa gaîne, d'une fois au moins la longueur de la tête, lancéolée, peu soyeuse. Pates postérieures différant peu des autres dans les deux sexes. (Trois cellules sous-marginales. Une fente longitudinale à l'anus, dans les femelles.)

Hilæi Fab. Illiger.

G. NOMIE, *Nomia.*

Division intermédiaire de la lèvre courbée inférieurement, beaucoup plus longue que les latérales, surpassant, en y comprenant sa gaîne, d'une fois au moins la longueur de la tête, presque en forme de soie, ou très-étroite et très-longue, fort soyeuse. Pates postérieures des mâles à cuisses et jambes renflées ou dilatées. (Trois cellules sous-marginales. Une fente longitudinale à l'anus dans les femelles.)

Lasius difformis, Jur. *mas;* ejusd. *Andrena humeralis, fem.—Megilla curvipes,* Fab. *mas.*

FAMILLE DES APIAIRES.

I. *Premier article des tarses postérieurs point dilaté à l'angle extérieur de son extrémité inférieure : milieu de cette extrémité donnant naissance à l'article suivant.*

1. *Palpes semblables.*

G. SYSTROPHE, *Systropha.*

Mandibules bidentées. Second article des palpes labiaux le plus long de tous. Antennes des mâles recoquillées à leur extrémité. (Trois cellules sous-marginales.)

Systropha spiralis, Illig. *mas.*

G. PANURGE, *Panurgus.*

Mandibules point dentées au côté interne. Premier article des palpes labiaux le plus long de tous. Antennes droites dans les deux sexes. (Deux cellules sous-marginales.)
Panurgus lobatus, Panz. *mas.*

2. *Palpes dissemblables, les labiaux sétiformes.*

* *Labre transversal, ou presque carré et n'étant pas plus long que large. Extrémités des mandibules très-obtuses et tridentées. (Trois cellules sous-marginales.)*

G. XYLOCOPE, *Xylocopa.*

Labre transversal, fortement épaissi à sa base, caréné.
Xylocopa femorata, Fab. *mas ;* ejusd. X. *Violacea, femina.*

G. CÉRATINE, *Ceratina.*

Labre presque carré, perpendiculaire, uni.
Prosopis albilabris Fabricii.

** *Labre plus long que large, incliné perpendiculairement sous les mandibules, en carré allongé. Mandibules ordinairement très-fortes ou très-dentées. (Deux cellules sous-marginales dans tous. Dessous de l'abdomen des femelles souvent très-soyeux et pollinifère).*

+ *Les trois premiers articles des palpes labiaux insérés bout à bout, dans une même direction longitudinale : le quatrième seul inséré obliquement sur le côté extérieur du troisième, près de son sommet.*

G. ROPHITE, *Rophites.*

Mandibules triangulaires. Palpes maxillaires de six articles.
Rophites 5–spinosa Spinolæ.

G. CHÉLOSTOME, *Chelostoma.*

Mandibules étroites, arquées, fourchues ou échancrées à leur extrémité, avancées. Palpes maxillaires de trois articles.
Apis maxillosa Linnæi.

++*Troisième article des palpes labiaux inséré obliquement sur le côté extérieur du second et près de son sommet.*

G. HÉRIADE, *Heriades.*

Second article des palpes labiaux beaucoup plus long que le premier. *Corps fort étroit, cylindrique.*
Heriades truncorum Spinolæ.

G. STÉLIDE, *Stelis.*

Palpes maxillaires de deux articles, dont le premier une fois plus long. Mandibules fortes. (Extrémité de la cellule discoïdale inférieure avancée au delà de la seconde des sous-marginales. Abdomen convexe en dessus; le dessous peu ou point soyeux.)
Stelis aterrima Panzeri.

G. ANTHIDIE, *Anthidium.*

Palpes maxillaires d'un seul article. (Extrémité de la cellule discoïdale inférieure avancée au delà de la seconde des sous-marginales. Dessous des femelles ordinairement très-soyeux.)
Anthidium manicatum Fabricii.

G. OSMIE, *Osmia.*

Palpes maxillaires de quatre articles.
Osmiæ Panzeri.

G. MÉGACHILE, *Megachile.*

Palpes maxillaires de deux articles, dont le second un peu plus long, ou n'étant pas du moins sensiblement plus court que le premier. Mandibules très-fortes. (Abdomen triangulaire, plan en dessus, très-soyeux en dessous dans les femelles.)
Xylocopa muraria Fabric. — Ejusd. *Anthophoræ : lanata, centuncularis, argentata,* etc.

G. COELIOXYDE, *Cœlioxys.*

Palpes maxillaires de deux articles, dont le premier une fois au moins plus long que le second. Mandibules étroites ou peu fortes dans les deux sexes. (Écusson épineux. Abdomen conique, point ou peu soyeux en dessous.)
Anthophora conica Fabricii.

Zoologie. 36

*** *Labre notablement plus long que large, incliné perpendiculairement sous les mandi-bules, rétréci vers l'extrémité et formant un triangle tronqué. Mandibules étroites, terminées en pointe aiguë, unidentées au côté interne. (Corps simplement pubescent. Deux cellules sous-marginales dans le plus grand nombre : une seule dans une espèce.)*

G. AMMOBATE, *Ammobates.*

Palpes maxillaires de six articles.
Anthophora rufiventris Illigeri?

G. PHILÉRÈME, *Phileremus.*

Palpes maxillaires de deux articles.
Epeolus punctatus Fabricii.

**** *Labre n'étant pas sensiblement plus long que large, presque demi-circulaire ou en demi-ovale. Mandibules étroites, terminées en pointe, unidentées au plus au côté interne. (Dessous de l'abdomen jamais pollinifère.)*

+ *Divisions latérales de la lèvre (paraglosses) beaucoup plus courtes que ses palpes. (Corps simplement pubescent.)*

G. NOMADE, *Nomada.*

Palpes maxillaires de six articles. (Trois cellules sous-marginales.)
Nomadæ Fabricii.

G. PASITE, *Pasites.*

Palpes maxillaires de quatre articles. (Deux cellules sous-marginales.)
Pasites Schotii Jurinei.

G. ÉPÉOLE, *Epeolus.*

Palpes maxillaires d'un seul article et à peine distinct. (Trois cellules sous-marginales.)
Epeolus variegatus Fabricii.

+ + *Divisions latérales de la lèvre presque de la longueur de ses palpes. (Corps très-velu par places. Écusson souvent épineux. Trois cellules sous-marginales dans tous.)*

G. OXÉE, *Oxæa.*

Palpes maxillaires d'un seul article, ou presque nuls.
Oxæa flavescens Klugii.

G. CROCISE, *Crocisa.*

Palpes maxillaires de trois articles. (*Écusson prolongé, échancré.*)
Crocisa histrio Jurinei.

G. MÉLECTE, *Melecta.*

Palpes maxillaires de six articles, ou très-distinctement de cinq.
Centris punctata Fabricii.

Nota. Les palpes maxillaires ont six articles, mais le dernier est à peine distinct.

II. *Premier article des tarses postérieurs des femelles au moins dilaté vers l'angle extérieur de son extrémité inférieure; second article des mêmes tarses inséré près de l'angle interne de l'extrémité de l'article précédent. (Pates postérieures toujours pollinifères. Trois cellules sous-marginales dans le plus grand nombre. Labre n'étant jamais longitudinal.)*

1. *Pates postérieures des femelles au moins garnies entièrement sur le côté extérieur des jambes, et, sur celui du premier article des tarses, de poils très-nombreux et très-serrés.* (Apiaires solitaires.)

    ★ *Palpes maxillaires ayant au moins quatre articles.*

+ *Divisions latérales de la lèvre aussi longues ou plus longues que ses palpes. (Antennes fort longues dans les mâles. Deux cellules sous-marginales dans quelques-uns.)*

G. EUCÈRE, *Eucera.*

Palpes maxillaires de six articles distincts. (Deux cellules sous-marginales.)
Eucera longicornis Fabricii.

G. MACROCÈRE, *Macrocera.*

Palpes maxillaires n'ayant que cinq articles distincts; le sixième presque nul ou peu apparent. (Trois cellules sous-marginales.)
Macrocera antennata Spinolæ.

+ + Divisions latérales de la lèvre beaucoup plus courtes que ses palpes. (Trois cellules
sous-marginales dans tous.)

G. MELITTURGE, *Melitturga.*

Palpes labiaux semblables aux maxillaires, filiformes. Tige des antennes des mâles
presque en massue obconique.
Melitturga clavicornis Latr. *mas.*

G. ANTHOPHORE, *Anthophora.*

Palpes labiaux sétiformes; troisième article inséré obliquement sur le côté extérieur
du précédent, et près de son extrémité. Palpes maxillaires de six articles. Mandibules
unidentées au côté interne.
Megilla acervorum Fab. fem...., ejusd. *M. Hispanica* mas.

G. SAROPODE, *Saropoda.*

Palpes labiaux sétiformes, terminés sans interruption en une pointe formée par les
deux derniers articles qui sont à peine distincts. Palpes maxillaires de cinq articles, dont
le dernier obsolète. Mandibules unidentées au côté interne.
Megilla rotundata Panz. *mas;* ejusd. *M. bimaculata, femina.*

G. CENTRIS, *Centris.*

Palpes labiaux sétiformes; troisième article inséré obliquement sur le côté extérieur du
précédent, et près de son extrémité. Palpes maxillaires de quatre articles. Mandibules
quadridentées.
Centrides Fabricii: *Hæmorrhoidalis, versicolor, crassipes.*

** *Palpes maxillaires d'un seul article.*

G. EPICHARIS, *Epicharis.*

Epicharis dasypus Klugii, Illigeri.

2. *Pates postérieures, même dans les femelles et les mulets, ayant le côté extérieur des
jambes et celui du premier article des tarses presque glabre, ou parsemé de poils
clairs. (Un enfoncement sur le côté extérieur de ces jambes, et un duvet soyeux à
la face interne du premier article de ces tarses, pour recevoir le pollen. Apiaires
vivant ordinairement en société formée de trois sortes d'individus : des mâles, des
femelles et des mulets.)*

Nota. Palpes maxillaires d'un seul article.

* *Jambes postérieures terminées par deux épines. (Trois cellules sous-marginales dans tous, et dont la dernière n'est ni linéaire ni oblique.)*

G. EUGLOSSE, *Euglossa.*

Labre presque en carré parfaite. Promuscide de la longueur du corps. (Écusson avancé. Abdomen conique.)
Euglossa dentata Fabricii ; ejusd. *Centris surinamensis.*

G. BOURDON, *Bombus.*

Labre transversal. Promuscide beaucoup plus courte que le corps. (Corps très-hérissé de poils formant des bandes ou des taches.)
Bombi Fabricii.

Nota. Leurs palpes maxillaires ressemblent à une petite écaille, en forme de palette elliptique.

** *Jambes postérieures sans épines à leur extrémité inférieure. (Deux cellules sous-marginales, ou trois, mais dont la dernière est linéaire et oblique : deux nervures récurrentes.)*

G. ABEILLE, *Apis.*

Premier article des tarses postérieurs carré ; duvet de la face postérieure strié transversalement dans les mulets. (Trois cellules sous-marginales, dont la dernière linéaire et oblique. Crochets des tarses unidentés.)
Apis mellifica Linn. Fabricii.

G. MÉLIPONE, *Melipona.*

Premier article des tarses postérieurs rétréci à sa base, ou en triangle renversé. Mandibules sans dentelures remarquables. (Deux cellules sous-marginales; une seule nervure récurrente.)
Melipona favosa Illigeri, *neutrum.*

G. TRIGONE, *Trigona.*

Premier article des tarses postérieurs rétréci à sa base, ou en triangle renversé. Mandibules dentelées. (Deux cellules sous-marginales.)
Trigona Amalthea Jurinei.

Nota. Je donnerai, dans un *species* que je prépare, un résumé semblable pour chaque ordre de crustacés et d'insectes.

G. ABEILLE, *Apis.*

Apis, Linn. Geoff. Schæff. Scop. Schr. Fab. De Geer. Oliv. Vill. Ross. Chr. Cuv. Lam. Panz. Walck. Illig. Dumer. Kirb. Jur. Spin. Klug.

Caractère essent. Division intermédiaire de la lèvre fléchie et filiforme; les latérales très-petites. Palpes labiaux très-comprimés, en forme d'écaille allongée. Pates postérieures à jambes mutiques (sans épines à leur extrémité); premier article de leurs tarses en carré long, dilaté à l'angle postérieur de sa base, et strié transversalement sur une de ses faces, dans le plus grand nombre d'individus (les ouvrières).

Nota. Les abeilles de l'Amérique méridionale, ou les mélipones et les trigones, étant le sujet principal de ce mémoire, je ne décrirai point les abeilles de l'ancien continent, qui forment mon genre *apis* proprement dit; je me bornerai aux caractères spécifiques. On pourra consulter à cet égard le mémoire que j'ai inséré dans le Tom. V des Annales du Muséum d'histoire naturelle, pag. 161; on trouvera un autre secours dans les figures que je donne.

Il est des caractères communs à toutes les espèces, et qui ne doivent pas entrer dans les phrases spécifiques. Par exemple, la tête, le corcelet et les pates sont toujours plus ou moins couverts de poils grisâtres; l'extrémité des tarses et la brosse des postérieurs sont d'un brun plus ou moins foncé; les yeux sont ordinairement pubescens; les ailes, à l'exception de la cinquième espèce, sont transparentes et peu ou point colorées.

Les mâles sont distingués des deux autres sortes d'individus, ou des femelles et des mulets (ouvrières), par les caractères suivans : 1.° leurs antennes sont de treize articles, et le premier est proportionnellement plus court; 2.° le nombre des anneaux de l'abdomen est de sept au lieu de six; 3.° ils n'ont point d'aiguillon; 4.° leur anus est accompagné de pinces; 5.° les organes de la manducation sont fort courts; 6.° leurs yeux sont plus longs, contigus postérieurement, et renferment dans leur espace intermédiaire les petits yeux lisses, qui sont plus avancés; 7.° leurs pates antérieures sont plus courtes, plus arquées et plus velues; le premier article des tarses postérieurs, ou la palette, est plus courte, plus épaisse, et formée de trois plans.

Ces individus se rapprochent des femelles, 1.° par leurs mandibules échancrées sous la pointe; 2.° par leurs jambes postérieures qui n'ont point de fossette (la corbeille) sur le côté extérieur, et peu de poils ou de cils allongés sur les bords; 3.° en ce que le premier article des tarses postérieurs n'a point ou presque pas d'oreillette à sa base extérieure, que la brosse est moins fournie et point striée.

Les ouvrières ou les mulets s'éloignent des autres individus à raison de leurs mandibules qui ne sont point échancrées; de leurs jambes postérieures qui ont un enfoncement sur la face extérieure pour recevoir le pollen, et des poils ou des cils nombreux sur leurs bords. Le premier article des tarses postérieurs est fortement comprimé et presque tranchant sur ses bords comme dans les femelles; mais l'angle postérieur de sa base est dilaté en forme d'oreillette pointue; le duvet de la brosse est composé de cils disposés en lignes transversales, et de-là cette brosse paroît divisée par des stries, au nombre de sept à huit.

J'ai observé ces différences sur l'abeille domestique d'Europe, ou l'abeille *mellifique*. L'analogie me fait présumer qu'elles sont les mêmes dans les autres espèces ; on le vérifiera avec le temps.

I. *Écusson de la couleur du corcelet (ou noirâtre).*

1. ABEILLE MELLIFIQUE, *apis mellifica*, Linn. Fab.

Noirâtre ; abdomen de la même couleur, avec une bande transverse et grisâtre, formée par un duvet, à la base du troisième anneau et des suivans.

Var. Base du second anneau de l'abdomen rougeâtre.

Ouvrière, long. du corps, 0^m. 012.

Mâle.
Femelle. } *Long. du corps,* 0^m. 015.

Dans toute l'Europe, en Barbarie, et naturalisée en Amérique, où elle n'a éprouvé aucun changement.

2. ABEILLE LIGURIENNE, *apis ligustica*, Spinol.

Presque semblable à la précédente ; les deux premiers anneaux de l'abdomen, à l'exception de leur bord postérieur, et base du troisième d'un rougeâtre pâle.

Dans toute l'Italie, depuis Gênes jusqu'au Frioul, et au royaume de Naples. Son domaine s'étend peut-être au-delà, comme dans la Morée, l'Archipel, etc. Aristote distingue trois sortes d'abeilles ; la meilleure, suivant lui, est celle qui est petite, ronde, et de plusieurs couleurs.

3. ABEILLE UNICOLOR, *apis unicolor*, Latr.

Presque noire, luisante ; abdomen sans taches ni bandes colorées.

Ouvrière, longueur du corps, 0^m. 011.

Aux îles de France, de la Réunion et de Madagascar.

4. ABEILLE INDIENNE, *apis indica*, Fab.

Noire, avec un duvet d'un gris cendré ; les deux premiers anneaux de l'abdomen en entier et la base du troisième d'un rouge fauve.

Ouvrière, long. du corps, 0^m. 007.

Cette espèce varie un peu ; la couleur rougeâtre de l'abdomen a quelquefois plus d'étendue.

Au Bengale, à Pondichéry.

5. ABEILLE AILES-NOIRES, *apis nigripennis*, Latr.

Noirâtre ; dessus de l'abdomen , à l'exception de l'anus, roussâtre-jaunâtre ; ailes supérieures noirâtres.

Ouvrière, long. du corps, o^m. 016.

II. *Écusson d'une couleur différente de celle du corcelet (rougeâtre).*

6. ABEILLE FASCIÉE, *apis fasciata*, Latr.

Noirâtre ; les deux premiers anneaux de l'abdomen rougeâtres ; les suivans couverts d'un duvet cendré ou grisâtre ; bord postérieur de tous noirâtre.

Ouvrière, long. du corps, o^m. 011.

M. Savigni nous donnera des détails sur cette espèce qu'il a rapportée d'Égypte, où elle est domestique ; les anciens habitans de ce pays la cultivoient avec soin. Les ruches, dans le mois d'octobre, étoient transportées, en remontant le Nil, de la Basse-Égypte dans la Haute. Des bateaux étoient préparés à cet effet, et numérotés par les propriétaires. Columelle rapporte que les Grecs faisoient également voyager leur abeille domestique. Les ruches passoient chaque année de l'Achaïe dans l'Attique, lorsque les fleurs cessoient dans la première de ces deux provinces, dont la température étoit plus chaude. Ces insectes jouissoient ainsi d'un double printemps, et leur récolte étoit dès-lors plus abondante. Les cultivateurs du ci-devant Gatinois et de la Sologne ont la même pratique.

7. ABEILLE D'ADANSON, *apis Adansonii*, Latr.

D'un brun noirâtre ; les deux premiers anneaux de l'abdomen et la moitié antérieure du troisième d'un rougeâtre-marron pâle ; le reste de l'abdomen d'un brun obscur.

Ouvrière, long. du corps, o^m. 011,

Apportée du Sénégal par feu Adanson. Le mauvais état de l'individu que j'ai vu ne m'a pas permis d'en donner la figure.

8. ABEILLE SOCIALE, *apis socialis*, Latr.

Noirâtre ; mandibules, labre, les trois premiers anneaux de l'abdomen, à l'exception de leur bord postérieur, la naissance du suivant, grande partie du ventre, roussâtres, pâles.

Ouvrière, long. du corps, o^m. 009.

9. ABEILLE DE PÉRON, *apis Peronii*, LATR.

Noirâtre; les deux premiers anneaux de l'abdomen, à l'exception de leur bord postérieur, base du troisième, et majeure partie du ventre, d'un roussâtre jaunâtre; ailes
supérieures un peu brunes.
Ouvrière, long. du corps, 0ᵐ. 010.
A Timor, M. Péron.

Genre MÉLIPONE, *Melipona.*

Melipona, ILLIG. KLUG.—*Apis*, FAB.—*Trigona*, JURINE.

Caract. essent. Division intermédiaire de la lèvre fléchie et filiforme; les latérales très-
petites. Palpes labiaux très-comprimés, en forme d'écaille allongée. Pates postérieures
à jambes mutiques; premier article des tarses rétréci à sa base. Mandibules sans dentelures apparentes.

Nota. Les mélipones et les trigones ont les jambes postérieures proportionnellement plus larges
que les abeilles; le bout inférieur de ces jambes paroît concave ou échancré, et offre à son angle
interne un faisceau oblique de cils ou de petits crins très-nombreux et très-serrés. La tranche
intérieure de ces mêmes jambes a un sillon ou enfoncement longitudinal qui reçoit une partie
du côté inférieur de la cuisse. Ces insectes ont ainsi plus de facilité pour contracter leurs pates
de derrière.

1. MÉLIPONE RUCHAIRE, *Melipona favosa.*

Noirâtre; corcelet couvert d'un duvet roussâtre; une bande jaune ou d'un jaunâtre
roussâtre sur le bord postérieur des cinq premiers anneaux de l'abdomen; mandibules
entièrement d'un brun foncé; chaperon d'un jaune pâle ou blanchâtre, avec deux taches
brunes et triangulaires au milieu; écusson de la couleur du corcelet; poils des pates d'un
gris roussâtre.
*Fusca: thorace rufescenti-tomentoso : margine postico segmentorum quinque primorum
abdominis fascia flava aut rufescenti-flavida: mandibulis penitus saturato-brunneis : clypeo
pallide flavo aut albicante, maculis duabus brunneis, trigonis, in médio : scutello thoracis
colore: pedum pilis rufescenti-griseis.*

Melipona favosa, ILLIG., *Magaz. für Insekt.*, 1806, pag. 157, *neutr.*—LATR. *Gener.
crustac. et insect.*, Tom. IV, pag. 182, *neutr.*—Ejusd., *apis favosa, Annal. du Mus. d'His.
nat.*, Tom. V, pag. 175, pl. XIII, fig. 12, *neutr.*—Ejusd., *Hist. nat. des crust. et des insect.*,
Tom. XIV, pag. 67.
Apis favosa., FAB. *System. Piezat.*, pag. 571, *neutrum.*—*Apis favosa.* COQUEB., *Illust.
icon. insect.*, dec. 3.ᵉ, tab. 22, fig. 3, *neutrius varietas.*

Zoologie.   37

Trigona favosa. Jurin., *Hymenopt.*, pag. 246, *neutrum.*

Ouvrière, longueur du corps, environ 0^m. 010.

Le corps est d'un brun noirâtre et foncé, avec un duvet roussâtre sur le sommet de la tête et sur le corcelet; le dessus de l'abdomen, à l'exception de l'anus, est presque glabre; mais le ventre est soyeux; ses poils, ainsi que ceux du dessus des pates, sont d'un gris un peu roussâtre [1]; le duvet qui revêt le côté interne ou inférieur des jambes et des tarses est d'un brun ferrugineux. Les mandibules sont en entier d'un brun foncé, et plus noirâtres à leur base. Le labre et le premier article des antennes sont bruns; les autres articles sont plus clairs, et tirent sur le roussâtre. Le chaperon est d'un jaunâtre pâle ou blanchâtre, avec deux taches brunes, longitudinales, en triangle allongé, dans son milieu; la majeure partie des côtés de la face adjacens au chaperon, est de sa couleur, ainsi que l'extrémité inférieure de l'intervalle qui sépare les antennes; cet intervalle offre postérieurement une petite ligne élevée. Les ailes et leurs tégules sont jaunâtres. Le bord postérieur des cinq premiers anneaux de l'abdomen est occupé par une bande jaune ou d'un jaunâtre roussâtre; la première est quelquefois interrompue, et la troisième et la quatrième sont plus grandes; ces bandes se prolongent un peu en dessous sur les côtés du ventre. Les jambes de derrière, en tout ou en partie, et les derniers articles des tarses sont d'un brun plus clair ou un peu roussâtre. La tête, les pates et le dessus de l'abdomen sont plus luisans.

Cette espèce a été apportée de Cayenne par M. Richard, membre de l'Institut de France.

2. MÉLIPONE SCUTELLAIRE, *Melipona scutellaris.*

Noirâtre; corcelet couvert d'un duvet roussâtre; abdomen presque noir; une bande blanchâtre ou livide sur le bord postérieur des cinq premiers anneaux; des poils noirs ou très-obscurs sur les derniers et sur les bords des jambes postérieures; antennes presque entièrement roussâtres; grande partie des mandibules jaunâtre; écusson d'un jaunâtre un peu roux.

Fusca : thorace rufescenti-tomentoso : abdomine fere nigro, segmentorum quinque primorum margine postico livido-albicante : ultimis tibiarumque posticarum marginibus nigro-pilosis : antennis ferme penitus rufescentibus : mandibularum maxima parte flavida : scutello rufescenti-flavido.

Ouvrière, long. du corps, 0^m 011.

Je suis redevable de cette espèce au savant professeur Illiger, qui me l'a envoyée sous le nom de *Melipona favosa.* Elle a, en effet, tant de ressemblance avec ce dernier insecte, que j'ai partagé d'abord l'opinion de ce célèbre naturaliste; mais une comparaison scrupuleuse détruit cette identité. La *mélipone scutellaire* s'éloigne de la *mélipone ruchaire* par les traits suivans : 1.º le fond de sa couleur est plus foncé et tire sur le noir; 2.º les antennes sont presque entièrement d'un brun clair, un peu fauve; le dessus du premier

---

[1] Les poils des côtés inférieurs du corcelet et du dessus des pates sont généralement plus clairs dans les mélipones, les anthidies, les osmies, et dans un grand nombre d'apiaires.

article est seulement plus foncé ; 3.º les mandibules sont mi-parties en dehors de jaunâtre pâle et de brun ; 3.º le chaperon est d'un brun dont la teinte varie, avec une ligne au milieu et le bord antérieur jaunâtres ; 4.º le labre est entièrement de cette couleur ; 5.º l'écusson est d'un jaunâtre roussâtre ; 6.º le dessus de l'abdomen est presque noir, avec une raie livide ou d'un gris jaunâtre, et très-pâle, sur le bord postérieur des cinq premiers anneaux ; son extrémité, et les jambes postérieures surtout, ont des poils noirs. Ce caractère, celui de la couleur de l'écusson, me paroissent distinguer suffisamment cette espèce de la précédente.

Elle se trouve au Brésil.

3. MÉLIPONE A BANDES, *Melipona fasciata*.

Antennes et corps noirâtres ; chaperon sans taches ; abdomen obscur, avec le bord postérieur et supérieur des anneaux jaunâtre.

Antennis corporeque nigricantibus : clypeo immaculato : segmentorum margine postico et supero flavescenti.

Melipona fasciata, Latr., *Voyag. d'Alex. de Humboldt et Aimé Bonpland, Zool. et Anat. comp.*, pag. 249, pl. XVI, fig. 12.

Ouvrière, long. du corps, 0ᵐ 012.

J'ai donné la description de cette espèce à la page indiquée plus haut.

4. MÉLIPONE INTERROMPUE, *Melipona interrupta*.

Noirâtre ; corcelet couvert d'un duvet roussâtre ; une raie blanchâtre sur le bord postérieur des cinq premiers segmens de l'abdomen ; la seconde et les suivantes interrompues dans leur milieu ; écusson de la couleur du corcelet ; chaperon presque entièrement noirâtre.

Fusca : thorace rufescenti-tomentoso : margine postico segmentorum quinque primorum, abdominis linea albicante, linea secunda et sequentibus in medio interruptis : scutello thoraceque concoloribus : clypeo penitus ferme nigricanti.

Abeille ruchaire femelle, Latr., *Annal. du Mus. d'Hist. nat.*, Tom. V, p. 175.

Ouvrière, long. du corps, 0ᵐ 015.

Cette espèce est un peu plus grande que les précédentes, et s'en éloigne non seulement par des caractères tirés de la coloration, mais par la forme de l'abdomen, qui est proportionnellement plus allongé, moins convexe en dessus, et plus soyeux. Le corps est noirâtre, et garni, sur le sommet de la tête et sur le corcelet, d'un duvet roussâtre, comme dans les autres mélipones. Les antennes sont brunes, avec le dessus du premier article plus foncé. Le labre est d'un jaunâtre roux et clair. Les mandibules sont brunes en dessus avec l'origine et l'extrémité noirâtres. La face antérieure de la tête présente une ligne de chaque côté, le long du bord interne des yeux ; une autre ligne, mais plus courte et moins distincte, au milieu du chaperon; une tache à chacun des angles de son extrémité antérieure, d'un jaunâtre roussâtre et très-pâle. L'écusson est de la couleur du corcelet. Les ailes sont lavées de jaunâtre. Les pates sont noirâtres, avec les tarses, l'extrémité inférieure des cuisses, une partie des jambes, d'un brun clair; les jambes postérieures sont même presque en entier de cette couleur; le duvet qui garnit le dessous des jambes et des tarses est encore plus roussâtre ou presque ferrugineux; celui du ventre est gris. Le bord postérieur des cinq premiers anneaux de l'abdomen est blanchâtre ou d'un jaunâtre très-pâle; cette couleur y forme ainsi cinq lignes transversales, repliées un peu en dessous, et dont la première est seule entière; les autres sont interrompues dans leur milieu, et sont d'autant plus courtes qu'elles se rapprochent davantage de l'extrémité postérieure du corps: le second anneau et les suivans sont un peu ciliés au bord postérieur; ces cils sont grisâtres: l'anus offre sur ses bords des poils noirs et courts.

Recueillie à Cayenne par M. Le Blond, docteur en médecine.

5. MÉLIPONE CUL-JAUNE, *Melipona postica.*

Noire; devant de la tête, premier article des antennes, pates antérieures et une grande partie des autres, roussâtres; corcelet pubescent; abdomen aussi large que long, avec l'extrémité postérieure soyeuse et jaunâtre.

Nigra: capitis anticis, antennarum scapo, pedibus anticis aliorumque maxima parte, rufescentibus: thorace pubescenti: abdomine tam lato quam longo, postice flavescenti-sericeo.

Melipona postica, neutr., Illig. *Magaz. für Insekt.,* 1806, pag. 157.

Ouvrière, long. du corps, 0ᵐ. 005.

Elle a le port de nos trigones; mais ses mandibules ne m'ayant point paru sensiblement dentelées, elle doit, d'après nos principes, être associée aux mélipones; cette espèce fait le passage de cette coupe à la précédente. Son corps est noir, parsemé de petits poils obscurs et noirâtres, plus roides et moins abondans sur le corcelet que dans les autres espèces, généralement luisant, à l'exception de l'abdomen.

Les antennes sont noirâtres, avec le premier article d'un brun clair; les derniers paroissent aussi moins foncés. Les mandibules sont brunes; la protubérance extérieure que l'on voit à leur origine, ainsi que dans les congénères, est noirâtre. Tout le devant de la tête jusqu'à la naissance des antennes est d'un brun roussâtre, tant en dessus qu'en dessous. Les yeux sont d'un brun foncé ou noirâtre. L'écusson est de la couleur du corcelet. Les tubercules scapulaires ont leur bord postérieur blanchâtre. Les ailes sont un peu obscures, avec les tégules, les nervures et le stigmate, d'un brun jaunâtre; ce stigmate est plus grand que dans les autres mélipones, caractère qui rapproche encore cette espèce des trigones. Les pates antérieures, les tarses, des cuisses et des jambes des autres, sont d'un brun clair ou un peu roussâtre; les pates postérieures sont même presque entièrement de cette couleur. L'abdomen est trigone et un peu plus court que le tronc; sa plus grande largeur, ou celle de la base, égale sa longueur; à partir du bord postérieur du second anneau, il est couvert d'un petit duvet soyeux et jaunâtre, duquel s'élèvent quelques petits poils noirâtres; l'extrémité postérieure du ventre est garnie pareillement d'un duvet soyeux et jaunâtre; la moitié antérieure et supérieure du segment anal est noirâtre.

Cette espèce se trouve au Brésil, et m'a été envoyée par M. Illíger.

Les abeilles *compressipes*, *segmentaria* de Fabricius sont probablement des mélipones. Son *apis atrata* doit être aussi du même genre, et n'est peut-être qu'une variété de la mélipone *ruchaire*. Je l'ai vainement cherchée dans la collection de M. Bosc, dont cette espèce fait partie suivant Fabricius.

Genre TRIGONE, *Trigona*.

Caract. essent. Division intermédiaire de la lèvre fléchie et filiforme; les latérales très-petites. Palpes labiaux très-comprimés, en forme d'écaille allongée. Pates postérieures à jambes mutiques; premier article des tarses rétréci à sa base. Mandibules dentelées.

1. TRIGONE A JAMBES ROUSSES, *Trigona ruficrus*.

Abdomen déprimé; corps très-noir; pates postérieures à jambes et tarses d'un brun clair.

Abdomine depresso : corpore atro : pedibus posticis, tibiis tarsisque diluto-brunneis.

Trigona ruficrus, JURIN., *Hyménopt.*, pag. 246, *neut.* — LATR., *Gener. crustac. et insect.*, Tom. IV, pag. 183.—Ejusd., *Apis ruficrus*, *Annal. du Mus. d'Hist. nat.*, Tom. V, pag. 176.

Melipona citriperda, *neut.*, ILLIG., *Magaz. für Insekt.*, 1806, pag. 158.

Centris spinipes, *neut.*, FAB., *System. Piezat.*, pag. 361?

Ouvrière, *long. du corps*, 0ᵐ. 005.

Elle est très-noire, luisante et velue. Les antennes sont d'un noirâtre obscur, avec le premier article noir, luisant, et le tubercule radical d'un brun foncé. Les mandibules sont brunes. La partie antérieure du devant de la tête est couverte d'un léger duvet cendré et ponctué. Le corcelet est pubescent et entièrement noir. Les ailes sont de cette couleur, un peu moins obscures vers leur extrémité; la première cellule sous-marginale, l'extérieure et l'inférieure du disque sont coupées chacune par une ligne blanche ou transparente; ces lignes se croisent, et la plus intérieure jette un rameau. Les pates sont noires et velues; mais les postérieures ont leurs jambes et leurs tarses d'un brun clair et un peu jaunâtre. L'abdomen est entièrement noir, pubescent, trigone et déprimé; le plan dorsal est au moins aussi grand que ceux des côtés, d'abord presque horizontal, incliné et arrondi ensuite, sans carène.

Elle se trouve au Brésil; je l'ai reçue de M. Illiger.

2. TRIGONE PALE, *Trigona pallida.*

Abdomen déprimé; corps entièrement roussâtre.

Abdomine trigono, depresso : corpore penitus rufescenti.

Trigona pallida, LATR., *Gener. crust. et insect.*, Tom. IV, pag. 183, *neutr.* Ejusd. *Apis pallida, neutr. Annal., du Mus. d'Hist. natur.*, Tom. V, pag. 177, pl. XIII, fig. 14.

Euglossa pallens, FAB. *System. Piezat.*, pag. 564 ?

Ouvrière, long. du corps, 0ᵐ 004.

Elle ressemble, pour la forme, à la précédente; mais elle est un peu plus petite, et son corps est en entier d'un roussâtre jaunâtre et pâle; les ailes sont transparentes, avec les nervures et le stigmate d'un jaunâtre clair.

Apportée de Cayenne et donnée au Muséum d'Histoire naturelle de Paris par M. Richard.

3. TRIGONE AMALTHÉE, *Trigona amalthea.*

Abdomen déprimé; corps et pates noirs; ailes noirâtres.

Abdomine depresso : corpore pedibusque nigris : alis nigricantibus.

Trigona Amalthea, JURIN. *Hymenopt.*, pag. 246; *neutr.—Trigona Amalthea*, LATR., *Gener. crust. et insect.*, Tom. IV, pag. 183, *neutr.* Ejusd. *Apis Amalthea, Annal. du Mus. d'Hist. natur.*, Tom. V, pag. 175, pl. XIII, fig. 15, *neutr.* Ejusd. *Hist. natur. des crust. et des insect.*, Tom. XIV, pag. 68, *neutr.— Apis Amalthea*, OLIV. *Encycl. méth. Hist. natur.*, Tom. IV, pag. 78, *neutr.—Apis Amalthea*, FAB. *System. Piezat.*, pag. 571; *neutr.*—COQUEB. *illust. iconog. insect. dec.* 5ᵉ tab. 22, fig. 4, *neutr.*

Ouvrière, long. du corps, 0ᵐ 006.

Elle est très-voisine de la trigone *à jambes rousses;* mais le corps, à l'exception des antennes, des mandibules et du dernier article des tarses qui sont bruns, est entièrement noir. Les quatre ailes sont noirâtres; cette teinte est cependant plus foible dans quelques individus. L'abdomen est court, déprimé et trigone, comme dans les espèces précédentes.

A Cayenne et à Surinam.

4. TRIGONE COMPRIMÉE, *Trigona compressa.*

Abdomen comprimé, presque caréné en dessus; corps et pates noirs; base des ailes obscure.

Abdomine compresso, supra subcarinato : corpore pedibusque nigris : alarum basi obscura.

Centris cilipes? FAB. *System. Piezat.* pag., 361.

Ouvrière, long. du corps, 0ᵐ 005.

Cette espèce et la suivante sont principalement distinguées des autres par la forme de l'abdomen, qui est proportionnellement plus long, comprimé postérieurement, avec le dos arqué et presque caréné au milieu, dans sa longueur; cette partie du corps représente une sorte de coin, dont le côté le plus épais est en dessus, et formé de deux plans réunis longitudinalement en arête ou en dos d'âne. L'insecte est presque entièrement noir, ou d'un noirâtre très-foncé, luisant et un peu velu. Les antennes sont noirâtres, avec le premier article plus foncé et les derniers plus clairs. L'extrémité des mandibules et le labre sont d'un brun foncé. Les côtés de la face antérieure de la tête ont un petit duvet cendré. Le corcelet est entièrement noir. Les ailes sont transparentes, avec la base noirâtre et les nervures, ainsi que le stigmate, d'un jaunâtre pâle; les ailes supérieures paroissent n'avoir distinctement qu'une seule cellule sous-marginale. Les pates sont noires, velues, avec les quatre derniers articles des tarses, et l'extrémité postérieure des deux jambes de derrière bruns.

Elle se trouve au Brésil, et m'a été envoyée par M. Illiger.

5. TRIGONE FLUETTE, *Trigona angustula.*

Abdomen comprimé, oblong; corps noir; chaperon, tubercules scapulaires, bord latéral et supérieur du corcelet, écusson, jaunâtres; premier article des antennes, majeure partie des pates et du ventre d'un brun jaunâtre et clair.

Abdomine compresso, oblongo : corpore nigro : clypeo, tuberculis scapularibus, thoracis margine laterali et supero, scutello, flavidis : antennarum scapo, pedum ventrisque maxima parte, dilute flavido-brunneis.

Melipona augustata, neutr. Illig. *Magaz. für Insekt.,* 1806, pag. 158.

Centris pediculana, neutr. Fab. *System. Piezat.,* pag. 361 ?

Ouvrière, long. du corps, 0ᵐ 004.

N'ayant qu'un individu de cette espèce, je n'ai pu m'assurer de la forme de ses mandibules, et je ne place cet insecte avec les trigones que par analogie. Son corps est plus étroit et plus allongé que celui des autres espèces; il est noir, luisant, et revêtu sur la tête, les côtés du corcelet ou les flancs d'un duvet très-court, peu abondant, grisâtre. Les antennes sont brunes, avec le premier article plus clair, d'un brun jaunâtre; les mandibules, le labre sont de cette dernière couleur. Le chaperon, les deux tubercules scapulaires, les bords latéraux du dos du corcelet, l'écusson et la partie des aines qui est au-dessus des secondes pates, sont jaunâtres. Les ailes sont transparentes, avec des nervures d'un roussâtre clair; je n'ai pu distinguer qu'une seule cellule sous-marginale. Les tégules, les deux premières pates, celles de la seconde paire, à l'exception du côté extérieur des jambes, les hanches, les cuisses, l'origine des jambes et les derniers articles des tarses des deux pates postérieures, sont d'un brun jaunâtre et clair; toutes ces pates sont un peu velues, les dernières particulièrement. L'abdomen est presque une fois plus long que le tronc, demi-elliptique, très-comprimé sur les côtés, tranchant ou aigu en dessous, un peu plus large, arrondi et arqué le long du dos; une grande partie du ventre et l'anus sont d'un brun jaunâtre; le reste est noir.

Elle se trouve au Brésil, et m'a été envoyée par M. Illiger. Je présume que la trigone dont M. Jurine fait mention (*Hyménopt.*, pag. 246), et qu'il dit être fort petite et remarquable par la forme cylindrique de son ventre, est la même espèce.

Les mélipones *nana, geniculata, diluta, pulla, œmula, atratula, curtula*, de M. Illiger (*Magaz. für Insekt.*, 1806, pag. 158), me sont inconnues; ce savant entomologiste n'ayant pas accompagné sa nomenclature de phrases spécifiques, il m'est impossible d'émettre une opinion à cet égard. Il ne cite point dans sa liste des mélipones l'*amalthée* de Fabricius; peut-être la désigne-t-il sous le nom d'*atratula;* celle qu'il appelle *diluta* seroit-elle notre trigone *pâle?* Supposé que sa mélipone *pulla* soit vraiment de ce genre, et qu'elle se trouve à Sumatra, il faudra en conclure que l'habitation des mélipones et des trigones n'est pas absolument restreinte au nouvel hémisphère, et que cette partie du monde est seulement leur siége principal.

EXPLICATION DES PLANCHES RELATIVES A CE MÉMOIRE.

Planche XIX.

Fig.   1. Abeille *mellifique*, ouvrière, grossie.
     A.   La tête très-grossie, vue en devant.
     B.   Une des pates postérieures, grossie et vue par devant.
     C.   La même, grossie et vue par derrière.
     D.   Une aile supérieure, grossie.
     E.   Abdomen grossi d'une variété.

Fig.   2. Abeille *mellifique*, femelle, grossie.
     A   Une des pates postérieures, grossie, vue par devant.
     B.   La même, grossie et vue par derrière.

Fig.   3. Abeille *mellifique*, mâle, grossie.
     A.   Sa tête très-grossie, vue en devant.
     B.   Une des pates postérieures, grossie, vue par devant.
     C.   La même, grossie et vue par derrière.

Fig.   4. Abeille *ligurienne*, mâle, grossie.
Fig.   5.   La femelle de la même espèce, grossie.
Fig.   6.   L'ouvrière de la même espèce, grossie.
Fig.   7. Abeille *fasciée*, ouvrière, grossie.
Fig.   8. Abeille *unicolor*, ouvrière, grossie.
Fig.   9. Abeille *sociale*, ouvrière, grossie.
Fig. 10. Abeille *indienne*, ouvrière, grossie.
Fig. 11. Abeille *ailes-noires*, ouvrière, grossie.
Fig. 12. Abeille *de Péron*, ouvrière, grossie.

Planche XX.

A.   Tête de la mélipone *ruchaire*, ouvrière, grossie.
B.   Aile supérieure de la même, grossie.
C.   Une des pates postérieures, grossie, et vue en devant.
D.   La même grossie, vue par derrière.
E.   Une des mandibules du même insecte, très-grossie.
F.   Une des mandibules de la trigone *pâle*, ouvrière, très-grossie.
Fig. 1.   Mélipone *ruchaire*, ouvrière, grossie.
Fig. 2.   Mélipone *scutellaire*, ouvrière, grossie.
Fig. 3.   Mélipone *interrompue*, ouvrière, grossie.
Fig. 4.   Mélipone *cul-jaune*, ouvrière, grossie.
Fig. 5.   Trigone *à jambes rousses*, ouvrière, grossie.
Fig. 6.   Trigone *pâle*, ouvrière, grossie.
Fig. 7.   Trigone *comprimée*, ouvrière, grossie.

Planche XXI.

Fig. 1. Gâteau de ruche d'une abeille du Bengale.
Fig. 2. Portion de ce gâteau vue dans sa hauteur.
Fig. 3 et 4. Ruches d'abeilles (*trigones*) de la Nouvelle-Espagne, copiées d'après
Hernandez; — 3. *Micatzonteco mimiaoatl;* — 4. *Yzaxalasmitl.*

SUR UN VER INTESTIN

TROUVÉ DANS LES POUMONS

DU SERPENT A SONNETTES, DE CUMANA;

P_{ar} A. DE HUMBOLDT.

DESTINÉS à vivre dans une obscurité perpétuelle, environnés de mélanges gazeux abondans en hydrogène, en azote et en acide carbonique, étoilés comme les plantes souterraines, les Helminthes habitent toutes les parties des animaux. Dans la classe des poissons on a découvert des vers intestins jusque dans le sac membraneux que l'on désigne assez improprement sous le nom de *vessie natatoire*, et qui reçoit des fluides élastiques dont la sécrétion se fait dans les vaisseaux particuliers. Le Cistidicola farionis, décrit par M. Fischer [1], a été regardé pendant long-temps comme un exemple frappant d'un animal qui peut vivre dans le gaz azote pur. Mais il est prouvé par les expériences nombreuses que nous venons de faire, M. Provençal et moi [2], que l'air renfermé dans la vessie des poissons de rivière, loin d'être entièrement dépourvu d'oxigène, en contient au contraire quatre à sept centièmes.

L'Ascaride que Gœze a trouvé dans la peau du lombric terrestre, le Gordius qui perce l'argile, le ver peu connu que les statuaires ont découvert dans l'intérieur du marbre de Carrare, enlèvent sans doute quelques atomes d'oxigène à l'air qui les entoure. Plusieurs animaux vertébrés à sang froid, sur lesquels on a fait des expériences exactes, offrent l'exemple d'une respiration infiniment foible et lente, mais qui pour cela n'en est pas moins nécessaire pour la conservation de l'individu. Les poissons peuvent encore respirer dans des eaux qui ne contiennent qu'un dix-millième de leur volume en oxigène dissout. Tous ces faits tendent à prouver que, si des vers intestins ou d'autres animaux

---

[1] Directeur du Musée d'Histoire naturelle, à Moscou.

[2] Recherches sur la respiration et la vessie natatoire des poissons; voyez les *Mémoires de la Société d'Arcueil*, T. II, p. 357-404.

d'une organisation analogue vivent dans des mélanges gazeux qui nous paroissent de l'acide carbonique et de l'azote pur, on doit supposer que ces animaux trouvent de l'oxigène là où l'analyse eudiométrique n'en indiqueroit pas, et où le phosphore n'en manifesteroit la présence que par une lueur insensible et passagère.

De tous les organes des mammifères, des oiseaux et des reptiles, le poumon est celui qui renferme le plus rarement des vers instestins. Malgré les recherches savantes de Gœze, de Müller, de Bruguière, de Frœhlich, de Rudolphi, de Bosc et de Zeder, on ne connoît encore que très-peu d'espèces d'Helminthes trouvées dans le réseau pulmonaire dès animaux. On compte parmi ce groupe l'Ascaris bronchialis de la marte, l'Ascaris trachealis et le Monostoma bombyna Zed. du crapaud, le Strongylus striatus Zed. des bronches du porc-épi, l'Ascaris apri, le Fusaria nigro-venosa, et le Dystoma cylindraceum Zed. de la grenouille commune; enfin le Linguatula de M. Frœhlich, qui est le Polystoma serratum de Zeder, observé dans les poumons du lièvre.

En disséquant, pendant mon séjour dans l'Amérique méridionale, le serpent à sonnettes, ou *cascabel de Cumana* (Crotalus durissus, Linn.), je découvris, tant dans l'intérieur du sac pulmonaire que dans le vide de l'abdomen, attachés à l'œsophage, des vers intestins de quarante à cinquante millimètres de longueur et de trois à quatre millimètres d'épaisseur. Le serpent à sonnettes avoit été tué la veille dans une touffe de Bromelia caratas, plante épineuse à l'ombre de laquelle il aime à se cacher. Quoique son corps eût été exposé à l'ardeur du soleil, un jour où le thermomètre se soutenoit à l'ombre au-dessus de trente-quatre degrés centigrades, le cœur palpitoit encore vingt-six heures après la mort de l'animal. A cette même époque les muscles de l'abdomen éprouvèrent de violentes contractions, lorsqu'on les galvanisoit au moyen du zinc et de l'argent.

J'eus de la peine à séparer les vers intestins des poumons du serpent, auxquels ils adhéroient avec force. Ils conservèrent de la vie et du mouvement pendant l'espace d'une heure entière. Ils s'attachoient aux doigts par cinq petits crochets qui sortoient au-dessous d'une trompe rétractile. Ces animaux avoient une couleur jaunâtre, à l'exception de la partie antérieure de leur corps, qui étoit d'un blanc laiteux, et susceptible de s'allonger de plus de deux millimètres. Je fus d'abord tenté de ranger ces Helminthes parmi les Echinorhynques de Zoega, qui sont les Acanthocéphales de Kœhlreuter, et auxquels les naturalistes attribuent un *proboscis retractilis echinata*. Mais je m'aperçus bientôt que, dans les vers intestins que je venois de trouver, les crochets sont placés à la seule *partie inférieure* de la tête, tandis que dans les Échinorhynques ils entourent toute l'extrémité du corps en formant des anneaux très-rapprochés les uns des autres. Dans les Helminthes du serpent à sonnettes les crochets sortent de cinq petits trous dans lesquels ils restent cachés d'après la volonté de l'animal; tandis que, dans tous les Échinorhynques décrits jusqu'à ce jour, les crochets sont roides et immobiles [1], et ne disparoissent aux yeux de l'observateur que lorsque toute la trompe à laquelle ils sont attachés se recouvre du repli des intégumens dorsaux.

C'est aussi cette disposition particulière des crochets rétractiles qui distingue le ver intestin trouvé dans le Crotalus, du Tænia hæruca de Pallas, qui n'a qu'un seul anneau de ciles immobiles, et qui constitue le genre Hæruca de Bruguière, ou celui de Pseudo-Echinorhynchus de Gœze. Il existe parmi les Douves ou Fascioles de Linné, un petit groupe de vers que M. Zeder [2] désigne par la phrase *Distomata, sphinctere antico coronato nodulis vel echinis*, et auquel appartiennent le Distoma melis, D. anatis et D. chloropodis. En effet, le ver intestin qui habite les poumons du *cascabel* paroît lier les Échinorhynques à ces Distomes, surtout au D. stridulæ de M. Reich [3]; mais, malgré ces rapports, il est impossible, à cause de l'absence des suçoirs, de le considérer comme un Fasciole. Il suffit de comparer notre Helminthe avec les dessins que j'ai donnés de l'Hæruca et de l'Échinorhynque, pl. XXVI, fig. 5 et 6, ou avec les Fascioles que Bruguière a représentés pl. 79, fig. 1-32, et pl. 3o, fig. 1-4 de son ouvrage, pour sentir que ce seroit pécher contre toutes les règles de classification zoologique, que de réunir dans un même genre des animaux qui diffèrent essentiellement par leur forme et par leur organisation intérieure. Le nouveau genre *Porocephalus* que j'établis d'après les caractères qu'offre l'Helminthe du Crotalus durissus de Cumana, trouvera sa place entre l'*Hæruca* de Pallas et le *Proboscidea* de Bruguière.

POROCEPHALUS.

Corpus teres, inarticulatum. Aculei adunci, retractiles, in foveis sub proboscide latentes.

[1] *Gœze Naturgeschichte der Eingeweidewürmer*, p. 140, tab. 10-13. *Helminthologie de Bruguière*, p. 107.

[2] *Zeders erster Nachtrag zur Naturgeschichte der Eingeweidewürmer von Gœze*, 1800, p. 145. *Zeders Anleitung zur Naturgeschichte der Eingeweidewürmer*, 1803, p. 219.

[3] *Neue Schriften der Gesellschaft Naturforschender Freunde zu Berlin*, B. 3, p. 383.

POROCEPHALUS CROTALI.

Subclavatus, flavescens, proboscide lactea præmorsa, aculeis quinque fuscescentibus.

Corpus cylindricum, subclavatum, pellucidum, transverse rugosum, margine subcrenulato, ex albo flavescens, parte anteriori et cauda obtusa albidioribus. Collum nullum. Proboscis retractilis, antice præmorsa, oris leporini in modum fissa, subemarginata. Aculei quinque fuscescentes, retractiles, uncinati, pone orem in parte inferiori corporis positi.

Habitat in pulmonibus et abdomine Crotali durissi, Cumanæ (Amer. meridionalis).

Le plus grand des individus que j'ai trouvé dans le serpent à sonnettes avoit o^m,o62 de long. Sa grosseur étoit de huit millimètres à l'extrémité antérieure, et de deux à l'extrémité postérieure. Le *Porocéphale*, en allongeant sa trompe, ressemble au ver à soie (Bombyx mori), surtout lorsqu'on le voit de côté. Quand l'animal retire ses crochets, on distingue, à la partie inférieure de la trompe, cinq ouvertures. Dans cet état, le *Porocéphale* rappelle l'Hexathyridium de M. Treutler, que Zeder a compté parmi ses Polystomes.

L'organisation intérieure du *Porocéphale* offre des phénomènes qui inspirent d'autant plus d'intérêt que nous connoissons encore fort peu la physiologie des vers intestins. Tout le corps de l'animal, à l'exception des deux extrémités, est rempli de fils vermiformes d'un blanc laiteux, qui paroissent avoir de l'analogie avec les lambeaux graisseux (*épiploons*) qui flottent dans l'intérieur des larves des insectes, et surtout avec les ovaires pelotonnés des Ascarides. Ces fils ou ces intestins, qui se trouvent aussi dans le *Monostoma bombyna*, forment une infinité de replis que l'on distingue à travers la peau, avant de disséquer l'animal. Je fus long-temps porté à croire que cet organe étoit le canal alimentaire ; car j'ai pu le suivre jusqu'à la bouche, qui forme l'échancrure de la trompe. Il se replie et s'entortille tellement sur lui-même, qu'on a la plus grande peine à l'étendre sans le déchirer. Ce canal, dont la largeur est de plus d'un tiers de millimètre, se perd dans la queue, à laquelle il adhère avec force. Je n'ai pas pu découvrir l'orifice de l'anus. Peut-être l'ouverture est-elle très-petite ou oblitérée, comme dans les Distomes, dont le *sphincter ventralis* disparoît lorsque l'animal est trop bien nourri [1]. Il se pourroit même que cet Helminthe, comme les Festu-

---

[1] *Zeder*, p. 158 et 187. *Frœhlich* dans le *Naturforscher, St.* 94, p. 112.

caires de Schrank, et comme plusieurs zoophytes, fût entièrement dépourvu d'anus.

La longueur du canal vermiforme excède onze à douze fois celle du corps du *Porocéphale*. Je l'ai étendu avec soin, et je l'ai trouvé de soixante à soixante-quatre centimètres de long. Je n'y ai observé aucune inégalité, aucun renflement sensible. Dans les animaux vertébrés dont l'organisation est la plus compliquée, la longueur du tube intestinal est relative à la digestion plus ou moins lente, et à la nature des alimens qui sont plus ou moins faciles à assimiler. Le chyle est porté, par le système vasculaire, aux différentes parties du corps, dont les pertes doivent être réparées à chaque instant. Dans les animaux non-vertébrés, dont l'organisation est la plus simple de toutes, dans les zoophytes, par exemple, et dans un grand nombre de vers intestins, la nutrition du corps se fait immédiatement par le canal alimentaire. Comme ils sont dépourvus de glandes conglobées et de vaisseaux sanguins, l'assimilation est l'effet d'une simple transsudation du chyle à travers les parois du canal alimentaire. En considérant sous ce point de vue [1] l'anatomie des Helminthes, on conçoit comment une longueur extraordinaire et de nombreux replis du canal pourroient faciliter la nutrition, en augmentant les points de contact entre les membranes qui donnent et les organes qui reçoivent par imbibition. Malgré ces raisons physiologiques, l'analogie de structure qu'offre l'Ascaride du cheval me fait regarder l'intestin vermiforme du Porocéphale comme un ovaire [2]. Peut-être même les œufs sortent-ils par la bouche de cet Helminthe ?

Après avoir ôté l'intestin du Porocéphale, il ne m'est resté qu'un sac membraneux et transparent, sur lequel j'ai reconnu, dans la partie supérieure, c'est-à-dire dans celle qui est opposée aux ouvertures des crochets, un cordon blanc, de substance médullaire, et de près d'un demi-millimètre de largeur. Il commence à une certaine distance de la queue, devient peu à peu plus gros, et se divise, dans la partie antérieure de l'animal, en deux rameaux qui se perdent dans une masse molle et filamenteuse. J'employai sans succès le moyen qui m'a servi si souvent pour distinguer une fibrille nerveuse de tout autre organe, dans les vers et les insectes. Je galvanisai le Porocéphale, en armant le cordon médullaire avec des fils métalliques qui étoient en contact avec des métaux hétérogènes. Je n'aperçus aucune contraction, en fermant la chaîne galvanique ; peut-être que cette tentative ne fut infructueuse que parce que les vers avoient

---

[1] *Leçons d'Anatomie comparée*, T. IV, p. 162 et 167.
[2] *Ibidem*, T. V, p. 187.

déjà perdu leur irritabilité par le contact de l'air extérieur. D'après l'analogie
que présente l'Ascaride lombrical, il ne paroît pas douteux que le cordon que
nous venons de décrire est un gros nerf dorsal. Dans cet Ascaride, MM. Cuvier [1]
et Duméril ont trouvé deux filets nerveux qui, après avoir parcouru toute la
longueur du corps sur la partie latérale du ventre, se réunissent au-dessus de
l'œsophage. Dans le Porocéphale, au contraire, la moelle épinière est simple;
et la partie bifurquée n'est pas un sixième du cordon entier.

Je n'ai vu partir aucun filet du nerf principal, je n'ai aussi aperçu aucun gan-
glion [2], pas même un renflement au point de la bifurcation. Par cette absence des
ganglions et des filets nerveux qui en sortent, l'organisation du Porocéphale s'éloigne
beaucoup de celle de l'Ascaris lumbricoides et de la Sangsue, en se rapprochant,
au contraire, de celle des Néréides, dans lesquelles la moelle conserve une grande
simplicité dans toute sa longueur, et ne donne naissance à aucun filet latéral,
quoique les étranglemens y soient très-visibles. Je n'ai rien trouvé dans l'Helminthe
de Cumana qui ressemble soit à des vaisseaux, soit à des organes hépatiques,
que d'autres naturalistes assurent avoir observés dans les Fascioles. Toutes ces
considérations tendent à prouver combien les diverses espèces de vers intestins
diffèrent dans leur structure intérieure, et qu'il est tout aussi peu naturel de les
réunir dans un seul groupe, qu'il le seroit de reléguer dans une même classe tous
les mollusques et les vers qui vivent au fond de l'Océan.

EXPLICATION DES FIGURES.

Planche XXVI.

Fig. 1. Le Porocéphale ayant la trompe retirée, vu d'en haut. On reconnoît les replis
du canal vermiforme (ovaires) et le cordon nerveux.

Fig. 2. La partie antérieure du ver intestin vu de côté. La trompe est allongée, les
crochets sont sortis des trous qui les renferment habituellement.

[1] *Leçons d'Anatomie comparée*, T. II, p. 358.

[2] Le cordon nerveux du dragonneau (Gordius argillaceus est aussi dépourvu de ganglions, d'après
l'observation de M. Cuvier.

Fig. 3. La partie antérieure du ver, vue par dessous. On distingue les cinq trous, les crochets sont rentrés.

Fig. 4. Un crochet.

Les fig. 1--4 sont de grandeur naturelle.

Fig. 5. La partie antérieure de l'Hæruca.

Fig. 6. Celle de l'Echinorhynchus gigas, toutes deux grossies.

Les fig. 5--6 grossies.

SUR LES SINGES

QUI HABITENT

LES RIVES DE L'ORÉNOQUE,

DU CASSIQUIARE ET DU RIO NEGRO;

Par A. DE HUMBOLDT.

Je compte réunir dans ce mémoire les observations que j'ai faites, en 1800, sur les singes de la Guayane espagnole, pendant le cours d'une navigation que nous avons entreprise, M. Bonpland et moi, pour parvenir depuis les steppes de la province de Caraccas jusques aux frontières du Brésil, en pénétrant par l'Orénoque, l'Atabapo et le Tuamini aux rives du Rio Negro. J'avois l'habitude de décrire, dans mon journal et sur les lieux mêmes, les mammifères, les oiseaux, les amphibies et les poissons que je pouvois me procurer pendant un voyage de quatre mois. Occupé d'un grand nombre d'autres recherches, surtout d'observations astronomiques indispensables pour le relèvement du cours de l'Orénoque, il ne m'a pas toujours été possible de donner à mes descriptions toute l'étendue qu'on pourroit désirer. Enfermé avec quatorze ou seize Indiens dans une pirogue étroite, entouré d'une nuée de *mosquitos,* incommodé par une fumée épaisse à l'aide de laquelle on cherche en vain à se garantir contre la piqûre de ces insectes venimeux, j'ai été souvent hors d'état d'écrire pendant des journées entières. L'épaisseur des forêts ne permettant pas d'y mettre le pied, on ne connoît d'autre chemin dans ces déserts que celui des rivières. Les animaux les plus remarquables s'offrent aux yeux du naturaliste, sans qu'il puisse les observer de près.

Les singes que je ferai connoître sont ceux que nous avons trouvés vivans dans les cabanes des Indiens qui habitent les rives de l'Orénoque et du Cassiquiare. Pour observer leurs mœurs, nous en avons eu constamment un grand nombre dans notre pirogue. Malgré l'activité que nous croyons avoir déployée au milieu des souffrances auxquelles le voyageur est exposé dans les forêts de la Guayane, notre voyage auroit été bien plus utile aux progrès de la zoologie descriptive, si, au lieu d'être dans un mouvement continuel, notre position nous avoit permis de faire un séjour de plusieurs mois dans les missions, surtout dans celles de l'Esmeralda, d'Atures et de Carichana.

Je ne me bornerai point à décrire les nouvelles espèces de singes que nous avons découvertes; je rapporterai aussi les observations que nous avons faites sur les espèces connues. Ayant pu examiner un grand nombre d'individus, il m'a été plus facile de saisir les caractères qui distinguent les variétés et les espèces. J'ajouterai des figures, chaque fois que je pourrai les donner d'après des esquisses qui ont été faites sur le vivant, ou d'après des animaux bien empaillés.

LE DOUROUCOULI.

(COUSI-COUSI, CARA RAYADA, MONO TIGRE OU DORMILON, SIMIA TRIVIRGATA).

Le *Singe dormeur du Cassiquiare*, que les Indiens Maravitains appellent *Douroucouli*, est un des singes les plus remarquables que nous ayons trouvé dans les forêts de la Guayane. Il est entièrement inconnu en Europe; nous avons même été les premiers qui l'ayons fait voir aux habitans des côtes de Cumana. Cet animal extraordinaire, qu'il est impossible de confondre avec les *Sagoins*, les *Sapajous* et les *Nyctipithèques* de M. Geoffroy, appartient à un groupe particulier qui, non par ses dents et par la forme de ses oreilles, mais bien par ses mœurs, la grandeur de ses yeux et l'ensemble de sa physionomie, a des rapports avec les *Lori* de l'ancien continent. Cette nouvelle famille de singe, que l'on pourroit désigner par le nom d'*Aotes* (ἄωτοι), est caractérisée par une tête de chat; par de grands yeux jaunes, incapables de soutenir la lumière du jour; par l'absence presque totale de l'oreille externe; par une queue non prenante et beaucoup plus longue que le corps.

Le Douroucouli a le poil du corps gris mêlé de blanc; une ligne brune se prolonge au milieu du dos, depuis la tête jusqu'à la queue. La poitrine, le ventre et l'intérieur des extrémités, sont d'un jaune orange, qui tire sur le brun. La tête, et surtout le front, sont marqués de trois raies noirâtres qui aboutissent aux yeux. C'est à cause de ces raies parallèles que les religieux missionnaires de l'Orénoque appellent ce singe *Cara rayada*, ou à face rayée. Le visage qui ressemble à celui du chat tigre, est couvert de poils noirâtres. Les yeux sont d'une grandeur énorme, comparés à la petitesse de l'animal; ils ont plus de neuf millimètres de diamètre, et sont d'un beau jaune. Le nez est noir, et divisé en deux parties égales par une strie blanche. Deux taches blanches sont placées au-dessus des yeux. La bouche est entourée de poils roides (*vibrissæ*) blancs, mais courts. L'intérieur des quatre mains est blanc. Les ongles sont un peu aplatis et non convexes, comme dans les Sagoins. Le pouce est distant, surtout dans les extrémités postérieures. La queue est très-belle, non prenante, touffue, et de moitié plus longue que le corps. La couleur de la queue est la même que celle du dos, à l'exception de son extrémité qui est noire. On ne voit pas d'oreille externe. En écartant les poils, on trouve deux grandes ouvertures latérales, qui sont l'organe de l'ouïe. Le pavillon de l'oreille consiste dans un petit rebord membraneux qui est à peine sensible.

La longueur du corps, sans compter la queue, est de 0^m,257 ou de 9 pouces et demi; la queue seule a 0^m,485, ou 14 pouces 3 lignes. La hauteur du corps n'est que de 0^m,104, ou 3 pouces 9 lignes.

J'ai donné à ce singe dormeur le nom de *Simia trivirgata*, qui répond à celui de *cara rayada*. Je n'ai pas osé le nommer *inaurita* ou *dormitans*, parce qu'il est probable qu'avec le temps on découvrira d'autres singes nocturnes en Amérique, qui, appartenant au même groupe que le *Douroucouli*, seront aussi comme lui dépourvus d'oreilles externes.

SIMIA TRIVIRGATA CINEREA, ABDOMINE EX FLAVO RUFESCENTE, FRONTE ZONIS TRIBUS LONGITUDINALIBUS PICTA.

Corpus cinereum, pilis apice albidioribus, argenteo-mollissimis; gula, pectore, abdomineque ex luteo rufescentibus. Cauda apice nigra, villosa, corpore dimidio longior. Caput felinum. Facies pilis nigricantibus tecta. Maculæ duæ supra oculos albæ. Oculi maximi lutei, palpebris albis. Nasus ater, linea alba longitudinali notatus. Os magnum arcuatum. Vibrissæ albæ, breves. Auriculæ fere nullæ. Linea dorsalis fusca, ab occipite usque ad caudam protensa. Manus interne albæ. Pollices præsertim pedum distantes. Ungues omnes planiusculi.

Le poil du singe dormeur est doux et très-agréable au toucher. J'ai vu dans les missions du Rio Negro de petits sacs à tabac faits de la peau de ce singe; on emploie à ce même usage la peau du *Caparro*, dont nous parlerons plus bas. Le dos du Douroucouli a un lustre argenté, surtout lorsqu'il est exposé aux rayons du soleil. Quoique la tête de ce petit animal ressemble à celle d'un chat-tigre, son corps extrêmement allongé a plus d'analogie avec la forme de l'écureuil ou de la marte. Tant qu'on n'a pas examiné ses dents, et qu'on n'a pas vu l'usage qu'il fait de ses mains, dont les doigts sont très-longs, et dont la peau intérieure est très-fine et très-blanche, on a de la peine à croire que le Douroucouli soit un vrai singe. Il paroît même au premier abord plus éloigné des singes que le Manaviri (Viverra caudivolvula), qui, par ses mœurs et par son port, tient à la fois du singe, de l'ours et du chien.

Le Douroucouli est le seul singe de l'Orénoque qui dorme le jour. Cette habitude lui a aussi fait donner le nom de *Mono dormilon*. J'ai observé, dans un individu mâle conservé vivant pendant plus de cinq mois, qu'il s'endormoit assez régulièrement à neuf heures du matin, et qu'il se réveilloit à sept heures du soir. Quelquefois le sommeil le prenoit dès l'aube du jour, ou dès les six heures. La lumière l'incommodoit beaucoup. Pour dormir il se cachoit dans l'endroit le plus sombre, derrière quelque planche, ou dans le creux d'un arbre. Comme les écureuils et plusieurs espèces de viverres, il avoit une facilité extra-ordinaire à se glisser par les plus petites ouvertures. Nous l'avons trouvé un jour dans la cage d'un autre singe, dans laquelle il étoit entré en passant à travers des barreaux, qui n'étoient écartés les uns des autres que de cinq centimètres.

Si de jour on le réveille, on le trouve triste, abattu, et dans un vrai état léthargique. On remarque alors qu'il a de la peine à ouvrir ses grandes paupières blanches. Ses yeux qui de nuit ressemblent à des yeux de hibou, sont le jour troubles, sans éclat, et presque mourans. Le singe dormeur, dans sa position ordinaire, est assis comme un chien, le dos courbé, les quatre mains réunies, la tête baissée et presque cachée entre les mains de devant. Il est très-doux le jour. On peut le toucher sans en être mordu; on peut même lui ouvrir la bouche pour examiner ses dents, qui sont très-petites, et toutes réunies. Dans la mâchoire inférieure il n'y a aucune distance entre les quatre dents incisives et la dent canine. Cette distance est fort petite à la mâchoire supérieure.

Autant ce petit animal est triste et immobile le jour, autant il est inquiet et impétueux pendant la nuit. Étant presque aveugle jusqu'au coucher du soleil, il ne cherche sa nourriture que dans l'obscurité. Il chasse de petits oiseaux, et surtout des insectes. A Nueva Barcellona je l'ai gardé dans la même chambre où je couchois, quoiqu'on l'accuse d'arracher les yeux aux personnes qui dorment. J'ai observé seulement que de nuit il saute contre les murs, et fait un bruit extraordinaire. Il mange tous les végétaux, il est surtout friand des bananes, de la canne à sucre, des fruits de palmiers, des amandes du Bertholletia, et des semences du Mimosa-inga. Il a une adresse particulière à prendre des mouches; et cette occupation seule le tient quelquefois éveillé pendant le jour; mais, pour voir les mouches, il faut qu'il se trouve dans un lieu peu éclairé, et que sa proie lui vienne de très-près. Il mange très-peu, comparativement à d'autres singes de sa taille, par exemple au Simia sciurea et au S. œdipus. J'ai vu qu'il se passe quelquefois de boire pendant vingt ou trente jours.

Le Douroucouli ayant le poil assez long et lustré, les indigènes se servent de sa peau, comme nous l'avons déjà observé, pour en faire des bourses de tabac qu'ils vendent aux moines et aux soldats qui habitent les missions du Cassiquiare et du Rio Negro. Ils surprennent quelquefois le singe en plein jour, lorsque, endormi et à demi caché dans le creux d'un arbre, le petit animal avance sa tête hors du trou, par lequel il s'est glissé dans son gîte. Il arrive alors que les Indiens attrapent le mâle et la femelle à la fois, en les saisissant par le col; car les Douroucoulis ne vivent pas par bandes comme les Alouates et les Sagoins, mais deux à deux dans une véritable monogamie.

Je ne connois aucun singe de l'ancien continent qui ait le port et les mœurs de celui que je décris dans ce mémoire, et qui appartient à une nouvelle famille ou peut-être à un nouveau genre de quadrumanes, celui des *Aotes*. On ne peut confondre le Simia trivirgata avec le Lori du Bengale[1] (Lemur tardigradus, Lin.), qui est dépourvu de queue, et que le nombre de ses dents et ses oreilles éloigne de beaucoup des singes des deux mondes. On pourroit plutôt être tenté de croire, d'après la description de M. de Buffon, que le *Singe de nuit,* de Cayenne, envoyé à Paris par le médecin La Borde, a quelque analogie avec le Douroucouli. « Cet animal, dit Buffon, a une tache blanche au-dessus « de ses grands yeux; un petit poil jaune pâle prend au-dessous des yeux, « couvre les joues, et s'étend sur le cou, le ventre et les faces extérieures des « jambes de derrière et de devant. La couleur jaune ou fauve pâle mêlée de « brun foncé domine sur le corps; car les poils, qui sont d'un brun minime (et « très-rudes), ont l'extrémité d'un jaune clair[2]. Le sommet de la tête a une sorte « de toupet dont les poils sont rabattus en devant et sur les côtés. » Mais ce Singe de nuit, de Cayenne, qui n'existe plus dans la superbe collection du Musée d'histoire naturelle de Paris, et le *Sapajou jaune* de Brisson, *pedibus ex flavo*

---

[1] Stenops tardigradus, *Illiger Prodr. Syst. Mam. et Avium*, 1811, p. 73.

[2] *Hist. nat. des Singes, faisant partie de celle des quadrupèdes de Buffon; par Latreille*, T. II, p. 196-201.

rufescentibus, ne sont que des variétés du Saki (Simia pithecia), comme l'ont déjà très-bien observé MM. Latreille, Cuvier, Geoffroy et Audebert [1].

Le Père Gumilla est d'une inexactitude extrême dans la description des productions de l'Orénoque, qu'il ne connoît que par les rapports souvent mensongers des Indiens ou des Blancs. Il parle, en deux endroits de son ouvrage [2], du Simia trivirgata : mais il dit que c'est un animal dépourvu de queue, tandis qu'elle a un tiers de plus de longueur que le corps entier du singe. « Les *Mosquites*, les cris continuels des *Perricos ligeros* « (Paresseux), et le miaulement des *chats de montagne*, que les Indiens « appellent *Cusicusis*, ne permettent pas de fermer l'œil lorsqu'on couche « dans les bois de l'Orénoque. Le *Cusicusi* est de la grosseur d'un chat, *il n'a* « *point de queue*, et sa laine est aussi douce que celle du castor. Il dort « tout le jour, et la nuit il saute de branche en branche pour chercher des « oiseaux et des *serpens* dont il se nourrit. Il est fort doux; et lorsqu'on « le porte dans les maisons, *il ne s'enfuit point* et ne bouge pas de sa « place pendant le jour : mais la nuit venue, il ne fait que courir de côté « et d'autre, fourrant son *doigt* et *sa langue* qui est large et mince, dans « tous les trous. Personne n'est curieux de le tenir chez soi, car il entre dans « le lit de son maître, et visite ses narines et sa bouche. » D'après ces détails, on ne sauroit douter que Gumilla n'ait voulu désigner notre *Aote*.

J'invite les naturalistes qui pourront se procurer le squelette de cet animal, à examiner plus soigneusement ses dents que je n'ai pu le faire sur le vivant; car le Douroucouli, par ses mœurs et sa physionomie, se trouve isolé parmi les Sagoins de l'Amérique, comme le sont le Poto (Ursus caudivolvulus, Cuv. ou Cercoleptes, Illig.), et l'Indri (Lichanotus, Illig.) parmi les Ours et les véritables Makis à six incisives inférieures.

Le Saki siffle comme les Sapajous, circonstance qui l'éloigne beaucoup du Douroucouli. Les voyageurs qui visitent l'Amérique méridionale, devroient nous apprendre quelle est l'espèce de *Singe solitaire* que Stedman [3] vit à Surinam, et qui y porte le nom de *Wanacoe*. D'après le peu que cet auteur rapporte de ses mœurs, je doute qu'il soit identique avec le Simia leucocéphala d'Audebert, qui est l'Yarqué de Cayenne.

---

[1] *Audebert, Hist. des Singes, Fam. VI, p. 7. Brisson, Règne animal*, 1756, p. 197.
[2] *Hist. de l'Orénoque (traduction d'Eidous*, 1758), T. II, p. 13.
[3] *Voyage à Surinam*, T. II, p. 151.

Le Simia trivirgata paroît assez difficile à apprivoiser; du moins celui que nous avons mené avec nous, tantôt dans un canot, tantôt attaché sur le dos d'un mulet de charge, ne cessoit de mordre les personnes qui le combloient de caresses. Il joûoit très-rarement, étant toujours occupé de lui-même, et des moustiques qu'il prenoit avec une adresse singulière. Il souffletoit comme les chats, en allongeant la main avec une extrême agilité. Son cri nocturne (*muh, muh*) ressembloit à celui du Jaguar ou grand tigre d'Amérique : aussi les Blancs qui visitent les missions de l'Orénoque, l'appellent *Titi-tigre*. Sa voix est d'un volume et d'une force extraordinaires par rapport à la petitesse de sa taille. Il a en outre deux autres cris, une espèce de miaulement (*e-i-aou*), et un son guttural très-désagréable (*quer, quer*); sa gorge enfle lorsqu'il est irrité, et le Douroucouli ressemble alors, par son ronflement et par la position de son corps, à un chat qui se voit attaqué par un chien.

Le dessin de M. Huët a été fait sur une esquisse que j'avois tracée sur les lieux. Le Douroucouli habite les forêts épaisses du Cassiquiare, celles qui avoisinent le petit village indien de l'Esmeralda, situé au pied du Mont Duida, et les environs des cataractes de Maypures, entre les 2 et 5 degrés de latitude boréale, à trois cents lieues des côtes de la Guiane françoise.

LE CAPUCIN DE L'ORÉNOQUE.

Le Singe que nous allons faire connoître appartient, selon la division suivie par M. Geoffroy de Saint-Hilaire, à la famille des *Nyctipithèques* appelés par d'autres naturalistes singes à queue de renard. D'après le système de M. Illiger [1], il doit être rangé parmi les *Pitheciæ* (*Schweifaffen*). C'est sans doute un des quadrumanes les plus remarquables de l'Amérique méridionale, et dont ni Gumilla, ni Caulin, ni Barrère, ni Don Felix de Azara, n'ont fait mention dans leurs écrits.

Le *Mono Capuchino*, de la Guayane espagnole, diffère entièrement du Simia capucina de Linné, qui est le Sai ou Singe pleureur de Buffon [2]. Il seroit à désirer que les naturalistes n'eussent pas donné le nom de Capucin à un animal à menton imberbe; car cette dénomination conviendroit infiniment mieux à la nouvelle espèce de singe que je décris ici sous le nom de *Simia chiropotes*.

---

[1] *Prodr.*, p. 71.
[2] *Hist. nat.*, T. XXXVI, p. 176.

Ce singe est un peu moins grand que le Coaïta (Ateles paniscus). Sa couleur est d'un brun rougeâtre : son poil est long et lisse. La tête a la forme d'un ovale alongé ; l'angle facial est environ de 52 degrés. La face et le dedans des mains sont noirâtres et nus. Le front et le sommet de la tête sont couverts d'un poil touffu et très-long qui se dirige en avant et se divise au-dessus des yeux en deux touffes épaisses et distinctes. Cette division singulière est formée par une zone longitudinale dépourvue de poil, et que les Créoles comparent au *cerquillo* ou à la couronne des religieux. Les yeux sont grands et enfoncés : les ouvertures nasales se trouvent séparées par une cloison très - large. Les dents canines sont d'une grosseur énorme, elles ont plus de o^m,o14 (6½ lignes) de longueur. La barbe est d'un brun noirâtre; elle prend naissance au-dessous de l'oreille, et couvre une partie de la poitrine. La tête, les cuisses et la queue sont d'une couleur plus foncée que le reste du corps. Les ongles sont légèrement recourbés, à l'exception de celui du pouce qui est parfaitement plat et arrondi. La queue est moins longue que le corps, non prenante, toute recouverte d'un pelage brun noirâtre et touffu. Le mâle a les testicules couleur de pourpre.

SIMIA CHIROPOTES BARBATA, EX RUBRO FUSCESCENS, CAPILLITIO VERTICIS LONGITUDINALITER DIVISO, MARIS TESTIBUS COCCINEIS.

Corpus fere magnitudine vulpeculæ, undique vestitum pilis ex rubro fuscescentibus. Facies anthropomorpha, nuda. Capillitium caput obumbrans undique adpressum, et ab imo vertice usque ad frontem zona calva longitudinaliter divisum. Oculi magni fusci. Nares septo lato divisæ, laterales. Auriculæ marginatæ, pilis tectæ. Barba rotunda, ex rubro nigrescens. Cauda haud prehensilis, corpore brevior, undique pilis tecta. Manus atræ, interne glaberrimæ : ungues pedum oblongiusculi, pollicis rotundati. Cauda et crura ex rufo nigriscentia. Testes maris coccinei.

De tous les singes de l'Amérique, le Capucin de l'Orénoque est peut-être celui qui, par ses traits, ressemble le plus à l'homme. Ses yeux ont une expression de mélancolie mêlée de férocité. Comme le menton est caché sous une barbe longue et touffue, la ligne faciale paroît moins inclinée qu'elle ne l'est en effet. Le Capucin est un animal robuste, agile, farouche et très - difficile à apprivoiser. Lorsqu'il est irrité, il se redresse sur ses pieds de derrière, grince les dents, se frotte l'extrémité de la barbe, et saute autour de la personne dont il veut se venger. Dans ces accès de colère, je l'ai vu souvent clouer ses dents dans de grosses planches de Cedrela odorata. Il est généralement d'une morne tristesse, et ne s'égaie, pour quelques momens, qu'à la vue des fruits qu'il a connus lorsqu'il jouissoit de sa liberté primitive 'dans les forêts; par exemple, à la vue des *Juvias* ou amandes du Bertholletia excelsa. Il boit rarement, et, ce qui est très-remarquable, non à la manière des autres singes de l'Amérique, qui approchent les lèvres du vase qu'on leur présente, mais en puisant l'eau dans le creux de sa main, qu'il porte à la bouche, et en inclinant la tête sur l'épaule. Cette opération est très-lente, et, pour l'observer, il faut que l'animal soit seul, et qu'on se place de manière à n'être point aperçu de lui. J'ai reconnu que le Capucin se sert indistinctement des deux mains pour faire couler l'eau dans l'angle de sa bouche. Il devient furieux lorsqu'on lui mouille la barbe, et je crois que c'est à cause de l'impossibilité dans laquelle il se trouve d'approcher la tête de la surface de l'eau sans se mouiller la barbe, qu'il a pris l'habitude de puiser l'eau avec sa main. L'Orang-outang (Simia satyrus) boit en trempant les doigts dans l'eau et en les suçant, comme nous l'avons observé dans celui qui étoit vivant à Paris il y a quelques années. J'ai nommé le *Capucin* Simia chiropotes, de χείρ, *main*, et πότης, *buveur;* dénomination formée d'après l'analogie de χειλοπότης, *qui hume des lèvres.*

Les *Capucins de l'Orénoque* ne vivent pas par bandes : le mâle et la femelle parcourent seuls les forêts. Ils font rarement entendre leur cri, qui est un grognement sourd et rauque. On les trouve dans les vastes déserts de l'Alto-Orinoco, au sud et à l'est des Cataractes. Le père Juan Gonzalès, qui connoissoit ces pays dans le plus grand détail, m'a assuré que les Indiens d'Aturès (lat. 5° 37′ 34″; long. 70° 19′ 21″) et ceux de l'Esmeralda (lat. 3° 11′ 0″; long. 68° 23′ 19″) mangeoient beaucoup de *Singes Capucins* à de certaines époques de l'année. Il paroît cependant que ces animaux ne sont pas très-communs dans d'autres parties de la Guayane; car, pendant toute notre navigation sur l'Orénoque, l'Atabapo, le Tuamini, le Temi et le Cassiquiare, sur une étendue de plus de cinq cents lieues, pendant les mois d'avril, de mai et de juin 1800, nous n'avons vu aucun individu de cette espèce, ni dans les forêts, ni dans les cabanes des indigènes, ni à l'espèce de foire que tiennent les différentes tribus rassemblées à l'île de Pararuma, pour la récolte des œufs de tortue. C'est à la capitale de la Guayane espagnole, à San Tomas de la Angostura, qu'on nous a fait cadeau d'un *Capucin* adulte dont nous avons observé les mœurs pendant quatre mois. Nous le confiâmes, à Cumana, en octobre 1800, au général Jeannet et à M. Brisseau, agent du gouvernement françois, pour le faire passer en Europe par la voie de la Guadeloupe, conjointement avec le Douroucouli. Nous avons appris depuis, à la Havane, que ces singes sont arrivés heureusement aux îles Antilles; mais nous ignorons pourquoi on ne les a pas envoyés à Paris, à la ménagerie du jardin des Plantes, à laquelle nous les avions destinés.

Lorsque, dans la traversée de l'île de Cuba à Carthagène des Indes, un gros temps nous fit relâcher au Rio Sinu, à l'est du golfe de Darien, les habitans de ces contrées nous apprirent que les forêts d'alentour abondoient en singes *Capucins* : nous reconnûmes bientôt que l'on donnoit ce nom à des quadrumanes à queue prenante qui vivent en troupeaux. Il paroît que le Capucin du Rio Sinu est une variété de l'*Alouate rousse* (Simia seniculus, Lin.). De même le Sagoin, appelé *Titi* au Sinu et à Carthagène, est une espèce très-différente du Titi de la Guayane espagnole, qui, comme nous le verrons bientôt, est le vrai Saïmiri de Buffon. Les voyageurs ne sont que trop souvent exposés à se laisser tromper par l'identité des noms appliqués à des objets très-différens.

Malgré les rapports qui existent entre le gouvernement de Vénézuela et les missions de la Guayane, les animaux de l'Orénoque, tels que les singes Capucins, les Viuditas, les Douroucoulis, les Saïmiris (Titi, Simia sciurea), les Manaviris (Ursus caudivolvulus.) et les coqs de roches (Pipra rupicola) sont infiniment rares à Caracas, à Cumana, à Nueva Barcelona et à Portocabello. Le Capucin, que nous avons amené avec nous en revenant de l'Angostura par la Villa del Pao, a été l'objet de l'admiration des habitans de la côte. Son air grave et mélancolique, sa barbe longue et touffue, les soins qu'il donne sans cesse à cette barbe pour la conserver sèche et lustrée, la ressemblance qu'il offre avec la figure d'un religieux en habit monacal, ont donné lieu à mille fictions superstitieuses sur l'origine de ces singes; et, pour tout dire, l'antipathie qui a régné autrefois entre les *Observantins*, missionnaires de l'Orénoque, et les *Capucins*, missionnaires de l'Apure et de Carony, a perpétué ces fables absurdes parmi les Espagnols-Américains.

<center>~~~~~~~~~~~~~~~~~~~</center>

LE COUXIO.

Le seul singe avec lequel on puisse confondre le Simia chiropotes est le *Couxio* ou Couchio du grand Parà, dont nous devons la connoissance à M. le comte de Hofmannsegg. Ce savant illustre, après avoir parcouru, en naturaliste ; une grande partie de l'Europe, et enrichi à la fois la botanique et l'entomologie, a fait faire à ses frais, par M. Sieber, une expédition au Brésil pour recueillir les productions de ce vaste pays. Parmi les curiosités zoologiques que M. Sieber a fait passer successivement en Europe, se trouvent trois nouvelles espèces de singes (*Simia torquata*, castanea, torque palmisque albis ; *S. Satanas*, fusco-nigra, cauda crasse-villosissima ; et *S. Moloch*, temporibus, genis, subtusque ferrugineus, cauda fusca, apice manibusque albidis) que M. de Hofmannsegg a décrites dans un excellent mémoire publié à Berlin [1] en 1807. Le *Couxio* ou *Satan* a le port du Capucin de l'Orénoque ; mais il en diffère, 1.º par sa couleur qui, dans l'animal adulte, est presque noire, du moins d'un brun noirâtre, et non d'un rouge tirant sur le brun ; 2.º par le pelage du dos qui est beaucoup plus long ; 3.º par la poitrine qui est presque nue ; 4.º par la chevelure de la tête qu'une zone longitudinale dénuée de poils ne divise pas en deux touffes qui descendent vers les yeux ; 5.º par une queue plus grosse et plus touffue ; 6.º par la circonstance particulière que le jeune *Couxio* est d'un gris brunâtre au lieu d'être d'une couleur rouge qui, à ce que l'on nous a assuré, est propre au Capucin non adulte.

SIMIA SATANAS, *FUSCO-ATRA, BARBATA, CAUDA CRASSE-VIL-LOSISSIMA HAUD PREHENSILI, PECTORE ET ABDOMINE SUBCALVIS.*

Longueur du sommet de la tête à l'extrémité de la queue, $0^{m},892$ (2 pieds 9 pouc.).
Celle du corps, sans compter la queue. . . . . $0^{m},423$ (1 pied 4 pouc.).
Diamètre de la queue garnie de poils. . . . . $0^{m},074$ (2 pouc. 9 lig.).
Longueur des jambes de devant. . . . . $0^{m},270$ (10 pouc. 0 lig.).
— des jambes de derrière. . . . . $0^{m},378$ (1 pied 2 pouc.).
— de la main antérieure. . . . . $0^{m},078$ (2 pouc. 11 lig.).
— du pied ou de la main postérieure. . . . . $0^{m},114$ (4 pouc. 3 lig.).

Le dessin, dont je présente ici la gravure, a été fait par un artiste très-distingué, M. Waitsch, directeur de l'académie de peinture à Berlin, sur un individu empaillé et conservé au musée du comte Hoffmannsegg. Le *Couxio*, dont le poil de la queue a plus de $0^{m},063$ (2 pouces et 4 lignes) de long, est représenté assis, mangeant un *guineo* qui est le fruit aromatique du bananier, *Musa sapientum*. La même planche peut servir à donner quelque idée de la forme du *Capucin de l'Orénoque*, si on se figure le Couxio couvert d'un

---

[1] *Beschreibung affenartiger Thiere aus Brasilien*, vom *Graf Hoffmannsegg*, dans le Magasin de la société des Scrutateurs de la nature, avril 1807, p. 93.

pelage capucin ou rouge brunâtre, ayant les cuisses plus obscures que le reste du corps, la chevelure de la tête divisée en deux touffes épaisses et la queue moins velue.

LE CACAJAO.

(CARUIRI, MONO RABON, CHUCUTO, SIMIA MELANOCEPHALA).

Tous les singes de l'Amérique, que l'on connoît jusqu'ici, appartiennent aux familles des *Sagoins*, des *Sapajous*, des *Aotes*, des *Ateles* et des *Alouates*, et ont la queue ou plus longue que le corps ou seulement d'un tiers plus courte. Cette circonstance rend plus intéressante la découverte d'un quadrumane du nouveau continent dont la queue n'a qu'un sixième de la longueur du corps, et qui est parmi les Saïmiris, les Saïs et les Ouistitis, ce que le Magot commun de la Barbarie (Simia inuus) est parmi les Macaques à longue queue.

Le singe que j'ai dessiné après sa mort, est appelé *Cacajao* ou *Cacahao* par les Indiens Marativitains du Rio Negro; *Caruiri*, par les Caridaqueres ou Cabres qui habitent la mission de San Fernando, placée près de la jonction de l'Orénoque, de l'Atabapo et du Guaviaré; enfin *Mono feo* (singe hideux), *Chucuto* ou *Mono rabon* (singe à courte queue), par les missionnaires du Cassiquiare. C'est un petit animal assez rare; car nous n'en avons vu qu'un seul individu que nous achetâmes dans une cabane indienne à San Francisco Solano, mission qui, d'après les observations astronomiques que j'ai faites au rocher de Culimacari, se trouve par les 2° 0′ 40″ de latitude boréale.

Longueur du sommet de la tête à l'extrémité
    des pieds alongés. . . . . 0ᵐ,461 (1 pied 5 pouces 2 lig.).
— de la tête, depuis le bout du menton jus-
    qu'au sommet de l'*os frontal.* . . . . . 0,056 (0   2   1 —).
— de l'*occiput* à la cloison du nez. . . . . . 0,085 (0   3   2 —).
— des extrémités antérieures depuis l'aisselle
    jusqu'à la pointe des doigts. . . . . 0,247 (0   9   2 —).
— de la main de devant, mesurée à part. . . 0,056 (0   2   1 —).
— des extrémités postérieures. . . . . 0,272 (0   10   1 —).
— des pieds ou mains de derrière, mesurées
    à part. . . . . 0,078 (0   2   11 —).
— de la queue. . . . . 0,081 (0   3   0 —).

Les Indiens de l'Esmeralda m'ont assuré que le singe adulte devient de 5 centimètres (1 pouce 11 lignes) plus long, mais que la queue n'augmente pas d'une manière sensible. Aucun des missionnaires de l'Orénoque ne connoissoit le Cacajao du Rio Cassiquiare, et les noms espagnols de *Chucuto* et de *Rabon* m'ont été communiqués par notre ami, le père Juan Gonzalès, dont nous avons rappelé ailleurs [1] la mort déplorable dans un naufrage qui eut lieu sur les côtes de l'Afrique.

Le Cacajao, que j'appellerai dans la suite *Simia melanocephala*, a la tête d'un enfant : c'est un ovale aplati des deux côtés. La face est anthropomorphe, nue, et d'un noir foncé; sa physionomie ressemble à celle d'un vieux nègre. La tête est couverte de petits poils touffus, qui sont tous dirigés en avant, depuis la nuque jusqu'au front. Les yeux sont grands, enfoncés, brun-noirâtres. Des poils noirs très-roides (*setæ*) occupent la place des sourcils; on en trouve aussi autour de la bouche et au menton. Le nez est écrasé, et la cloison nasale qui sépare les narines latérales est très-large. Le menton est dépourvu de barbe. Les oreilles sont entièrement nues, très-grandes, et, par leurs rebords, plus ressemblantes à celles de l'homme que dans aucune autre espèce de l'Amérique. Tout le corps, à l'exception de la tête et des quatre mains, est couvert d'un pelage brun-jaunâtre. Les poils sont longs, lustrés, et un peu redressés. La poitrine, le ventre, et le dedans des bras et des lombes, sont d'une teinte plus claire, d'un jaune blanchâtre. Les mains sont très-sèches, et noires. Les doigts extrêmement alongés sont extérieurement couverts d'un petit poil cendré, tandis que le col et la nuque sont presque nus. Les ongles sont un peu aplatis. La queue est grosse, d'un jaune brunâtre, et presque noire à l'extrémité.

SIMIA MELANOCEPHALA [2], IMBERBIS, EX FUSCO FLAVESCENS, *CAPITE NIGRO, CAUDA CORPORE SEXIES BREVIORI.*

Caput lateraliter compressum, oblongum, pilis vestitum brevibus, confertis, atris, omnibus antrorsum versis. Facies nigra, glabra, anthropomorpha, fere Æthiopis. Oculi magni ex nigro fusci. Nares septo lato distinctæ, laterales, patulæ. Os magnum. Dentes incisores superiores minuti, approxi-

---

[1] P. 200.

[2] S. melanocephalus (ἡ μελανοκέφαλος) auroit été une dénomination un peu plus correcte; mais j'ai dû préférer la terminaison en *a*, parce que l'*Yarqué* est reçu depuis long-temps dans le système, sous le nom de *S. leucocephala*.

mati, inferiores elongati, superioribus angustiores. Laniarii acuti, distantes. Vibrissæ circum os. Mentum denudatum, imberbe. Pili nigri, setiformes, ad instar superciliorum sparsim supra oculos positi. Auriculæ marginatæ, denudatæ, nigrescentes. Corpus, brachia et crura pilis longis fluctuantibus, ex fusco flavescentibus, splendentibus tecta. Pectus et abdomen ex flavo albescens. Manus aterrimæ, digitis, elongatis gracilibus, externe pilis rarioribus obsitis. Ungues pollicum rotundati, cæterorum digitorum subacuti. Cauda corpore fere sexies brevior, ex fusco flavescens, apice brunneo-nigra.

Le Cacajao est un petit animal vorace, mais phlegmatique, peu agile, foible, et d'une douceur extrême. Il mange toutes sortes de fruits, même les citrons les plus aigres : il est surtout friand de la banane, de la goyave, de la papaya et des gousses des ingas. En saisissant un objet, il étend les deux bras à la fois et se présente le dos courbé, dans l'attitude singulière qu'on lui voit dans la planche XXIX. Comme il a les doigts excessivement maigres et longs, il empoigne très-mal ce qu'on lui présente, et de tous les singes que j'ai vus c'est celui qui mange avec le plus de malpropreté; il craint les autres sapajous dont la pétulance est opposée à son phlegme, et je l'ai vu trembler de tout son corps à la vue d'un Crocodile ou d'un Serpent. Lorsqu'il est irrité, ce qui arrive très-rarement, il ouvre la bouche d'une manière étrange; ses traits sont défigurés alors par un rire convulsif.

Je ne connois aucun Singe avec lequel on puisse confondre le Cacajao. J'avois soupçonné d'abord que l'individu que nous conduisîmes avec nous pendant notre navigation de San Francisco Solano à la mission de Carichana, avoit perdu accidentellement une partie de sa queue, ou qu'il se l'étoit rongée comme fait souvent le Papion (Simia sphinx) de l'ancien continent : mais les noms espagnols de *Rabon* et de *Chucuto*, par lesquels les missionnaires désignent cette espèce, semblent éloigner tout soupçon à cet égard. Ils confirment ce que les Indiens du Cassiquiare nous ont dit de la constance des caractères distinctifs du *Simia melanocephala.*

Le Cacajao habite, par bandes, les forêts que traversent le Cassiquiare et le Rio Negro. Il m'a paru peu délicat. Le seul individu que nous ayons eu de cette nouvelle espèce de singe, mourut d'un coup de soleil qui fut suivi d'une forte indigestion causée par le fruit laiteux du Papayer. Nous tâchâmes en vain de le soigner dans sa maladie; enfermé avec beaucoup d'autres singes dans un canot étroit, il eut beaucoup à souffrir de la pétulance des

Titis (Simia sciurea) qui, toujours disposés à jouer, ne lui laissoient pas un instant de repos.

LA VIUDITA.

(LA VEUVE, MACAVACAHOU, SIMIA LUGENS).

A l'exception du Douroucouli ou Singe de nuit, aucun autre singe de l'Orénoque ne diffère autant par son port et ses habitudes, des espèces connues, que la *Viudita*, que les Indiens Marativitains appellent, dans leur langue, *Macavacahou*, et que je désigne sous le nom de *Simia lugens*. Elle a 0^m,384 (1 ^{p}. 2^{pouc}. 3^{lig}) de longueur, depuis le nez jusqu'à l'origine de la queue : elle a les jambes très-courtes, se redresse rarement sur ses extrémités postérieures, et ressemble, quand on la voit de loin, à un petit chien noir à poil luisant et à masque blanc.

La Viudita a la tête ronde, le museau très-court et la physionomie d'une expression très-agréable; elle a le poil doux, lustré, d'un beau noir et un peu relevé : ce pelage est d'une teinte uniforme sur le corps entier, à l'exception de la face, du col et des mains de devant. Le poil du sommet de la tête a un reflet pourpré. La face est couverte d'un masque de forme carrée et d'une couleur blanchâtre tirant sur le bleu; ce masque renferme les yeux, le nez et la bouche. Il est entouré d'une zone étroite et d'un blanc plus pur. Deux stries blanches se prolongent des yeux vers les tempes. Le masque est mêlé de gris autour des orbites. Les yeux sont très-vifs, médiocrement grands, et d'une couleur brune qui tire sur le vert. Le nez, court et aplati, ressemble assez à celui de l'homme; mais les narines sont latérales et très-larges. Des cils noirs se trouvent rangés çà et là autour de la bouche. Les oreilles ont un rebord; elles sont très-jolies et presque nues. Le col présente, par devant, une zone blanche large de 30 millimètres (13 lignes), et qui forme seulement un demi-anneau; car le col vu par dessus est entièrement noir. Les pieds ou mains de derrière sont de couleur noire comme le reste du corps; mais les mains antérieures sont blanches par dehors, et d'un noir luisant par dedans. Les Créoles distinguent dans ce singe le voile, le fichu ou mouchoir de col et les gants de la *veuve en deuil*. Les ongles et les extrémités des doigts des mains antérieures sont noirs. Les ongles sont peu convexes. La queue toute noire, et non prenante, surpasse de très-peu la longueur du corps elle est toute couverte d'un beau poil de 25 millimètres de long.

SIMIA LUGENS, CAUDATA, IMBERBIS, ATRA, FACIE ALBO MACULATA, GULA NIVEA, MANIBUS ANTERIORIBUS ALBIS, POSTERIORIBUS NIGRIS.

Caput subrotundum, pilis atris vestitum. Vultus subdenudatus, anthropomorphus, macula quadrata ex albo cœrulea, oculos, nasum et os includens. Maculæ pars superior cinerascens, margine niveo cincta. Lineolæ albæ horizontales pone oculos tempora versus productæ. Auriculæ fere hominis, subnudæ, pilis rarioribus obsitæ. Oculi ex fusco virescentes. Nares amplæ. Vibrissæ nigræ circum os. Corpus, cauda, crura et brachia nigra, pilis subfluctuantibus, splendentibus tecta. Guttur zona dimidiata alba, transversali notatum. Pedes nigri. Manus externe albæ, unguibus subconvexis, atris, interne aterrimæ, glabræ. Cauda villosa, atra, non prehensilis, undique vestita, corpore paululum longior. Pilis summum caput obtegentibus color purpureus admixtus.

Le caractère de ce joli animal, qui est très-rare et très-recherché, ne s'annonce guère dans son maintien extérieur. Il a l'air extrêmement doux, timide, et innocent; il refuse souvent les alimens qu'on lui offre, lors même qu'il est tourmenté par un appétit dévorant; son œil annonce une grande vivacité, mais il reste des heures entières immobile, sans dormir et très-attentif à tout ce qui se passe autour de lui : il n'aime pas qu'on lui touche les mains qu'il cache sous le ventre lorsqu'on veut les saisir. Mais cette timidité et cette douceur ne sont qu'apparentes. La *Viudita* seule et abandonnée à elle-même devient furieuse à l'aspect d'un oiseau : elle s'élance sur lui comme un chat, et l'égorge à l'instant. Elle est très-friande de viande fraîche, quoiqu'on la nourrisse généralement de fruits; elle mange comme les autres Sagoins, en portant ses deux mains à la fois à la bouche : à la voir guetter les oiseaux et rôder autour d'une cage, on la prendroit pour un mammifère carnassier du genre *Viverra.* Je dois faire observer cependant ici que ce goût pour une nourriture animale ne se trouve pas uniquement chez le *Douroucouli* (*Aotus*) et la *Viudita,* mais aussi chez des espèces de Sagoins qui sont connus depuis long-temps. Le *Tamarin nègre,* de Cayenne (Simia midas, Linn.), mange volontiers de la viande cuite [1], et M. Audebert cite l'exemple d'un petit Sapajou auquel il a vu attraper des oiseaux sur les toits pour les dévorer [2].

[1] *Buffon, Singes, éd. de M. Latreille,* T. II, p. 206.
[2] *Hist. nat. des Singes, Fam. V,* p. 6.

La Viudita n'aime guère la société des singes qui ne sont pas de son espèce : elle les craint tellement, que la vue du plus petit Saïmiri la met en fuite. Je connois peu d'animaux qui courent et qui grimpent avec une si étonnante rapidité. Le seul individu que j'aie observé appartenoit à M. Don Nicolas Soto, beau-frère du gouverneur de Varinas, qui nous a accompagnés dans notre voyage pénible à San Carlos del Rio Negro. Embarqués dans la même pirogue avec cet officier distingué, nous avons eu occasion d'observer ensemble, pendant plusieurs mois, les mœurs de la *Viudita*, dont aucun auteur, que je sache, n'a parlé jusqu'ici : car il ne faut pas confondre la *Veuve en deuil* (*Simia lugens*), avec le *Cebus lugubris* d'Erxleben, qui a la face et les extrémités antérieures rougeâtres. Ce *Cebus*, dont nous n'avons qu'une description très-imparfaite, paroît être une variété du Sajou, *Simia Apella*, L., comme l'a judicieusement observé M. Latreille.

La *Viudita* se trouve dans les forêts qui avoisinent le Cassiquiare et le Rio Guaviaré, près de San Fernando de Atabapo. Elle habite aussi les montagnes granitiques peu élevées, qui s'élèvent sur la rive droite de l'Orénoque, derrière la mission de Santa Barbara. Elle est très-délicate, et, après les Saïmiris ou Titis de l'Orénoque, c'est le singe le plus difficile à conserver quand on le transporte vers les côtes. Je ne crois pas que la *Viudita* vive par bandes; je suppose plutôt que le mâle et la femelle restent isolés, comme c'est le cas chez le Douroucouli et le Capucin (*S. chiropotes*). Je regarde ce caractère comme très-important; mais, à cause de la difficulté de communiquer avec les indigènes par l'organe d'un interprète, je n'ai pu me procurer des renseignemens certains à ce sujet, pendant les deux séjours que nous avons faits à la mission de San Fernando, résidence du président des religieux Observantins.

LE CAPARRO DU RIO GUAVIARÉ.

La rivière du Guaviaré, que Gumilla avoit confondue avec l'Orénoque, prend son origine sous les deux degrés de latitude boréale, trente lieues à l'est des sources du Rio de la Magdalena, par la réunion de l'Ariari et du Guayavero. Cet immense fleuve, qui débouche dans l'Orénoque, au-dessous de la mission de San Fernando de Atabapo, traverse des plaines habitées par des Indiens indépendans. Aussi ses rives ne sont-elles guère plus connues des Européens que ne

Zoologie. 41

l'est l'intérieur de l'Afrique. Lorsqu'un jour les missionnaires de l'Atabapo et ceux de Caqueta parviendront à réunir leurs établissemens, on découvrira sans doute un grand nombre de productions animales et végétales, dont aujourd'hui on ignore également l'existence, dans la Guayane et dans la province de Popayan. En attendant cet événement si important pour la civilisation de l'espèce humaine, les naturalistes ne liront pas sans intérêt la description d'un animal que nous avons trouvé, M. Bonpland et moi, dans une cabane indienne, près de San Fernando, et qui avoit été pris dans une excursion faite vers le sud-ouest, en remontant le Guaviaré au-delà de l'embouchure de l'Amanaveni [1]. Cet animal est un singe d'une grande taille, appelé *Caparro* par les Indiens Caridaquères. Je le désignerai sous le nom de *Simia lagotricha*, à cause de la couleur de son pelage.

Le *Caparro* appartient à la famille des *Sapajou à queue prenante*. Il est haut de 0 ,718 (2 pieds 2 pouces 7 lignes). Moins agile et moins inquiet que le Saï (*S. capucina*), il est plus robuste et plus agréable par l'expression de sa physionomie. Sa tête est toute ronde et singulièrement grosse. Son pelage est très-moelleux, long, et uniformément d'un gris de martre; l'extrémité du poil est noire. La face est nue et noire. Le menton est dépourvu de barbe; mais des cils longs et roides (*vibrissæ*) entourent la bouche : le poil qui couvre la poitrine est plus long, plus touffu et plus obscur que celui du dos. Les ongles des quatre mains sont tous aplatis. La queue est prenante, un peu plus longue que le corps, et dénuée de poils vers son extrémité. Ce singe, qui vit par bandes nombreuses, paroît d'un naturel très-doux, et se tient le plus souvent sur ses pieds de derrière.

SIMIA LAGOTRICHA, IMBERBIS, CINEREA, PILIS APICE NIGRESCENTIBUS, FACIE ATRA, CAUDA PREHENSILI SUBTUS CALVA.

Il est impossible de confondre le Caparro du Guaviaré avec les nombreuses variétés du Simia apella, connues sous les dénominations vagues de *Sajou brun*, *Sajou gris* et *Sajou nègre*. J'ai vu de ces Sajous dans la même cabane avec le Caparro; leur robe est d'un brun jaune ou fauve [2], et leur face n'est jamais noire.

---

[1] On peut consulter, sur ces localités, le premier volume de mon *Recueil d'observations astronomiques*, et mes Cartes de l'Orénoque, du Cassiquiare et du Rio Negro, publiées dans l'*Atlas géographique* qui accompagne la *Relation du voyage*.

[2] Même dans le prétendu *Sajou gris* (*Buffon*, T. II, p. 173).

L'OUAVAPAVI DES CATARACTES.

La même incertitude qui règne chez les naturalistes sur le Sajou et sur les quatre variétés de singes désignées dans le *Systema Naturæ* sous les noms de *Simia apella*, *S. fatuellus*, *S. trepida* et *S. morta* [1] se retrouve dans la détermination de plusieurs Sapajous à queue prenante que les habitans des colonies espagnoles appellent *Matchis* [2]. Les Créoles confondent sous cette dénomination des quadrumanes que leur forme, leur voix et leurs mœurs caractérisent comme des espèces distinctes. C'est ainsi que le *Matchi des missions du Haut-Orénoque* [3] ou l'*Ouavapavi* diffère entièrement du *Matchi des côtes de Caraccas et de Cumana*. Pour faire mieux sentir ces différences, je discuterai d'abord les caractères du Sajou et du Saï, sur lesquels il y a tant de confusion dans les auteurs.

D'après Buffon, le Sajou (S. apella) a la face et les oreilles couleur de chair, la calotte et les mains noires, le corps brun fauve, la queue prenante et nue par dessus à l'extrémité. Le Saï ou Singe pleureur (S. capucina) a la face jaunâtre, le milieu de la partie supérieure de la tête est noirâtre, le corps brun mêlé de jaune, et la queue prenante nue par dessous. D'après la Synonymie rapportée par Gmelin dans le *Systema Naturæ*, on distingueroit ces deux espèces par les phrases suivantes : *Simia apella*, corpore fusco, capitis vertice et pedibus nigris, cauda subprehensili : *Simia Capucina*, fusca, pileo artubusque nigris, cauda prehensili. En jetant les yeux sur ces prétendus caractères distinctifs, on voit qu'il est impossible de deviner les limites que les auteurs assignent à chacune des deux espèces. Aussi Erxleben a très-bien remarqué : « quibus Sajou a Capucina differat, non satis intelligo. » Il est même faux [4]

---

[1] Gmelin a rapproché le S. morta du Saïmiri, mais M. Latreille observe très-bien que la mauvaise figure de Seba (*Mus.* T. I, tab. 33, f. 1) représente le vrai Simia apella. Voyez *Buffon*, T. II, p. 281. Don Felix de Azara confond le Saï avec le Saïmiri. (*Essai sur l'Histoire naturelle des quadrupèdes du Paragay*, 1801, T. II, p. 242), tandis que Erxleben pense qu'il faut réunir le Sajou, le Saï, le Sapajou cornu, le Simia trepida et le S. morta, dont les caractères sont très-incertains. *Syst. regni animal.* 1777, p. 49.

[2] D'après l'orthographe espagnole, *Machi*.

[3] On distingue, en *Bas-Orénoque* et en *Haut-Orénoque* (*Baxo-Orinoco y Alto-Orinoco)*, les parties du fleuve situées au-dessous et au-dessus des grandes Cataractes d'Atures et de Maypures. Cette division est naturelle et utile; car, en remontant les cataractes (*raudales*), on trouve un monde nouveau pour l'aspect du pays, le climat, les animaux et les plantes.

[4] On doit être surpris de trouver dans l'excellent tableau méthodique placé à la fin de l'*Histoire naturelle des Singes*, T. II, 278, le Saïmiri parmi les Sapajous à queue prenante avec le Coaïta, tandis que le Saï et les Sajous sont indiqués comme des singes à queues non prenantes.

que le Sajou ait la queue moins prenante que le Saï; c'est justement dans les individus décrits comme de vrais Sajous, que l'on observe une callosité à l'extrémité de la queue.

J'avois pensé long-temps que l'on pouvoit distinguer le S. apella du S. capucina par la couleur plus foncée de la queue et des cuisses, et par la calotte noire qui, dans le Sajou, me paroissoit être constamment plus large, tandis que dans le Saï elle ne forme généralement qu'une zone longitudinale triangulaire [1] et rétrécie par devant : je croyois aussi que le Singe pleureur avoit une teinte plus pâle que le S. apella; mais, en comparant les observations que M. Geoffroy a faites sur une douzaine de variétés de Sajou et de Saï conservés au Muséum de Paris, avec ce que j'ai eu occasion de voir moi-même sur un grand nombre de *Matchis* trouvés vivans sur le continent et dans les îles, j'ai conclu que, quant aux caractères que je viens d'indiquer, il existe des passages insensibles entre le Saï et le Sajou. Il seroit peut-être même prudent de réunir ces deux espèces, si la tête du Sajou n'étoit pas entourée d'un cercle noir qui manque au Saï. Il paroît également douteux si le Sapajou cornu (S. fatuellus) est plus qu'une simple variété du S. apella; car on trouve des individus chez lesquels les touffes de poil de la calotte s'élèvent considérablement, sans cependant ressembler à de véritables cornes. Pour bien juger des caractères distinctifs des espèces, il faut avoir un grand nombre d'objets sous les yeux; car, en choisissant les variétés les plus dissemblantes entre elles, il seroit facile de les présenter comme des espèces distinctes.

Le Matchi du Haut-Orénoque, que les Indiens Guarekens appellent *Ouavapavi*, a 0^m,378 (14 pouces) de long du sommet de la tête à l'origine de la queue : il a la face gris-bleuâtre, à l'exception des orbites et du front qui sont d'un blanc pur. Le contraste de ces deux couleurs fait distinguer au premier abord l'*Ouavapavi*, que je désigne sous le nom de *Simia albifrons*, du Saï et du Sajou ordinaire. La tête est un ovale très-alongé. Le pelage du corps est grisâtre, plus clair vers la poitrine et le ventre, plus obscur vers les extrémités qui sont d'un brun-jaunâtre. Le sommet de la tête est d'un gris tirant sur le noir : une strie cendrée se prolonge longitudinalement de la calotte par le milieu du front vers le nez : les sourcils sont de même d'un gris très-obscur. Les yeux sont grands, bruns et très-vifs. Les oreilles ont un

---

[1] D'après ce caractère et celui des teintes plus pâles du pelage, les *Matchis* que l'on trouve à Calabozo, à la Villa del Pao et à l'Angostura, comme animaux domestiques, seroient des saïs ou *singes pleureurs*, Simia capucina, Linn.

rebord et sont couvertes de poils. La queue est prenante, mais toute couverte
de poils, et par conséquent sans callosité : elle est à peu près de la longueur du
corps, cendrée par dessus, blanchâtre par dessous, et d'un brun-noir à l'extrémité.
Les ongles sont tous arrondis et très-peu convexes. Une strie d'un gris foncé
obscur descend le long du dos.

*SIMIA ALBIFRONS; imberbis, cauda prehensili, ex albo cinerascens,
vertice nigro, facie cœrulea, fronte et orbitis niveis, cruribus et brachiis
fuscescentibus.*

Les Ouavapavis sont très-laids, mais extrêmement doux, agiles et moins
criards que les Singes pleureurs. Ils habitent, par troupeaux, les forêts qui avoisinent les cataractes de l'Orénoque et la mission de Santa Barbara. Nous en
avons trouvé un individu à Maypures qui, tous les matins, saisissoit un cochon
sur lequel il restoit monté toute la journée en parcourant la savane qui
environne les cabanes des Indiens. Nous l'avons même vu souvent sur le dos
d'un chat qui avoit été élevé avec le Singe dans la maison du missionnaire,
et qui souffroit patiemment les effets de la pétulance de l'*Ouavapavi*.

LA MARIMONDA.

(ARU; SIMIA BELZEBUTH, *BRISSON;* ATELES BELZEBUTH, *GEOFFROY*).

Lorsque je quittai l'Europe, en 1799, c'étoit une opinion généralement
répandue parmi les naturalistes qu'il n'existoit en Amérique qu'un seul singe à
quatre doigts, ou dont le pouce des mains de devant fût entièrement caché sous
la peau. Cette erreur avoit été propagée par Buffon et Linné, qui admettoient
tous deux que le *Chamek* du Pérou, le *Singe araignée* d'Edwards, le *Belzebuth*
de Brisson et le *Camail* ou *Full Bottom Monkey* de Pennant [1] étoient des
variétés du *Coaïta*. Plusieurs singes servent de nourriture aux Indiens de l'Orénoque.

[1] M. Shaw (*General Zoology*, 1800, Vol. I, Pl. I, p. 59) croit que ce Singe, qu'il appelle Simia comosa,
est originaire de la côte de Sierra Leone en Afrique. Mais est-il probable qu'il existe un vrai *Atèle* dans
l'ancien continent ? Les animaux et les plantes de l'Amérique méridionale diffèrent totalement de ceux de
l'Afrique et de l'Asie. D'après M. Geoffroy, le *Full-Bottom* constitue un genre différent des Atèles.
M. Illiger l'a désigné préalablement sous le nom de *Colobus*, manibus tetradactylis, cauda laxa,
sacculis buccalibus. Il est à désirer que ce singe soit décrit avec précision par quelque habile naturaliste.

Nous avons rencontré souvent dans leurs cabanes des membres grillés de la *Marimonda;* et l'absence du pouce, ou plutôt son développement imparfait, nous faisoit croire que cette *Marimonda* qui, chez les Marativitains du Rio Guainia, porte le nom d'*Arù,* étoit le Simia paniscus ou Coaïta des auteurs. Nous avons eu depuis l'occasion d'observer, vivans, un grand nombre d'individus de cette espèce : nous avons même eu avec nous deux jeunes *Marimondes* pendant notre navigation sur le Cassiquiare et le Haut-Orénoque. En comparant, après mon retour de l'Amérique, mes descriptions avec celles publiées par M. Geoffroy dans un savant mémoire sur les *Singes à main imparfaite* [1], j'ai reconnu que, malgré l'étendue de pays que nous avons parcourue M. Bonpland et moi, nous n'avons jamais vu le vrai Coaïta, Ateles paniscus, que l'on croit si commun dans le nouveau monde, mais que le *Belzebuth de Brisson* qu'il ne faut pas confondre avec une Alouate appelée par Linné *S. Belzebuth,* est un des quadrumanes les plus répandus dans la Guayane espagnole. Cette observation est d'autant plus importante que les naturalistes ignoroient jusqu'ici la vraie patrie de l'Ateles Belzebuth de M. Geoffroy.

La *Marimonda* de l'Orénoque a généralement 0ᵐ 90 (2 pieds 9 pouces) de longueur depuis le sommet de la tête jusqu'à la pointe du pied. La queue excède d'un neuvième la longueur du corps. Les individus rôtis et séchés que nous avons eu occasion d'examiner à l'Esmeralda dans une cabane indienne, à l'occasion d'une fête célébrée annuellement vers la fin de la récolte des *Juvias,* me paroissoient beaucoup plus grands que ceux que nous avions vus dans les missions du Cassiquiare; car à l'est du mont Duida, dans les terrains fertiles compris entre les petites rivières de Sodomoni et de Gehette, toutes les productions, les plantes et les animaux prennent un accroissement extraordinaire.

Le pelage de la *Marimonda* est brun noirâtre, très-long et lustré dans la partie supérieure du dos. La direction du poil de la tête est très-remarquable, celui de l'*occiput* et du sommet étant dirigé en avant, tandis que celui du front est dirigé en arrière. Cette opposition donne naissance à un petit toupet que l'on retrouve dans le *Titi de Turbaco* (Simia OEdipus, Linn.) et qui contribue beaucoup à l'extrême laideur de cet animal. La face est nue et noire; les lèvres très-extensibles et le bout du nez sont d'un blanc rougeâtre. La bouche est entourée de poils roides et gris; le col est presque nu, de même que le menton; les yeux sont bruns, et les paupières garnies de longs cils noirs; le ventre, l'intérieur des cuisses et la partie inférieure de la queue sont couverts d'un poil roux jaunâtre, dont les pointes vues au soleil ont un petit reflet doré.

[1] *Annales du Muséum d'hist. nat.,* T. VII, p. 260-273, et T. XIII, p. 89-97.

M. Geoffroy, à qui nous devons les premières descriptions exactes de quatre espèces d'*Atèles*, désigne le Belzebuth par la phrase *supra niger, albidus infra*. D'après ces caractères, on pourroit révoquer en doute si la Marimonda de l'Orénoque est vraiment identique avec l'espèce figurée dans les *Annales du Muséum* sous le nom d'*Ateles Belzebuth*. L'individu sur lequel M. Wailly a fait son dessin, existe heureusement encore dans la ménagerie du Muséum, et l'extrême obligeance de M. Geoffroy m'a mis dans le cas de résoudre la question si la Marimonda est identique avec le Belzebuth ou si elle est une espèce de singe non encore décrite. Nous avons placé le Belzebuth sur le dos; et en l'examinant attentivement, nous avons observé que cet Atèle a aujourd'hui tout l'*abdomen* couvert d'un poil roussâtre, tandis que la poitrine est restée blanche telle qu'elle étoit dans le jeune animal décrit en 1806. Ce poil roux que, dans les forêts de l'Orénoque, j'ai trouvé même dans les individus non adultes, ne s'est donc formé qu'avec l'âge dans l'état de captivité; il n'est guère étonnant que la couleur du pelage et les changemens que cette couleur éprouve ne soient pas absolument les mêmes sous l'influence d'un climat différent, lorsque l'animal n'a plus ni la même nourriture ni les mêmes habitudes. Aussi M. Geoffroy avoit dit avec raison, dans la description du Belzebuth : « Le ventre est d'un *blanc sale* dans les jeunes sujets, et d'un *blanc jaunâtre* dans l'adulte, d'après Brisson. Une ligne étroite et *rousse* indique, sur toute la longueur des flancs, la rencontre des poils des parties supérieures avec ceux de l'*abdomen*. »

Le *Quatto*, dont Vosmær a publié une Monographie en 1768 à Amsterdam, est le véritable *Ateles paniscus*, et non, comme le croit faussement ce naturaliste, le Belzebuth de Brisson. Le poil du Quatto ou Coacto est tout noir, sans mélange de blanc et de roux sur la poitrine et le bas-ventre.

ATELES BELZEBUTH, ATRO-BRUNNEUS, VENTRE, CRURIBUS ET CAUDÆ PARTE ANTERIORE OCHROLEUCIS.

Marimondæ Orinocensis corpus atro-brunneum, pilis dorsi et verticis fluctuantibus, suberectis, splendentibus, abdomine et parte interiori brachiorum, crurum et caudæ ochroleucis vel ex rufo flavescentibus. Facies anthropomorpha, nuda, atra, labiis protractilibus et nasi apice albido-rubris : vibrissæ rigidæ, griseæ circum os. Frontis pars superior pilis tecta. Oculi fusci. Palpebrarum cilia longa, atra, pectinata. Supercilia subnulla. Nares septo lato distinctæ, laterales, triquetræ. Os parvum rotundum. Dentes minuti albi, apice subtruncati, et sæpe ex atro fuscescentes, duobus incisoribus intermediis approximatis, duobus exterioribus ab intermediis et canino *solitario remotis. Mentum et guttur subnuda. Aures marginatœ, atrœ, nudœ. Pili occipitis et verticis antrorsum versi, pilis frontis contrariis erectiusculis. Manus tetradactylœ, interne glabrœ, nudœ; externe pilis nigris rarioribus tectœ. Ungues manuum et pedum œque rotundati. Pedes pentadactyli, pollice remoto. Cauda prehensilis, corpore $\frac{1}{9}$ longior, interne ad apicem callosa, rugosa et ad quartam partem nuda, externe apicem versus pilis rarissimis tecta. Longitudo pollicis pedum* $0^m,032$ ($1^{oll.},2$).

Je n'ai jamais vu de *Marimonda* dont le ventre fût blanc. Malgré cette différence de teinte assez remarquable, la première description que Brisson[1] a donnée de son Belzebuth ne paroît laisser aucune incertitude sur l'identité des deux espèces. « La face, dit cet auteur, la tête, la partie antérieure du dos, la partie extérieure des cuisses de devant et des cuisses et jambes de derrière, ses jambes de devant, ses quatre pieds et sa queue sont noirs : la partie postérieure du dos est d'un brun noir; ses côtés sont roux; toute la partie inférieure du corps, la gorge, la poitrine et les parties intérieures des cuisses de devant et des jambes de derrière, sont d'un blanc sale et jaunâtre. » M. d'Azara[2], qui, pendant son séjour au Paraguay et au Brésil, n'a eu occasion d'observer que trois espèces de singes, et qui, par humeur contre Buffon, confond le Chamek, les Alouates et le Coaïta, blâme aussi Brisson « d'ôter un doigt au Belzebuth ». On est même surpris de trouver énoncé comme une loi zoologique, dans l'ouvrage d'un si excellent observateur, « que tout singe a nécessairement cinq doigts ». Le nom de Belzebuth ayant été transféré par Linné au Guariba de Marcgrave, qui est un singe de la famille des Alouates, on auroit mieux fait peut-être d'effacer entièrement ce nom dans le *Systema Naturœ*, et de lui substituer ceux de *Marimonda* et de *Guariba*. M. Geoffroy a déjà proposé ce dernier pour le Simia Belzebuth de Linné.

La *Marimonda* de l'Orénoque est un animal très-lent dans ses mouvemens, d'un caractère doux, mélancolique et craintif. C'est dans ses accès de peur qu'il mord fréquemment, même ceux qui le soignent; il annonce cette colère passagère en rapprochant la commissure des lèvres pour faire la moue, et en poussant un cri guttural *ou-ó*. Les naturalistes ont comparé la queue des Atèles à la trompe des éléphans; on a assuré que l'animal pêchoit avec cette queue, qu'elle pouvoit lui servir à lever une paille, et que le toucher en étoit si délicat qu'il sembloit que les yeux du Singe étoient placés au bout de cet organe. De toutes les queues prenantes, celle de la Marimonda est sans

[1] *Règne animal*, p. 211.
[2] *Essai sur l'hist. nat.*, T. II, p. 223.

doute la plus parfaite. Il est très-vrai que, sans détourner la tête, ce petit animal introduit sa queue dans les trous les plus étroits, et qu'il choisit l'objet auquel il veut s'accrocher; mais je n'ai jamais observé qu'il se servît de cette queue comme d'une main, et qu'il l'employât à porter des fruits à sa bouche. Lorsque les *Marimondes* sont réunies en grand nombre, elles s'entrelacent deux à deux et forment les groupes les plus bizarres. Leurs attitudes annoncent le plus grand abandon et une paresse extrême. Elles ont toutes les jointures du corps si libres qu'on seroit tenté de croire que leurs membres sont disloqués. Nous les avons vues souvent exposées à l'ardeur du soleil jeter la tête en arrière, diriger les yeux vers le ciel, replier les deux bras sur le dos et rester immobiles dans cette position extraordinaire pendant plusieurs heures.

M. Bonpland, qui a disséqué une Marimonde non adulte, a trouvé son foie divisé en trois lobes, dont l'inférieur très-grand étoit subdivisé de nouveau en trois parties. Les poumons offrent un réseau à cellules très-étroites. Le poumon droit étoit divisé en trois, le poumon gauche en deux lobes. M. Daubenton a observé, dans le Coaïta ou le Singe araignée (S. paniscus), quatre lobes à droite et deux à gauche.

L'ARAGUATO DE CARACAS.

La *famille des Alouates*, que M. Cuvier caractérise très-bien par leur tête pyramidale, par leur mâchoire inférieure très-haute, par leur longue queue prenante et par l'absence des abajoues et des callosités, forme le genre *Stentor* de M. Geoffroy, le genre *Cebus* de M. Cuvier, et le genre *Mycetes* de M. Illiger. Il règne une grande confusion dans les auteurs dans l'énumération des *singes hurleurs*, et l'on peut être surpris que M. Audebert, dans son intéressant ouvrage sur les quadrumanes, ait pu avancer que l'Alouate est une espèce aussi distincte et aussi facile à séparer de toutes les espèces voisines que le sont le Mandril et le Simia nasica [1]. Buffon et Linné ne connoissoient que deux *Hurleurs*, l'Alouate ou Singe rouge de Cayenne, et l'Ouarine, Simia seniculus et S. Belzebuth. L'Arabate de Gumilla, et le Caraya du Paraguay restoient alors cachés sous ces deux espèces. M. Cuvier [2] prend le S. seniculus de Linné pour

[1] *Aud. Fam. V*, p. 7.
[2] *Tableau élém. de l'hist. nat.*, p. 100.

Zoologie.   42

l'Ouarine de Buffon, tandis que MM. Gmelin et Latreille [1] rapportent ce synonyme à l'Alouate ou au Hurleur roux.

Dans l'état actuel de la science nous connoissons cinq espèces du genre Stentor, que M. Geoffroy a distinguées par les noms de *seniculus*, *fulvus* ou *Arabata*, *Caraya*, *fuscus* ou *Guariba*, et *ursinus*, et qui se trouvent toutes au Muséum d'histoire naturelle de Paris. La dernière espèce, le *S. ursinus*, est l'*Araguato* de la province de Caracas que j'ai décrit il y a huit ans, sous la dénomination de *Simia ursina*, dans mon mémoire [2] sur le larynx des oiseaux, du singe et du crocodile, lu à la première classe de l'Institut, le 26 frimaire an 13.

Après avoir débarqué à Cumana, dans la province de la Nouvelle-Andalousie, nous avons vu les premières bandes d'*Araguatos* dans le voyage que nous fîmes aux montagnes du Cocollar et à la caverne du Guacharo, habitée par des milliers d'oiseaux du genre Caprimulgus. Quoique le couvent de Caripé se trouve dans une vallée dont le fond est élevé de plus de 400 toises au-dessus du niveau de l'Océan, et que le thermomètre centigrade y descende souvent la nuit à 17 degrés, les forêts environnantes y abondent en Alouates, dont le hurlement lugubre se fait entendre à une demi-lieue de distance, surtout lorsque le temps est couvert, et que l'état électrique de l'air annonce de la pluie et de l'orage. Nous avons retrouvé ce même *Araguato* dans les vallées d'Aragua, à l'ouest de la ville de Caracas, dans les Llanos de l'Apuré et du Bas-Orénoque et dans les missions Caribes de la province de la Nouvelle-Barcelone, partout où des mares d'eau stagnantes sont ombragées par le Sagoutier de l'Amérique, qui est le palmier *Moriché* à fruit couvert d'écailles et à feuilles flabelliformes [3]. Nous prîmes alors ce singe pour le Simia seniculus de Linné, et ce n'est qu'après avoir examiné, sur les bords de la rivière de la Madeleine, le Hurleur appelé *Mono colorado* par les habitans de Carthagène, que nous avons reconnu notre erreur.

L'*Araguato de Caracas*, qui paroît très-rare au sud des cataractes de l'Orénoque, diffère essentiellement du Mono colorado de la Nouvelle-Grenade; et la description de ce dernier, faite par l'illustre Jacquin, ayant été citée par Linné et tous les autres naturalistes qui l'ont copié [4] à l'article Alouate ou

---

[1] *Syst. Nat.*, 1788; T. I, p. 36. *Hist. nat. des Singes*, T. II, p. 298.

[2] Voyez plus haut p. 8.

[3] Probablement le *Mauritia flexuosa* que Linné fils a si incomplétement décrit dans le Supplément comme un Palmier dépourvu de feuilles, *Willdenow spec. Plant.*, T. IV, Pl. I, p. 801.

[4] Erxleben indique comme synonyme de S. seniculus, *Mono colorado Carthaginiensibus*. (Syst. Regn. animal., 1777, p. 46.)

S. seniculus, je ne puis douter que l'Araguato de Caracas ne soit une espèce distincte et non décrite dans le Systema Naturæ. Je lui ai donné le nom de Simia ursina, à cause de la ressemblance qu'il offre avec un ourson, et parce que les Grecs connoissoient déjà un singe d'Asie sous la dénomination de ἀρκτοπίθηκος, comme le prouve un passage curieux de Photius [1].

SIMIA URSINA barbata, rufa, pilis longis undique tecta, facie ex atro cærulescente, cauda prehensili subtus calva.

Longueur du corps mesurée du bout du museau
    jusqu'à l'origine de la queue................. 0^{m}60
    — de la queue. .... 0^{m}61
       des jambes de devant. .... 0^{m}39
       des jambes de derrière............... 0^{m}45
       de la partie calleuse de la queue .... 0^{m}20
Hauteur de la tête. .... 0^{m}13

L'Araguato, à cause de sa couleur, ne sauroit être confondu avec le Caraya d'Azara et le Guariba de Marggraf. Il diffère du *Mono colorado* de Carthagène (S. seniculus, Linn.) par le pelage plus long, la barbe moins touffue, la tête plus pyramidale et plus petite, la poitrine et le ventre non d'un brun noirâtre, et non dépourvus de poils, mais roux et velus comme le reste du corps. Le *Stentor fulvus, Geoff.*, a le pelage jaunâtre. J'ai eu souvent occasion de voir des femelles portant leur petit sur l'épaule, mais je n'ai pas observé qu'une différence de couleur indiquât une différence de sexe, comme le dit M. d'Azara. De tous les quadrumanes qui vivent en société sous la zone torride, l'Araguato me paroît celui qui offre le plus grand nombre d'individus. Sur les bords de l'Apuré j'en ai souvent compté jusqu'à quarante sur un même arbre, et je ne doute aucunement que dans ces contrées sauvages il n'en existe plus de deux mille sur une lieue carrée. Ces animaux se nourrissent bien moins de fruit que de feuilles d'arbres. A en juger d'après ceux que nous avons vus à l'état de domesticité, ils sont plus sobres que les autres singes, et d'une complexion moins délicate. Nous en avons vu guérir plusieurs qui étoient blessés dangereusement à la tête, et qui, probablement par un manque d'équilibre dans les fonctions cérébrales, tournoient pendant plusieurs heures du côté où se trouvoit la blessure.

[1] *Compend. Histor. ecclesiast. Philostorgii confectum a Photio Patriarcha, Lib. III, cap.* II (*ed. Paris.* 1673 , p. 55).

Le dessin du *Simia ursina*, dont la gravure est jointe à ce mémoire, a été fait d'après un individu empaillé et très-bien conservé, que M. Geoffroy de St.-Hilaire a bien voulu me communiquer, et qui appartient au Muséum du jardin des Plantes de Paris. Cet individu est probablement originaire du Brésil.

LE TITI DE L'ORÉNOQUE.

De tous les Singes que l'on rapporte des missions de la Guayane espagnole, les Titis sont les plus estimés parmi les habitans des côtes, à cause de leur beauté, de leur extrême petitesse et de la douceur de leurs mœurs. Comme nous n'en avions trouvé ni à Cumana, ni à Caracas, ni à la Nouvelle-Barcelone, nous crûmes long-temps que le *Titi de l'Orénoque* étoit le Simia jacchus de Linné, ou l'*Ouistiti* de Buffon, que M. d'Azara a décrit sous le nom de *Titi du Brésil.* C'est à l'île de Cucuruparu (lat. 7° 15′ 38″) où les différentes tribus d'Indiens de l'Orénoque et du Cassiquiare se réunissent pour la pêche de la tortue, et pour l'échange de quelques productions de leur sol, que nous avons reconnu notre erreur. Le Titi de la Guayane espagnole est le *Singe orangé,* ou *Saïmiri* de Buffon, le vrai Simia sciurea de Linné, tandis que le *Titi de Carthagène des Indes* et du Darien est le Simia œdipus, Linn., ou *Pinche* de Buffon. Les naturalistes qui préfèrent les noms vulgaires aux noms scientifiques, ne devroient pas oublier que sur un petit espace de terrain la même dénomination est donnée à des espèces différentes, et que le nom vulgaire ou *trivial* ne peut contribuer à faire distinguer un animal d'un autre qu'autant qu'on ajoute à ce nom l'indication précise du lieu où il est usité, et qu'on le conserve tel qu'il existe dans la langue de laquelle il est emprunté. Pour les habitans du Mexique, du Pérou, de la Nouvelle-Grenade, ou des missions de l'Orénoque et de l'Amazone, les noms de Coaïta, de Sajou, d'Yarqué et de Saïmiri sont des noms aussi inconnus que ceux de S. paniscus, apella, leucocephala et sciurea, et ces derniers ont l'avantage de ne pas exposer à prendre pour le même animal deux espèces auxquelles les colons de différentes provinces ont imposé le même nom. Qui reconnoîtroit d'ailleurs le Kay [1] des Brésiliens dans notre Saï, le Kaymiri dans le Saïmiri ? Je pense qu'il est du devoir du naturaliste de rappeler scrupuleusement les

---

[1] *Azara, Hist. Nat. des quadrupèdes du Paraguay,* T. II, p. 132.

différentes dénominations sous lesquelles une espèce est connue dans les langues
du pays, de décrire chaque animal intéressant par son organisation et par ses
mœurs, comme s'il étoit totalement inconnu aux savans de l'Europe, et
d'indiquer la place qu'il doit occuper dans le *Systema Naturæ*. Un grand
nombre d'espèces voisines ont été confondues jusqu'ici, parce que les voyageurs
se sont contentés de nous rapporter qu'ils ont vu un Gavial, un Gibbon, un
Coaïta, un Cervus mexicanus ou un Viverra mephitis.

Les *Titis de l'Orénoque* (S. sciurea, Linn.) appelés *Bitschetschis* par
les Indiens des Maypures, et *Bititenis* par les Indiens Maravitains, sont assez
communs au sud des cataractes de l'Orénoque; on en trouve aussi d'une taille plus
élancée et très-difficiles à apprivoiser, sur les bords du Rio Guaviaré, de même
que dans les forêts que traverse le Rio Caura, au-dessus des *Rapides de Mura* [1].
Les Titis les plus petits et les plus jolis sont ceux du Cassiquiare. Leur
pelage est d'un jaune doré; ils exhalent de tout leur corps une légère odeur
de musc; leur physionomie est celle d'un enfant : même expression d'innocence,
même sourire malin, même rapidité dans le passage de la joie à la tristesse. Les
Indiens affirment que cet animal pleure comme l'homme, lorsqu'il éprouve du
chagrin, et cette observation est très-exacte. Les grands yeux du singe se
mouillent de larmes à l'instant même qu'il marque de la frayeur ou une vive
inquiétude. Le Titi est dans une agitation continuelle, mais ses mouvemens
sont pleins de légèreté et de grâce : il n'est jamais irrité comme le Simia
œdipus ou le S. leonina; on le voit sans cesse occupé à jouer, à sauter et
à prendre des insectes, surtout des araignées qu'il préfère à tous les alimens
végétaux. Il a l'habitude bizarre de regarder fixément la bouche des personnes
qui parlent; et s'il parvient à s'asseoir sur leurs épaules, il touche de ses
doigts leurs dents ou leur langue. Il est surtout à redouter pour les voyageurs
entomologistes. On a beau cacher les insectes qu'on a recueillis, le Titi les découvre
et les dévore après les avoir détachés, sans se blesser, de l'épingle par laquelle
ils étoient fixés. La sagacité de ce petit singe est si grande qu'un de ceux que
nous conduisîmes à San Tomas de la Nueva Guayana, distinguoit parmi les
différentes planches annexées au *Tableau élémentaire de l'histoire naturelle*
de M. Cuvier celle qui présente les formes extérieures des insectes. Les gravures de cet ouvrage ne sont pas coloriées, et cependant le Titi avançoit
rapidement sa petite main dans l'espoir de prendre une sauterelle, une guêpe,

---

[1] Un capitaine hollandois m'a assuré que le Saïmiri est commun dans les environs d'Essequibo.

ou une demoiselle, chaque fois que nous lui présentions la **XI.**ᵉ planche. Il restoit au contraire dans la plus grande indifférence lorsqu'on étaloit devant ses yeux les gravures qui renferment les têtes des mammifères ou les squelettes des oiseaux. Accoutumé à vivre sous un ciel souvent couvert de nuages, et dans un climat plus humide et moins chaud que celui des côtes, le Titi perd beaucoup de sa vivacité lorsqu'on le transporte des forêts de l'Orénoque à Cumana ou à la Guayra. Il est même rare qu'il y vive au delà de quelques mois.

SIMIA SCIUREA (*Cassiquiarensis*) *ex aureo flavescens, abdomine, humeris, brachio et femore* (*nec antibrachio, nec tibia*) *ex ferrugineo cinerascentibus. Facies pilis albescentibus obsita. Macula cœruleo-atra circum os et apicem nasi. Palpebræ et irides atræ. Frons cordata. Lunulæ duæ nigrescentes ubi pili fusco-flavescentes frontem a sincipite secernunt. Vibrissæ atræ circum os et in lunulis frontalibus. Manus interne albœ. Cauda corpore longior, haud prehensilis, apice floccosa nigra.*

J'ignore pourquoi quelques naturalistes donnent au Saïmiri une queue prenante. J'ai examiné soigneusement cette queue et je l'ai trouvée presque aussi lâche que celle du S. leonina ou du S. lugens : elle est à peine *subprehensilis;* mais lorsque plusieurs de ces petits animaux, renfermés dans une même cage, sont exposés à la pluie, et que le thermomètre descend de deux ou trois degrés, ils recourbent la queue autour de leur col et entrelacent leurs bras et leurs jambes pour s'échauffer mutuellement. Les chasseurs indiens nous ont rapporté que souvent on rencontre des groupes de dix ou douze individus qui jettent des cris lamentables, parce que ceux de dehors cherchent à entrer dans l'intérieur du peloton pour y trouver de la chaleur et de l'abri.

Lorsque les Indiens tuent une femelle, au moyen de leurs sarbacanes et d'une pointe trempée dans du curaré, le petit singe reste attaché à la mère; il tombe avec elle; et, s'il n'est pas blessé par la chute, il ne quitte plus l'épaule ou le col de l'animal mort. La plupart des Titis que l'on trouve vivans dans les cabanes des indigènes ont été ainsi arrachés au cadavre de leurs mères. On prend aussi quelquefois des individus adultes blessés légèrement avec des pointes trempées dans du poison affoibli, *ourare destemplado;* mais ces derniers périssent généralement avant de s'être accoutumés à ce nouvel état de domesticité. Le commerce des Titis de l'Orénoque se fait à la pêche de la tortue, aux petites îles de Cucuruparu et de Pararuma, par les moines missionnaires. Un beau singe se vend, dans ces contrées, huit à neuf piastres; le missionnaire en paye une et demi, ou douze *reales de plata*, à l'Indien qui a pris et apprivoisé le singe.

Les figures que l'on a publiées jusqu'ici du Simia sciurea sont extrêmement imparfaites, et peu propres à donner une juste idée de la beauté de cet animal [1]. Plusieurs auteurs ont réuni, à l'exemple d'Erxleben, le S. morta de Linné au S. sciurea, dans lequel on ne voit cependant ni le ventre nu ni la queue écailleuse. M. Latreille a observé avec raison que les nomenclateurs n'ont fait une espèce du S. Morta que d'après la figure de Seba, qui paroît représenter le fœtus d'un Sajou. Je pense qu'il faut supprimer, dans le catalogue des singes, des espèces aussi incertaines et aussi mal décrites que le S. morta, le S. trepida, le S. syrichta, le S. lugubris (*Cebus lugubris, Erxl.*), et peut-être aussi le S. fatuellus.

[1] Voyez les figures du Pinche et du Saïmiri, dans l'ouvrage du docteur Shaw, *General Zoology,* 1800, Vol. I, pl. I et pl. XXV.

EXPLICATION DES FIGURES.

PLANCHE XXVII. *Simia satanas* ou Couxio du Brésil, mangeant le fruit du Bananier aromatique.

PLANCHE XXVIII. *Simia trivirgata,* Douroucouli ou Singe de nuit de l'Orénoque, de la famille des Aotes.

Ce Singe est représenté dans deux attitudes différentes, dormant, tel qu'on le trouve de jour; et éveillé, sortant, à l'approche de la nuit, de derrière un tronc d'arbre.

PLANCHE XXIX. *Simia melanocephala* ou Cacajao.

PLANCHE XXX. *Simia ursina,* hurleur, Araguato des plaines de Caracas, mangeant le fruit de l'Inga vera, Willd.

SUR LES SINGES

DU ROYAUME DE LA NOUVELLE-GRENADE

ET

DES RIVES DE L'AMAZONE;

Par A. DE HUMBOLDT.

J'ai décrit, dans le Mémoire précédent, neuf espèces de singes qui habitent les forêts de la Guayane espagnole, et dont sept étoient restées inconnues jusqu'ici aux naturalistes : j'indiquerai ici les animaux de la même famille que nous avons trouvés à l'embouchure du Rio Sinù, sur les bords de la rivière de la Madeleine, et dans la province de Jaen de Bracamoros.

CARIBLANCO DU RIO SINU.

Nous avons vu pour la première fois ce singe à l'embouchure du Rio Sinù, dans une cabane, près du Zapote. Les mulâtres et les Zambos, qui se sont établis dans cet endroit sauvage, nous ont assuré que le Cariblanco étoit commun dans les belles forêts de palmiers qui s'étendent depuis le Sinù jusqu'au golfe de Darien. Nous en avons aussi rencontré plusieurs individus à Turbaco [1], dans les maisons des Indiens. Cet animal appartient à ce petit groupe de singes pleureurs, que les Espagnols américains appellent *Matchis,* et que Buffon a décrit assez confusément sous la dénomination de *Saïs* et de *Sajous.* En énonçant plus haut [2] mes idées sur les caractères des S. apella, S. capucina, S. trepida et S. fatuellus, j'ai fait voir que, pour répandre quelque clarté sur cette matière,

---

[1] *Monumens des peuples de l'Amérique,* p. 239. *Rec. d'Observ. astron.,* Vol. I, p. 299.
[2] Sous l'article S. albifrons, p. 325.

il est plus utile de décrire de nouveau tous les Sajous qui vivent par bandes isolées, et qui paroissent former des espèces distinctes, que de disserter sur une synonymie si embrouillée. C'est d'après ce principe que j'ai décrit l'*Ouavapavi* de l'Orénoque, sous le nom de Simia albifrons. Le *Cariblanco*[1] *du Rio Sinu*, qui diffère essentiellement du *Matchi* vulgaire (S. apella ou S. capucina, Linn.) pourra être inscrit dans le *Systema Naturæ* sous la dénomination de *Simia hypoleuca*. Peut-être l'individu que Buffon a nommé *Saï à gorge blanche* appartenoit-il à la même espèce de singe qui fait le sujet de cet article.

SIMIA HYPOLEUCA, EX FUSCO NIGRA, FACIE, COLLO, PECTORE, HUMERIS ET BRACHIIS (HAUD ANTIBRACHIIS), EX ALBO FLAVESCENTIBUS.

Cauda fusco-rubra, prehensilis, longitudine corporis. Facies nuda, albida. Ungues plani. Digiti subnudi. Aures ex albo flavicantes.

Le *Cariblanco du Rio Sinu* a 0ᵐ,35 (13 pouces) de long, depuis le front jusqu'à l'origine de la queue : c'est un singe très-doux et très-agile. Il a le port du Matchi vulgaire ou Sajou : il pousse sans cesse un cri plaintif, en sifflant et en ridant le front. Son pelage est d'un brun noirâtre; mais la face, dégarnie de poils, les oreilles, le col, les épaules, la poitrine et l'avant-bras sont d'un blanc sale tirant sur le jaune. La queue prenante, qui a la longueur du corps, est d'un brun rougeâtre. Les Indiens m'ont assuré que le Simia hypoleuca parcourt les forêts par bandes très-nombreuses, et que ces bandes se tiennent séparées de celles des Matchis vulgaires. Cette circonstance me confirme dans l'opinion que ce singe n'est pas une variété du Simia apella ou du S. capucina des auteurs. Il diffère de ces dernières espèces par la couleur de la face, des épaules et de la poitrine, qui ne sont pas d'un fauve pâle, mais d'un blanc très-clair, quoique un peu jaunâtre; et par le sommet de la tête, qui n'offre ni une calotte plus noire que le pelage du dos, ni une strie qui descend longitudinalement vers le front.

LE TITI DE CARTHAGÈNE.

Le petit singe, appelé Titi au Darien, à l'embouchure du Rio Sinu et à Carthagène des Indes, n'est pas, comme le croient les habitans des côtes de Caracas, une variété du Titi de l'Orénoque. Nous avons prouvé plus haut

[1] *Visage blanc, mono que tiene la cara blanca.*

Zoologie. 43

que ce dernier est le Saïmiri de Buffon (S. sciurea, Linn.). Le Titi de Carthagène, de Turbaco et du Darien, au contraire, forme une espèce distincte, quoique anciennement connue des naturalistes. C'est le Pinche ou S. œdipus, Linn., que Brisson [1] a décrit deux fois, sous les dénominations vagues de *petit singe du Mexique* et de *Singe-Lion*, et que l'on a de la peine à reconnoître dans les mauvaises figures qui en ont été données jusqu'ici d'après des individus mal empaillés. Je ne crois pas que le Pinche ou Titi de Carthagène se trouve dans cette partie des forêts de l'Orénoque que nous avons parcourue en 1800; je ne l'ai pas vu non plus au Mexique, mais je n'oserois affirmer qu'il n'habite pas les provinces de Guatimala et de Nicaragua. Au nord et à l'ouest des montagnes d'Oaxaca, la Nouvelle-Espagne abonde très-peu en quadrumanes.

Le *Titi de Carthagène* est un petit animal très-méchant et très-atrabilaire. Il est difficile à apprivoiser; mais une fois accoutumé à l'esclavage, il vit long-temps, dans son pays natal. Il est moins délicat que le *Titi de l'Orénoque*, et on ne réussit qu'avec peine à le transporter vivant en Europe. L'ancien voyageur, Jean de Léry, observe, avec raison, dans son style plein de naïveté, « que ce marmot, qui n'est pas plus grand qu'un escuriau et qui a le mufle comme celui d'un lion et fier de même, endure difficilement le branlement d'un navire sur la mer, et qu'il est en outre si glorieux que, pour peu de fàcherie qu'on lui fasse, il se laisse mourir de dépit. » J'ai pris les mesures suivantes sur un individu adulte que les Indiens de Turbaco avoient rencontré dans la forêt de Bambousiers, d'Anacardium Caracoli, de Gustavia et de Cavanillesia, qui est bordée par le canal de Mahatis. Ce petit animal refusa toute espèce d'aliment; il mourut dans un fort accès de colère, sifflant comme une chauve-souris et mordant toutes les personnes qui s'approchoient de lui.

Longueur du corps depuis le sommet de la tête
   jusqu'à l'origine de la queue. . . . . $0^m,270$ (10 pouces 0 lig.).
Hauteur de la tête, du sommet à l'angle de la mâchoire
   inférieure. . . . . $0^m,039$ (1 — 5 —).
Distance de l'oreille au nez. . . . . $0^m,033$ (1 — 3 —).
Longueur des cheveux du toupet hérissé . . . . $0^m,040$ (1 — 6 —).
Longueur de l'extrémité postérieure. . . . . $0^m,175$ (6 — 6 —).
       Os cruris. . . . . $0^m,058$ (2 — 2 —).

[1] *Règne anim.*, p. 204 et 208.

Tibia. . . . . 0^m,063 (2 $^{ponces.}$ 4 $^{lignes.}$).
Pied. 0^m,054 (2 — 0 —).
Longueur de l'extrémité antérieure. . . . . 0^m,123 (4 — 7 —).
Os brachii. . . . . 0^m,283 (1 — 6 —).
Radius. . . . . 0^m,279 (1 — 4 —).
Main. 0^m,290 (1 — 9 —).

Le Titi de Carthagène qui appartient au genre Jacchus de M. Cuvier, se distingue de tous les Sagoins, par un long faisceau de cheveux blancs qui sont dirigés en arrière, et qui forment une sorte de toupet très-élevé. La peau de la face est nue jusqu'au delà des oreilles, noire et très-fine. Des poils roides et blancs sont placés au-dessus des yeux, dans les plis qui entourent la bouche, à l'ouverture des oreilles et au menton. Les sourcils se joignent et sont légèrement arqués. La mâchoire inférieure est extrêmement large, et cette largeur donne à l'animal un petit air de chien danois. L'oreille est grande et arrondie : elle a 15 millimètres de long sur 11 de large. Le lobe supérieur de l'oreille est très-éloigné de la tête. Le toupet blanc termine une pointe qui est prolongée jusqu'aux sourcils, et qui donne au front une forme de cœur. L'*occiput*, la partie supérieure du col, le dos et le dessus du bras sont d'un brun cendré; le dos est surtout d'une teinte plus grisâtre que le reste du corps. L'extérieur du bras, la gorge, le toupet du front, la poitrine, le ventre, le *tibia* et les pieds sont blancs. Les cuisses et deux tiers de la queue sont d'un brun pourpré; mais la pointe de la queue qui est lâche et non prenante, est noire. Tous les ongles sont convexes, à l'exception de celui du pouce de l'extrémité postérieure. Je ne conçois pas comment quelques auteurs ont pu être tentés de regarder le S. œdipus comme une variété de l'Ouistiti ou S. jacchus. Ce dernier a la queue constamment annelée, et le pelage beaucoup plus touffu.

Le Simia œdipus, que nous avons examiné à Turbaco, avoit trente-deux dents, dont vingt molaires, comme le S. miclas, le S. argentata et l'Ouistiti (S. jacchus, Linn.) décrit par Daubenton. Les canines étoient le double plus longues que les incisives. De ces dernières, celles d'en bas étoient également rapprochées, tandis que des quatre incisives de la mâchoire supérieure les deux du milieu étoient considérablement éloignées des deux latérales. L'os inter-maxillaire étoit peu visible : cependant on reconnoissoit la trace des sutures, même extérieurement. Le Titi de Carthagène a le cerveau peu aplati, à circonvolutions peu profondes, mais considérablement grand en comparant son volume à celui de l'animal entier. En plaçant le cerveau du Titi à côté de celui du Paresseux (Bradypus tridactyla,

Linn.) nous avons reconnu que ce dernier mammifère, malgré sa prétendue stupidité, a les nerfs moins gros, par rapport à la masse du cerveau, que le S. œdipus. Dans ce singe, les cornes d'Ammon qui sont généralement plus volumineuses dans les quadrupèdes que dans l'homme, étoient allongées, très-étroites et de peu d'épaisseur. Les corps cannelés et les *thalaminervorum opticorum* étoient moins distincts et plus fondus dans la masse médullaire du cerveau que dans le Paresseux. On n'a trouvé ni eau dans les ventricules, ni sable dans la masse cendrée de la glande pinéale. La masse du cervelet étoit plus considérable par rapport à celle du cerveau, que dans la Marimonda (Ateles belzebuth). J'ai donné plus haut [1] la figure et la description du larynx du Simia œdipus.

LE CHUVA DE LA RIVIÈRE DES AMAZONES.

Nous avons décrit cette nouvelle espèce de singe au mois d'août 1802. J'en ai fait mention comme d'un Atèle très-différent du S. paniscus, sous le nom de *Chuva de Bracamoros*, dans mon mémoire sur le larynx des oiseaux. Le même singe a été trouvé depuis au Brésil, par M. Sieber. M. Geoffroy a eu occasion de le voir à Lisbonne, dans la collection d'animaux empaillés appartenans à M. le comte de Hofmansegg; et comme il en a donné une bonne description, sous la dénomination d'*Ateles marginatus, Atèle à face encadrée*, j'adopterai ce nom, et j'abandonne celui de S. chuva que je lui avois imposé d'abord. Il est du devoir des naturalistes voyageurs d'éviter, autant que possible, que, dans le *Systema Naturœ*, les mêmes objets ne soient consignés sous différentes dénominations spécifiques.

Le *Chuva* (Ateles marginatus, Geoffroy) est assez commun dans la province de Jaen de Bracamoros, sur les bords du Rio Santiago et de la rivière des Amazones, entre les cataractes de Yariquisa et de Patorumi. Ce sont les sauvages Xibaros, dont plusieurs familles depuis quelque temps se sont fixées à Tutumbero, vis-à-vis le Pongo de Cacangares, qui le portent à Tomependa

[1] Pl. III, n.° 8, p. 8.

(lat. 5° 31′ 28″ sud; long. 80° 56′), où j'en ai vu dans la maison du gouverneur, Don Ignacio Checa. Le Chuva, que nous avons observé vivant, avoit 0^m,598 (22 pouces 2 lignes) de long, depuis le sommet de la tête jusqu'à la pointe du pied. La longueur du tronc seul est de 0^m,222 (8 pouces 3 lignes). Les Indiens nous ont assuré que les Chuvas forment des bandes qui vivent séparées des Marimondes, et que ces dernières sont constamment plus grandes, d'un noir moins foncé et dépourvues de poils blancs dans la face.

ATELES MARGINATUS, ater, margine faciei albo vel flavescente, pectore et cruribus interne ex albo cinerascentibus.

Chuvæ Bracamorensis caput parvum, facie anthropomorpha, subnuda, cinerea. Oculi magni, atri. Os parvum, prominulum. Mentum pilosum, albescens. Zona alba a naso et ore auriculas versus utrinque adscendit. Pili occipitis aterrimi, antrorsum versi, pilis frontis et sincipitis erectis, retrorsum versis, in femina albis, in mare flavescentibus. Auriculæ nudæ, magnæ, apressæ. Pectus, crura et brachia interne albo-cinerea. Manus 4-dactylæ, pedes 5-dactyli. Ungues plani, mutici. Cauda prehensilis atra, corpore longior, apice nuda, callosa, subtus cinerea.

Le *Chuva* a le pelage plus noir que l'Ateles belzebuth. La couleur de sa face et de sa poitrine, qui est très-constante dans les deux sexes, le distingue suffisamment de cette dernière espèce et de l'Ateles paniscus. Le visage est presque dénué de poils et cendré. Dans la femelle, le menton est blanchâtre, et une moustache de poils blancs assez longs se prolonge depuis le nez et la lèvre supérieure jusqu'aux oreilles. Le front du Chuva n'est pas, à proprement parler, encadré ou ceint d'un bandeau blanc, mais il offre, par la direction contraire des poils, un petit toupet ou une touffe de cheveux qui est blanche par devant et noire par derrière, les poils de l'*occiput* étant noirs, tandis que ceux du front et du devant de la tête sont blancs. Dans le mâle, la moustache et le toupet sont jaunes. La poitrine et l'intérieur des bras et des cuisses du *Chuva* sont d'un blanc grisâtre.

La description que M. Geoffroy a donnée dans les Annales du Muséum [1] de l'Ateles marginatus trouvé au Brésil, cinq cents lieues à l'est de la province de Jaen de Bracamoros, diffère si légèrement de celle que j'ai faite du Chuva sur les lieux, qu'il ne me paroît pas prudent de séparer ces deux animaux et de

[1] T. XIII (1809), p. 93, Pl. 10.

les regarder comme des espèces différentes. M. Geoffroy n'a vu que des peaux
bourrées d'une femelle adulte et d'un jeune mâle encore dépourvu de la
fraise blanche. Il n'a pas remarqué, dans ces individus, que la poitrine et
les cuisses sont blanchâtres. Nous ignorons également si, au Brésil, près de
Rio Janeiro, le mâle de l'Ateles marginatus a le toupet et la moustache
jaunes.

Le Chuva, par sa laideur, par ses mœurs et par la bizarrerie de ses
attitudes, ressemble entièrement à la Marimonda de l'Orénoque, Ateles
belzebuth. Il est cependant beaucoup plus méchant; il siffle en faisant la moue;
et lorsqu'il est assis, il relève perpendiculairement sa queue dont il roule la
pointe en spirale. Le *Chuva* a, comme la Marimonda, les articulations du
bras singulièrement libres. Il porte souvent la main en arrière pour se gratter
les épaules et la partie calleuse de la queue. La femelle de l'Ateles marginatus a
le *clitoris* tellement prolongé, qu'on est souvent tenté de la prendre pour un mâle.
La ressemblance de la physionomie du Chuva avec celle d'un Nègre est si
frappante que nous avons entendu un sauvage de la nation Xibaros prononcer
le nom de Chuva, au moment où, pour la première fois, il vit un homme
noir dans la maison du gouverneur de Jaen.

LE MONO COLORADO DE LA RIVIÈRE DE LA MADELEINE.

Nous avons déjà observé plus haut que le *Capucin* du Rio Sinu, qui est
identique avec le singe appelé *Mono colorado* ou *Singe rouge* à Carthagène des
Indes et sur les rives du grand fleuve de la Madeleine, est le Simia seniculus de
Linné. Le synonyme de Jacquin, rapporté dans le *Systema Naturæ*, ne laisse
aucun doute sur cette identité, et le célèbre botaniste de Vienne a trouvé ce
Hurleur à peu près dans le même endroit que nous l'avons trouvé, lorsque nous
remontâmes à Mompox par la digue de Mahates. Le Simia seniculus a la barbe
plus touffue et plus longue, la tête plus grande et le pelage plus court que
l'Araguato de Caracas, que j'ai désigné sous le nom de Simia ursina. Dans
ce dernier, la poitrine et le ventre sont couverts de poils roux, tandis
que dans le S. seniculus presque tout le dessous du corps est noir et nu.
Ces deux animaux se distinguent aussi par leur port, par leurs cris et par

leurs mœurs. Le S. seniculus a le port du Capucin de l'Orénoque et du Couxio du Brésil : l'Araguato de Caracas, au contraire, ressemble à un petit ours, par la longueur de son poil et par sa démarche. Tous deux vivent par troupeaux et se nourrissent plus de feuilles que de fruits : mais le *Mono colorado* donne des sons courts et rauques qui partent du fond de la gorge, et qui rappellent le grognement des cochons, tandis que l'Araguato remplit les forêts de ses cris lugubres et continus, qui de loin ressemblent au sifflement des vents.

SIMIA SENICULUS, *barbata*, *rufa*, *abdomine et pectore calvis*.

J'ai donné plus haut (Pl. IV) la figure du larynx et de l'os hyoïde du Mono colorado.

LE CHORO DE LA PROVINCE DE JAEN.

Cette nouvelle espèce de *Hurleur*, à qui j'ai donné le nom de *Simia flavicauda*, est un des quadrumanes les plus grands de l'Amérique. Comme il a le poil extrêmement long, doux et lustré, on se sert de sa peau pour couvrir les selles et en partie le dos des mulets sur lesquels on voyage habituellement dans les Cordillères. Ces couvertures s'appellent *Pellones* au Pérou et dans la province de Jaen de Bracamoros. J'ai vu des peaux de Choro qui avoient 0",19 (3 pieds 8 pouces) de long du sommet de la tête jusqu'à l'extrémité des pieds. Quelques *pellones* avoient 0",73 (2 pieds 3 pouces) de longueur, quoique la queue et la tête fussent séparées du reste du tronc.

SIMIA FLAVICAUDA, *EX ATRO FUSCESCENS, CAUDA OLIVACEO-NIGRA, EX MEDIO AD APICEM ZONIS DUABUS FLAVIS LONGITUDINALITER NOTATA.*

Corpus stentoris Bracamorensis atro-fuscescens, cruribus et brachiis atrioribus. Facies flavo-fusca, subpilosa. Auriculæ nudæ. Cauda prehensilis, subtus callosa, olivaceo-nigra, corpore brevior, zonis duabus lateralibus flavis ornata. Ungues subacuti, pollicis ungue planiusculo. Longitudo caudæ 0",382 (14 poll. 2 lin.).

Le Choro, dont aucun auteur n'a encore parlé, habite, par bandes, les rives de l'Amazone, dans les provinces de Jaen et de Maynas. Sa peau est un objet de commerce dans ces contrées sauvages. La couleur du corps est brun tirant sur le noir : le pelage qui couvre les bras et les cuisses est d'une teinte plus obscure que celle du dos. La face, brun-jaunâtre, est peu garnie de poils ; la queue prenante est plus courte que le corps, d'un noir olivâtre et ornée latéralement de deux stries jaunes. Ce dernier caractère distingue suffisamment le Choro (Simia flavicauda) du Caraya d'Azara.

SUR QUELQUES ESPÈCES

D'ANIMAUX CARNASSIERS

DE L'AMÉRIQUE,

RAPPORTÉS PAR LINNÉ AU GENRE VIVERRA;

Par A. DE HUMBOLDT.

Il a régné long-temps la plus grande confusion chez les auteurs, dans la détermination des espèces des petits mammifères carnassiers, rapportés aux genres des Civettes, des Martes, des Mouffettes et des Putois. Plusieurs Viverres de Linné ont reçu peu à peu d'autres dénominations. Le Chinche ou Viverra mephitis est devenu un Mustela; le Rat de Pharaon (V. ichneumon) a été joint tantôt aux Ours, tantôt aux Civettes; le Kinkajou ou V. caudivolvula constitue aujourd'hui un genre particulier, auquel MM. Cuvier [1] et Illiger [2] ont donné les noms de Poto et de Cercoleptes. Le premier de ces savans naturalistes, en examinant les os qui se trouvent dans les cavernes de plusieurs parties d'Allemagne et de Hongrie, a été engagé à faire des recherches intéressantes sur les dents des Civettes, des Gloutons et des Martes. Les résultats de ce travail se trouvent consignés dans le neuvième volume des Annales du Muséum d'histoire naturelle de Paris [3]. M. Cuvier a fait voir combien sont incertaines les descriptions que les voyageurs ont données des Putois ou *Zorrillas* de l'Amérique espagnole. Selon lui, il est impossible de décider,

[1] *Leçons d'Anatomie comparée*, T. I, Tableau 1.
[2] *Prodrom. Syst. Mam.*, p. 127. M. Illiger a réparti les Viverres de Linné en sept genres, savoir : Viverra (V. civetta); Cercoleptes (V. caudivolvula); Nasua (V. nasua); Gulo (V. mellivora); Ryzæna (V. tetradactyla); Herpestes (V. ichneumon), et Mephitis (V. putorius).
[3] T. IX, p. 439.

dans l'état actuel de la science, si quinze indications, tirées des ouvrages d'Hernandez, de Feuillée, de Gumilla et d'Azara, doivent être rapportées à la même espèce, ou si plusieurs espèces se trouvent confondues avec de simples variétés dues au climat, à l'âge et à la nourriture. Ces considérations m'ont engagé à consigner dans ce mémoire le petit nombre d'observations que j'ai pu faire sur des Mouffettes vivantes ou récemment tuées. Les peaux de celles du nouveau continent changent de couleur avec le temps, comme l'a déjà très-bien remarqué Don Felix de Azara. Il est par conséquent d'un grand intérêt de décrire ces animaux dans le pays même qu'ils habitent.

I. La région froide du royaume de Quito, dont les plateaux ont deux mille quatre cents à trois mille mètres d'élévation au-dessus de la mer, et où le thermomètre descend souvent à 9 ou 10 degrés centigrades, nourrit un petit animal carnassier, appelé par les indigènes *Atok*, et par les Créoles *Zorra*[1], quoiqu'il diffère beaucoup, par sa forme et par le nombre de ses doigts aux pieds de derrière, des renards d'Europe. On ignore l'étymologie du mot *Atok;* mais, en langue Qquichua, on désigne un voleur par ces mots : *Atokruna, homme-renard*, en faisant allusion aux mœurs des Mouffettes et des Martes, qui appartiennent à la famille des *animalia sanguinaria.*

Le Zorra de Quito et des montagnes de Riobamba a le corps alongé comme une civette; sa queue est extrêmement touffue et ressemble à celle du renard. Il a, dans chaque mâchoire, six dents incisives placées sur la même ligne, et dont celles du milieu sont un peu plus courtes. Ses deux dents canines sont très-alongées. Les molaires sont au nombre de cinq, dont la postérieure est tuberculeuse et très-large. D'après le système de Linné, le *Zorra de Quito* appartiendroit au genre Viverra, et non aux Martes (Mustela), chez lesquelles deux incisives de la mâchoire inférieure sont placées plus en dedans que les autres quatre. D'après la classification de M. Cuvier, cet animal est un Glouton. Le corps est noir et orné de deux zones blanches qui s'étendent depuis le sommet de la tête jusque vers l'origine de la queue. Les yeux sont bleus et très-grands. La mâchoire supérieure dépasse la mâchoire inférieure. La langue est hérissée de petites papilles épineuses. Les oreilles sont noires, petites et très-pointues. La queue, qui est d'un tiers moins longue que le corps, a le poil mêlé de blanc et de noir. Les ongles des pieds, surtout ceux

---

[1] Zorra est identique en espagnol avec renard; Zorilla, le diminutif de Zorra, signifie petit renard, *vulpecula.*

de devant, sont très-longs et propres à creuser, comme dans les véritables Mouffettes (Mustela putida et M. mephitis, Cuv.). Des cinq ongles, les deux du milieu sont considérablement plus grands et plus recourbés que les autres.

Les dimensions suivantes ont été prises sur un *Zorra* tué près de Calpi, dans les hautes savanes de Louisa, au pied du Chimborazo.

Longueur de l'animal depuis le bout du museau

jusqu'à l'extrémité de la queue............ $0^m,753$ ou 2 pieds 0 ponc. 2 lig.

de la tête seule. . . . . $0^m,110$ — 0 — 4 — 1 —

du col. . . . . $0^m,054$ — 0 — 2 — 0 —

de la queue. . . . . $0^m,220$ — 0 — 8 — 2 —

Hauteur de l'animal jusqu'au garrot. . . . . $0^m,177$ — 0 — 6 — 7 —

Les jambes de derrière sont de deux pouces plus basses que celles de devant, et la lèvre supérieure dépasse l'inférieure de plus de quatre lignes.

GULO QUITENSIS ater, zonis albis duabus longitudinalibus notatus, cauda ex atro et albo variegata.

Ce petit animal, qui constitue une espèce inconnue aux naturalistes, dort le jour et chasse pendant la nuit. Il mange des oiseaux, et surtout les insectes qui s'attachent aux racines tubéreuses de la pomme de terre : aussi les Indiens de Quito, dont la culture principale consiste en *Solanum tuberosum*, craignent beaucoup le Zorra qui dévaste leurs champs. L'odeur fétide que répand le *Gulo quitensis* est un peu moins forte que celle du Viverra mapurito de Mutis qui est commun dans le royaume de la Nouvelle-Grenade : elle indique cependant l'endroit où le Zorra a passé une demi-heure auparavant. Cette odeur vient principalement des glandes qui aboutissent à l'anus. Gumilla et d'autres voyageurs en ont exagéré les effets. Le Zorra de Quito n'est certainement pas identique avec le *Viverra Conepatl* des Mexicains ou le *Vulpecula puerilis* d'Hernandez, dans lequel les zones blanches se prolongent jusqu'au bout de la queue; tandis que, dans l'animal que je viens de faire connoître, les deux stries s'évanouissent à l'extrémité du dos.

II. L'animal qu'on appelle *Zorra*, dans les régions chaudes de la Nouvelle-Grenade, et que j'ai vu à Turbaco, près de Carthagène des Indes et à l'embouchure du Rio Sinu, diffère beaucoup du *Zorra* du plateau de Quito. Le premier de ces petits mammifères carnassiers marche en appuyant la plante entière du pied, ce qui le rapproche des Potos, des Coatis, des Ratons, du Viverra mapurito, et des Ours proprement dits; le second n'est pas *plantigrade*, mais *digitigrade*, c'est-à-dire qu'il ne touche le sol qu'avec les doigts du pied.

Le *Zorra du Sinu* ressemble peu aux Martes et aux autres *animaux vermiformes*; il a plutôt le port du Poto. Sa tête est celle du renard ; le nez et le museau sont beaucoup plus courts que dans le Coati. Les dents incisives, au nombre de six, sont toutes de même grandeur, et rangées sur la même ligne ; celles de la mâchoire inférieure sont très-épaisses et peu aiguës (*dentes incisores maxillæ inferiores sex æquales, sublobati, obtusiusculi*). Ce caractère se retrouve en partie dans le Glouton [1] (Ursus gulo). Les dents canines sont très-longues et très-pointues. Il me reste des doutes sur le nombre des dents molaires, parce que, dans deux notes écrites sur les lieux, mais à différentes époques, j'ai porté ce nombre à quatre et à cinq. La langue est lisse et très-pointue. Des poils roides (*vibrissæ*) entourent la bouche et le nez. L'animal, depuis le museau jusqu'à l'origine de la queue, a 0^m,703 (2 pieds 2 pouces) de long, et 0^m,191 (7 pouces 1 ligne) de haut. La queue non prenante est de moitié plus courte que le corps. Elle est moins touffue que celle du Gulo quitensis.

Je n'ai pas observé, dans le Zorra du Sinu, l'odeur fétide des Mouffettes; il est dépourvu de cette bourse que l'on trouve dans plusieurs Viverres de Linné, entre l'anus et les parties génitales. Son pelage est uniformément d'un gris noirâtre; l'abdomen et l'intérieur des oreilles, qui sont petites, pointues et droites, sont d'un blanc sale. Je pense que, jusqu'à ce qu'on ait examiné plus attentivement les pointes tuberculeuses des dents mâchelières du Zorra du Sinu, on ne peut pas ranger cet animal *digitigrade* avec le *grand furet d'Azara* (Mustela barbara, Gmelin) parmi les Gloutons. Je le désignerai sous le nom de

MUSTELA SINUENSIS, *ex cinereo atra, abdomine albo, cauda corpore dimidio breviori, auriculis erectis, acutis, interne niveis.*

L'absence des taches et zones blanches, sous la gorge et sur le dos, distingue suffisamment cette nouvelle espèce de Martes du Tayra de la Guiane (Mustela barbara), du Mapurito [2] de Mutis et du Chinche. Dans le Tayra, dont le muséum de Paris possède un exemplaire empaillé, le corps est noir, la gorge blanche, et la partie supérieure de la tête et du col d'un cendré clair. Cette différence de teinte entre la tête, le dessus du col et le reste du corps, ne se trouve pas dans le Zorra du Sinu; ce dernier poursuit les petits oiseaux. L'animal non adulte a un cri qui ressemble à celui du poulet lorsqu'il appelle sa mère.

---

[1] *Pallas Spicil. zoolog.*, XIV, p. 25. *Buffon*, *suppl. de l'hist. nat.*, T. III, p. 240.
[2] *Kongl. Vet. Acad. Handl. for* 1770, T. XXXI, p. 67.

III. Une troisième espèce, qui appartient à l'ancien genre Viverra de Linné, et que nous avons pu examiner dans notre voyage, est le *Kinkajou* ou *Poto*, le *Yellow Maucauco de Pennant*[1], ou *Viverra caudivolvula* de Schreber[2]. Cet animal est beaucoup plus rare dans le nouveau monde, qu'on ne devroit le supposer d'après le nombre des individus qui existent dans différens cabinets de l'Europe. Les auteurs indiquent les îles Antilles, et surtout la Jamaïque, comme la patrie du V. caudivolvula. J'ignore si cette indication est précise ; je puis affirmer avec certitude qu'il ne se trouve pas dans l'île de Cuba, la plus grande des îles Antilles et la moins cultivée. Nous l'avons vu, la première fois, dans la mission du Rio Negro et du Tuamini où il porte le nom de *Manaviri*. Comme le bassin du Rio Negro communique avec celui de l'Amazone, les animaux et les plantes que l'on observe sur les rives du premier de ces deux fleuves offrent beaucoup plus d'analogie avec les productions du Grand-Para et du Brésil qu'avec celles du Bas-Orénoque. Aussi le Poto, qui n'est pas rare dans les vastes forêts de Maranham, de Fernambuc et de Minas Geraes, n'habite pas les provinces de Cumana et de Caracas. Il se retrouve au contraire assez fréquemment dans le royaume de la Nouvelle-Grenade, près de Muzo, et dans la Mesa de Guandiaz, où les Indiens Muiscas l'appellent *Cuchumbi*.

Le Poto ou Manaviri du Rio Negro (*Cercoleptes, Ill.*) présente un mélange curieux des mœurs de l'ours, du chien, du singe et de la civette : il a le corps très-alongé, les oreilles petites et pointues, la tête du renard, et le pelage très-doux d'un roux clair. La couleur de l'abdomen est blanche, et le poil de l'intérieur des cuisses a un reflet doré lorsqu'il est exposé aux rayons du soleil. La queue du Manaviri est de la longueur du corps, velue et aussi prenante que celle des Atèles ; l'animal s'en sert comme d'une main pour s'accrocher aux branches en grimpant sur les arbres. Il est assez remarquable que ces queues prenantes n'ont été observées jusqu'ici, que chez les animaux du nouveau continent, dans les Sapajous, les Sagoins, le Fourmilier et le Poto. Ce dernier dort pendant le jour, en cachant sa tête sous sa queue. Il ne reste éveillé qu'autant qu'il mange, ce qu'il fait avec une extrême avidité. Sa langue est très-longue ; comme il aime à sucer le miel, et qu'il détruit les ruches des abeilles sauvages, les Missionnaires l'appellent *Ours à miel, Oso melero*. Après le miel, ses

---

[1] *Quadrup.*, p. 138, Tab. 16, f. 2.
[2] *Sœugthiere*, T. I, p. 145, Tab. 42 ; et T. III, p. 453, Tab. 125.

alimens favoris sont des bananes, des œufs et de petits oiseaux. Le Poto se tient souvent assis sur ses pieds de derrière; il mange comme un singe en se servant de ses mains. Caressant et affectueux comme un chien, il reconnoît la voix de son maître. Il chasse pendant la nuit, et devient très-gai dès le coucher du soleil; il préfère la société de l'homme à celle des animaux de son espèce. Il ne mord jamais en jouant, et il exprime, par ses caresses, combien il désire qu'on s'occupe de lui. Dans la partie tempérée de la Nouvelle-Grenade, l'ancien Cundinamarca, le Poto ou Manaviri se trouvoit jadis parmi les animaux que les indigènes avoient réduits à l'état de domesticité.

Le Poto ou Cercoleptes, quelque doux et apprivoisé qu'il paroisse, cherche, comme la Vigogne, le Bouquetin et le Cerf, à regagner son ancienne liberté. Un individu adulte, qui nous avoit suivis dans nos courses pendant plusieurs semaines, s'échappa pendant une nuit obscure lorsque nous étions couchés en plein air sur le bord de la forêt de Carichana. Il égorgea deux coqs de roche (*Pipra rupicola*, Linn.) en s'introduisant dans leur cage qui étoit suspendue à un arbre, et s'enfuit dans les bois, sans doute pour être plus sûr de son butin.

IV. Le *Viverra mapurito* de Gmelin, que M. Mutis a fait connoître le premier, en 1767, dans une lettre adressée à M. Alstromer, en le confondant avec le Viverra potorius de l'Amérique septentrionale, habite presque les mêmes contrées que le Poto ou Manaviri. M. Mutis l'a trouvé dans les montagnes qui avoisinent les mines de la Montuosa [1], près de Pamplona; je l'ai vu dans la vallée de Fusagasuga, au sud-ouest de Santa-Fe de Bogota et dans les environs de Loxa. Cet animal est de la grandeur d'un chat. Son pelage touffu est d'un noir foncé, mais son dos est marqué d'une seule bande blanche qui commence au front et se termine à la moitié du corps. Le Mapurito est presque dépourvu d'oreilles extérieures. Les ouvertures qui conduisent aux organes de l'ouïe ne sont entourées que d'un rebord mince et couvert de poils plus long. La queue est blanche à l'extrémité, et de la moitié de la longueur du corps. Le col est extrêmement court, mais les Indiens m'ont assuré que dans la femelle il est un peu plus long que dans le mâle. Ce petit mammifère dort le jour dans les terriers qu'il creuse de ses ongles longs et fourchus; nous l'avons rencontré souvent à l'entrée de la nuit. Il se nourrit de vers et de larves d'insectes, et

---

[1] C'est à la Montuosa que M. Mutis, alors médecin du vice-roi comte de Casa Flores, a commencé son grand ouvrage de la Flore du Royaume de la Nouvelle-Grenade, qui est resté inédit. Il fit peindre en même temps, à ses frais et à l'huile, par des peintres qu'il avoit formés lui-même, les animaux les plus curieux de la province de Pamplona.

répand une puanteur insupportable. Il marche sur la plante du pied comme l'ours [1]
et le Poto, et appartient, avec le *Zorra de Quito*, le Grison (Viverra vittata,
Linné) et le Tayra de Barrère (Mustela barbara, Gmelin), à ce petit groupe
d'*animaux plantigrades* que M. Cuvier place à la suite des *Gloutons*.

D'après une note qu'a bien voulu me communiquer cet illustre naturaliste, et qui
est tirée de sa *nouvelle classification méthodique des animaux*, « les *Gloutons*
ne tiennent aux ours que par leur marche plantigrade, et se rapprochent
davantage des Martes par leurs dents et leur naturel. Ils ont trois fausses
molaires [2] en haut et quatre en bas en avant de la carnassière, et, derrière
elle, une petite tuberculeuse dont la supérieure est plus large que longue. Leur
carnassière supérieure n'a qu'un petit tubercule. Le Grison et le Tayra, qu'il
faut ranger à la suite des Gloutons, ont une fausse molaire de moins à chaque
mâchoire, et une queue plus longue que les Gloutons. Ils ont les dents de nos
putois et de nos furets, et le même genre de vie; mais ils sont plantigrades comme
les ours, les Ratons, les Coatis, le Poto et le Blaireau. Les *Martes* (Mustela)
et les *Civettes* (Viverra) appartiennent aux carnassiers digitigrades. Les Martes
comprennent les quatre sous-genres des Putois (Putorius), des Martes proprement dites (Mustela), des Mouffettes (Mephitis) et des Loutres (Lutra). Ils
n'ont qu'une tuberculeuse en arrière de la carnassière d'en haut. Dans les
Putois (Mustela putorius, M. furo, M. vulgaris, M. erminea), la carnassière n'a
pas de tubercule intérieur; leur tuberculeuse d'en haut est plus large que longue;
ils n'ont que deux fausses molaires en haut et trois en bas. Les *Martes
proprement dites* (Mustela martes, M. foina, M. zibellina, M. vison, M. cana-
densis), diffèrent des Putois par une fausse molaire de plus en haut et en
bas, et par un petit tubercule intérieur à leur carnassière. Les *Mouffettes*
(Viverra putorius, V. mephitis) ont, comme les Putois, deux fausses molaires
en haut et trois en bas; mais leur tuberculeuse supérieure est très-grande, et aussi
longue que large. Leur carnassière inférieure a deux tubercules à son côté interne,
ce qui rapproche ces animaux des blaireaux, comme les putois se rapprochent
des grisons et des gloutons. Les *Loutres* ont trois fausses molaires en haut et

---

[1] Sur la séparation des genres *Ursus* et *Gulo*, voyez *Storr, Prodom. method. animal.* dans *Ludwigii
Opuscula*, T. I, p. 68.

[2] « Les Carnivores ont les molaires antérieures plus ou moins tranchantes : ensuite vient une molaire
plus grosse que les autres, qui a d'ordinaire un talon plus ou moins large tuberculeux, et derrière
elle se trouvent une ou deux petites dents entièrement plates. Selon la nomenclature proposée par
M. Frédéric Cuvier, on appelle cette grosse molaire d'en haut et celle qui lui répond en bas, *carnassières*,
les antérieures pointues *fausses molaires*, et les postérieures rousses *tuberculeuses*. »

en bas, un fort talon à la carnassière supérieure, un tubercule au côté interne de l'inférieure, et une grande tuberculeuse presque aussi longue que large en haut. Les *Civettes* (Viverra) qui paroissent appartenir exclusivement à l'ancien continent, embrassent quatre sous-genres, ceux des *Civettes proprement dites* (V. zibetha, V. civetta), des *Genettes* (V. genetta, V. fossa), des *Mangoustes* (V. ichneumon) et des *Suricates* (V. tetradactyla). Les Civettes ont trois fausses molaires en haut, et quatre en bas, dont les antérieures tombent quelquefois; deux tuberculeuses assez grandes en haut, une seule en bas et deux tubercules saillans au côté interne de leur carnassière inférieure en avant, le reste de cette dent étant plus ou moins tuberculeux. »

D'après ces principes de classification et l'excellent Mémoire de M. Frédéric Cuvier [1], publié dans le 10.ᵐᵉ volume des *Annales du Muséum*, il ne me paroît pas douteux que le *Zorra du plateau de Quito*, et le *Mapurito* de la Nouvelle-Grenade, qui sont plantigrades, doivent être rangés parmi les Gloutons (Gulo); que le Manaviri de l'Orénoque et du Mexique forme un genre qui trouve sa place entre les Coatis et les Blaireaux, et que le *Zorra du Rio Sinu* est un Mustela.

[1] *Annales*, T. X, p. 120, Pl. I et II; et T. XII, p. 51.

TABLEAU SYNOPTIQUE

DES

SINGES DE L'AMÉRIQUE;

Par A. DE HUMBOLDT.

~~~~~~~~~~~~~~~~~~

I. FAMILLE DES SAPAJOUS,

Comprenant comme subdivisions les genres *Ateles, Lagothrix, Stentor* et *Cebus* de M. Geoffroy.

A. *Six dents molaires, queue prenante et nue vers l'extrémité.*

1, ATELES.

Tête ronde; visage d'aplomb; angle facial d'environ 60°; os hyoïde non apparent au-dehors, mais un peu renflé et demi-caverneux. Geoffroy.

1. *Simia Chamek*, atra, palmis subpentadactylis, pollice minimo.
   Ateles pentadactylus, Geoffroy. Ann. Mus., VII, 269.
   Habite le Pérou.

2. *Simia Paniscus*, atra, palmis tetradactylis.
   Ateles paniscus, Geoffroy.
   Coaita de Buffon, Quatto de Vosmaer. *S. Paniscus*, Linn. (Gmelin, Syst. Nat., I, 36.)
   Habite la Guiane françoise.

3. *Simia Belzebuth*, atro-fusca, palmis tetradactylis, ventre, cruribus et caudæ
   parte interiore ochroleucis.
   Ateles belzebuth, Geoffroy. Ann. Mus., VII, 271.
   Simia belzebuth, Brisson. Règn. anim., I, 194, différent du *S. Belzebul* de Linné.
   Marimonda de l'Orénoque, Humboldt. Rec. I, 327.
   Habite les bords de l'Orénoque, surtout au-dessus des grandes rapides d'Atures
   et de Maypures.

Zoologie.   45
~~~~~~~~~~~~~~~~~~

4. *Simia marginata*, atra, palmis tetradactylis, margine faciei albo vel flavescenti, pectore et cruribus interne ex albo cinerascentibus.

  Chuva, Humboldt. Rec. I, p. 8 et 340.
  Ateles marginatus, Geoffroy. Ann. Mus., XIII, 90.
  Habite la province de Jaen de Bracamoros, les bords de l'Amazone et la capitainerie générale du Grand-Parà.

5. *Simia arachnoides*, fulva, palmis tetradactylis.
  Ateles arachnoides, Geoffroy. Ann. Mus., XIII, 92.
  Habite probablement le Brésil.

2. LAGOTHRIX.

Tête ronde; museau saillant; angle facial d'environ 50°; os hyoïde très-peu apparent au – dehors ; les extrémités pentadactyles; poils moelleux; ongles pliés en gouttières et courts. Geoffroy.

6. *Simia lagothricha*, imberbis, cinerea, pilis apice nigrescentibus, facie atra.
  Caparro, Humboldt. Rec. I, p. 322.
  Lagothrix Humboldti, Geoffroy.
  Habite les bords du Rio Guaviare.

7. *Simia cana*, pilis brevissimis vestita, ex cinereo olivacea, capite et cauda ex cano rufescentibus.
  Lagothrix canus, Geoffroy. (Espèce inédite.)
  Habite probablement le Brésil.

3. STENTOR. (MYCETES, Illiger.)

Tête pyramidale; visage oblique; angle facial de 30°; angle palatin de 25°; os hyoïde renflé, apparent au-dehors, et caverneux; les quatre extrémités pentadactyles; ongles convexes et courts. Geoffroy.

8. *Simia seniculus*, stentorosa, barbata, rufa, abdomine et pectore calvis.
  Mono colorado de Carthagène des Indes, Humboldt. Rec. I, p. 342.
  Alouate roux de Buffon. *Simia seniculus*, Gmelin, I, 36.
  Stentor seniculus, Geoffroy. *Cebus seniculus*, Latreille.
  Habite la Guiane françoise, les bords de la rivière de la Madeleine et le Darien.

9. *Simia ursina,* stentorosa, barbata, rufa, pilis longis undique vestita, facie ex atro
cærulescente, cauda prehensili, subtus calva.
Araguato de Caracas, Humboldt. Rec. I, p. 8 et 329.
Stentor ursinus, Geoffroy.
Habite la province de Venezuela, celles de la Nouvelle-Andalousie et de la Nouvelle-
Barcelone, et les bords du Bas-Orénoque.

10. *Simia straminea,* stentorosa, pilis basim versus subfuscis, apice straminei coloris.
Stentor stramineus, Geoffroy.
Arabata de Gumilla.
Habite les forêts du Grand-Parà.

11. *Simia Caraya,* stentorosa, capite et dorso pilis aterrimis vestitis.
Caraya d'Azara.
Stentor niger, Geoffroy.
Le pelage tout noir dans le mâle : la femelle a les flancs et l'abdomen d'une couleur fauve.
Habite le Paraguay.

12. *Simia Guariba,* stentorosa, pilis castaneo-fuscis, apice fere aurei coloris.
Stentor guariba, Geoffroy. (*Guariba* de Marcgraf.)
Ouarine de Buffon.
Simia beelzebul, Gmelin, I, 36.
Habite le Brésil.

13. *Simia flavicauda, stentorosa,* ex atro fuscescens, cauda olivaceo-nigra, zonis duabus
flavis longitudinaliter notata.
Choro, Humboldt. Rec. I, p. 343.
Habite la province de Jaen.

B. *Six dents molaires et queue prenante, entièrement velue.*

4. CEBUS.

*Tête ronde; museau court; front un peu saillant; angle facial d'environ 60°; angle
palatin nul; ongles convexes et courts.* Geoffroy.

14. *Simia apella,* corpore fusco, pileo et pedibus nigrescentibus, facie pilis fusco-atris cincta.
Sajou de Buffon. *S. apella,* Linn. (Gmelin, I, 38.)
Cebus apella, Geoffroy.
Habite la Guyane françoise et la Terre-Ferme.

15. *Simia capucina,* corpore fuscescente, pileo et pedibus nigrescentibus, facie zona
flavescente cincta.

Saï ou *Singe pleureur* de Buffon.
Simia capucina, Linn. (Gmelin, I, 37.)
Cebus capucinus, Geoffroy.
Matchi de Caracas et de Calabozo, Humboldt. Rec. I, p. 524.
Habite la Guyane françoise, la province de Venezuela et la Nouvelle-Andalousie.
M. Geoffroy distingue encore comme espèces, le *Cebus fatuellus* (S. fatuellus de Linné, Sajou cornu de Buffon); le *Cebus barbatus* (Sajou gris de Buffon); le *Cebus trepidus* (Simia trepida de Linné); le *Cebus niger* (Sajou nègre de Buffon); le *Cebus fulvus* et le Sajou blanc du Brésil. Ce savant naturaliste reste cependant indécis si la couleur fauve et blanche des deux dernières espèces n'est pas due à une maladie albine. Nous avons déjà fait remarquer plus haut qu'il faut supprimer le *Simia morta*, le S. *syrichta* et le S. *lugubris* [1].

16. *Simia cirrifera*, castanea, abdomine albidiore, vertice et apice caudæ nigrescentibus, capillitio frontis erecto et ungulæ equinæ formam æmulante.
    Cebus cirrifer, Geoffroy. (Espèce inédite.)
    Habite le Brésil.

17. *Simia variegata*, nigricans, abdomine rufescente, dorsi pilis basim versus brunneis, media parte badiis, apice atris.
    Cebus variegatus, Geoffroy. (Espèce inédite.)
    Habite le Brésil.

18. *Simia hypoleuca*, ex fusco nigra, facie, collo, pectore humeris et brachiis ex albo flavescentibus.
    Cariblanco, Humboldt. Rec. I, p. 337.
    Saï à gorge blanche, de Buffon.
    Habite les rives du Rio Sinu et probablement aussi la Guyane françoise.

19. *Simia albifrons*, ex albo cinerascens, vertice nigro, facie cærulea, fronte et orbitis niveis, cruribus et brachiis fuscescentibus.
    Ouavapavi des Cataractes, Humboldt. Rec. I, p. 19.
    Cebus albifrons, Geoffroy.
    Habite les environs de Maypures et d'Atures, sur les bords de l'Orénoque.

[1] P. 335.

II. FAMILLE DES SAGOINS,

Comprenant comme subdivisions les genres *Callithrix*, *Aotus* et *Pithecia* de M. Geoffroy.

Six dents molaires, queue non prenante.

5. CALLITHRIX.

Tête ronde; museau court; angle facial d'environ 60°; cloison des narines large, mais moins que la rangée des incisives supérieures; dents incisives inférieures verticales et contiguës aux canines; oreilles grandes; queue plus longue que le corps et couverte de poils courts; ongles courts, droits et relevés. Geoffroy.

20. *Simia sciurea*, pilis ex cano olivaceis, ore ex cæruleo nigro, pedibus ex flavo rufescentibus.
    Saimiri de Buffon. *S. sciurea*, Linn. (Gmelin, I, p. 38.)
    Callithrix sciureus, Geoffroy.
    Titi de l'Orénoque, Humboldt. Rec. I, p. 334.
    M. Geoffroy distingue deux variétés, dont l'une a le dos uni-colore, et l'autre le dos marbré de roux vif et de noir. Le Titi de l'Orénoque et du Cassiquiare est caractérisé par la phrase suivante : ex aureo flavescens, abdomine, humeris, brachio et femore (nec antibrachio, nec tibia) ex ferrugineo cinerascentibus.
    Habite la Guyane, le Brésil, les bords du Haut-Orénoque, du Guaviare et du Cassiquiare.

21. *Simia personata*, ex cinereo fuscescens, capite et pedibus brunneo-nigris, cauda rufa.
    Callithrix personatus, Geoffroy. (Espèce inédite.)
    Habite le Brésil.

22. *Simia lugens*, atra, facie albo-maculata, gula nivea, manibus anterioribus albis, posterioribus nigris.
    La *Viudita* de l'Orénoque. Humboldt. Rec. I, p. 319.
    Callithrix lugens, Geoffroy.
    Habite les rives du Guaviare, du Cassiquiare et du Haut-Orénoque.

23. *Simia torquata*, castanea, abdomine et brachiorum parte interiore rufis, palmis et macula gulari niveis, cauda corpore longiori.
    Callithrix torquatus, Hofmannsegg.
    Habite le Grand-Parà.

24. *Simia amicta*, fusco-nigra, gula alba, palmis flavis, cauda corpore longiori.
    Callithrix amictus, Geoffroy. (Espèce inédite.)
    Habite probablement le Brésil.

25. *Simia Moloch*, murina, temporibus, genis et abdomine ferrugineis, cauda fusca, apice manibusque albidis. Hofmannsegg (sub Cebo).
Habite le Grand-Parà.

6. AOTUS, Illiger.

Tête ronde et large; museau court; angle facial d'environ 60°; yeux très-grands et assez rapprochés; oreilles extérieures très-petites; queue plus longue que le corps. ongles courts; animaux nocturnes. Geoffroy.

26. *Simia trivirgata*, cinerea, abdomine ex flavo rufescente, fronte zonis tribus longitudinalibus picta.
Douroucouli, Humboldt. Rec. I, p. 307.
Aotus Humboldti, Illiger. (Caulin, Hist. de la Nueva-Andal., p. 39.)
Aotus trivirgatus, Geoffroy.
Habite les rives du Cassiquiare et du Haut-Orénoque, près de Maypures et de l'Esmeralda.

7. PITHECIA.

Tête ronde; museau court; angle facial de 60°; cloison des narines plus large que la rangée de dents incisives supérieures; les incisives inférieures alongées, proclives et écartées des canines; oreilles de grandeur médiocre et semblables à celles de l'homme; queue moins longue que le corps et très-touffue; ongles courts, recourbés et appliqués au delà des phalanges. Geoffroy.

α. A barbe très-fournie.

27. *Simia Satanas*, fusco-atra, barbata, pectore et abdomine subcalvis.
Cebus satanas, Hoffmansegg.
Pithecia satanas, Illiger et Geoffroy.
Couxio, Humboldt. Rec. I, p. 315.
Habite le Grand-Parà.

28. *Simia chiropotes*, ex rubro, fuscescens, capillitio verticis longitudinaliter diviso, testiculis coccineis.
Capucin de l'Orénoque, Humboldt. Rec. I, p. 312.
Pithecia chiropotes, Geoffroy.
Habite les forêts du Haut-Orénoque, au sud et à l'est des cataractes.

β. Imberbes.

29. *Simia rufiventer*, dorsi pilis basim versus fuscis, apice rufo et fusco annulatis, capillitio verticis sublongo, in frontem dependente.

Pithecia rufiventer, Geoffroy.
Simia pithecia , Audeb.
Saki ou *Singe de nuit* de Buffon.
Habite la Guyane françoise.

3o. *Simia monachus ,* ex brunneo et fulvo variegata , capillitio occipitis subelongato ,
   fronte denudata.
   Pithecia monachus , Geoffroy. (Espèce inédite.)
   Habite probablement le Brésil.

31. *Simia Azaræ,* ex cinereo fusca, pilis dorsi ex albo et nigro annulatis, ventre
   rufescente, maculis duabus albis supra oculos positis.
   Miriquouina d'Azara.
   Pithecia Azaræ , Geoffroy.
   Habite le Paraguay.
   Le Miriquouina, décrit par M. d'Azara, diffère beaucoup du S. Rosalia que Buffon
   a fait connoître sous le nom de Marikina.

32. *Simia leucocephala,* atra, capite albo.
   Yarqué de Buffon. *S. leucocephala ,* Audebert.
   Pithecia leucocephala, Geoffroy.
   Habite la Guyane françoise.

33. *Simia melanocephala,* ex fusco flavescens, capite nigro, cauda corpore sexies
   breviore.
   Cacajao, Humboldt. Rec. I, p. 317.
   Pithecia melanocephala, Geoffroy.
   Habite les forêts du Cassiquiare et du Rio Negro.

III. FAMILLE DES HAPALES (Jacchus, Cuv.),

Comprenant comme subdivisions les genres *Jacchus* et *Midas* de M. Geoffroy.

*Cinq dents molaires; ongles très-longs, saillans au delà des phalanges, arqués,
comprimés et pointus.* Geoffroy.

8. JACCHUS.

*Dents incisives inégales ; les intermédiaires taillées en bec de flûte, les latérales toutes
subuleés, mais celles d'en bas d'un tiers plus longues que celles du centre, et se logeant
dans un vide que laissent les incisives supérieures; orbites sans saillies.* Geoffroy.

35. *Simia jacchus*, tota nigrescens, auriculis pilis longis fasciculatis cinereis circum-
    datis, cauda tæniis transversis alternatim fuscis et cinereis variegata.
    Ouistiti de Buffon.
    Titi d'Azara.
    Simia jacchus, Linné. (Gmelin, I, p. 39.)
    Jacchus vulgaris, Geoffroy.

    M. Geoffroy a observé une variété à pelage roux, ayant la croupe et la queue annelées de
    roux et de cendré. Je doute que le *Cercopithecus ex albido flavens, moschum redolens*
    (Brisson, 197), soit synonyme avec le S. jacchus, comme l'affirme M. Gmelin.
    Habite la Guyane françoise et le Brésil.

35. *Simia penicillata*, cinerea, capite et colli parte superiore nigris, fronte albo-
    maculata, cauda tæniis fuscis et cinereis annulata.
    Jacchus penicillatus, Geoffroy. (Espèce inédite.)
    Habite le Brésil.

36. *Simia aurita*, atra, fronte albo-maculata, auriculis interne pilis longis albis obsitis,
    cauda tæniis transversis cinereis et nigrescentibus variegata.
    Jacchus auritus, Geoffroy. (Espèce inédite.)
    Habite le Brésil.

37. *Simia Geoffroyi*, rufa, capite et pectore albis, colli parte superiore nigra, cauda
    tæniis brunneis et cinerascentibus variegata, auriculis pilis longis atris vestitis.
    Jacchus leucocephalus, Geoffroy. (Espèce inédite.)
    Habite vraisemblablement le Brésil.

38. *Simia humeralifera*, castanea, humeris, pectore et brachiis albis, cauda subannulata.
    Jacchus humeralifer, Geoffroy. (Espèce inédite.)
    Habite le Brésil.

39. *Simia melanurus*, fusca, abdomine fulvo, cauda nigra.
    Jacchus melanurus, Geoffroy. (Espèce inédite.)
    Habite le Brésil.

40. *Simia argentata*, exalbida, cauda nigra, facie, auriculis et palmis rubris.
    S. argentata, Linné. (Gmelin, I, p. 41.)
    Mico de la Condamine et de Buffon.
    Hapale argentatus, Geoffroy.
    Habite le Grand-Parà.

9. MIDAS.

Dents incisives rapprochées, égales et taillées en bec de flûte : les bords supérieurs de l'orbite saillans en devant. Geoffroy.

41.*Simia Rosalia*, ex rufo flavicans, faciei ora undique pilis longis rubris vestita.
  S. Rosalia, Linné. (Gmelin, I, p. 40.)
  Marikina de Buffon.
  Midas Rosalia, Geoffroy.
  M. Geoffroy distingue deux variétés, celle du Brésil, qui a la queue d'un roux-éclatant, mais uniforme, et celle de la Guyane françoise, dont le poil de la queue est varié de roux et de noirâtre.
  Habite la Guyane françoise et le Brésil.

42.*Simia Oedipus*, ex cinereo rufescens, facie ultra auriculas nigra et nuda, capillitio verticis dependente albo, cauda rubra, apice nigro.
  S. œdipus, Linné. (Gmelin, I, p. 40.)
  Pinche de Buffon.
  Titi de Carthagène et du Rio Sinu, Humboldt. Rec. I, p. 337.
  Habite la Guyane françoise, le Darien et les environs de Carthagène des Indes.

43. *Simia leonina*, ex olivaceo fuscescens, ore albo, dorso striis albo - flavescentibus notata.
  Leoncito de Mocoa, Humboldt. Rec. I, p. 16.
  Midas leoninus, Geoffroy.
  Habite les plaines qui bordent la partie orientale de la chaîne des Andes, les rives du Putumayo et du Caqueta.

44.*Simia labiata*, nigrescens, subtus ex ferrugineo rufescens, capite atro, naso et labiis albis.
  Midas labiatus, Geoffroy. (Espèce inédite.)
  Habite probablement le Brésil.

45.*Simia Ursula*, nigra, labio fisso, auribus amplis, nudis, subtriangularibus, dorso hypochondriisque ferrugineis, maculato-virgatis.
  Tamarin nègre de Buffon.
  Saguinus Ursula, Hofmannsegg.
  Habite le Grand-Parà.
  J'ai hésité d'adopter le nom d'*Ursula*, pour ne pas confondre ce Sagoin avec le Hurleur, que j'ai fait connoître sous la dénomination de *S. ursina*.
  Zoologie.

46. *Simia Midas,* nigra, dorsi parte inferiore cinerascente, manibus et pedibus croceis.
Simia Midas, Linné. (Gmelin, I, p. 41.)
Hapale Midas, Illiger.
Tamarin de Buffon.
Habite la Guyane françoise.

Comme j'ai fait connoître dans cet ouvrage un grand nombre d'espèces nouvelles de quadrumanes, il m'a paru intéressant d'offrir en même temps le tableau complet des singes du nouveau continent connus jusqu'à ce jour. Ce tableau est formé d'après les principes de classification proposés par M. Geoffroy de Saint-Hilaire, dans le 19.ᵐᵉ Tome des Annales du Muséum d'histoire naturelle. Ce savant, qui a rendu des services si importans à la zoologie, a profité, avec le plus grand succès, de l'occasion qu'il a eue d'examiner, non seulement toutes les espèces décrites dans les auteurs, mais aussi plusieurs de celles que des voyageurs ont récemment rapportées du Brésil. Linné et Buffon ne connoissoient que douze singes du nouveau continent [1]. Nous avons ajouté à ce nombre, M. Bonpland et moi, onze nouvelles espèces, observées dans l'Amérique méridionale, surtout sur les rives de l'Orénoque et de l'Amazone [2]. Cinq espèces sont dues aux recherches de MM. de Hofmannsegg et d'Azara [3]; quatorze à celles de M. Geoffroy [4]. Ce naturaliste a bien voulu me communiquer un manuscrit duquel j'ai extrait les caractères des subdivisions et ceux des espèces inédites. Je dois cependant faire observer que, dans la famille des Hapales, M. Geoffroy place les Ouistitis (Jacchus) après les Tamarins (Midas). J'ai tâché, de mon côté, de rectifier les diagnoses, même pour les animaux qui sont connus depuis long-temps.

[1] S. paniscus, S. seniculus, S. belzebuth, S. apella (S. fatuellus, S. trepida), S. capucina, S. sciurea, S. pithecia, S. jacchus, S. œdipus, S. argentata, S. midas. Voyez n.ᵒˢ 1, 2, 3, 8, 14, 20, 27, 34, 40, 41, 42 et 46 du tableau précédent.

[2] S. leonina, S. lagotbricha, S. ursina, S. flavicauda, S. albifrons, S. hypoleuca, S. chuva, S. lugens, S. trivirgata, S. chiropotes et S. melanocephala. Voyez n.ᵒˢ 4, 6, 9, 13, 18, 19, 22, 26, 28, 33 et 43.

[3] S. Caraya, S. Azaræ, S. torquata, S. moloch, S. satanas. Voyez n.ᵒˢ 11, 23, 25, 27 et 31.

[4] S. variegata, S. cirrifera, S. personata, S. cana, S. amicata, S. monachus, S. penicillata, S. aurita, S. humeralifera, S. labiata, S. chamek, S. arachnoides, S. straminea, S. guariba. Les six dernières espèces avoient été confondues par les auteurs avec des espèces voisines. Voyez n.ᵒˢ 1, 5, 7, 10, 16, 17, 21, 24, 30, 35, 36, 37, 39 et 44.

Ces changemens deviennent d'autant plus indispensables que le nombre des espèces voisines augmente de jour en jour.

Linné n'admettoit que trois subdivisions de son genre Simia. Il distinguoit les vrais singes sans queue (*Simiæ veterum*), les singes à courte queue (*Papiones*) et les singes à queue alongée (*Cercopitheci*). Dans cette division très-incomplète, les quadrumanes du nouveau continent, loin de faire un groupe séparé, se trouvent confondus dans la troisième subdivision avec les Guenons et les Macaques de l'ancien monde. Les singes Hurleurs y sont mêlés aux singes qui ont le pouce de la main caché sous la peau; des animaux qui ont vingt dents molaires y sont rapprochés de ceux qui en ont vingt-quatre.

Buffon séparoit les singes de l'Amérique en deux genres, celui des Sapajous à queue prenante, et celui des Sagoins à queue lâche. Les Tamarins et les Ouistitis qui forment le genre Jacchus de M. Cuvier, et que leur organisation éloigne singulièrement des autres singes, restoient réunis aux Sagoins, quoique Daubenton eût déjà fixé l'attention des naturalistes sur le nombre des dents molaires et sur la conformation des ongles des Ouistitis.

Parmi les sectateurs de Linné, Erxleben [1] a formé le premier, des singes du nouveau monde, deux genres séparés, ceux de *Cebus* et de *Callithrix*. Sa division, qui est identique avec celle de Buffon, ne se fonde que sur la conformation de la queue. Les noms de *Cebus* et de *Callithrix*, choisis comme au hasard, ont été appliqués dans la suite à des familles de singes très-différentes. Le genre *Cebus* d'Erxleben renferme à la fois les Alouates, les Sajous et les Atèles; tandis que le genre *Cebus* de Cuvier, Latreille et Duméril [2] désigne au contraire les Hurleurs seuls. Ces derniers sont compris sous les genres *Alouata* de Lacépède, *Stentor* de Geoffroy, et *Mycetes* d'Illiger. Le *Callithrix* d'Erxleben embrasse les Sagoins et les Hapales d'Illiger, tandis que le *Callithrix* d'Illiger réunit les genres *Cebus et Callithrix* de Geoffroy. Les mêmes dénominations désignant des groupes très-différens, il seroit à désirer que l'on suivît, en zoologie, la méthode de plusieurs botanistes célèbres, qui, chaque fois qu'ils subdivisent un genre, aiment mieux créer de nouveaux noms que de conserver le nom ancien.

[1] *Systema Mammalium*, p. 45.
[2] *Latreille, Hist. des Singes*, T. II, p. 297. *Cuvier, Leçons d'Anatomie comparée*, Tableau I. *Dumeril, Zoologie analytique*, p. 8.

FIN DU PREMIER VOLUME.

TABLE DES MATIÈRES

CONTENUES

DANS LE PREMIER VOLUME.

Sur la respiration des Crocodiles, par A. de Humboldt, p. 253.

Des Abeilles proprement dites, et plus particulièrement des Insectes de la même
famille qui vivent en société continue, et qui sont propres à l'Amérique méridionale (*Melipones* et *Trigones*), avec un tableau méthodique des genres,
comprenant les insectes désignés anciennement sous le nom général d'Abeille
(*Apis*, Linné et Geoffroy), par P. A. Latreille, p. 260.

Ordre naturel des Insectes hyménoptères de la famille des Andrenètes et de
celle des Apiaires (*Apis*, Linn.), p. 277.

Sur un Ver intestin trouvé dans les poumons du serpent à sonnettes de Cumana,
par A. de Humboldt, p. 298.

Sur les Singes qui habitent les rives de l'Orénoque, du Cassiquiare et du Rio Negro,
par le même, p. 305.

Le Douroucouli, p. 306.
Le Capucin de l'Orénoque, p. 311.
Le Couxio, p. 314.
Le Cacajao, p. 316.
La Viudita, p. 319.
Le Caparro du Rio Guaviare, p. 321.
L'Ouavapavi des Cataractes, p. 323.
La Marimonda, p. 325.

N.º I. PELECANUS OLIVACEUS.

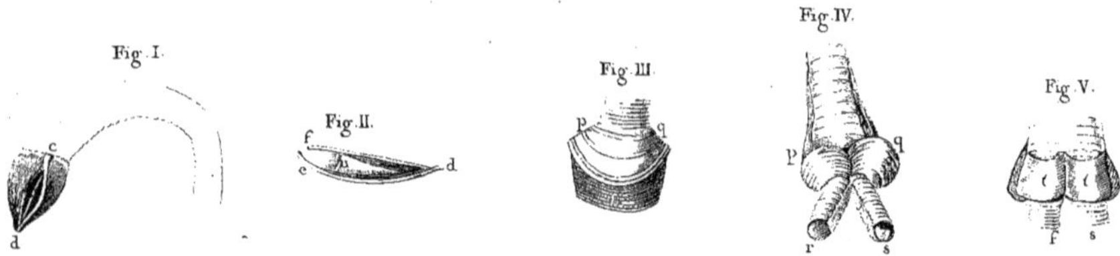

N.º II. ARDEA COCOES.

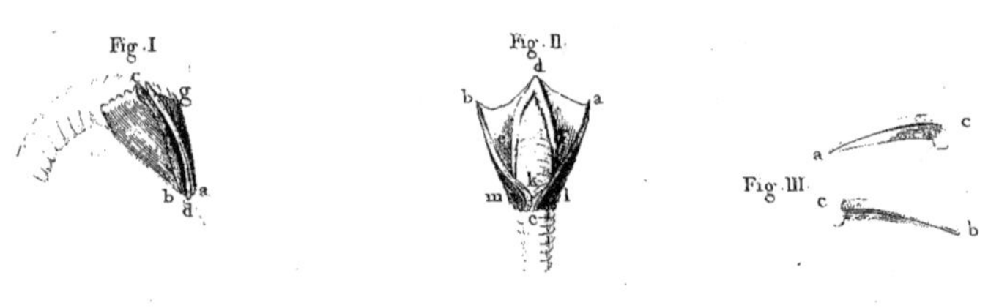

N.º III. PHASIANUS GARRULUS.

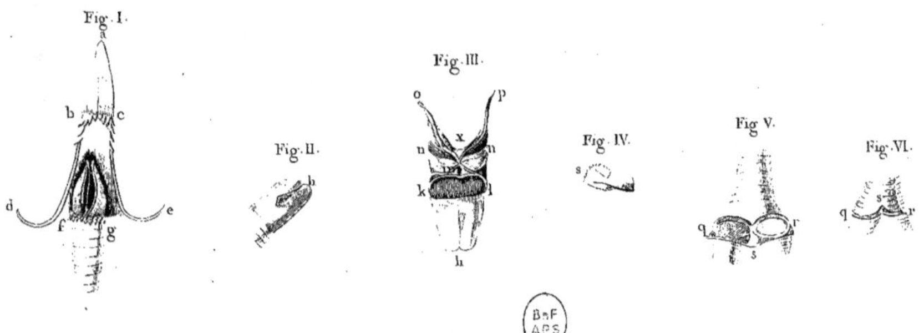

Nº IV. PALAMEDEA BISPINOSA.

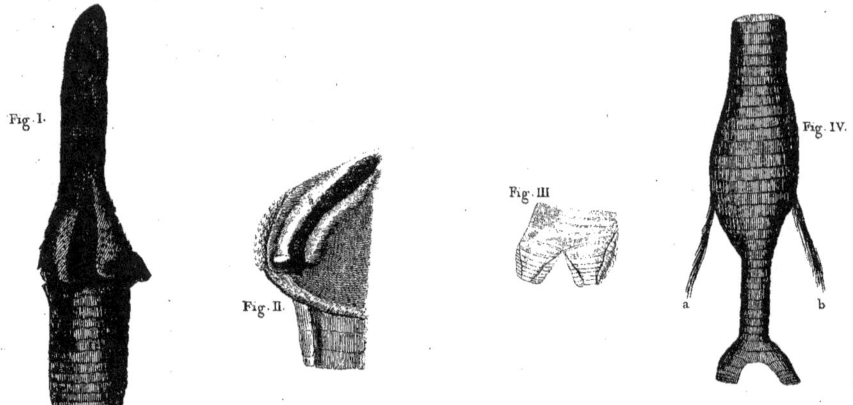

Nº V. PELECANUS ALCATRAS.

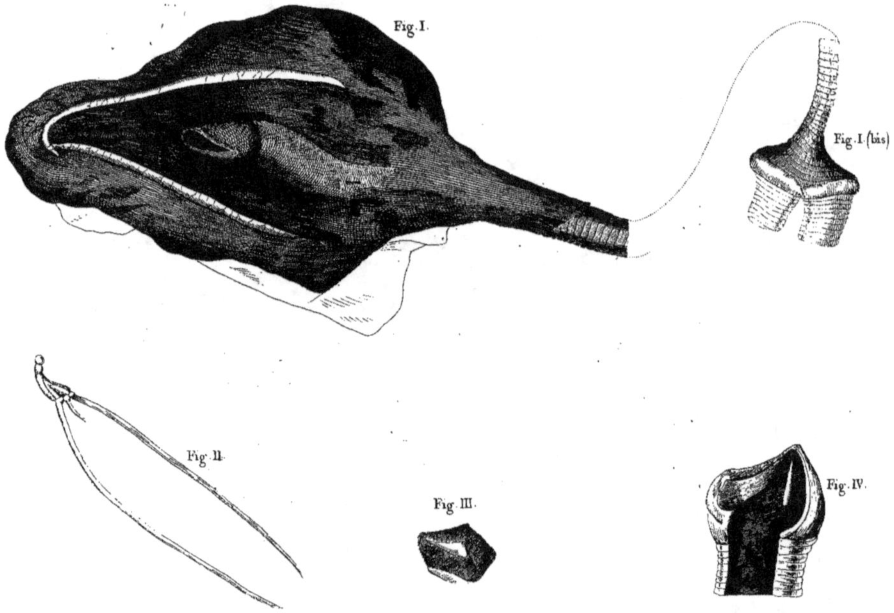

Humboldt del. 1801.

N.º VI. PSITTACUS ARAURANA.

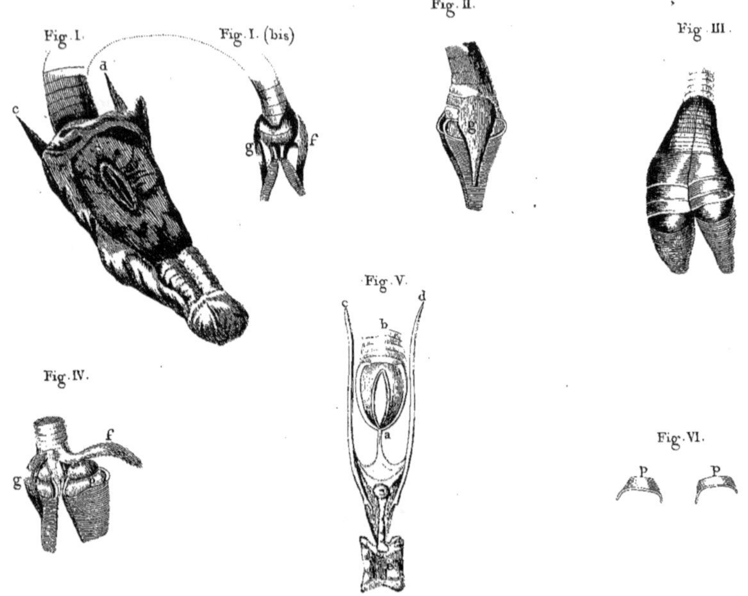

N.º VII. SCIURUS GRANATENSIS.

N.º VIII. SIMIA OEDIPUS.

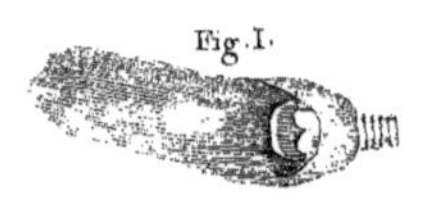

guboldi del. 1801.

Nº IX. SIMIA SENICULUS.

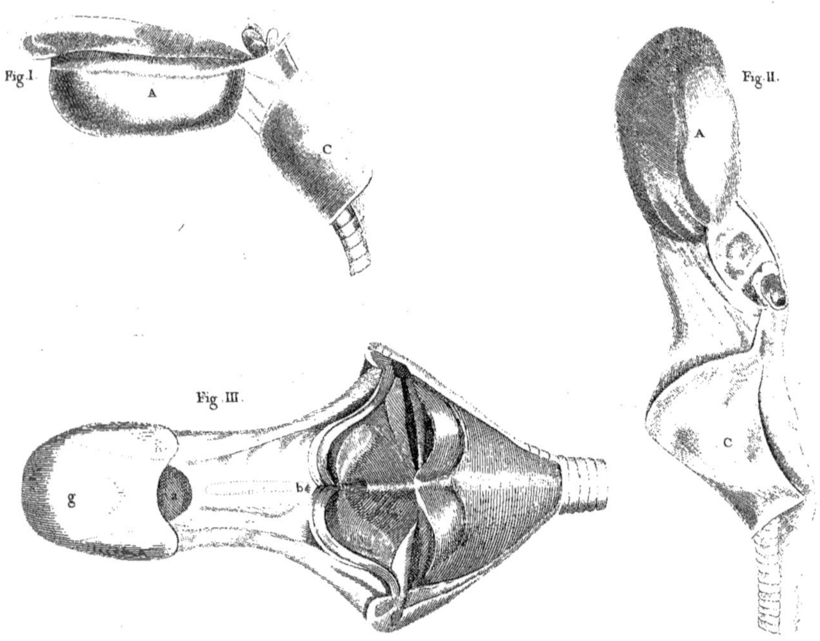

Nº X. CROCODILUS ORINOCI.

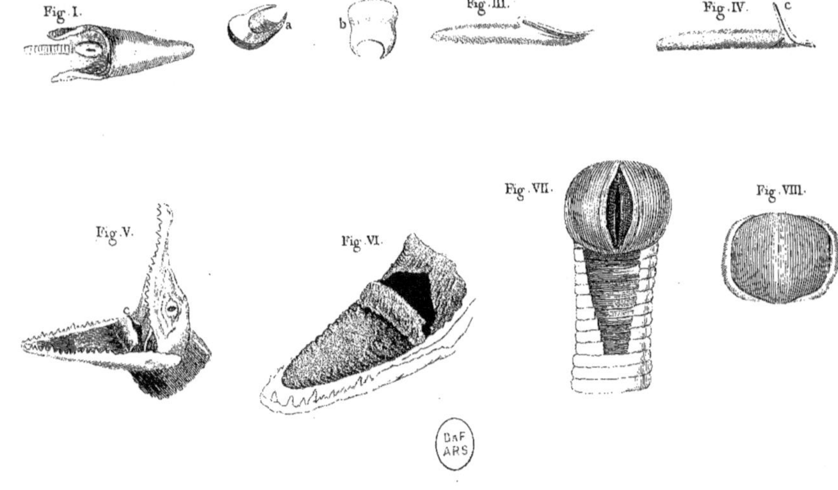

Humboldt del. 1801.

SIMIA LEONINA.

EREMOPHILUS MUTISII.

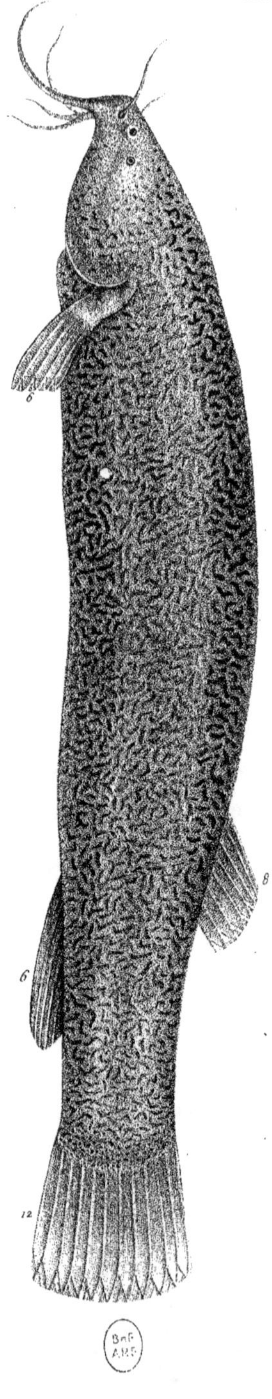

ASTROBLEPUS GRIXALVII.

PIMELODUS CYCLOPUM.

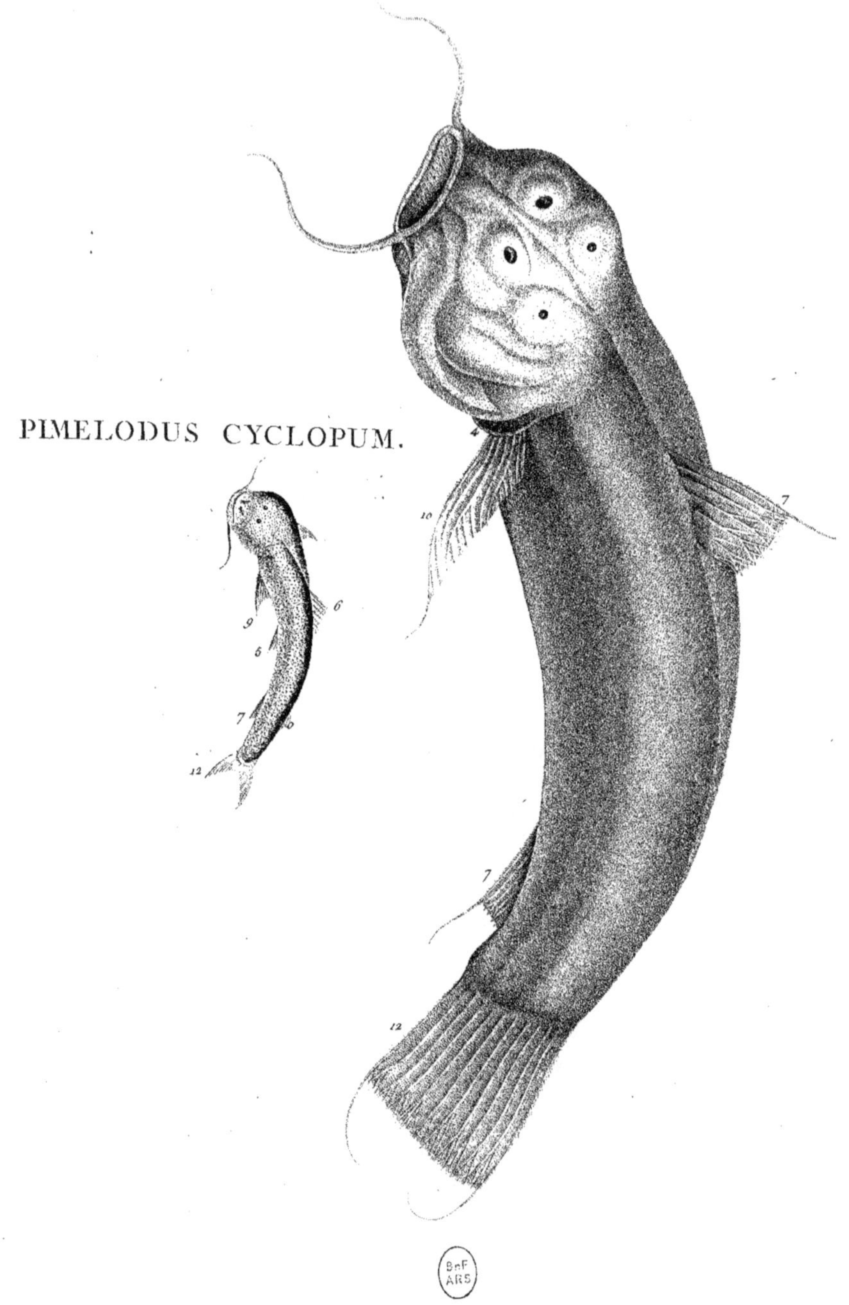

VULTUR GRYPHUS Lin.

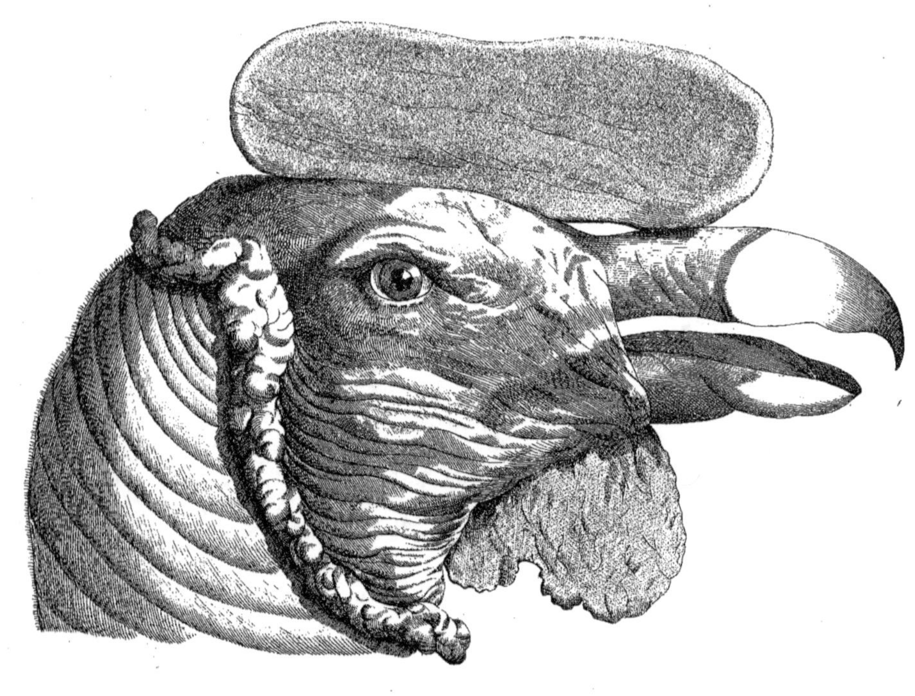

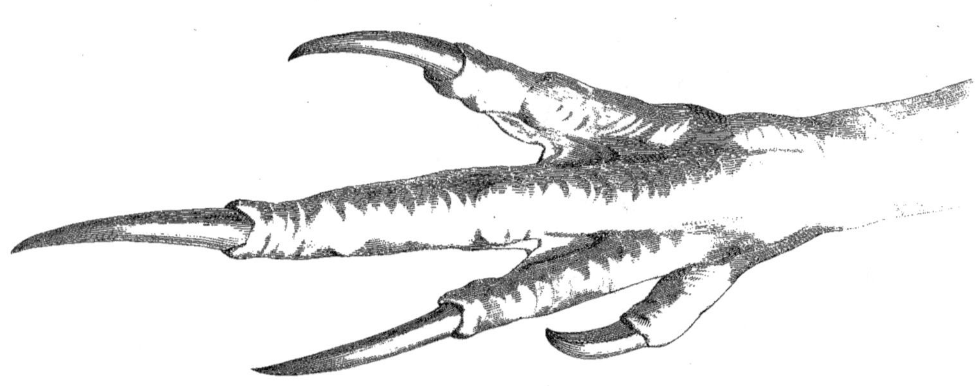

VULTUR GRYPHUS. Lin.

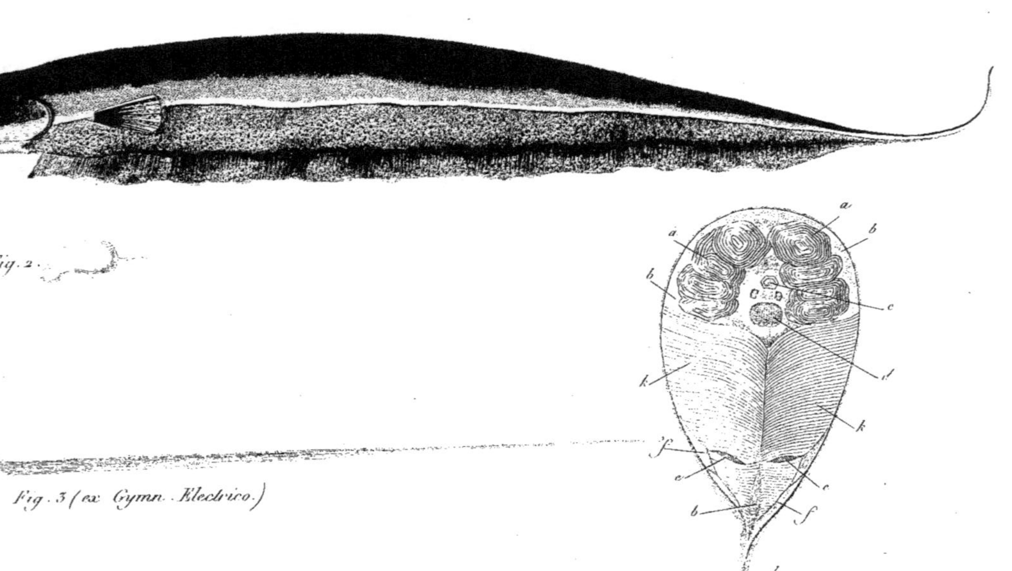

Pl. X.

Bouquet sculp.

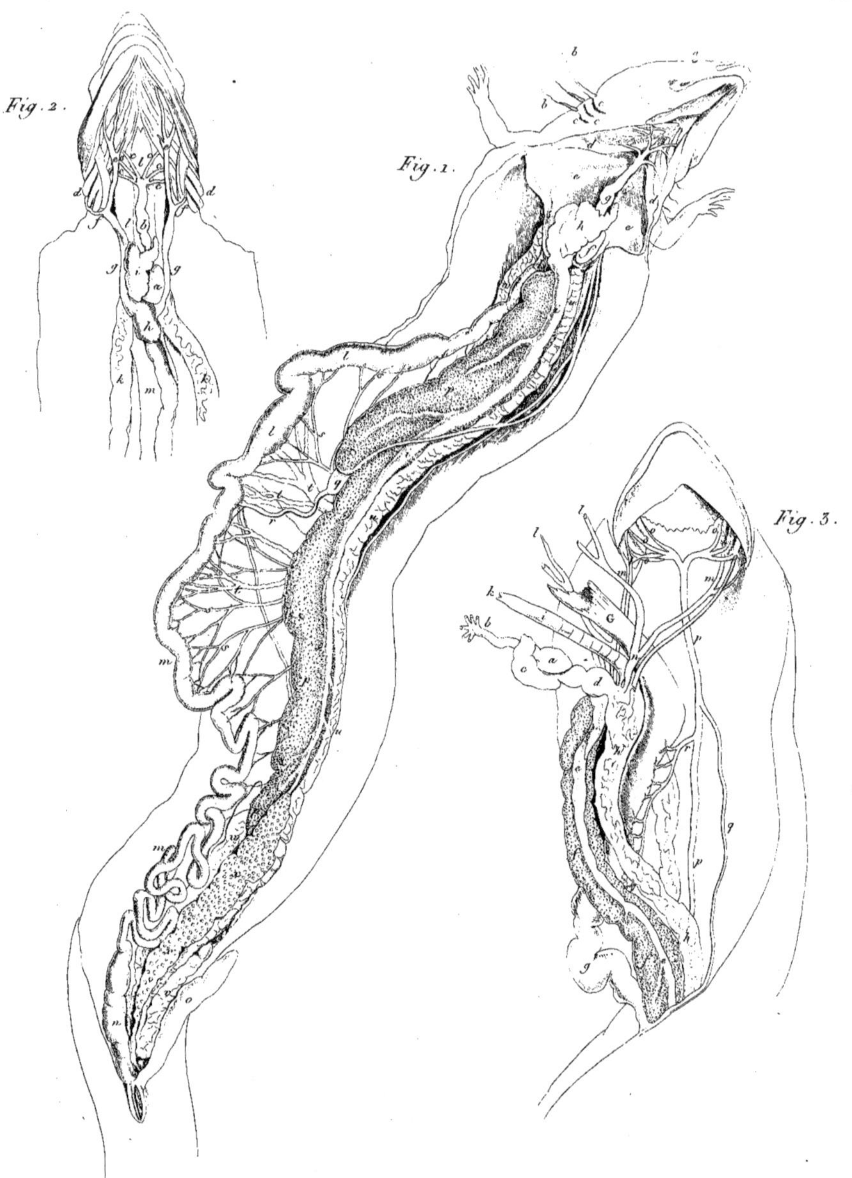

SIRENIS LACERTINÆ Splanchnologia.

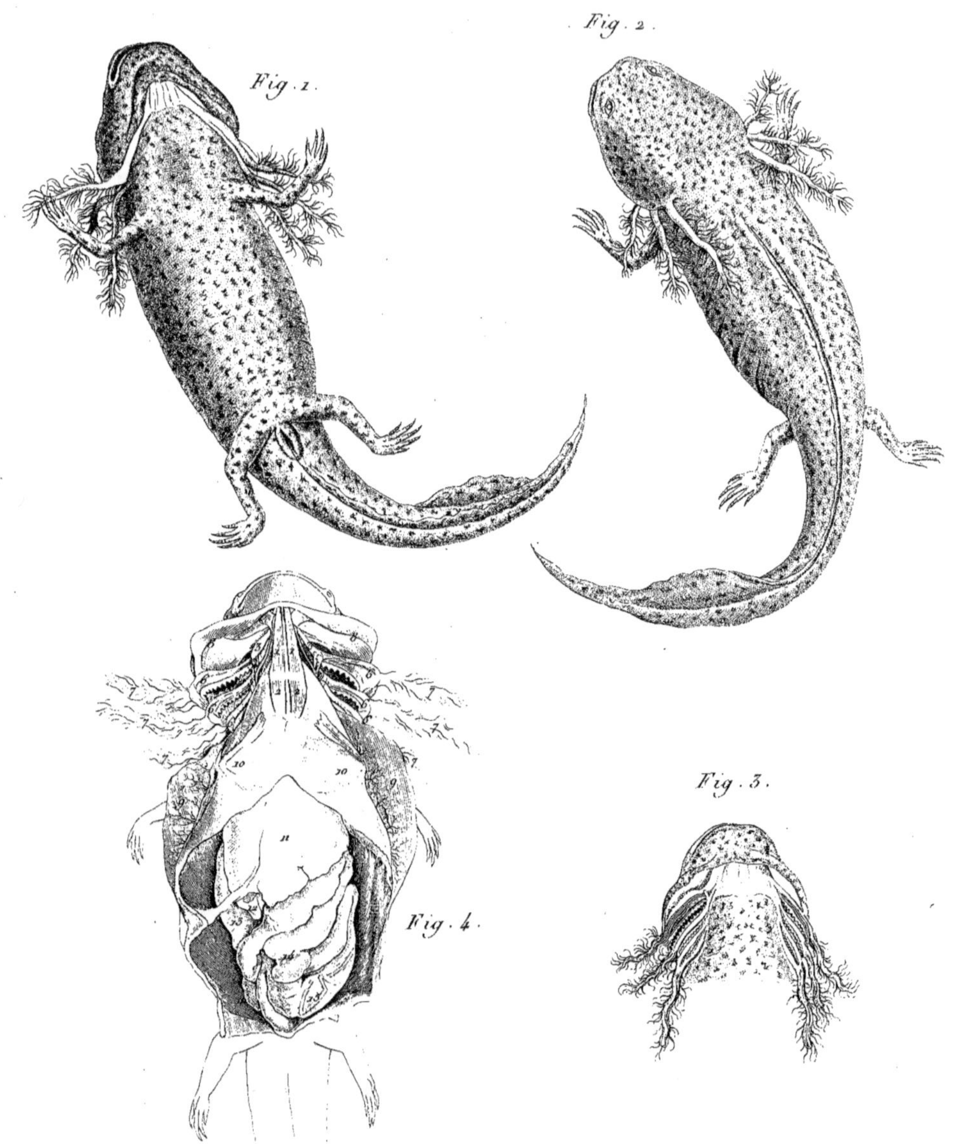

PROTEUS, seu Larva Salamandræ, Mexicanis AXOLOTL.

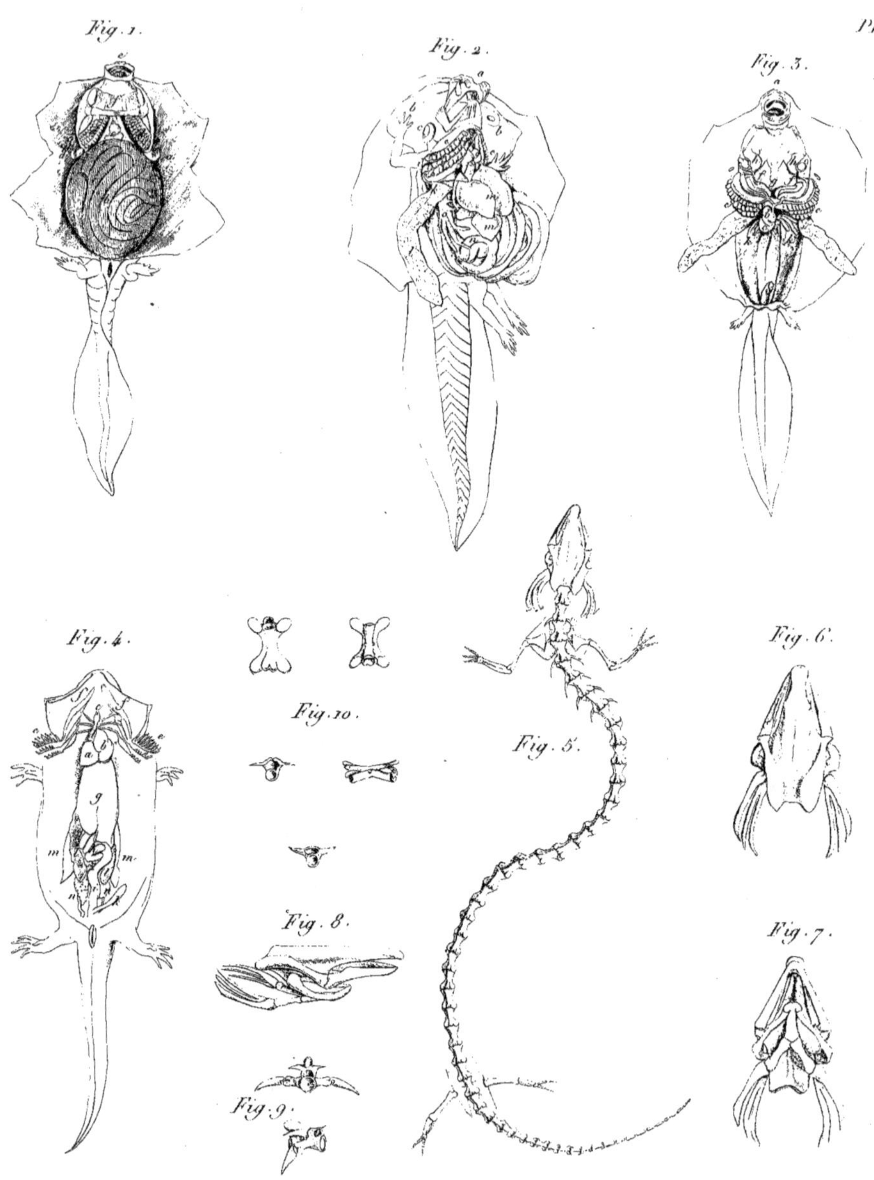

Splanchnologia larvæ BUFONIS FUSCI, et SALAMANDRÆ AQUATICÆ.

Skeleton PROTEI ANGUINI.

Laurillard del.

Bouquet sculp.

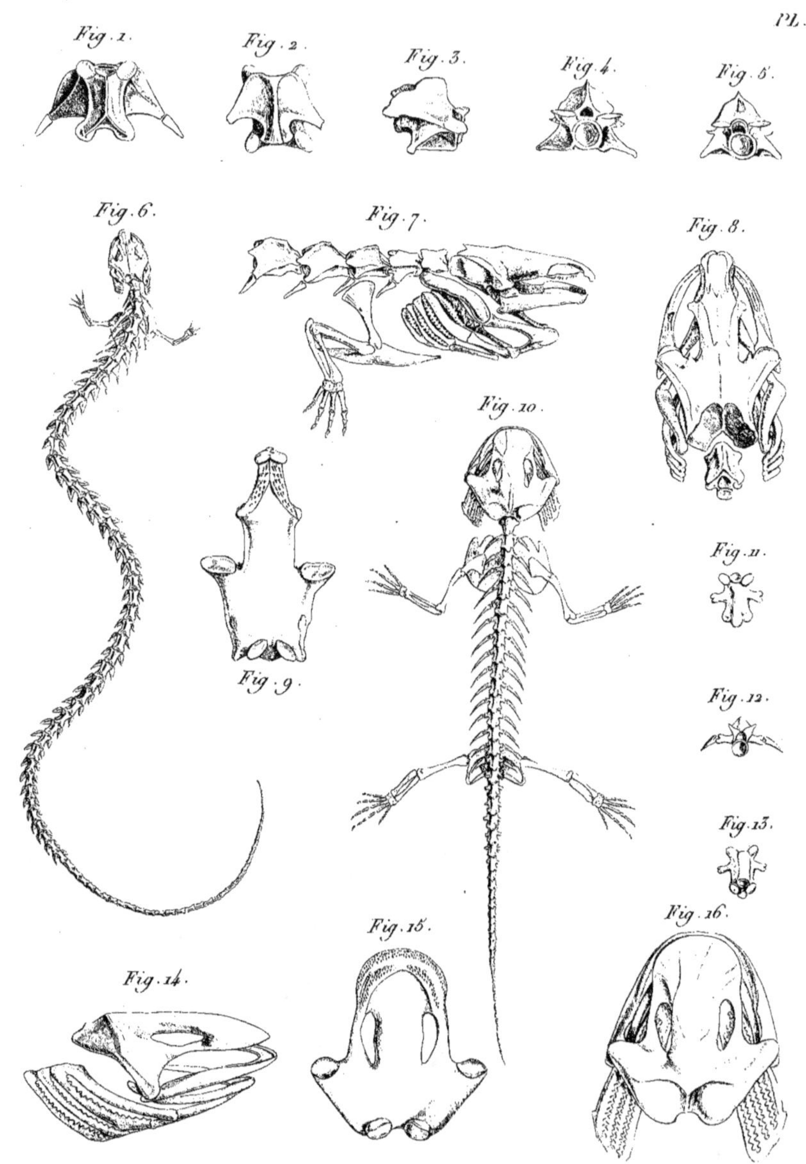

Sceleta SIRENIS LACERTINÆ et PROTEI MEXICANI.

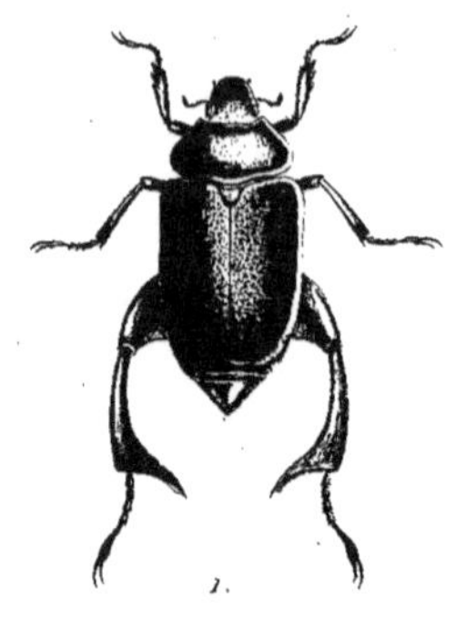

1.

2.

3.

4.

5.

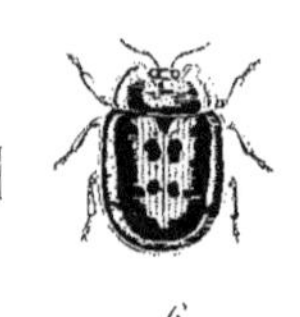

6.

7.

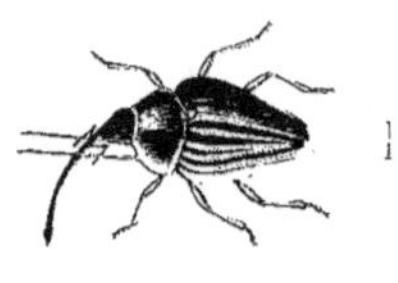

8.

10.

11.

12.

9.

1.

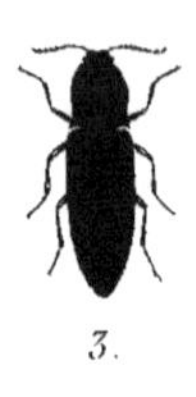

3.

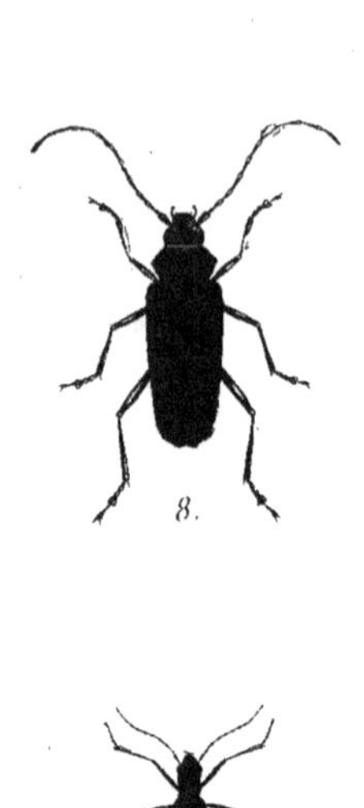

8.

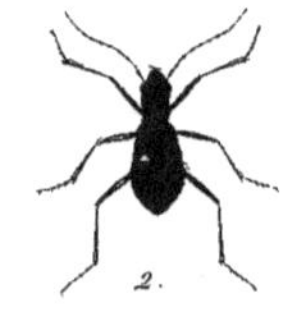

2.

11.

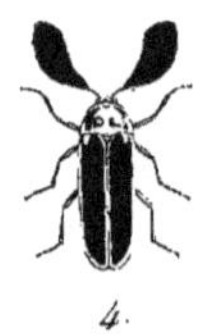

4.

9.

A.

6.

5.

A.

7.

A.

12.

10.

A.

B.

13.

Pl. XVII.

6.
2.
3.
A.
4.
A.
1.
C.
B.
A.
12.
8.
9.
7.
5.
10.
A.
11.

Oppel del.

Bouquet sculp.

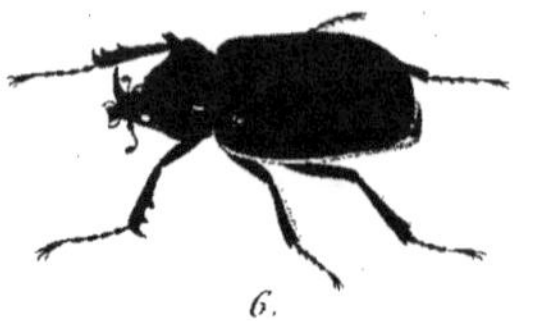

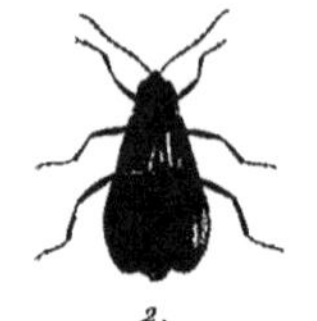

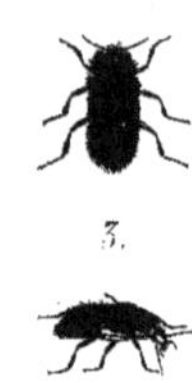

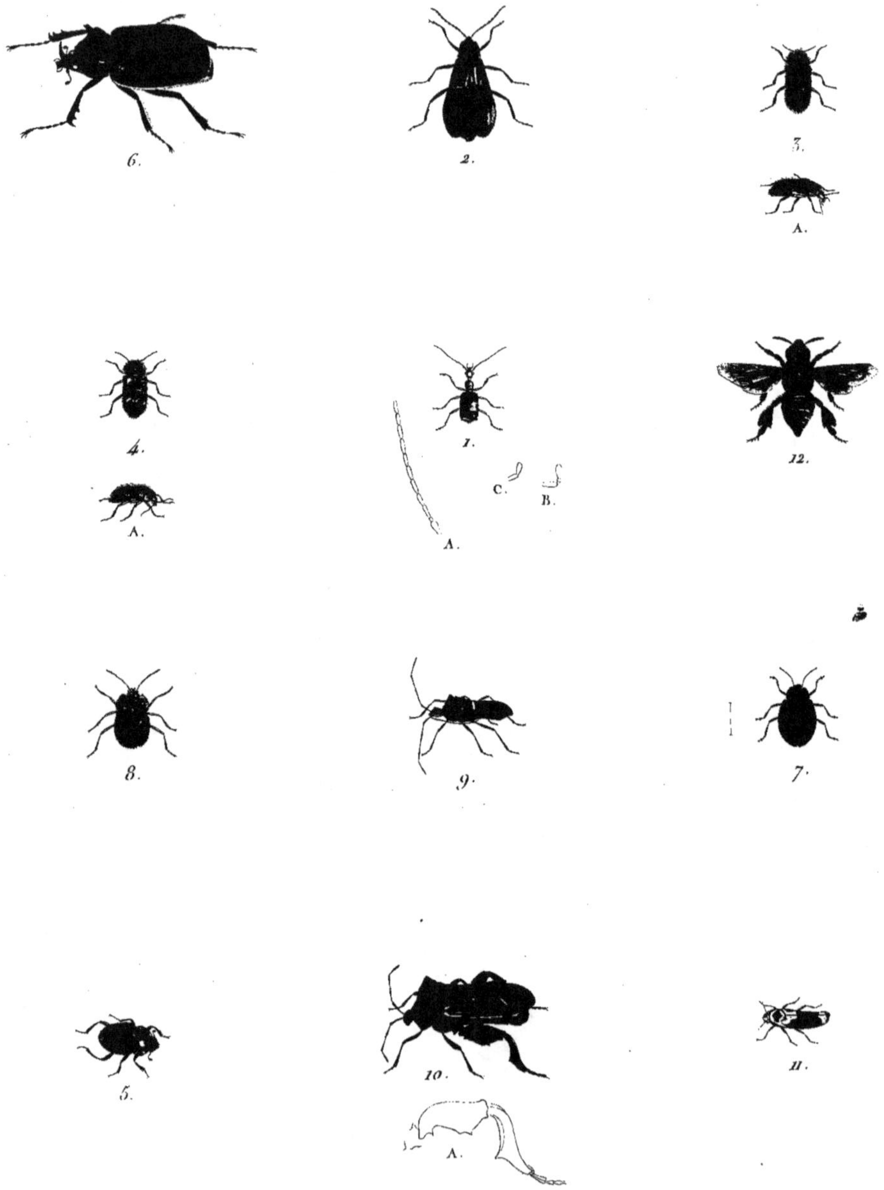

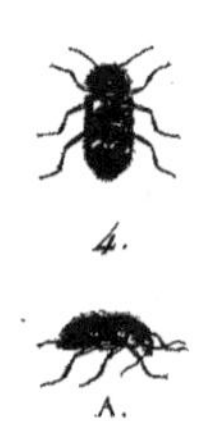

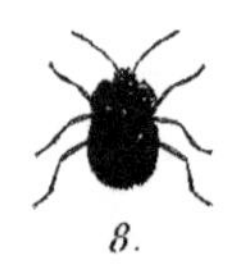

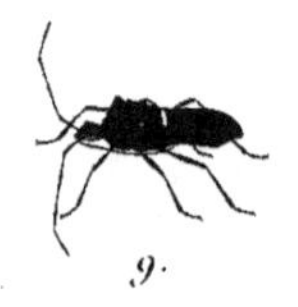

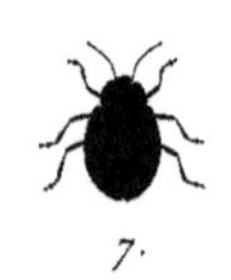

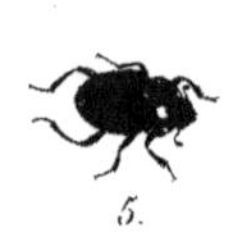

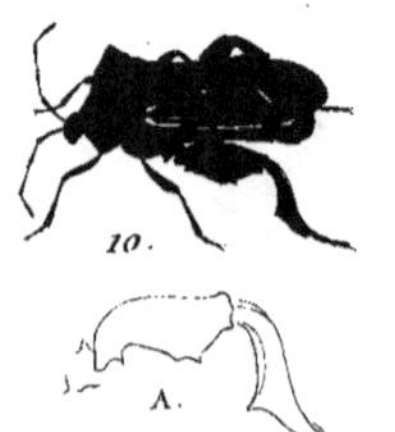

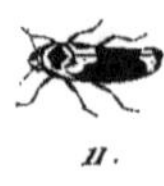

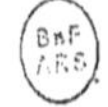

2.

1.

4.

3.

6.

5.

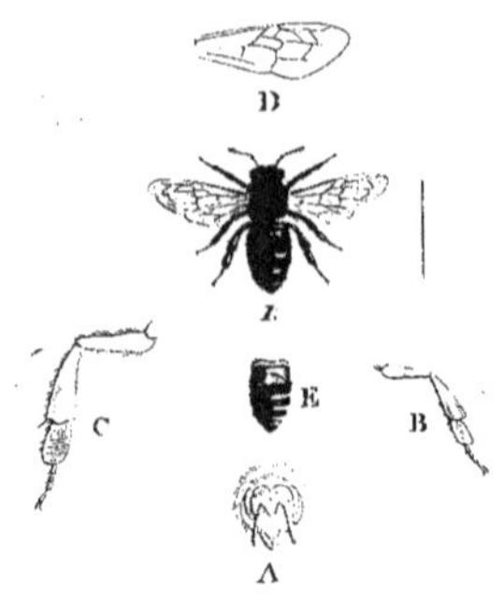

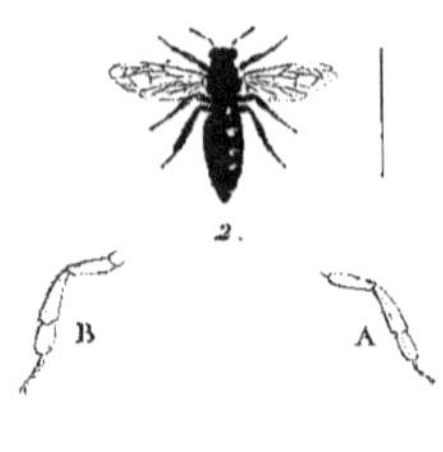

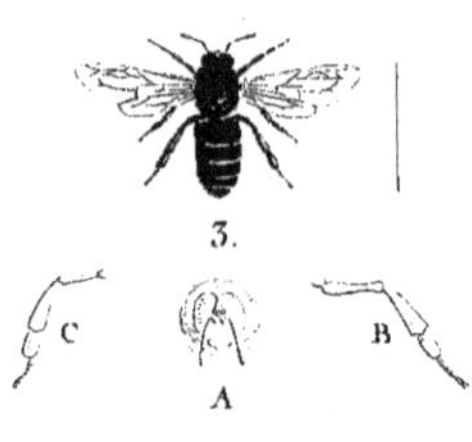

ABEILLES

1.

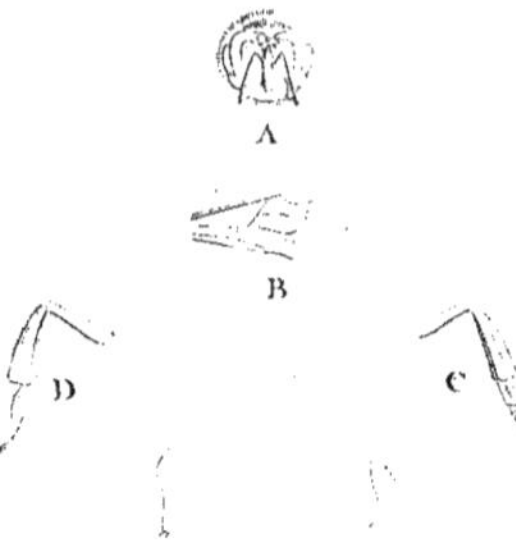

A

B

D

C

E

F

2.

3.

4.

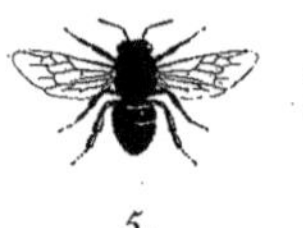

5.

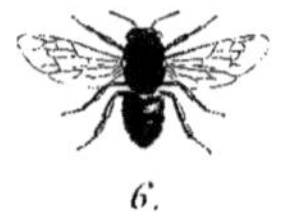

6.

MÉLIPONES

et

TRIGONES.

7.

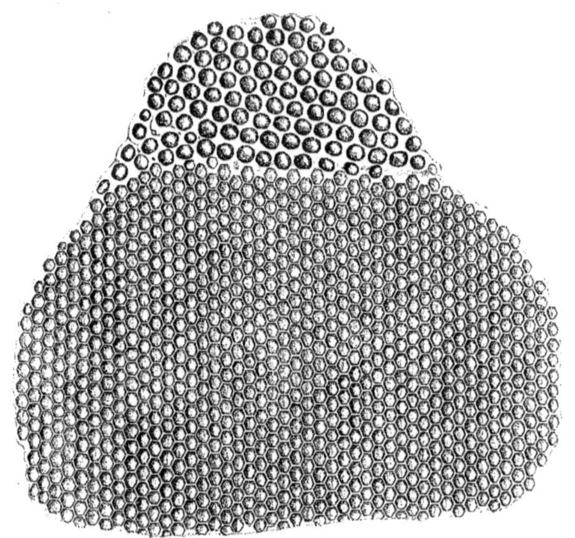

1.

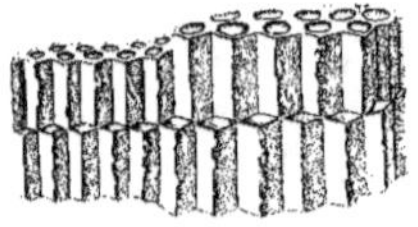

2.

3.

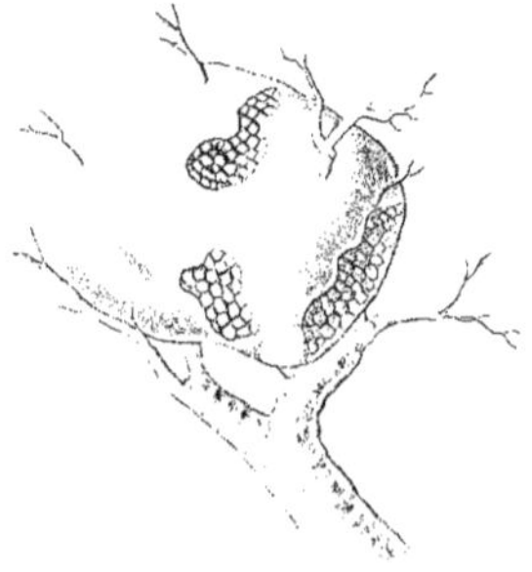

4.

Oppel del.

Rouquet sculp.

De l'Imprimerie de Langlois.

1.

4.

11.

6.

7.

10.

A.

2.

8.

9.

5.

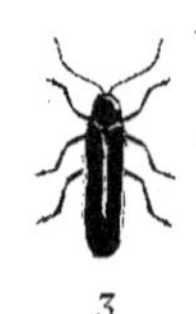

3.

12.

13.

1.

7.

4.

8.

2.

5.

9.

6.

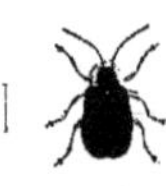

11.

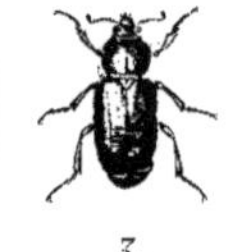

3.

10.

12.

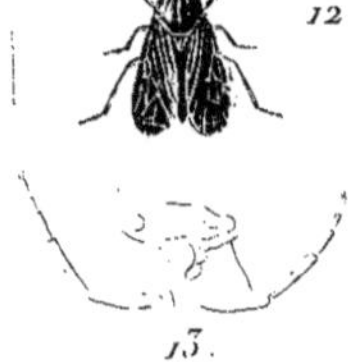

13.

1.

2.

3.

4.

5.

6.

7.

8.

1.

2.

3.

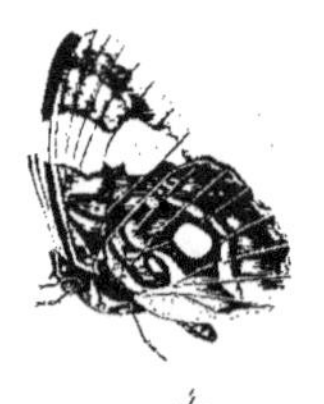

4.

5.

6.

7.

8.

Fig. 1.

Fig. 2.

Fig. 3.

Fig. 4.

Fig. 5.

Fig. 6.

Porocephalus crotali.

De Humboldt del. Cumana 1799.   De l'Imprimerie de Langlois.   Bouquet sculpsit.

SIMIA SATANAS, Hofm.

Simia trivirgata.

Huet fils. d'après une esquisse de Mr. de Humboldt.

De l'Imprimerie de Langlois.

Bouquet sculpsit

Simia melanocephala.

Huet fils, d'après une esquisse de Mr de Humboldt.

De l'Imprimerie de Langlois.

Bouquet sculpsit.

Simia ursina.